CIENCIA

Manuel Lozano Leyva, uno de los físicos nucleares españoles más importantes, es catedrático de la Universidad de Sevilla, donde dirige el departamento de Física Atómica, Molecular y Nuclear. Tras realizar su tesis doctoral en Oxford, trabajó en el Instituto Niels Bohr de Copenhague, en la Universidad de Padua, en la Universidad de Munich y en el CERN (Centro Europeo para la Investigación Nuclear). Es autor de más de un centenar de publicaciones sobre su especialidad. Ha sido vicerrector de investigación de su universidad, miembro de la junta directiva de la Real Sociedad de Física y representante de España en el Comité Europeo de Física Nuclear. Gran divulgador científico, ha publicado *El cosmos en la palma de la mano*, *De Arquímedes a Einstein*, *Los hilos de Ariadna*, *Nucleares, ¿por qué no?* y *El fin de la ciencia.*

Manuel Lozano Leyva

El fin de la ciencia

Todo lo que un ciudadano (que no sabe qué preguntar ni de quién fiarse) debería saber sobre ciencia

DEBOLS!LLO

Primera edición en Debolsillo: octubre, 2013

Printed in Spain – Impreso en España

ISBN: 978-84-9032-450-9
Depósito legal: B-16556-2013

Compuesto en Fotocomposición 2000, S. A.

Impreso en Liberdúplex,
Sant Llorenç d'Hortons (Barcelona)

P 324509

A José Miguel Arias Carrasco,
Pedro Bisbal Aróstegui,
Mercedes Comellas Aguirrezabal,
María José Chávez de Diego,
José Manuel Gómez Muñoz,
Francisco Garrudo Carabias,
Alfredo Navarro Robles,
Mariló Oliver Alfonso,
José Manuel Quesada Molina,
Andrés Sáez Pérez,
Marita Sánchez Moreno
y, por supuesto, a Adela Muñoz Páez,
capitana de esta intrépida e ilusa tropilla
que creyó que la fuerza de la razón
y la competencia científica es arrolladora.

Índice

II
LAS AMENAZAS

III
LOS OBJETIVOS

Introducción

El título de este libro hace uso de la ambivalencia de la palabra fin, es decir, trata del posible final de la ciencia y la tecnología pero también de cuáles deben ser sus principales objetivos. En principio es un libro de divulgación científica, lo que significa que, como toda pedagogía, tiene una gran carga ideológica detrás, por más que la intención principal sea transmitir información y conocimientos a un lector no científico. Este componente de enfoque personal es mayor en este libro que en los que he escrito hasta ahora, por lo que quizá sea de naturaleza distinta y bien termine pudiéndose catalogar como ensayo.

Otra idea de partida del libro es que los ciudadanos no pueden ejercer la democracia apropiadamente sin unos conocimientos básicos de lo que es la ciencia y la tecnología, incluidos no sólo sus grandezas y milagros, sino también sus miserias y peligros. Lo que ha ocurrido en el devenir del progreso, que arranca con el Renacimiento, se asienta con la Ilustración y eclosiona con las grandes y sangrientas convulsiones del siglo XX, es un fenómeno único en la historia al que nos tenemos que enfrentar en el siglo XXI. Lo hemos de hacer ilusionados, sí, pero también alertas. Y nuestros políticos saben de esto lo mismo que los ciudadanos: poco o nada.

Así pues, este libro, además de divulgar ciencia desde un punto de vista muy personal, intenta dar elementos para la reflexión a ciudadanos escépticos, incluidos los políticos eventuales o profesionales, respecto a lo que les han dicho o han supuesto hasta ahora del alcance que tiene en nuestra época la investigación científica y técnica. Insisto en que salvo los datos y lo que obviamente es objetivo, el resto son opiniones tan discutibles como las de cualquier lector. La única autoridad que me arrogo es la que me da ser catedrático de Física Atómica, Molecular y Nuclear (cálmese el lector tras el respingo, porque nunca he trabajado para las armas atómicas ni la industria nuclear), lo cual significa reivindicar competencia sobre los aspectos científicos y técnicos de algunas cosas que se sostendrán en el libro, pero a la vez alertar sobre carencias del mismo carácter en otras que no sean su especialidad.

La primera parte del libro pretende dar una idea general de lo que ha sido la historia de la ciencia y la tecnología analizando muy subjetivamente algunos de sus principales hitos. Y termina explicando el actual sistema de investigación científica y técnica. Es decir, se da un repaso rápido e irreverente de la transformación de un sistema calmo y placentero (con sus estertores agónicos y renacimientos), en el que la ciencia la hacían ilustres (y ricos) individuos, a una organización de millones de personas trabajando afanosamente en investigación científica, desarrollo tecnológico e innovación empresarial.

La segunda parte trata de la primera acepción de la palabra «fin» en español: las amenazas que se ciernen sobre el sistema científico y tecnológico y, en definitiva, sobre nuestra civilización, entre las que se incluye como una más, en absoluto la más importante, la de la extinción de la ciencia por haber descubierto todo lo que hay por descubrir. Mucho más inquietantes son los riesgos que conllevan las pseudociencias, los negacionismos políticos y religiosos, el descontrol, el catastrofismo mesiánico, el miedo a la guerra y el tecnoterrorismo e incluso la endogamia y el corporativismo de la comunidad científica. Algunos de estos riesgos se agudizan extraordinariamente en tiempos de crisis como en los que estamos inmersos.

La tercera parte está dedicada al fin de la ciencia, pero entendido como objetivo o finalidad de ésta. Trata de la parte positiva y optimista que se le puede extraer a la palabra fin. La selección de objetivos es totalmente personal, pero será difícil encontrar a alguien que objete que la energía, el medio ambiente, la biomedicina, la alimentación y averiguar cuál es nuestro lugar y papel en el cosmos no son temas que despiertan bellas aspiraciones. Lo que sí es lógico y deseable es que el lector tenga otros objetivos igual de perseguibles o más, porque también es ésa una aspiración del autor.

Hace unos años se publicó un libro con el mismo título que éste pero con intenciones muy distintas, *El fin de la ciencia*.[1] El subtítulo es «Los límites del conocimiento en el declive de la era científica». En el título de este libro se funden con toda intención el significado de las palabras inglesas *end* y *aim*, pero lo importante es que lo que el autor del libro anglosajón muestra en el subtítulo como la causa del posible final de la ciencia, el cumplimiento de sus objetivos, algo que en este libro apenas se tratará por considerarse irrelevante. No hay arrogancia alguna en ello; aún más, declaro que la intención que muestra en su libro John Horgan, periodista científico de alto nivel, me parece honesta porque está sostenida en el respeto y el cariño a la ciencia. Quizá sólo se le pueda achacar que se mete en jardines cuya frondosidad es demasiado espesa para que se pueda vislumbrar algo nítidamente. Por ejemplo, si se trata del principio de indeterminación (no de incertidumbre) cuántica de Heisenberg, hay que entenderlo muy bien, saber explicárselo al lector no especialista y además hacerlo, porque si no, el lío que puede provocar uno con la dichosa incertidumbre es tremendo. El lector, en este preciso instante, teme un nuevo tipo de arrogancia del autor: su desprecio por la filosofía, pero no hay tal. Jorge Luis Borges opinaba que la filosofía es un subgénero de la literatura fantástica. No estoy de acuerdo con tal aserto, pero por si acaso en este libro no voy a «filosofar», sino que lo que de verdad pretendo en estas páginas es hacer que el lector «filosofe», o dicho sin comillas ni ironía: que se libere de posibles prejuicios adquiridos y piense por su cuenta ante unos datos expuestos por un científico profesional veterano y las opiniones y temores que éstos le merecen.

Una última cuestión técnica, literaria o como se la quiera llamar: puede que el lector de divulgación científica eche en falta títulos y subtítulos ocurrentes y curiosos en los capítulos y apartados. Mis libros de divulgación no son lineales, es decir, pretendo que el lector pueda elegir el tema que le guste en cualquier momento, y

1. John Horgan, *The End of Science*, Broadway Books, Nueva York, 1996 (hay trad. cast.: *El fin de la ciencia: los límites del conocimiento en el declive de la era científica*, Paidós, Barcelona, 1998).

que, por tanto, se salte lo que le resulte tedioso retomando la lectura por donde intuya que le interesará o divertirá. Para ello, un índice que indique claramente el contenido del capítulo o apartado es importante. Por eso pueden parecer anodinos, pero creo que merece la pena correr ese riesgo.

La pulcritud gramatical y la corrección literaria que el lector pueda apreciar en el texto se debe fundamentalmente al buen hacer de Isabel Germán, por lo que mi agradecimiento a ella va acompañado de admiración.

Y nada más. Deseo que al final del libro el lector se sienta algo más inquieto que cuando lo empezó, aunque también un poco más contento. Asimismo espero que reconozca que está escrito con honestidad no exenta de provocación tranquila.

I

LA UNIÓN DE LA CIENCIA Y LA TECNOLOGÍA

1

La ciencia y la tecnología en la historia

Las definiciones

En este libro abogaré por un escepticismo tal que bien se puede empezar a cuestionar incluso lo que se entiende por ciencia y tecnología. Lo más práctico en estos casos es acudir a un diccionario. Personalmente, al que más cariño le tengo es al de doña María Moliner. *Ciencia*: «Conjunto de conocimientos que alguien tiene, adquiridos por el estudio, la investigación o la meditación». No nos vale. Tengo un buen amigo cuya curiosidad, gusto por la erudición y prodigiosa memoria hacen las delicias de cualquiera en una tertulia. Sus infinitos conocimientos, desde la alineación de su equipo de fútbol favorito al ganar un campeonato veinte años atrás unido a los avatares posteriores de cada jugador, hasta la producción anual de diamantes en Sudáfrica, los adquiere estudiando, investigando y meditando. Su padre dice de él, con gran cariño y fascinación, que es un pozo insondable de conocimientos inútiles. Si alguien le dijera a mi amigo que posee un cúmulo de ciencia, no sé si se reiría o se sentiría ofendido.

Vayamos ahora al diccionario de la Real Academia (RAE). *Ciencia*: «Conjunto de conocimientos obtenidos mediante la observación y el razonamiento, sistemáticamente estructurados y de los que se deducen principios y leyes generales». Tampoco nos vale. Por lo pronto, el sujeto es ambiguo. ¿Se refiere, como doña María, a alguien? Si es así, yo, sin ir más lejos, llevo treinta y seis años haciendo ciencia (según el Boletín Oficial del Estado, que ése sí que es infalible) y de los conocimientos que he adquirido, lamentablemente, se han deducido pocos principios o leyes generales, y eso siendo muy complacientes. Si la RAE se refiere al conjunto global de conocimientos adquiridos por la humanidad a lo largo de la historia, tampoco acierta, porque observar y razonar es muy aconsejable para cualquier cosa pero incompleto para hacer la mayor parte de la ciencia. Puede servir, por ejemplo, para la astronomía, pues observando el movimiento de los planetas en el cielo nocturno, incluso a simple vista, y razonando se puede llegar a establecer un modelo del mundo. Y de éste se pueden deducir leyes y principios generales por muy incompletos que luego resulten ser. Pero poco habría avanzado la ciencia en casi todos los demás campos si sólo nos hubiéramos servido de la observación y el razonamiento.

Nos vamos, medio enfadados por lo que sospechamos, a la Enciclopedia Británica. *Ciencia*: «Cualquiera de las actividades intelectuales relacionadas con el mundo físico y sus fenómenos que conllevan observaciones objetivas y experimentación sistemática». Exacto. Se confirma nuestra sospecha: los anglosajones (la Británica empezó siendo escocesa y ahora es norteamericana) son muy cuidadosos con lo que se refiere a la ciencia. Casi todas las palabras diferentes de esta definición a las españolas son clave y fundamentales, pero seguramente la más importante es experimentación. Téngase en cuenta que lo que de verdad singulariza a la ciencia es que si se hace un experimento que lleva a unos resultados y se comunica a los demás cómo se ha hecho, cualquiera, con los mismos medios y el mismo procedimiento, puede repetirlo y obtener exactamente los mismos resultados.

Es un error pensar que todo lo anterior son ganas de enredar. Parte esencial del objetivo de este libro es desbrozar muchas ideas equivocadas que hay en torno a la ciencia, por lo que bueno será que tengamos claro, muy claro, de qué estamos hablando. Ya hablaremos del método científico, que es el producto más poderoso del cerebro humano, pero por ahora continuemos centrándonos en los conceptos básicos. Así que vamos con el de *tecnología*.

María Moliner: «Conjunto de conocimientos y medios técnicos aplicados al desarrollo de una actividad; particularmente, industrial».

RAE: «Conjunto de teorías y de técnicas que permiten el aprovechamiento práctico del conocimiento científico».

Británica: «Aplicación de la ciencia a objetivos prácticos de la vida humana o al cambio y la manipulación del entorno humano».

Todos están mal. En un libro anterior[1] decía yo textualmente: «La ciencia, y su hija la tecnología...». Un catedrático amigo mío, insigne ingeniero, me llamó por teléfono y me dijo que le había gustado mucho mi libro, pero que había un asunto que le había contrariado seriamente. No quiso decirme qué era porque, arguyó, aquello necesitaría una larga explicación. Y colgó. Naturalmente, en cuanto estuvimos delante de unas cervezas, lo cual procuré que fuera pronto porque estaba yo muy mosqueado con ese asunto, me convenció de que la relación de la ciencia con la tecnología era un tema de gran calado y yo (y la Moliner, la RAE y la Británica también) lo había frivolizado en extremo. Por lo pronto, barcos, y además buenos barcos, se construyeron (tecnología) desde mucho antes de que Arquímedes concibiera su principio fundamental de la hidrostática (ciencia). Y los maestros de los grandes astilleros que permitieron la exploración y conquista del mundo, seguramente no sabían nada de ese principio ni falta que les hizo. Los constructores de puentes y catedrales ignoraban las leyes de la estática y los ingenieros que permiten arañar décimas de segundo a los coches de Fórmula 1 de sus contrincantes no necesariamente se apoyan en las leyes de la física. Naturalmente, me defendí apoyando la ciencia ardorosamente, pero he de reconocer que mi amigo me ganó, y no porque aguantara mejor que yo los efectos de la cerveza. El entrelazamiento de la ciencia con la tecnología (y viceversa, lo cual se suele obviar) es realmente algo mucho más complejo que la dependencia y también se habrá de tener en cuenta para sopesar críticamente mucho de lo que se va a sostener en este libro.

Como sospeché que iba a tener que repetir muchas veces la expresión «ciencia y tecnología» pensé usar, apoyándome además en la discusión anterior con el ingeniero, el término tecnociencia. Como soy poco amigo de inventar palabras al considerar que nuestro idioma anda sobrado de ellas y eso de tecnociencia me sonaba

1. *De Arquímedes a Einstein. Los diez experimentos más bellos de la física*, Debate, Barcelona, 2005.

poco, consulté los dos diccionarios citados por si acaso y comprobé que tal término no existía. Pero para a asegurarme me metí en Google y me quedé asombrado al ver que la palabra tecnociencia me dio 328.000 resultados. Exploré el asunto y me pareció que era un tema de filósofos. Entre definiciones de lo más variopinto, la que encontré menos inextricable fue la siguiente.

Tecnociencia: «construcción social altamente artificializada (*sic*) que se aplica a los más diversos ámbitos sociales y empíricos para *producir modificaciones y mejoras*. Los seres humanos pueden adherirse (o no) a dicha actividad colectiva, pero cada individuo siempre se confronta en su fase de formación a una tecnociencia previamente constituida, que ha de aprender, por una parte, pero cuyas aplicaciones concretas puede comprobar que producen efectos en su entorno».

Tras meditar sobre la definición profundamente aunque sumido en cierto estado de estupor, la consideré una estupidez de tal calibre que en adelante evitaré usar la palabra en cuestión.

En cualquier caso, quedémonos con que la tecnología, tan antigua como la humanidad misma, es el uso de habilidades e instrumentos en provecho propio; y la ciencia, tan moderna como las civilizaciones, o sea nacida hace sólo unos 5.000 años, trata de entender conceptualmente la naturaleza, incluida la humana. Veremos como el matrimonio entre ambas actividades tardó mucho en celebrarse, y hasta el punto de que aún podemos tener dudas sobre si se ha consumado en toda su plenitud.

Las raíces históricas

He dicho antes que a lo largo de mi vida profesional he hecho pocos descubrimientos que hayan llevado a establecer leyes y principios generales, pero uno de ellos es el siguiente: en ciencia, sea lo que sea, los indios lo descubrieron antes. Cuando los chinos empezaron a frecuentar centros de investigación occidentales y conferencias científicas internacionales, el asunto se hizo más complejo y divertido: los chinos habían descubierto todo antes que los indios. Persas y mesopotámicos, o sea, iraníes e iraquíes, frecuentaban poco las reuniones científicas de mi especialidad (afortunadamente, porque soy físico nuclear; aunque recientemente han mostrado un preocupante e inusitado interés por el tema), pero seguramente habrían hecho reivindicaciones históricas con tanta o más pasión que los indios y los chinos. Pero para nosotros, apacibles europeos cuando no nos masacramos, el nacimiento de la ciencia consideramos que tuvo lugar en la Grecia clásica. Y lo hacemos con prevención, porque a lo de Platón, Aristóteles y demás le damos un valor científico tan relativo que bien podría ser nulo. Realmente, la ciencia empieza cuando se desintegra el imperio de Alejandro Magno. Y los padres de ésta son Arquímedes, Eratóstenes, Euclides, Herófilo, etcétera, las mentes más preclaras del período llamado helenístico que comienza unos 300 años antes de nuestra era. Hay un libro que considero una obra maestra de la historia escrito por un físico matemático italiano, Lucio Russo,[2] que demuestra con todo rigor y erudición el aserto anterior. Aún más, lo que es fundamental de este ensayo es la explicación no sólo de cuándo y cómo nació la ciencia, sino de por qué tuvo que renacer. Es un libro espléndido.

Y el gran Aristóteles, ¿qué? Pues que realmente fue grande, pero que se ha hecho un uso de él y parte de su obra que ha sido simplemente nefasto. Tanto, que se podría decir que la historia de la ciencia moderna, o sea, el renacimiento mencionado antes, ha sido sustancialmente un desenmascaramiento paulatino y radical de los asertos aristotélicos relativos al mundo físico. Como suena.

Interesa que planteemos estos aspectos históricos de la ciencia por muchas razones que se irán descubriendo, pero por ahora conformémonos con la fundamental: tomar conciencia de que la ciencia junto con la cultura y la ingeniería pueden acabar bruscamente. Las consecuencias de suponer que el progreso fluye inexorablemente pueden ser calamitosas. Cuesta muchísimo esfuerzo desarrollar la ciencia; este desarrollo llega a acelerarse de manera inusitada, pero puede desaparecer de manera abrupta y su recuperación puede exigir siglos, cuando no milenios. Y eso sin contar que algunas civilizaciones

2. Lucio Russo, *The Forgotten Revolution*, trad. ing., Springer, Berlín, Nueva York, 2004.

en las que floreció no la recuperaron jamás. En el caso de Europa, la desaparición de la ciencia helenística fue tan absoluta que en un texto actual sobre el Renacimiento se encuentra mucha más información sobre Arquímedes, Aristarco y demás que en un texto sobre la Grecia clásica. Así pues, lo que normalmente se considera un período de decadencia de la civilización griega, el período posterior a Alejandro, es justo el más floreciente y el que realmente define nuestra cultural actual. Profundicemos un poco más en esta cuestión.

La «ciencia» de Aristóteles y el período helenístico

Advierto de que cada vez que en mis charlas me meto con Aristóteles, siempre hay alguien que se siente ofendido, y nada más lejos de mi intención, que respeto la obra del Estagirita tanto como el que más. Pero interesa meditar sobre algunos asertos del insigne filósofo por varios motivos que se expondrán más adelante. Vamos allá:

1. «Los cuerpos caen con una velocidad proporcional a su peso».
2. «El Sol es una esfera perfecta de hierro candente tan grande como el Peloponeso. O más.»
3. «Las mujeres tienen un diente menos que los hombres.»
4. «El corazón es para el organismo como el Sol para el cosmos: la fuente de calor corporal, el origen de los vasos y los nervios, el asiento de la razón, lo primero que se desarrolla en cualquier organismo, lo último que muere y donde en sus tres ventrículos se transforma en sangre todo líquido ingerido. Por la mitad de las venas circula sangre y por la otra mitad aire. Y, por supuesto, el corazón es la sede del alma.»
5. «El semen se produce en todo el cuerpo; confluye en los testículos, donde hay semen de cabeza, de pies, de corazón, etcétera. Al eyacular en la mujer, ese semen se mezcla con los efluvios de ella. Dependiendo de la cantidad de semen eyaculado, el niño concebido se parecerá más al padre que a la madre. La prueba de todo lo anterior es que los niños de una

misma pareja se parecen, pero son todos distintos porque sus caracteres dependen de la fogosidad del padre el día de la concepción de cada uno.»

La sonrisa que provocan las sentencias anteriores refleja un ánimo condescendiente porque, al fin y al cabo, qué más se puede pedir a afirmaciones hechas hace casi dos milenios y medio. No, el asunto es más complejo y serio, porque los disparates sostenidos con astucia o autoridad siguen teniendo hoy el mismo efecto funesto que han tenido siempre. Por ejemplo, de las cinco aseveraciones anteriores, la más inocente en apariencia es la peor: la primera, porque se apoya, aparentemente, en la lógica. ¿No es lógico que un elefante o una manzana caigan más deprisa que una hormiga o una pluma? Pues claro que es lógico, lo que ocurre es que es totalmente falso, y la manera de demostrarlo es dejar caer cuerpos de distintos pesos y ver qué pasa. Obviamente, a Aristóteles ni se le ocurrió hacer semejante cosa. Lo hizo Galileo casi dos mil años después. ¿Tuvo la más mínima importancia para el devenir de la humanidad que nadie se hubiera percatado de que una bola de hierro y una de madera caen a la misma velocidad, y que si no lo hacen, la pequeña ventaja que adquiere la más pesada (jamás proporcional a su peso) es debido a la fricción con el aire? No, lo relevante, tanto que cambió en buena medida el destino del género humano, fue la manera de liberarse de prejuicios estableciendo un método basado en la experimentación. Estamos hablando de la ciencia.

Muy bien, se dirá, pero es que Aristóteles no se puede comparar a Galileo por los muchos siglos que los separan. Pues ése es otro error de apreciación. Fijémonos en el segundo aserto aristotélico, el del Sol como bola ardiente de buen porte que copió de Anaxágoras. Con los medios de la época no se podían medir las magnitudes fundamentales del Sol, pero sí se podían establecer hipótesis de las que se desprendieran posibles medidas. Es lo que hizo Eratóstenes en la época helenística.[3] Su hipótesis fue que el Sol era muy grande, pero tan distante de la

3. Todos los detalles de la medida se pueden encontrar en *De Arquímedes a Einstein. Los diez experimentos más bellos de la física*, Debate, Barcelona, 2005.

Tierra que sus rayos llegaban paralelos. Fijémonos en que Eratóstenes no decía nada sobre lo que no sabía, o sea, ni su tamaño (mínimo como el Peloponeso) ni su composición (hierro). El sabio era nada menos que el director de la Biblioteca de Alejandría, el mayor centro de investigación del mundo. Además de buen matemático era geógrafo. Su fuente principal de información geográfica eran los jefes de las caravanas. Éstos apreciaban mucho a Eratóstenes no sólo por ser una personalidad prominente, sino porque les regalaba magníficos mapas. En uno de los agasajos que le rindieron los comerciantes, le contaron un hecho singular. Había un poblado llamado Cirene (hoy Asuán, donde está la portentosa presa) en el que un día al año hacían una gran fiesta conmemorando la llegada del verano. Ese día (en torno al 21 de junio) se sabía cuál era por una circunstancia extraordinaria: cuando el Sol estaba en todo lo alto, los pozos lo reflejaban de lleno y los obeliscos no hacían sombra. Eso jamás ocurría en Alejandría. Y entonces, Eratóstenes aplicó su hipótesis. Si los rayos del Sol llegan paralelos a la Tierra, el día de la fiesta de Cirene las sombras de los obeliscos de Alejandría permitirán medir cierto ángulo. Si se supiera la distancia entre Cirene y Alejandría, con una regla de tres simple se podía calcular… ¡la circunferencia de la Tierra! Una inquietud le embargó a Eratóstenes. Esa regla de tres sería apropiada si Cirene y Alejandría estuvieran en el mismo meridiano, porque si no, los cálculos sobre una esfera son más complicados. Pero Eratóstenes sabía por los jefes de las caravanas que el Nilo discurría muy derechito de sur a norte y las dos ciudades estaban prácticamente en sus orillas, así que no era descabellado suponerlas en el mismo meridiano. Ya sólo faltaba, nada menos, que medir la distancia entre ambas. Los comerciantes le ofrecieron hacer eso con la ayuda de los esclavos. Unos irían largando cordeles y contando. Otros lo que contarían sería las vueltas que dieran las ruedas de los carros. Otros los pasos. Al regreso de todos al año siguiente, Eratóstenes pudo hacer la media de la distancia entre Cirene y Alejandría y aplicarla a su regla de tres. La circunferencia que le salió para el planeta fue sorprendentemente exacta: 39.375 kilómetros, frente a los 39.942 actuales.[4] En realidad tuvo suerte,

4. Ésa es la longitud del meridiano polar, el Ecuador tiene una longitud algo mayor, 40.074 kilómetros, debido al achatamiento de la Tierra.

porque las imprecisiones (la distancia entre las ciudades, que no estuvieran en el mismo meridiano, etcétera) se compensaron, pero por la conclusión a la que llegó y por el método que aplicó aquello fue ciencia tan pura como la actual. Regresaremos sobre este asunto cuando hablemos de las superteorías actuales del «supertodo»: supercuerdas, espacios duales, universos paralelos y demás.

El tercer aserto aristotélico que he mencionado, el de que las mujeres tienen un diente menos que los hombres, forma parte de un extenso conjunto que hace sospechar que, como observador de la naturaleza, Aristóteles era muy descuidado. Sin embargo, el cuarto y el quinto, el de la circulación de la sangre y el de la pangenesia o transmisión de caracteres hereditarios, complican el asunto. El papel del corazón y el flujo de la sangre en el organismo se empezaron a estudiar muy pronto de manera rigurosa. Destacan en la antigüedad Herófilo y, sobre todo, Galeno, por muy cruel que fuera el estudio que hacía éste en los gladiadores heridos, moribundos y muertos. Si se relee bien la idea de la circulación de la sangre de Aristóteles, se observa que mezcla elementos espirituales con intuiciones, tradiciones y sinsentidos. Esto tuvo una influencia demoledora a través de los siglos. Pensemos en el caso de Miguel Servet, que fue posiblemente el primero que mejor describió la circulación menor de la sangre. Siendo un médico excelente, observador paciente y experimentador riguroso, esa descripción la hizo en unas pocas páginas perdidas en un marasmo de herejías, misticismos, agresiones eclesiásticas y arrogancias espirituales en su libro *Christianismi restitutio* que le llevó a la hoguera.

Finalmente, maravilla que la pangenesia aristotélica perdurara poco evolucionada hasta el establecimiento de las leyes del monje agustino Griorg Mendel a finales del siglo XIX.

Se puede pensar que todo esto está muy bien como curiosidad histórica, pero que en el siglo XXI tenemos muchas lecciones aprendidas como para temer que estas mezcolanzas de supuesta ciencia, mística y autoridad puedan regresar. Lo mismo podían haber pensado los científicos e ingenieros del período helenístico y pasó lo que pasó. Lo cual vamos a repasar en sus hitos más significativos.

Ya hemos hablado de Eratóstenes y lo hemos presentado como científico moderno. Pensemos ahora en Euclides. Dicen que sus trece libros los *Elementos* es junto con la Biblia la obra más difundida en la historia de la humanidad. Y, seguramente, con las Sagradas Escrituras por detrás, la que más influencia ha tenido. No sé si han tenido tanto alcance, pero en las escuelas de diversas partes del mundo se ha estado estudiando durante dos mil cuatrocientos años la geometría euclídea y se ha aprendido a manejar razones y proporciones tal como lo explican los *Elementos*. No se piense que, más o menos, ha pasado con esto como con lo de Aristóteles, porque es completa y radicalmente distinto. El avance de la ciencia es sólido porque se apoya en descubrimientos contrastados con la realidad. O sea, que lo antiguo permanece siendo correcto en su ámbito de aplicación. Que la mecánica de Newton falle estrepitosamente cuando se aplica al átomo no significa que esté mal, sino que no se puede aplicar a ese sistema físico. Dicho de otro modo, la mecánica cuántica no «derriba», o cosas peores que he oído decir, la mecánica clásica, ni mucho menos. Piénsese que lo equivalente en tecnología sería decir que los trenes a vapor no funcionaron porque hoy tenemos los trenes eléctricos de alta velocidad. Pues ésa es la diferencia esencial entre los asertos precientíficos de la Grecia clásica, que se fueron derrumbando uno a uno, mientras que los pilares helenísticos perduran hasta hoy día, por mucho que se hayan ampliado.

Arquímedes, gran matemático y también muy relacionado como Euclides con la biblioteca de Alejandría, hizo lo mismo con la física y la ingeniería. Sus tornillos, poleas y polipastos, tornos y leyes como las del centro de gravedad, la palanca o la de la hidrostática no sólo siguen siendo válidas, sino de uso común. Aún más, conceptos elaborados por él como el de densidad en física y los infinitesimales en matemáticas son la base correcta y sólida de desarrollos actuales de inmensa aplicabilidad. Por cierto, Arquímedes escribió sus teoremas matemáticos y descubrimientos científicos, y sin embargo no nos dejó testimonio escrito de ninguno de sus inventos tanto civiles como militares, los cuales nos han llegado a través de sus discípulos y cronistas. La ingeniería la consideraba un deber social en su momento y circunstancias, mientras que la ciencia la quería hacer perdurar.

Herófilo de Calcedonia, en lugar de hacer afirmaciones al estilo aristotélico respecto al cuerpo humano, hizo cosas de mucho más provecho por muy siniestras y crueles que fueran: disecciones de cadáveres y vivisecciones en criminales y esclavos condenados a muerte. Sus trabajos más finos se refirieron al cerebro y, con experimentos y pruebas más o menos sofisticadas, Herófilo llegó a concluir que la inteligencia (el alma según Aristóteles) no se encontraba en el corazón, sino allí, en el cerebro. Por cierto, respecto al corazón, además de describir el cuarto ventrículo ignorado hasta entonces, estudió la sincronía y desfases del pulso en distintas partes del cuerpo y los latidos del corazón en lugar de elucubrar místicamente sobre la circulación de la sangre. ¿Tan difícil había sido aquello para Aristóteles?

La tecnología romana

Sobre la tecnología del período helenístico, no sólo la de Arquímedes, quedan muy pocos testimonios, pero los que han llegado hasta nosotros indican que la ingeniería mecánica, la óptica e incluso el estudio de los efectos del vapor alcanzaron cotas bastante altas. Sin embargo, la hegemonía de Roma en los ámbitos sociales, políticos y militares supeditó la ciencia y la tecnología griegas. En el primer caso, prácticamente la ignoró, un síntoma de lo cual es que no hay traducción alguna al latín de aquella época de los *Elementos* de Euclides.Y Roma encauzó la tecnología fundamentalmente hacia la ingeniería civil, o sea, hacia las obras públicas. En este sentido, llamo la atención sobre un hecho de sobras conocido pero que seguramente sorprenderá cuando lo relacionemos más adelante con la Estación Espacial Internacional. Se trata de los acueductos romanos, esas espléndidas y faraónicas obras que encauzaban el agua desde los puntos orográficos más altos para suministrar a otros más bajos. Fueron obras completamente inútiles cuya justificación está en la ignorancia o desprecio de leyes científicas que seguramente dominaban los griegos helenísticos. En este caso es la ley de los vasos comunicantes, que viene a decir que el líquido de dos depósitos comunicados entre sí por tubos adquirirá el mismo nivel en ambos estén a la diferencia de altura que estén. El agua de una reserva situada a una altura determinada puede conducírsela hacia otra menos elevada por tubos que sigan la orografía del terreno, independientemente de que en algunos tramos haya que superar pendientes. Sin ir más lejos, tal como se hace hoy día con tuberías subterráneas. Precisamente, el prejuicio de que el agua nunca puede fluir hacia arriba por sí misma es lo que hizo que los ingenieros romanos diseñaran sofisticados acueductos que la encauzaran siempre hacia abajo, a veces teniendo que hacer increíbles vericuetos. Naturalmente, todo ello fue posible gracias a la mano de obra esclava, que, de no haber existido, quizá habrían agudizado el ingenio.

Durante los dos primeros siglos de nuestra era, la ciencia aún tenía un nivel aceptable, por más que hubiera descendido dramáticamente desde el período helenístico. La biblioteca y el museo de Alejandría aún constituían un centro de referencia, pero un fenómeno se iba abriendo paso sutil e irremisiblemente: la combinación del lenguaje científico con creencias irracionales, o sea, la pseudociencia. Tres casos fueron paradigmáticos. La alquimia surgió de la contaminación del conocimiento natural de los compuestos, por ejemplo de la metalurgia, con la magia y la religión. La astrología fue el único río al que fue a parar todo el caudal de conocimiento astronómico, terminando en el único objetivo de elaborar horóscopos para predecir el futuro. La matemática tuvo una regresión hacia la magia pitagórica, con lo que resulta que la incomprensión o el desprecio de la ciencia helenística dieron lugar al retroceso en el tiempo. De Arquímedes y sus coetáneos (III a.C.) se retrocedió a Aristóteles, después a Platón (IV a.C.) y siguiendo hacia atrás, se llegó a Pitágoras (V a.C.) recreándose su obra en toda su brujería y secretismo. La última persona que mantuvo encendida la llama de la ciencia griega, no sólo de la auténtica matemática, fue Hipatía, por lo que su linchamiento bien puede considerarse el triunfo de la irracionalidad sobre la ciencia y la tecnología europeas, cuya máxima expresión la alcanzó en el siglo III a.C., lo cual significa que el declive inexorable duró ocho siglos. Puede parecer muy paulatino y no fue así, porque supuso una caída abismal muy brusca seguida de una larga agonía mortecina en todo momento salvo pequeños estertores de muerte.

Los tiempos oscuros

Ya que antes he llamado la atención sobre el desconocimiento de los romanos de los *Elementos* de Euclides, pensemos que éstos no se recuperaron hasta el año 1120 en que Adelardo (un inglés de Bath) los tradujo del árabe. Precisamente fue Hipatía la última autora que había enseñado y comentado la obra de Euclides, por lo que no es baladí la apreciación anterior de que la victoria del fanatismo se selló con la muerte de la alejandrina.

¿Realmente la Edad Media se caracterizó por el estancamiento de la ciencia y la tecnología? Es totalmente cierto. O casi, pero la cuestión decisiva para lo que se quiere sostener en este libro es por qué se llegó a semejante abandono de los frutos de la razón.

El cristianismo, por los motivos que fuera, a los que no eran ajenos los políticos, cuando no los decisivos, tenía que tomar carta de naturaleza entre el judaísmo y la filosofía griega.

Lo primero lo resolvió integrándolo en buena medida, porque el Dios judío proporcionaba ya una cosmología y una causa histórica de la evolución de la humanidad y de las especies. El Universo lo creó Dios, las criaturas de uno de los planetas de su estrella favorita también, y el deplorable estado moral en que se encuentran permanentemente sus habitantes inteligentes, yendo siempre a peor, es debido al pecado cometido por Adán, el antecesor de todos ellos. En consecuencia, la salvación está en manos de Dios, porque si ha sido todopoderoso para llevar a cabo las ingentes tareas creadoras anteriores, la futura es sencilla. No hay más que elaborar unas leyes y hacerlas cumplir bajo amenaza de condenación eterna.

Lo segundo, singularizar la filosofía cristiana respecto al portentoso pensamiento griego era una tarea infinitamente más ardua. La clave estaba en armonizar de alguna manera la razón con la fe, es decir, las verdades o certezas demostradas, o al menos demostrables, con las reveladas. Porque para creer en la herencia judía anterior había que tener mucha fe. El problema es que la explicación de estas verdades reveladas exigía a su vez la razón, y eso suponía un problema. La fe puede quedar atrapada en la razón o ésta supeditada a la fe, y los dos extremos llevan a situaciones complejas cuando no contradictorias. Por ejemplo, si se quería adoptar el platonismo de alguna manera, había que combinar Dios con Cristo; si éste era, con toda lógica, hijo de aquél, la subordinación era obvia. ¿Por qué no era admisible esta subordinación? Porque entre la infinidad de problemas que creaba destacaban los éticos, ya que hay que encajar el pecado en todo esto. Los dos extremos a evitar en esta bifurcación son la exaltación del mal, contrapuesta a las virtudes de Dios, y el optimismo griego que considera el mal como algo pasajero con el que hay que ser indulgente. En este último caso, el embrollo se hace más enrevesado al tratar de armonizarlo con la salvación o la condenación eternas. ¿Es necesaria la gracia o el castigo divino para decidir ese destino individual, o ambas, la salvación y la condenación, se originan en el libre albedrío del hombre? Esto último aterraba a muchos, porque haría innecesaria la encarnación de Dios en Cristo y mucho menos mandarlo al tormento y la cruz para que nos salvara. Tendría que entrar en juego un tercer agente, y si con dos el enredo era tremendo, con el misterio de la Trinidad el asunto alcanzó una complejidad extrema.

La decadencia del imperio romano, la necesidad de cohesión ideológica, los avatares económicos y los desastres de la guerra tuvieron innumerables consecuencias. La más curiosa fue el protagonismo que fue adquiriendo la elaboración teórica de la nueva religión e ideología occidental. Conciliar las posturas fue una tarea peliaguda y los protagonistas estelares fueron los llamados, con toda lógica, concilios.

Definir las verdades reveladas y convertirlas en dogmas costó un inmenso esfuerzo intelectual. La primera etapa la llaman los historiadores la patrística, palabra que proviene de los Padres de la Iglesia, que dedicaron a ello todo su esfuerzo. San Agustín quizá fuera el exponente más sobresaliente. Después se abrió paso la escolástica, con santo Tomás a la cabeza. Por el camino se descubrieron las herejías y las ventajas políticas que conllevaba atacarlas en determinados momentos a sangre y fuego.

En medio de todo este marasmo intelectual quién le iba a dedicar esfuerzo alguno a la ciencia. Si para colmo a un Santo Padre se le ocurría que algún producto de la actividad científica iba en contra de algún dogma trabajosamente elaborado, el autor de la tropelía empezaba a temerse lo peor y consideraba automáticamente que era mejor dejarlo estar. En cualquier caso, el cristianismo no habría tenido la importancia ni el desarrollo que adquirió si no se hubiera convertido en la religión oficial del imperio romano en el siglo IV.

Todo lo anterior ha podido sonar, con razón, a simplificación excesiva y exageración en cuanto a la barbarie espiritual que parece que supuso la construcción del cristianismo. Con respecto a la exageración, si se quiere atenuar ampliando los conocimientos, recomiendo los dos libros a los que más tiempo he dedicado para hacer este breve e irreverente resumen: el de Ludovico Geymonat[5] y el de Arnaldo Momigliano.[6] En lo relativo a la barbarie aludida, conste que considero que no todo fue extravagancia intelectual en la Edad Media, ni mucho menos. Aún más, creo que de la escolástica surgieron algunos embriones de los que fructificaron muchos elementos de la modernidad europea, por ejemplo, las universidades, por muy enraizadas que estuvieran en la religión. Pero para algunos de los propósitos de este libro, en concreto el que he apuntado antes de que la ciencia y el progreso no fluyen y evolucionan inexorablemente, es suficiente con lo dicho. La intención, obviamente, es alertar sobre muchos indicios actuales que indican que puede haber una regresión, y eso es lo que en mi opinión hay que evitar a toda costa mostrando el alcance que puede tener el desastre.

El Renacimiento

Aristóteles empezó a desbancar a Platón en las disquisiciones cristianas en época tardía. De hecho, la obra del Estagirita llegó al mundo latino a través de traducciones del griego y, sobre todo, del árabe. El más grande maestro aristotélico seguramente fue el cordobés Averroes, que vivió desde 1126 hasta las postrimerías del siglo XII. Sus

5. *Historia de la filosofía y de la ciencia*, Crítica, Barcelona, 1998.

6. A. Momigliano, ed., *The Conflict between Paganism and Christianity in the Fourth Century*, The Clarendon Press, Oxford, 1963.

comentarios y desarrollos aristotélicos tuvieron enorme influencia y se fueron introduciendo inexorablemente en las universidades de toda Europa. Pero los escolásticos veían con gran recelo todo aquello, porque realmente era difícil conciliar el pensamiento griego clásico, no digamos el helenístico, con los dogmas de la Iglesia. Pero, aparte del gran santo Tomás de Aquino que tenía amplitudes de miras muy anchas, hubo dos personajes fundamentales para el renacer de la ciencia: san Alberto Magno (1206-1280), maestro del anterior, y Guillermo de Ockham (1285-1349), franciscano formado en Oxford. Obsérvese que las fechas de nacimiento y muerte de los tres, Averroes, Alberto y Ockham, están prácticamente encadenadas, lo que muestra la lentitud de los cambios que estamos señalando. Estos cambios se refieren a que el cristianismo comenzó a contemplar la naturaleza desde un punto de vista que, si aún no se le puede llamar experimental, al menos iba más allá de la pura especulación o filosofía. El caso del inglés es el más decisivo. Guillermo de Ockham se plantó ante el Papa y todo el poderío eclesiástico, que ya era tremendo, de dos maneras, a cuál más osada. Por una parte, reivindicando la pobreza de la Iglesia y atacando su poder para entroncarla realmente con la enseñanza de Cristo. Casi nada. Y por otra parte, sosteniendo que la fe y la razón son irreconciliables, por lo que los dogmas, con el trabajo que había costado establecerlos y racionalizarlos, no se podían fundamentar ni falta que hacía. Esta osadía abrió paso a la ciencia, aunque desde un punto de vista más intelectual que práctico. Para esto habría que esperar al humanismo de Erasmo de Rotterdam, y en ese marco, a Galileo, que fue realmente fundador de la ciencia moderna. Pero antes hay que destacar una figura singular del Renacimiento, porque su ejemplo será muy instructivo para algunas de las pocas tesis que se van a sostener en este libro. Se trata de Leonardo da Vinci o la tecnología sin fundamento. Si se quiere ser más benévolo, Leonardo se puede asociar con algo así como la tecnología artística.

Pocas cosas hay tan fascinantes para el espíritu como algunas pinturas y dibujos de Leonardo, salvo, al menos para quien escribe estas líneas, la simulación por ordenador en tres dimensiones y con capas translúcidas del funcionamiento de las máquinas que ideó.

Ante la *Gioconda* o *La Última Cena*, si los turistas y las medidas de seguridad lo permitieran, uno podría quedarse mucho tiempo embelesado; ante la pantalla de un ordenador o las páginas de un buen libro sobre los aparatos que soñó Leonardo, uno puede llegar al éxtasis viendo las reproducciones que hoy día se hacen de los mecanismos deducidos de sus dibujos.[7] Lo curioso del asunto es que estas geniales invenciones técnicas no tuvieron un uso práctico, al igual que las pinturas. El único diseño de Leonardo del que se tiene constancia que se llevó a la práctica fue un modelo de puente que se construyó a pequeña escala en Noruega y a escala mayor en Turquía... ¡en 2001 y 2006, respectivamente! Helicópteros, aviones, submarinos, ametralladoras, tanques, coches, cañones, telares, todo salió de la mente del genio en unas pocas décadas entre los siglos XV y XVI. ¿Fue Leonardo un simple dibujante de una primigenia ciencia ficción? No, Leonardo da Vinci fue un genio que trató de abarcar infinidad de formas de escudriñar la naturaleza, desde la anatomía humana hasta la botánica, pasando por media docena de especialidades. Además, fue quien con más recio fundamento antepuso Arquímedes a Aristóteles, aunque respecto al gigante helenístico tuvo dos deficiencias notabilísimas. Arquímedes fue un matemático excepcional y sus inventos mantuvieron a raya a la flota romana de Marcelo durante los casi tres años que duró el asedio de Siracusa. Leonardo tenía unos conocimientos rudimentarios de matemáticas, apenas se sabía expresar por escrito y todas sus máquinas de guerra fueron rechazadas porque, con razón, los generales e ingenieros militares sospecharon que no valdrían para nada en la batalla, si es que no producían más estragos entre amigos que entre enemigos. Aún más, mientras que Arquímedes fue un gran innovador de la ciencia y la tecnología de su tiempo, Leonardo no aportó mejora alguna a los mayores avances de su época, por ejemplo, la imprenta. Sin embargo,

7. De la infinidad de libros y páginas web que el lector puede encontrar por su cuenta, recomiendo el libro editado por Tikal, de la Biblioteca de Leonardo da Vinci, titulado *Las máquinas de Leonardo*. Aunque el libro no tiene autores reconocidos en su portada, las ideas, comprensión y descripción de las máquinas son obra de Mario Taddei y Edoardo Zanon, lo cual es justo reconocerlo.

en su obra hay cosas tan sutiles como el principio de la inercia, la potencia del método empírico, el interés por la mejora de la tecnología al servicio del avance humano (y el suyo pecuniario particular), etcétera, que precedieron la obra magna de Galileo, e incluso tienen tintes de una modernidad notable. Pero también nos provoca prevención ver hasta dónde puede llegar una tecnología huera y visionaria: a ninguna parte.

La nueva astronomía

Ríos de tinta sabia se han empleado en describir el nacimiento de la ciencia y el pensamiento moderno en el Renacimiento. No seré yo quien trate en este libro de condimentar semejante acervo intelectual, pero entre tanto humanismo, reforma y contrarreforma abanderados por grandes y famosos pensadores, así como algunos menos conocidos pero de gran influencia como Campanella,[8] no se suele resaltar el papel del cambio de paradigma en la astronomía.

La naturaleza, digamos el mundo exterior a nosotros, presenta una riqueza y variedad tan inmensas que aturde al espíritu del observador curioso. El cielo nocturno, aun siendo tan fascinante o más que el mundo visto a la luz del día, favorece la ilusión de encontrar regularidades y respuestas a infinidad de las preguntas que suscita. Al fin y al cabo, por espectacular que se presente, cada noche muestra el mismo espectáculo: 1.022 estrellas fijas si se tiene muy buena vista, cinco errantes y la Luna entre medias, porque aunque parece de vagabundeo incierto, su trayectoria se repite casi cada mes. Lo único que distinguía a las estrellas era su brillo aparte de su posición en la bóveda celeste. Con estos escasos mimbres y mucha imaginación no

8. Tomás (en realidad, Giandomenico) Campanella fue un apologista de Galileo que representa una buena muestra del tránsito hacia la ciencia moderna, porque era a la vez practicante de magia y defensor de que la única fuente de conocimiento verdadero era el estudio de la naturaleza. Por su parte, la sociedad (más bien, los sabios y los nobles) se comportó con él de igual manera contradictoria: persiguiéndolo encarnizadamente (pasó veintisiete años en prisión) y reverenciándolo hasta la idolatría.

exenta de sentido práctico, se establecieron las constelaciones, agrupaciones fantásticas surgidas al unir con líneas imaginarias estrellas de brillo parecido. Naturalmente, las distintas civilizaciones antiguas dibujaron constelaciones diferentes, por más que algunas se repitieran, como, por ejemplo, el Escorpión. Eso podía deberse a intercambios culturales de viajeros, a la peculiaridad de la forma o al paso reiterado de la Luna o alguna estrella errante por una constelación determinada.

La razón práctica aludida de la observación del cielo era el establecimiento de calendarios, porque saber a ciencia cierta en qué momento del año se encuentra uno, sobre todo si es gobernante o agricultor, favorece la recaudación de impuestos y las tareas agrícolas. Aparte, claro está, de la astrología, es decir, la posibilidad de adivinar el futuro de individuos y empresas, sobre todo si los primeros son reyes y las segundas guerras. Pero de la astrología hablaremos largo y tendido más adelante.

Las estrellas errantes sí que eran interesantes. Los que después se llamaron planetas, que para los antiguos eran cinco por la sencilla razón de que son los únicos que se ven a simple vista, seguían unos caminos análogos pero raros y a destiempo. Tras muchísimas observaciones, parecía que transitaban por una senda común más o menos ancha por la esfera celeste describiendo un extraño bucle, retrocediendo primero y reencontrando su camino después. El tiempo que tardaba cada uno no tenía nada en común. Era lógico que aquello fascinara a las mentes más preclaras o curiosas de todas las civilizaciones en todo momento y lugar. Así, encontramos calendarios y representaciones del cielo nocturno en constelaciones desde los mayas y aztecas, hasta los chinos e hindúes, pasando por griegos, babilónicos, egipcios, etcétera.

Los modelos que se hicieron de cómo marchaba el cielo no fueron muy diferentes, aunque cuanto más detalladamente se escrutaban el Sol, la Luna, los planetas y las estrellas, más fallaba todo lo imaginado. Lo más obvio, porque se basaba en la observación más inmediata y simple, era que todo giraba en torno a la Tierra. El Sol, por supuesto, no había más que mirar lo que hacía cada día; la Luna hacía lo propio de manera más complicada, pero también evidente;

y las estrellas errantes, con un poco de esfuerzo imaginativo, también cuadraba que hicieran lo mismo. Y en este punto es cuando empiezan a divergir dos actitudes intelectuales que llegarán hasta nuestros días y de las que debemos tomar buena nota. Una es la de integrar el modelo en un cuerpo doctrinal, hacer uso de la filosofía y/o de la religión. La otra, simple y llanamente, es medir, o sea, no conformarse con cualquier modelo a menos que confirme los resultados de las observaciones. Así, mientras unos se dedicaban a idear astrolabios, sextantes y demás instrumentos para medir las posiciones de los cuerpos celestes con exactitud cada vez mayor, otros, como por ejemplo Aristóteles, establecían modelos bellos y perfectos sin otra base que presentar cierta congruencia y lógica respecto a lo más obvio de las observaciones. La religión, en particular la judeocristiana, tenía además el soporte inapelable de las Sagradas Escrituras, las cuales, para colmo, podían armonizar relativamente bien con el poderío aristotélico como hemos visto. Así pues, lo que se impuso en Europa durante siglos y siglos fue que el mundo era sencillamente la creación de Dios envuelta de esferas perfectas en las que se movían cuerpos esféricos no menos perfectos, como el Sol, la Luna, las estrellas errantes, todo ello enmarcado por la esfera mayor cuajada de estrellas fijas por gusto y placer estético del Creador. Si aparecían imperfecciones y cosas no inmutables, como lo que hoy llamamos cometas, explosiones novas o supernovas, incluso ese manchurrón indecente que los rústicos llamaban Vía Láctea y los hombres de bien de nuestras tierras Camino de Santiago, se despachaba el asunto como fenómenos atmosféricos o, como mucho, sublunares.

Los otros, los impíos que se dedicaban a observar, medir y anotar, estaban en un estado de estupor permanente. Nada cuadraba con nada. Desde antes de Ptolomeo (siglo I), incluido él mismo, que es a quien se le atribuye el mejor modelo geocéntrico, parecía que el modelo con el Sol y no la Tierra en el centro de todo ajustaba mejor los datos extraídos de las medidas precisas de las posiciones. Curiosamente, sobre todo para Ptolomeo, si se forzaba la reproducción cabal de las medidas, el centro de todo no debería estar ni en el Sol ni en la Tierra, sino en un punto en el cual no había absolutamente nada. Como aquello era muy raro y los discípulos de Ptolomeo no eran tan hábiles como él, decidieron hacer los cálculos con la Tierra en el centro, que era más fácil que hacerlo con el Sol rigiéndolo todo. Por las razones anteriores del predominio de la filosofía y la religión, fue cayendo en el olvido que ninguno de los dos modelos, ni el geocéntrico ni el heliocéntrico, eran correctos. Y así llegamos a Copérnico primero, y después a Tycho Brahe y su pobre discípulo Kepler, con el infortunado Giordano Bruno entre medias.

Lo que pasó, dicho en un resumen escueto, fue que Copérnico analizó los datos antiguos exhaustivamente afinando el modelo heliocéntrico, de manera que demostraba (demostraba, sí, porque ésa es la palabra clave) que era muy superior al geocéntrico, aun sabiendo que no era exacto. Tycho Brahe diseñó y rigió el primer gran observatorio astronómico del mundo con el objetivo, cumplido ampliamente, de medir con gran precisión las posiciones de infinidad de estrellas. Y lo que hizo su pequeño, triste y amargado empleado, el gran Kepler, fue cambiar los círculos por elipses estableciendo tres leyes muy exactas que sostenían sin lugar a dudas que el Sol no estaba en el centro de nada, sino en uno de los dos focos de las elipses que trazaban los planetas en torno a él. Y como he dicho, entre medias, mezclando datos, filosofía, intuición, magia y una bravura sin límites, Giordano Bruno defendió el copernicanismo hasta extremos inconcebibles e inaceptables por la Iglesia: «Existen innumerables soles; innumerables tierras giran en torno a esos soles de manera similar a como los planetas giran alrededor de nuestro Sol. Seres vivos habitan esos mundos». Ahí es nada. Aquello le costó a Giordano Bruno ocho años de torturas que culminaron en la hoguera con la lengua clavada a un taco de madera para que no pudiera dirigirse al público asistente. El insigne jesuita Roberto Belarmino, que había dirigido el proceso, fue quien inició el que casi acaba de la misma manera con Galileo si no se hubiera muerto antes.

Galileo Galilei o la creación de la ciencia moderna

Se ha escuchado y leído infinidad de veces la expresión que da título a este apartado, pero para ir cumpliendo el objetivo de este libro hay que considerar algunos aspectos quizá poco conocidos de lo que supuso Galileo para la ciencia actual. Por lo pronto, Galileo se percató muy rápidamente, siendo aún un zagal, de que no era Aristóteles al que había que seguir, sino a Arquímedes. No había que procurar que renaciera el período clásico, sino el helenístico. Aún más, se convenció de que desenmascarar el aristotelismo[9] era tarea urgente y prioritaria. Por eso, en las octavillas que dicen que repartió por toda Pisa anunciando su experimento de tirar bolas desde el Campanille decía justo eso, que demostraría que el gran Aristóteles estaba equivocado. Efectivamente, demostró ante estudiantes jocosos, profesores adustos y eclesiásticos recelosos que la afirmación aristotélica de que los cuerpos caían con velocidad proporcional a su peso era una estupidez. Así pues, el método experimental se impuso muy pronto en Galileo como proyecto vital.

Algo más sutil que lo anterior fue tratar el espacio y el tiempo de manera mucho más provechosa que la de Aristóteles. Galileo dividió el espacio en fragmentos que él podía medir con reglas finas, a los cuales llamó puntos, y el tiempo en intervalos que él pudiera contar los llamó tempos.[10] Así, empezó a medir con precisión la caída de los cuerpos en planos inclinados, la sincronía del péndulo, el vaciado de líquidos de vasijas, el equilibrio de las balanzas de precisión, la situación del centro de gravedad de cuerpos irregulares, etcétera. Y en asuntos de guerra, el desarrollo del sector como elemento de puntería artillera, el cálculo de la trayectoria de los proyectiles, etcétera. En otras palabras, mucho de lo que hizo Arquímedes pero muy ampliado y poco o nada corregido.

Además de la experimentación y el cálculo como método de escudriñar la naturaleza y domeñarla, Galileo también se dio cuenta

9. Muchos historiadores sostienen, seguramente con razón, que Galileo no atacó a Aristóteles, sino a los aristotélicos. Es dudoso. En muchos pasajes de sus obras realmente denuesta a aquellos para los que la obra de Aristóteles era «palabra de dios» y dogma inamovible a seguir, y en otros parece que exculpa al Estagirita suponiendo que si viviera en su época utilizaría su método. Pero también hay pasajes en que se ensaña directamente con él.

10. Un punto de Galileo equivalía a 0,094 centímetros, menos de un milímetro, y un tempo a 0,011 segundos… ¡una centésima de segundo!

de que el uso de las matemáticas como hacían los helenísticos era lo apropiado, y no la especulación lógica y elegante de sus famosos predecesores.

Otro de los pasos de gigante de Galileo fue el uso del telescopio, que ni lo había inventado él ni falta que le hizo. Al hacerse con el artilugio que servía de diversión en las ferias holandesas, lo primero que hizo Galileo fue apuntarlo al cielo nocturno. Aquello fue una apoteosis para el conocimiento y un desastre de proporciones inauditas, por inesperadas, para el aristotelismo. Antes de analizarlas, pensemos en un aspecto interesante del telescopio. A diferencia de astrolabios, sextantes, sectores y demás artilugios, lo que supone el telescopio es ampliar la capacidad de observación del ser humano. El nuevo instrumento no aumentaba la precisión de las medidas, sino la potencia del ojo humano como detector de información. Esta combinación de rigurosidad y capacidad de observación es lo que iba a caracterizar la investigación en el futuro y en Galileo estaba también el inicio de este proceso de instrumentación inherente al progreso científico.

En cuanto Galileo escudriñó los objetos celestes con sus telescopios quedó asombrado no por las maravillas que observaba, sino por descubrir toda la insensatez que se había acumulado durante siglos. Descubrió manchas en el Sol, o sea, que no era perfecto. Por no hablar de la Luna, que parecía acribillada. No había 1.022 estrellas, sino muchísimas más; tantas, que bien podían ser innumerables. ¿Habría tenido razón, a la postre, el pobre Giordano Bruno? La Vía Láctea no sólo no era un fenómeno sublunar, sino una concentración mayor de estrellas. Si el Sol era uno más de aquella infinidad de soles y se veía tan grande porque simplemente estaba más cerca, bien podría ocurrir que todos tuvieran planetas en torno a ellos y que... ¡seres vivos habitasen en esos innumerables mundos! Bruno otra vez, porque lo que quedó fuera de toda duda para Galileo era que la Tierra giraba en torno al Sol y no al revés, lo cual no era tan raro, ya que ahí estaban esas cuatro estrellas mediceas, que son simples satélites que giran en torno a Júpiter. Entonces se inició la nueva innovación galileana: la separación de la ciencia y la religión, aunque como veremos no es que tuviera poco éxito en su intento, sino que casi le cuesta la vida. No vamos a insistir en una historia de todos conocida, mejor narrada y sublimemente reflexionada, salvo en varios aspectos que se pueden considerar menores pero de gran importancia para el propósito de estas páginas.

En primer lugar, destaquemos los papeles desempeñados en el conflicto de Galileo con la Iglesia de Roberto Belarmino y Maffeo Barberini. Ya he dicho que el primero, el jesuita que condenó a Giordano Bruno, fue el que inició la persecución de Galileo. Aquello fue una persecución desde sus inicios por más que el cura lo envolviera en gestos de aprecio, alternativas melifluas de permisividad y solidez intelectual e incluso científica. Todo era falso, porque lo que hacía Belarmino a la cabeza del Colegio Romano era esgrimir la autoridad de la Iglesia bajo las amenazas más terribles.

El caso de Maffeo Barberini fue aún peor, porque éste sí dio muestras de aprecio y admiración sinceros por su amigo Galileo hasta que lo nombraron Papa. Con el nombre de Urbano VIII, el amigo Barberini se invistió de una soberbia que atemorizó tanto a sus enemigos como a su corte aduladora y servil. La moraleja es clara: en cuanto a ataques a la ciencia y la razón, jamás hay que bajar la guardia confiado en evidencias, aprecios y fidelidades, porque la política y la ideología, el poder en suma, hará lo que le convenga, arrasando lo que considere un obstáculo a sus intereses. Afortunadamente, Galileo fue coherente casi hasta el final pero sin llegar a él manteniendo la fidelidad a sus amigos; así, cuando Galileo abjuró lo hizo por miedo a la tortura y el fuego, pero en ningún momento denunció a sus colaboradores, tan copernicanos como él, por más que le ofrecieran ventajas por hacerlo.

Otra pincelada a destacar del ataque de la Iglesia a Galileo es la siguiente. En el año 2003, una comisión de científicos católicos presentó el informe que le había encargado la Iglesia sobre el juicio a Galileo. Justificaron al Tribunal de la Inquisición que lo juzgó aduciendo que, en rigor, Galileo no demostró sus tesis. Lo hicieron en muchas páginas de pura palabrería aparentemente científica, profundamente falsa y con una arrogancia sin límites, por muy camuflada que la presentaran. La Iglesia, a pesar de las pérfidas conclusiones de la comisión, pidió perdón, pero nadie creyó en su sinceridad ni falta que hacía a esas alturas. Pero tomemos nota de lo que supone enfrentarse a la Iglesia, una institución que siempre ha mostrado una suspicacia infinita hacia la ciencia, cuando no un desprecio u odio absolutos.

Antes de dejar este enojoso asunto de la crueldad de la Iglesia con Galileo, al que no le levantó su condena de enclaustramiento de por vida ni cuando estuvo ciego y moribundo, ni siquiera en consideración a sus dos hijas monjas, en particular a la dulce María Celeste, llamo la atención del lector sobre uno de los inicios del proceso, porque también es significativo de lo que he dicho antes y para lo que sostendré después.

Un discípulo de Galileo, Benedetto Castelli, le escribió una carta llena de inquietud en la que le contaba que la Gran Duquesa Cristina de Lorena lo había llamado para mostrarle una duda que le había asaltado. La piadosa Cristina le preguntó al joven matemático si no había contradicción entre el sistema copernicano y la Biblia, en concreto con el pasaje del Libro de Josué que dice que Dios mandó detenerse al Sol para que al gran conquistador de la tierra de Canaán, jefe máximo de los hebreos después de Moisés, no se le escapara ni un enemigo en retirada amparándose en la noche. Un pasaje muy piadoso y edificante. Si Dios mandó detenerse al Sol, ¿cómo osa ningún mortal decir que el Sol está quieto y es la Tierra la que se mueve?

Galileo presintió el peligro que conllevaba el asunto, pero no dejó abandonado a su discípulo. Le escribió una larga carta en la que divagaba sobre la relación entre lo que dicen literalmente las Sagradas Escrituras y lo que se puede observar directamente. A veces, algunos pasajes contradicen los hechos observados, pero es el fondo lo que nos interesa: Dios habría ayudado a Josué en su cruel carnicería tanto en el sistema ptolomeico como en el copernicano.

Castelli, muy ufano y agradecido a su maestro, le empezó a mostrar la carta a todo el mundo. Al cabo de algún tiempo, Galileo se enteró de que su epístola se había publicado y era de dominio público. Galileo temió que si se enteraba la Gran Duquesa se lo podía tomar como una descortesía y le escribió otra misiva dirigida personalmente a ella en la que ampliaba y detallaba su parecer en cuanto a la supremacía de la observación y la comprobación experimental respecto a la literalidad de las Sagradas Escrituras. No mucho después, a Galileo le llegó la noticia de que un joven dominico había lanzado desde el púlpito una tremenda diatriba contra los copernicanos basada en el pasaje bíblico y, por primera vez, al más famoso científico, matemático y filósofo de Europa, Galileo Galilei, lo acusaron de herejía. Desde entonces y hasta ahora, cuando la Iglesia dice oficialmente que la fe y la razón son compatibles, miente. Seguramente, lo hace porque simplemente no puede iniciar persecuciones saltándose las leyes, porque lo que ha evolucionado es el derecho civil y el penal, no la soberbia eclesiástica. No está de más recordar que la última víctima de la Inquisición, disfrazada de Junta de la Fe tras haberla abolido las Cortes de Cádiz, fue el maestro catalán Cayetano Antonio Ripoll. Su delito fue leer «libros malos», no llevar a sus alumnos a misa y cambiar el saludo «Ave María» por «Alabado sea Dios». Lo ahorcaron en Valencia el 31 de julio de 1826. Fíjese el lector en la fecha: antes de ayer como quien dice.

Dejemos las tristezas inherentes a la vida de Galileo, porque además cuadran poco con su carácter, que a muchos sorprende que el toscano fuera alegre y amante de la fama, del dinero y de las mujeres recias. Sigamos, pues, con las novedades que introdujo Galileo en la historia del conocimiento humano fundando nada menos que la ciencia moderna. Por ejemplo, él fue también el primero que introdujo el trabajo en colaboración, moneda corriente hoy día en el quehacer investigador. Galileo no sólo cultivó la figura del discípulo, sino también la del colaborador. Hay muchos trabajos hechos en comandita por Galileo, por ejemplo con su amigo Sagredo.

Otra innovación que suele pasar desapercibida en los textos sobre Galileo es la de su relación con los artesanos, embrión de lo que bien pudiera ser hoy la relación entre ciencia y empresa o, mejor, entre científicos e ingenieros. Galileo buscaba a los mejores artesanos de Pisa, Padua o Roma para que le construyeran los instrumentos que ideaba. En este sentido, consideremos que Galileo hizo mucha ciencia por el afán de conocer, pero muchísima otra por el afán monetario. Vendía todo lo que podía de los frutos de sus investigaciones, unas veces con éxito y otras no. Es esclarecedor de este aspecto el siguiente caso. Con el citado amigo Sagredo, Galileo montó en un bello armazón de madera noble realizado por un buen ebanista un peñasco de magnetita de poco más de kilo y medio. El imán era capaz de levantar una bola de hierro de casi cuatro kilos de peso. Trataron de vendérselo al Gran Duque Fernando de Médicis sin éxito, y después a algunos nobles para que lo utilizaran como regalo de boda de Cosme de Médicis. ¡Qué gran símbolo de atracción y fuerza para un matrimonio! Y nada. Así que Galileo pasó de largo por el magnetismo porque le pareció que no era de gran provecho.

Bueno será recordar todo lo anterior cuando hablemos de las actitudes que mantienen muchos de nuestros investigadores actuales encerrados plácidamente en torres de marfil que vaya usted a saber qué ocultan en ellas.

Por cierto, otra de las cosas que inventó Galileo fue la divulgación científica. El libro que casi lo lleva a la hoguera, el *Diálogo*, era de divulgación y por eso estaba escrito en italiano, no en latín, y con un estilo accesible para no especialistas. Se le ocurrió crear tres personajes que debaten sobre los sistemas solares concebidos por Copérnico y Aristóteles. El título completo de la obra es *Diálogo sobre los dos grandes sistemas del mundo*. Los dos primeros personajes eran caracterizaciones de amigos suyos que ya habían muerto: Francesco Sagredo y Filippo Salviati. Éste hablaba en boca de Galileo y Sagredo hacía de embustero inteligente. El tercero era un aristotélico al que llamó, ¡ay!, Simplicio. Con éste se identificó a Urbano VIII, y el asunto tuvo las consecuencias que tuvo.

Del Renacimiento a la Ilustración

Tras Galileo, vinieron Newton, Leibniz, Huygens, la Royal Society, los revolucionarios franceses, la matemática rusa... Europa disfrutó en el siglo XVIII de un proceso maravilloso que trataba de encumbrar la razón como guía del devenir humano. En el período llamado Ilustración se colocaron los cimientos de la ciencia de hoy día o, mejor, los pilares, porque fueron individualidades más que colectivos quienes lo hicieron. Sin embargo, antes de que el gran Newton iniciara dicho proceso, habría que destacar a un personaje por lo que supuso de visionario para la ciencia aunque no aportara nada concreto a ninguna de sus ramas. Se trata de Francis Bacon, un londinense coetáneo de Galileo.

Bacon fue tan adelantado a su tiempo que hasta su carrera tiene tintes modernos: licenciado en derecho, intrigante y parlamentario hasta llegar a ministro. Igualito a la mayoría de los políticos de mayor éxito de hoy, porque para que no le falte nada a la analogía, Bacon rompió con su padrino político en cuanto éste empezó a caer en desgracia y en otra época fue acusado de corrupción y condenado a multa y prisión, de la cual salió por donde había entrado unos días después de su ingreso. Y la multa, por supuesto, no la pagó. Pero hay una diferencia esencial entre Bacon y los políticos de hoy: él tenía pensamientos propios y originales que plasmaba por escrito, aunque muchos se publicaron póstumamente. Los que nos interesan aquí son los relativos a lo que podríamos llamar política científica, porque en eso fue realmente un precursor.

En su libro titulado significativamente *El avance del saber*, y sobre todo en el más importante de los que escribió, *La Gran Restauración*, desautoriza todo el conocimiento antiguo, incluidos el platonismo, el aristotelismo y, ya puestos, la escolástica en su totalidad. Lo hace sin mucho rigor, pero lo hace. A la pseudociencia, que como es lógico sospechar atacaremos con denuedo más adelante, Bacon también la atacó todo lo que pudo. Y piénsese que estamos en un siglo en el que Paracelso, el ya desaparecido rey de la alquimia, la astrología y la magia, tenían infinidad de adeptos; además de estar éstos acogidos, financiados y homenajeados por algunas de las cortes europeas más poderosas. Pues en ese ambiente, donde todavía había muchos más adivinos que científicos, Bacon dijo que el único método de estudio de la naturaleza era mediante la experimentación y que la ciencia debía ser una empresa colectiva basada en la colaboración entre los investigadores, organizada y financiada por el Estado. Y que el fin de la ciencia era la aplicación técnica para la mejora de la condición del género humano. ¡Cómo iba un libro como éste dejar de citar admirativamente a Francis Bacon!

En el período ilustrado en Europa no se le hizo mucho caso a Bacon como político de la ciencia, porque ésta quedó en manos de individuos geniales a los que lo último que se les habría ocurrido sería colaborar entre ellos. Más bien algunas disputas fueron tan enconadas que se hicieron célebres. La institución que podría haber sido el pilar de organización científica a cargo del Estado, la universidad, seguía enseñoreada por el aristotelismo, cuando no directamente por la Iglesia (las distintas iglesias, porque en Europa la división del cristianismo ya estaba acrisolada). Las instituciones científicas emergentes, como la Royal Society y las academias nacionales de los países más avanzados, eran todavía clubes de amigos de reunión semanal, por más que sirvieran de acicate para el desarrollo de la ciencia. El caso fue que las cinco ciencias que empezaban ya a diferenciarse (de manera jerarquizada, aunque tal clasificación todavía les duela a muchos de mis colegas), matemática, física, química, biología y geología, crecieron como el musgo en las sólidas rocas que eran las obras de Fermat, Newton, Lavoisier, Linneo, etcétera. Y así continuó hasta la Revolución francesa, que en algunos aspectos fue causa e incluso consecuencia del desarrollo científico.

Dedicaré unos párrafos a algo que he dicho de pasada, aun a riesgo de que se considere como una apreciación demasiado personal y quizá poco relevante para lo que se quiere sostener en este libro. Es el asunto de las disputas científicas y el papel de la Europa continental en el desarrollo de la ciencia durante la Ilustración o, más bien, la irrelevancia de Inglaterra en dicho proceso. Veamos qué fue lo que pudo ocasionar este desbarajuste ocasional para poner de manifiesto lo delicado que es el progreso científico.

Es bien conocida la agria y prolongada disputa establecida entre Newton y Leibniz sobre la autoría primera del cálculo infinitesimal. El inglés era un gigante de la ciencia, nadie lo ponía en duda en su época y menos en la nuestra, pero era un neurótico de mucho cuidado y una mala persona. Se cuentan por decenas sus enemigos, en particular entre los colegas que maltrató. Hasta que topó con otro personaje casi tan grande como él y de carácter mucho más fuerte que, para más escarnio, era alemán: Leibniz. Con el holandés Huygens también se enfrentó, pero el asunto no llegó tan lejos como con el teutón.

Leibniz hizo de todo menos investigar sistemáticamente y ser catedrático, es decir, lo opuesto a Newton. Fue abogado, genealogista, político, diplomático muñidor de acuerdos internacionales de paz, reformista de leyes y un largo etcétera que lo convertía en un hombre de mundo opuesto en todo al secretista y sempiternamente malhumorado Newton. Entre las mil cosas que hizo, Leibniz inventó el cálculo infinitesimal, cosa que había hecho también el inglés unos once años antes, pero no lo había publicado. Éste fue el origen de la disputa que duró décadas en la que Newton acusaba a Leibniz de plagio y éste se defendía con enorme autoridad. Esto se suele presentar como una anécdota en los libros de historia, pero, en mi opinión, científicamente tuvo unas consecuencias tremendas.Y se debió fundamentalmente a una cuestión que parece fútil y no lo fue: la notación.

Cualquiera, por muy de letras que sea, recordará del instituto las derivadas y las integrales. Se trata de un método de dividir un problema en partes tan pequeñas como se quiera salvo que sean cero, infinitesimales se llaman, y después sumarlas. Lo primero es derivar o, mejor, diferenciar y lo segundo lo dicho: sumar o, mejor, integrar. Las raíces de este potentísimo método de cálculo matemático se remontan, cómo no, a Arquímedes. Pues bien, Leibniz exponía el método de una forma tan clara que ha perdurado hasta nuestros días, de manera que al primer proceso, la diferenciación, lo denotaba fundamentalmente con la letra *d* y el segundo, la suma total o integral, con la letra *s* por muy alargada y gótica que la dibujara. Newton, por su parte, llamaba a este método fluxiones y lo expresaba con puntos sobre las letras y de otras formas aún más esotéricas. La palabra fluxión proviene del latín *fluxio*, que lo mismo servía en el inglés de la época para denotar flujo que resfriado de nariz, o incluso cosas peores como flemón o tumor. Aquello no lo entendía nadie, por más que Newton demostrara, como lo hizo fehacientemente, que sus fluxiones eran lo mismo que las derivadas y las integrales del malhadado alemán.

En Inglaterra, debido a la enorme influencia de Newton, las oscuras fluxiones se adoptaron como cuestión de orgullo nacional, pero desarrollar las matemáticas y la física haciendo uso de ellas era muy difícil. En el continente europeo, con Francia y Alemania a la cabeza, la clara y meridiana notación de Leibniz del cálculo infinitesimal llevó al descubrimiento de infinidad de teoremas que empezaron ensanchando los propios principios de Newton y culminaron en toda una mecánica que llamamos analítica, que es el verdadero fundamento de la física moderna. Por cierto, uno de estos desarrollos de la mecánica de Newton basado en el cálculo infinitesimal lo hizo Laplace, y un detalle del asunto merece ser mencionado. Laplace describió perfectamente el movimiento de los planetas y cuando se lo enseñó a Napoleón y éste, admirado aunque sin entender nada, le dijo que entre tantas ecuaciones no veía a Dios por ninguna parte, Laplace pronunció la célebre frase: «Sire, en ningún momento tuve que hacer uso de tal hipótesis».

El caso es que las fluxiones y el nacionalismo apartaron a Inglaterra de la ciencia internacional durante décadas dedicadas a estériles desarrollos formales de dificultad ímproba. A pesar de eso, los ingleses desarrollaron una técnica al margen de la ciencia con un éxito clamoroso: el uso del vapor. Pero tanto este último como la electricidad exigen un mayor detenimiento.

El vapor y la electricidad

Dos socios ingleses llamados ambos Thomas y apellidados uno Savery y el otro Newcomen montaron un grandioso armatoste en el sudoeste de Inglaterra que al principio maravilló a los lugareños y después a la humanidad entera, porque dio paso nada menos que a lo que se llamó revolución industrial. El artilugio usaba vapor de agua para mover una bomba cuya misión era drenar por succión el agua de una mina. Para obtener el vapor se hizo algo original aunque pareciera lógico: usar un combustible, que primero fue madera y después carbón. Se había inventado la máquina de vapor, ingenio que transformaba la energía potencial de un material extraída por un proceso químico, la combustión, en energía mecánica. La maldición bíblica del trabajo se transformaba de alguna manera, porque se multiplicaba la fuerza humana por un factor enorme. Igual que el telescopio había ampliado la capacidad de uno de nuestros mejores sentidos, la vista, la máquina de vapor amplió otra de nuestras mejores posibilidades, el trabajo.

Pensemos en términos de potencia, que no es más que el trabajo que se puede realizar por unidad de tiempo y que se mide en la familiar unidad vatio.[11] Un hombre tiene una potencia de unos 100 vatios. La potencia no interesa tanto como el trabajo, porque esos 100 vatios son los mismos estando durmiendo que cavando. Una larga jornada de trabajo exige unos mil vatios cada hora que también se pueden denotar como un kilovatio hora o abreviadamente 1 kWh. Un burro en una noria lograba una potencia de 2 kW. Un molino medieval de buen porte llegaba a los 10 kW, y el súmmum de potencia instalada se alcanzó en la irrigación de los jardines de Versalles: 50 kW. Una sola máquina de vapor de los modelos más evolucionados de James Watt, en funcionamiento en la década de 1770, alcanzaba una potencia superior a todo el extenso y complejo sistema de norias y tornos de Versalles.

La aplicación de este portentoso ingenio a todo tipo de fábricas, destacando los telares, comenzó a transformar Europa primero y el mundo después. Pero obsérvense dos aspectos del proceso. El primero, que tras la nueva tecnología no había apenas ninguna ciencia. Es de los casos en la historia en que la técnica no sólo va por delante de la ciencia, sino que casi la genera. En este caso se trata de la termodinámica. Naturalmente, cuando ésta sienta sus fundamentos, por cierto, llevada a cabo sobre todo en Francia y Alemania a base de ecuaciones diferenciales del cálculo infinitesimal, el desarrollo de la máquina de vapor alcanzó unas cotas que no se hubieran conquistado por el mero perfeccionamiento empírico como se hizo al principio en Inglaterra. Por otra parte, se inició un proceso que bien pudiera catalogarse de endiablado: se quema un combustible que hay que obtener de la naturaleza y los residuos de tal combustión, dióxido de carbono, otros gases y escorias, se vierten directamente a la biosfera. Al medio ambiente se le empieza a agredir de las dos maneras, al extraer recursos naturales para destruirlos y al contaminar la tierra y el aire.

11. James Watt mejoró mucho el diseño de Savery y Newcomen y en su honor se denominó la unidad de potencia watt, que en español se escribe vatio y 735 de ellos se denominan caballo de vapor por razones obvias: es la potencia que puede desarrollar un buen caballo.

La electricidad, que surge en Francia (Charles Coulomb, 1736-1806), Italia (Luigi Galvani, 1737-1798, y Alessandro Volta, 1745-1827), incluso en Estados Unidos (Benjamin Franklin, 1706-1790), etcétera, sufrió un proceso opuesto al del vapor: se fueron sentando sus bases teóricas y experimentales sin que a nadie se le ocurriera que el nuevo fenómeno pudiera servir para algo útil. Salvo, curiosamente, para resucitar a los muertos, a la vista de cómo se contraían y distendían ciertos órganos separados del cuerpo, como las ancas de rana, al someterlos a descargas eléctricas. La novela *Frankenstein o el moderno Prometeo* de Mary Shelley, publicada en 1818, tenía cierto fundamento.

La ciencia posrevolucionaria

La conversión de súbditos en ciudadanos y la diferenciación entre pecado y delito se abrieron paso en Europa y en buena parte del mundo aunque fuera a trancas y barrancas, porque hubo estancamientos y retrocesos clamorosos. El análisis y la crítica de la forma de desarrollarse la ciencia y la técnica en los tiempos modernos no pueden soslayar lo que ocurrió en Francia en el siglo XIX.

Los vaivenes políticos tras la Revolución y el hundimiento de las mayores ínfulas imperiales fueron enormes. Sin embargo, todos los gobiernos bajo distintos regímenes respetaron algo que consideraron una gran conquista napoleónica: la meritocracia aplicada a la ciencia y la técnica por los grandes provechos que generaba. El mejor reflejo de esto, afortunadamente no el único, fue la Escuela Politécnica de París. Allí ingresaban los mejores estudiantes tras un escrupuloso y exhaustivo sistema de selección y ninguna circunstancia ajena a la valía del aspirante tenía el más mínimo valor. El profesorado se reclutaba de manera análoga. El régimen al que se sometían ambos para aprender y enseñar era, simplemente, el militar. La idea básica era que la ciencia pura había que cultivarla porque de ella surgirían los brotes técnicos que, sustentados en las teorías más sólidas, alcanzarían frondosidades que pondrían a Francia a la cabeza del mundo. Así de radical y ambicioso era el programa de la escuela de élite de Napoleón. Las universidades no tendrían más remedio que tratar de imitarlas o al menos no quedar descolgadas del avance que imprimiría la vanguardia del saber. Naturalmente, muy pronto Alemania y después todos los países europeos siguieron el modelo francés porque temieron, con razón, quedar atrasados respecto a Francia. Entre otras cosas porque muchos jóvenes valiosos de toda Europa se sintieron tentados de ingresar en la Politécnica de París, y ésta no sólo no lo impedía, sino que lo favorecía, siempre que cumplieran los estrictos requisitos exigidos a todos y, naturalmente, manteniendo un cupo para extranjeros definido y no muy generoso. Además, aquello podía ser un magnífico criadero de espías industriales, pero ésa es otra historia.

En términos muy generales, la barrera que tuvo que superar Alemania fue la del dominio de la filosofía frente a la ciencia natural y la técnica. En cambio, Inglaterra, que también se sumó a la tendencia general de crear vanguardias científicas y técnicas que tiraran de las demás instituciones, lo que tuvo que vencer fue la resistencia eclesiástica y tradicionalista de sus principales universidades, Oxford y Cambridge, y la preferencia de los estudios jurídicos y económicos por parte de los jóvenes más brillantes. Esto y un buen ejército era lo que necesitaba la administración de un imperio como el británico y no novelerías científicas y técnicas. Sin embargo, las exigencias de la revolución industrial fueron haciéndose evidentes para los ingleses y la afrontaron a mitad de siglo con toda su eficacia e imaginación.

Polonia, Italia, España y los países más pequeños también se unieron a la corriente general creando escuelas de ingenieros de corte napoleónico, introduciendo en las universidades las distintas ciencias y creando centros e institutos para el cultivo de aspectos específicos de la ciencia y la tecnología. El predominio absoluto de la filosofía y las humanidades cultivados por los hijos de las clases pudientes en las universidades no desapareció en Europa, pero se vio más o menos equilibrado, según los casos, por estudiantes y profesores brillantes que profundizaban en las matemáticas y la física teórica, y además organizaban laboratorios y gabinetes de ciencias naturales cada vez mejor equipados al obtener mayores éxitos que, indudablemente, mejoraban la calidad de vida de la gente. Al menos de una parte de la gente, porque los pobres y los trabajadores de los campos y las fábricas más sórdidas apenas se beneficiaban de aquella riqueza intelectual que se iba acumulando. También hay que apuntar que a lo largo del siglo XIX y hasta bien entrado el XX una lacra del proceso de construcción de los sistemas nacionales de ciencia y tecnología fue la prohibición de la incorporación de las mujeres al mismo.

Un aspecto que se descuelga de todo lo anterior y que marcaría la actividad investigadora hasta nuestros días es la especialización y, en consecuencia, el ensanchamiento de la brecha profunda que se había abierto entre la ciencia y la filosofía, e incluso el arte. Los éxitos científicos y técnicos empezaron a ser tan arrolladores que una sola persona sólo podía abarcar una parte. Esta profesionalización de los científicos e ingenieros, inédita hasta entonces, se mostró a su vez cada vez más fructífera. Por otro lado, algunas de las conquistas, como la evolución de las especies por selección natural, la confirmación experimental del atomismo, etcétera, derribaban con estrépito grandiosos edificios filosóficos y religiosos construidos a lo largo de los siglos.

El crecimiento del progreso no se detuvo durante toda la segunda mitad del XIX hasta que algunas especialidades entraron en crisis y, sobre todo, cuando las guerras organizadas como matanzas de eficiencia y escala industriales del siglo XX trastocaron este tipo de evolución, porque provocaron frenazos tremendos e impulsos arrolladores.

La multiplicación de las máquinas

Analicemos desde un punto de vista quizá original un fenómeno que tuvo lugar en Estados Unidos y Europa simultáneamente y de manera análoga. Se trata del proceso de electrificación en cuanto a lo que supuso de distribución de la energía y acceso inmediato a ella. Los nombres propios más destacados tras este portento fueron Edison y Siemens. El primero fue un empresario genial y el segundo era el apellido de una saga familiar alemana vinculada al desarrollo de las aplicaciones de la electricidad.

La electricidad a finales del siglo XIX era un fenómeno que a nivel popular se consideraba enigmático, a pesar de que sus leyes se conocían perfectamente. El escocés Maxwell había descrito sus fundamentos teóricos expresándolos en un conjunto reducido de bellas y breves ecuaciones y el londinense (de las afueras de Londres) Faraday había sentado sus bases experimentales. Pero esto era a escala, digamos, académica y de alta estrategia industrial y militar, porque popularmente, como ya se ha dicho, la electricidad se fue entendiendo a base de familiarizarse con sus prodigios. El caso es que se descubrió cómo transformar energía mecánica en energía eléctrica y la manera de distribuir ésta. Hablamos, digamos, del efecto dinamo: se hace rotar un artilugio y éste proporciona electricidad. Con vistas a iluminar las calles de noche, se ideó una dinamo de buen calibre que para hacerla girar lo lógico era emplear el vapor que tan bien se dominaba desde hacía décadas. La manera de obtener éste era a base de la combustión de carbón.

Edison y los Siemens entablaron una carrera prodigiosa que se abrió forzosamente en varios frentes y cada cual triunfó en uno. El estadounidense logró la bombilla incandescente y el Siemens alemán de turno ideó la manera de distribuir la corriente eléctrica de manera alterna y no continua como pretendía pertinaz e inútilmente Edison.

Con la producción de electricidad en centrales térmicas, lo que se consiguió respecto a las máquinas de vapor, además de intensificar la agresión al planeta por la extracción de recursos naturales como el carbón, y la contaminación de tierra, mar y aire, fue la posibilidad de acceder a ella desde lugares remotos. Las máquinas de vapor estaban en los ferrocarriles, los barcos, las fábricas y poco más. Edison y Siemens consiguieron que la electricidad estuviera al alcance de todo el mundo, lo cual permitió la multiplicación de las máquinas hasta unos extremos inauditos. El propio Edison inventó muchas de ellas, pero pensemos que hoy día en el mundo hay decenas de miles de millones de máquinas movidas por la electricidad, o sea, las que usamos cada uno cotidianamente multiplicadas por todos los que somos.

Resaltemos también otro asunto. Fueron innumerables las voces, ya puede imaginar el lector de dónde venían, que alarmaron sobre el Apocalipsis que se avecinaba con aquella cosa infernal de la electricidad al alcance de todos: la electrocución masiva de buena parte de la humanidad. Naturalmente, lo que no sospechaban estos agoreros reaccionarios era lo que se venía encima en cuanto a la electrificación. Los líderes del mundo capitalista fueron los primeros que lo entendieron, pero en cuanto triunfó la nueva Revolución con mayúsculas, la rusa, los bolcheviques también comprendieron pronto y bien lo que significaba aquello. Con su capacidad de síntesis, quien mejor lo formuló fue el propio Lenin: «La Revolución es los sóviets más la electricidad».

Basados también en la termodinámica y el capitalismo, surgieron dos inventos que con la electricidad iban a cambiar el mundo: los automóviles y los aviones. La alarma de los de siempre se centró en lo siguiente. Respecto a los coches, había que prohibirlos porque ensuciaban el aire, espantaban a los caballos, molestaban a la gente y eran peligrosísimos. Los aviones no eran más que una novelería sólo útil para que, como los coches, unos pocos ricos los disfrutaran y, en el peor de los casos, esto es, en caso de guerra, se usaran para tirar bombas sobre los pobres soldados cuando no sobre gente inocente. Había que prohibirlos también. Obsérvese que en todo llevaban razón, pero que lo único que consiguieron esos salvadores catastrofistas fue quedarse al margen de un proceso imparable.

Aparte de estos aspectos políticos-sociales-psicológicos-etcétera en los que insisteremos más adelante, lo importante es que tanto los automóviles como los aviones basaban su funcionamiento en la combustión. La humanidad entró en una dinámica de dependencia creciente de los combustibles fósiles: el petróleo, el carbón y el gas. La agresión al planeta y la geoestrategia global, incluyendo guerras y conflictos, no habían hecho más que empezar.

Eurocentrismo

Ya he dicho antes lo generalizado que está que los indios y chinos reivindiquen la autoría primera de muchos descubrimientos científicos y, sobre todo, técnicos. Es constatable que esto fue así en casos como, por ejemplo, la imprenta, la pólvora y la brújula. Árabes, persas, japoneses, etcétera, también podían hacer reivindicaciones parecidas. ¿Por qué no sólo los europeos, sino casi todos los occidentales, caemos en el mismo vicio eurocéntrico al analizar la historia de la ciencia y la técnica? No lo sé, quizá porque no hay fuentes históricas tan accesibles en esas otras zonas. En cualquier caso, lo esencial para lo que se está empezando ya a sostener en este libro no es eso, sino la duda de que si la ciencia y la tecnología pueden emerger y desaparecer bruscamente, ¿por qué parece que esos dos avatares han sido paralelos en sociedades y culturas tan separadas como las apuntadas? Si éste fuera el caso, el papel del cristianismo, el Renacimiento, la Revolución francesa, etcétera, no habrían sido tan relevantes en el desarrollo y el freno de la ciencia como se ha enfatizado aquí. Obviamente es así en lo que se refiere a Oriente Próximo y Lejano, pero lo fundamental, es decir, el papel de freno de la religión, la política y la guerra en la evolución más o menos espasmódica de la ciencia y la técnica, ha sido parecido en Europa y en el resto del mundo. Dicho de otro modo, no hay, en absoluto, una razón de causa-efecto entre la evolución del talento y el de la ciencia. En unos pocos miles de años, el cerebro humano apenas ha evolucionado; en lugar de eso, los elementos apuntados han sido los decisivos en el devenir del progreso. Hay un ejemplo histórico al que le tengo especial cariño que puede reflejar bien lo que acabo de sostener. Se trata del papel del jesuita belga Ferdinand Verbiest en la China de mitad del siglo XVII. Permítaseme contar una historia que posiblemente el lector desconozca y seguro que encontrará interesante.

La Compañía de Jesús consideró que la evangelización de Extremo Oriente tendría que seguir una estrategia completamente diferente a la que se llevaba a cabo en América. La gran población de aquellas lejanas tierras estaba sometida al gobierno de una jerarquía original y efectiva, pero, sobre todo, el sustento cultural de sus gobernantes era mucho más sofisticado que en las otras civilizaciones que la Iglesia católica estaba evangelizando. Los jesuitas se percataron de que la ciencia, con la astronomía a la cabeza, y la tecnología estaban muy desarrolladas en Extremo Oriente y que, en China en particular (también en Japón), el apego que sentían por ellas los emperadores de todos los tiempos era muy fuerte. La evangelización sería más viable conquistando la inteligencia de los emperadores que el alma de los plebeyos.

Ferdinand Verbiest, dicho está, fue un jesuita belga (del Flandes español) que se educó en matemáticas con el gran Leibniz, se doctoró en Sevilla en 1655 y murió en 1688 en China, donde fue enterrado con honores imperiales. En Sevilla, donde se inició la epopeya oriental de treinta y dos jesuitas europeos, Verbiest estaba destinado a las misiones americanas. La Compañía, sin embargo, decidió enviarlo a China debido a su gran preparación científica. Verbiest no fue el jesuita pionero en China, pues tuvo ilustres predecesores, sobre todo Matteo Ricci y Adam Schell, así como el madrileño (de Valdemoro) Diego de Pantoja. Sin embargo, fue Verbiest quien, gracias a la ciencia y la tecnología, alcanzó puestos de mayor influencia en la corte imperial, entre ellos el de presidente del cortejo real de astrónomos y matemáticos.

Aquélla fue la decisión más afortunada y sabia del emperador Kangxi, porque Ferdinad Verbiest no sólo elaboró un nuevo calendario y enseñó muchas doctrinas de los cielos que demostró que eran correctas, sino que inventó infinidad de cosas tan útiles que hasta ayudaron a ganar guerras.

Siempre he sentido debilidad por la ironía en su acepción humorística y no hiriente, y en este sentido nada me ha parecido más irónico que las hazañas de Verbiest. En la época en que la Iglesia mandaba quemar a Giordano Bruno, mortificaba a Galileo y declaraba heréticas las doctrinas de Copérnico y Kepler, el insigne jesuita utilizaba esa ciencia pagana para que le permitieran propagar el catolicismo, mejor, el cristianismo, en un vasto, culto y cruel país. Entre los múltiples y variados instrumentos que construyó Verbiest para los chinos, como termómetros, relojes, sextantes, esferas armilares y demás maravillas, no rehusó mejorar las técnicas de fabricar cañones, cuya utilidad parece tan alejada de los principios cristianos. De hecho, ayudó al emperador a librar la gran guerra contra los tres sátrapas rebeldes diseñando y fabricando para él los mejores cañones que existían en el mundo.

Pero, para mí, lo más sutilmente irónico de Verbiest fue un invento concreto que hizo. Enredando con el asunto de los cañones, el jesuita dejó asombrados una vez más a todos los pequineses con un artilugio que en Europa y América aún faltaban décadas, muchas décadas, para que se ideara: la máquina de vapor. El artefacto de Verbiest era capaz de empujar pesos que exigía muchas bestias para hacerlo. El emperador, maravillado por aquel intrincado, mastodóntico y humeante mecanismo, le preguntó al jesuita si no se podría aprovechar para transportar mercancías y gentes por valles y montañas. La sorprendente respuesta de Verbiest se recogió en los documentos de la corte. Dijo que aquella máquina se podría utilizar fácilmente para mover barcos por mares y ríos, pero para surcar campos había que hacer dos cosas: eliminar obstáculos y disminuir la fricción. Si su majestad ordenaba hacer caminos de hierro sobre puentes, atravesando montañas y surcando campos, él construiría carromatos con ruedas que se apoyaran en un punto cada una y los arrastraría con una de sus máquinas de vapor. Desde entonces, ése fue el sueño del emperador Kangxi. Pero tanto Verbiest como él murieron antes de poder llevarlo a cabo. En cualquier caso, conste que en China, bien que de la mano de un europeo, se inventó el tren e incluso el automóvil uno o dos siglos, respectivamente, antes de que se hiciera en Europa. ¿Qué pasó en China (y en la India, Japón, Persia y Arabia) con el desarrollo científico y técnico que llegaron a alcanzar en distintos momentos históricos? Que desaparecieron en gran medida y que su recuperación costó y está costando mucho tiempo y grandes esfuerzos.

El siglo de las sombras, algunas luces y la megaciencia

En la sala dedicada al avión de caza Spitfire del museo de la ciencia de Londres, además de exponerse las principales partes del aparato, incluido uno completo, se proyectan vídeos que explican toda la historia de su diseño, construcción y uso. Uno de ellos captó mi atención más que los demás. Reproducía el discurso original de Churchill a los ingenieros y trabajadores de la fábrica del Spitfire. No tengo el texto, pero la arenga, poco militarista y nada panfletaria, venía a decir que la victoria exigía precisión en los cálculos, exactitud en la fabricación de piezas, rigor en las pruebas, etcétera. Aquella exigencia exaltada del trabajo bien hecho en los límites de muchas y muy diferentes técnicas como la aerodinámica, la mecánica, la combustión, la hidráulica, la metalurgia, etcétera, realizadas por una infinidad de especialistas, era algo nuevo en la historia. El siglo XX tuvo muchas de estas proezas, aunque, lamentablemente, fueran en el marco del exterminio masivo de personas, construcciones y naturaleza.

La Primera Guerra Mundial y la Revolución rusa fueron matanzas descomunales, dicho queda, pero la Segunda fue peor por la eficiencia que se consiguió en el objetivo masacrador. Ambos afanes exterminadores, en particular el segundo, tuvieron una originalidad única en la historia: la organización de la ciencia y su uso como arma decisiva. No se trataba de implementar ideas geniales de un hombre, como Arquímedes, o un artista enardecido como Leonardo, para la defensa de la patria, Siracusa en el primer caso, o las repúblicas y principados que bien pagaran en el segundo. Ahora se trataba de reunir a cientos, si no a miles, de personas y ponerlas a trabajar con objetivos precisos y definidos perseguidos también por el enemigo. Era el establecimiento de frentes de guerra que en lugar de armas usaban ingenio, cálculos, talleres de prueba y laboratorios. Dos de los máximos exponentes de esto fueron el radar y, sobre todo, el Proyecto Manhattan para la construcción de la bomba atómica.

Toneladas de libros, tanto ensayos como novelas, se han escrito sobre lo anterior, y aquí sólo voy a remarcar los aspectos que considero esenciales para lo que se quiere sostener en este libro. Consideremos por múltiples razones el caso del Proyecto Manhattan.[12]

Es bien sabido que fue una respuesta a la sospecha, fundada, de que la Alemania nazi perseguía la construcción de la bomba atómica. Lo que quizá no se conozca tan bien es que había otros dos proyectos, uno ruso y otro japonés.

12. Una descripción más detallada del proyecto se puede encontrar en *Nucleares, ¿por qué no?* de este mismo autor y editorial. Un tratado mucho más extenso es el de Richard Rhodes, *The Making of the Atomic Bomb*, Simon and Schuster, Nueva York, 1986.

La física cuántica y sus aplicaciones a la descripción del átomo habían dado resultados espectaculares, siendo el Instituto Niels Bohr de Copenhague el corazón de toda aquella aventura del cerebro humano. Por allí pasaron todos los físicos relevantes del mundo dedicados a la nueva ciencia. La aplicación de la nueva mecánica al núcleo del átomo ya era otro cantar. De aquel conglomerado de partículas pesadas, protones y neutrones, se sabía poco, muy poco. La mecánica cuántica hacía ciertas predicciones, pero en la década de 1930 apenas se había explorado el núcleo atómico experimentalmente. Piénsese que si el núcleo fuera como una nuez, el liviano nubarrón electrizado que forma un átomo complejo tendría el tamaño de un estadio de fútbol. Todas las reacciones químicas que conocemos, incluidas las detonaciones de explosivos convencionales, pondrían en juego sólo a los espectadores de las últimas gradas, o sea, que los electrones más interiores ni se enteran y el núcleo muchísimo menos.

Los físicos más avanzados de todo el mundo sabían que allí, en el núcleo atómico, se concentraba casi toda la masa de la materia, por lo que si se podía extraer una pequeña fracción, en virtud de la fórmula de Einstein $E = mc^2$, se obtendría una cantidad ingente de energía, que liberada a lo bestia supondría el mayor explosivo jamás concebido. No se sabía casi nada más. En cuanto estalló la Guerra Mundial, fue lógico que los países indicados ansiaran construir un arma que daría la victoria al primero que la consiguiera.

He dicho que en el caso de Alemania la sospecha de que pudiera conseguir la bomba atómica era fundada, pero ¿hasta qué punto era esto así? Unos pocos datos de la magnitud del programa que condujo a su elaboración nos pueden orientar en este y otros sentidos.

En la construcción de las tres primeras bombas atómicas participaron unas 130.000 personas, la inmensa mayoría de las cuales no tenían ni idea de lo que hacían. Por ejemplo, centenares de mujeres tenían como única misión pasearse por las naves industriales más extensas jamás construidas simplemente observado si en alguna de las innumerables tuberías había escapes de gas. Esta planta de obtención del isótopo de uranio que interesaba se instaló en un lugar llamado Oak Ridge, en Tennessee, porque la electricidad era barata gracias a las muchas centrales hidroeléctricas que había cercanas. Aquel poblacho se convirtió en una de las ciudades más pobladas del estado y para instalar el misterioso complejo industrial se hubieron de desalojar en cuestión de semanas a familias enteras que llevaban allí desde el tiempo de la colonización. No sólo estos pobres desplazados, sino ni siquiera el gobernador del estado sabían en qué se empleaba aquella multitud que consumía más electricidad que Nueva York. Éste era uno de los grandes emplazamientos del Proyecto Manhattan, pero hubo trece más a lo largo y ancho de Estados Unidos (lejos de las costas por miedo a ataques con submarinos), y en total participaron 30 instituciones.

En un lugar se obtenía plutonio, en otro se probaba el mecanismo de fulminación, los materiales en otros, los mecanismos de la reacción en cadena en otro, y así hasta que en Los Álamos se ensamblara todo. Aquel secretismo, además, estaba inmerso en una organización formidable y un presupuesto que aún hoy causa asombro: 2.000 millones de dólares de entonces o 20.000 millones de euros de hoy. Canadá y el Reino Unido, con problemas y reticencias de todo tipo, también colaboraron. Toda la población de esos países, la inmensa mayoría de los trabajadores y un enorme porcentaje de los científicos del proyecto no se enteraron de que estaban fabricando la bomba atómica hasta el día que desencadenó el terror en Hiroshima. Poco antes y después empezaron las deserciones. Y, dicen, las desapariciones y ejecuciones, pero ésta es otra historia de la que no tengo conocimiento ni deseos de indagar.

Todo lo anterior se desarrolló en poco más de dos años, culminando, como se sabe, en aquellos infaustos días de agosto de 1945 en los que se arrasaron Hiroshima y Nagasaki. Como se puede imaginar, la situación en aquellos dos años de Alemania y, desde luego, de Japón y Rusia hacía imposible que afrontaran este titánico esfuerzo científico, técnico, organizativo y presupuestario. Así pues, el temor de que Hitler, los militares japoneses y Stalin buscaran la bomba atómica era fundado, pero las posibilidades de que la hubieran conseguido eran prácticamente nulas, aunque eso se ha sabido después.

Aparte de todas sus consecuencias trágicas, ¿qué lecciones podemos extraer del Proyecto Manhattan para el objetivo de este libro?

Muchas, la primera de las cuales es que el esfuerzo colectivo en ciencia y tecnología puede tener resultados arrolladores, lo cual se aplicó durante la paz en programas como el espacial, la física de partículas, el genoma humano, la evaluación del cambio climático, la fusión nuclear y un largo etcétera. La segunda, que estos resultados pueden llevar a la hegemonía de un país respecto a otros de economías y capacidades parecidas, pero es extraordinariamente difícil conseguirlos. Los dos elementos apuntados, organización y presupuesto, junto con la excelencia científica, forman un trípode que para que el tinglado no se desestabilice ha de ser igual de sólido en sus tres patas. La tercera, que la profesionalización y especialización en ciencia e ingeniería pueden llevar a la enajenación de los protagonistas hasta tal extremo que no sepan cuál es el objetivo de lo que están haciendo. Unido a esto, los problemas de conciencia y la ideología de los científicos y tecnólogos comenzaron a desempeñar un papel inédito en la historia. Aún se pueden extraer más lecciones del Proyecto Manhattan, pero irán saliendo poco a poco a lo largo de los próximos capítulos.

2

El complejo científico-técnico

Seguramente, la Royal Society fue la primera institución que remuneró a un científico. Crearon, allá a finales del siglo XVII, una figura que se podría llamar director de experiencias (*curator* le decían) al cual, a cambio de su salario, se le exigía que cuando se previera que ninguno de sus miembros iba a presentar ningún experimento notable en una sesión de la Society, él llevara a cabo tres o cuatro. La ardua tarea se le asignó a Robert Hooke, que muy pronto se convirtió en el primer enemigo acérrimo de Newton.

Hooke hacía experimentos magníficos y construía aparatos extraordinarios. Sirvan los siguientes ejemplos: fue el primero que colocó un resorte en espiral a los relojes, invento decisivo para construir el reloj que ansiosamente buscaban los marinos para determinar la longitud; construyó una bomba de vacío excelente y, sobre todo, su microscopio hizo historia porque le dio fama a la Royal Society con un delicioso libro llamado *Micrographia*, donde, con la ayuda de un dibujante profesional, mostraba el mundo inédito de la anatomía de los insectos, del crecimiento de los órganos más íntimos de las flores, etcétera. Además, era un buen geólogo y un eficiente arquitecto.

La Academia Francesa superó ampliamente a la Royal Society inglesa porque, décadas después, llegó a tener hasta quince científicos a sueldo. El resto de los investigadores eran ricos a los que les daba por ahí o profesores de las mejores universidades a los que se les permitía la extravagancia de dedicarse a otras cosas aparte de la filosofía, la oratoria, la gramática, la teología o el derecho. Hasta la medicina estaba fuera de infinidad de universidades, y eran los colegios (protomedicato se llamaba en España) a modo de sindicatos los que expedían títulos y autorizaciones para el ejercicio del magno oficio. Lo de magno se podría discutir, porque la consideración popular e incluso académica de los médicos era una mezcla de sacamuelas, drogueros y purgadores de prestigio no muy diferente al de los veterinarios o «albéitares».

Ya hemos visto que la tecnología sufrió diferente fortuna, porque estaba relacionada directamente con la industrialización o la guerra, aunque las escuelas de ingenieros de corte napoleónico esparcidas por todo el continente supusieran ya el embrión moderno de la fusión de la ciencia con la técnica. En cualquier caso, hasta el siglo XX no se llevó a cabo la imbricación de parte de la tecnología con la ciencia. Se vislumbró entonces cierto triunfo de Francis Bacon al organizarse la investigación como fuerza productiva directa. Pensemos en un ejemplo de lo que supuso esta organización en el siglo XX: desde el tímido despegue del primer avión que, impulsado por un motor, recorrió unos centenares de metros hasta el primer alunizaje pasaron sólo sesenta y seis años.

A principios de este siglo XXI hemos recibido un complejo científico-técnico tan prodigioso y formidable que exige un análisis enfocándolo como singularidad histórica. Para llevar a cabo dicho análisis no vamos a dar en este capítulo demasiados datos que apabullarían al lector, sólo los necesarios y suficientes para que nos hagamos una idea del objetivo que dicho sistema ha de cumplir en el siglo XXI y las amenazas a las que está sometido.

He dicho que los tres pilares del sistema son la excelencia, la organización y los presupuestos. La carcoma de cada uno de ellos son la mediocridad, la burocracia y la escasez. Presentemos estos tres elementos en sus contextos, para lo cual pido paciencia y benevolencia porque el asunto es complicado. Piénsese que un país mediano que se sitúa en la cola del pelotón de cabeza de los países más avanzados del mundo, España, dedica a la investigación científica y tecnológica el 1,3 por ciento de su producto interior bruto y sus 220.000 investigadores[1] producen el 3,4 por ciento de la ciencia

1. En realidad, este número no se refiere a personas, sino a lo que se llama EJC, es decir, número de personas equivalentes a jornada completa. Si el investiga-

mundial. Todo es escaso (no se encontrará un investigador en nuestro el planeta que no se queje de esto; ni uno), pero obsérvese que se habla de porcentajes de los totales más grandes que existen a escala nacional y que doscientas mil personas son muchas personas. Si se piensa en lo que llamamos órdenes de magnitud o cifras indicadas sólo por el número de ceros, de los datos anteriores se deduce que el número de científicos profesionales en el mundo puede estar en torno a la decena de millones. ¿Qué hacen y cómo están organizadas estas multitudes?

La suma mágica de tres letras: I+D+i

Todo político viviente pronuncia a menudo lo de «i más de más i». Investigación, desarrollo e innovación. Últimamente, esta última, la que antes se ponía en minúscula, se está imponiendo tanto que, en España, lo que antes se llamaba Ministerio de Ciencia y Tecnología ha pasado a llamarse de Ciencia e Innovación, y en la actualidad, cuando la palabra ciencia se ha esfumado de toda cartera ministerial, la de innovación sigue tan campante por ahí de la mano ahora de la competitividad o vaya usted a saber. Veamos qué significa cada una de estas letras.

Está claro lo que es la investigación, porque no va más allá de lo que el sentido común indica a estas alturas del libro, es decir, la actividad que persigue adquirir conocimientos nuevos aplicando el método científico. Lo de desarrollo es algo más complicado de definir. Podría decirse que es la aplicación de algunos resultados científicos a la obtención de nuevos productos y la mejora de procesos productivos o de bienestar social. La innovación sería la optimización de estos últimos para ganar más dinero o vencer a la competencia. Lógicamente, la «teorización» que se ha hecho de estos conceptos, sobre todo del último, ocupa metros y metros en las estanterías de las bibliotecas de las llamadas ciencias económicas y empresariales, pero lo

---

dor es, por ejemplo, profesor de universidad, a su dedicación investigadora se le ha de restar la docente, o sea, que cuenta como un número menor que 1 EJC.

dicho, dicho está: los objetivos de la famosa innovación son aumentar la cuenta de resultados o destacar entre las empresas del ramo. Los ejemplos enriquecen las definiciones, así que pongamos algunos.

Sea un tanto ramplón el primero referido a... las bicicletas. Su funcionamiento se basa en leyes físicas (dinámica newtoniana) y técnicas (ingeniería mecánica) sencillas y muy bien conocidas, que se han establecido gracias a la investigación básica y no precisamente orientada a la consecución de un vehículo móvil de tracción animal. El desarrollo es la implementación de todos los conocimientos anteriores, más mucha experimentación y pruebas, que llevan a la construcción del delicioso artilugio. La innovación en una fábrica concreta de bicicletas consiste en usar unos materiales especiales que las aligeren, como aluminio o fibra de carbono, diseños que azucen el deseo del comprador, engranajes que faciliten el cambio de marchas, lo que sea con tal de vender más que la competencia, o dominar un nicho de mercado, como los ciclistas de competición, los aficionados a la montaña o los ciudadanos de edad avanzada.

El segundo ejemplo es más costoso e inquietante. Refirámonos a la industria farmacéutica. La investigación dilucida los procesos bioquímicos de funciones fisiológicas concretas. También qué es lo que ocurre a esa escala molecular cuando hay un funcionamiento anómalo, por ejemplo, debido a una enfermedad. Bien entendido esto, averiguar la causa y la vía de solucionar el problema siguen siendo terrenos a explorar, escudriñar y roturar por los investigadores. El desarrollo, de alguna manera, ya ha comenzado, pero llega a su esplendor cuando los científicos tratan de sintetizar el fármaco apropiado y de hacer todo tipo de pruebas que lleven a que las autoridades sanitarias autoricen la comercialización y el uso de la nueva medicina. Una vez en el mercado, en este caso las oficinas de farmacia, algunas otras empresas farmacéuticas se lanzan a conseguir el fármaco de éxito metiendo frenesí en sus laboratorios. Como alcanzar algo idéntico a lo conseguido por la competencia no tiene mucho sentido, hay que mejorarlo, o, aunque no sea en absoluto sinónimo, innovarlo. Esta innovación puede ir desde conseguir que la medicina presente menos contraindicaciones o efectos secundarios hasta que la presentación, la caja y los colores de las píldoras o cápsulas sean más bonitos, e incluso cosas más simples y de ética dudosa. Pero mejor dejemos por ahora este jardín de las grandes multinacionales farmacéuticas, entre otras cosas porque creo que con lo dicho hasta aquí queda más o menos clara la distinción entre investigación, desarrollo e innovación. Lo de más o menos no sólo se refiere a mi posible impericia al describirlas, sino que realmente hoy día el solapamiento entre las tres actividades es cada vez mayor y, a veces, es difícil encuadrar una actividad concreta de los trabajadores de la ciencia y la ingeniería en alguna de las tres categorías. Lo es incluso para ellos mismos.

Los dos ejemplos anteriores se han elegido porque tienen muchas cosas en común pero también una diferencia esencial. En el primero, la investigación puede ser ignorada. Los primeros constructores de bicicletas, incluso de automóviles, eran herreros y cocheros que no tenían ni idea de las leyes de Newton. En cambio, los innovadores sí han de saber de nuevos materiales, iluminación LED (creo que ya no quedan bicicletas con dinamos), diseño por ordenador, etcétera. En el segundo ejemplo, la investigación es la pieza clave, quedando el desarrollo en buena medida en manos de técnicos y la innovación en manos (más bien en imaginación e intuición) de comerciales. Reitero lo de en buena medida porque todo esto hoy día es bastante complejo. De lo que no cabe duda es que los actores de la I+D+i, salvo extrañísimas aunque gloriosas excepciones, han de ser verdaderamente expertos, es decir, lo han de llevar a cabo los mejores científicos e ingenieros porque han de saber y dominar muy bien el estado actual del conocimiento en su especialidad en el mundo entero. Esto que parece obvio es muchísimo más importante de lo que puede parecer. Avancemos un poco el asunto que trataremos más adelante.

Llegar a ser un científico o ingeniero competente para las exigencias actuales puede ser tan arduo que en muchos países los jóvenes están renunciando a ello. En otras palabras, no aspiran a la excelencia y prefieren acomodarse en alguna de las otras dos patas del sistema: la organización o la economía. Esto no es grave, a menos que los protagonistas de la excelencia, captados obviamente en otras partes del mundo, decidan regresar a sus países de origen con todo el bagaje intelectual adquirido, lo cual sí tiene graves consecuencias.

Es bien sabido cuáles son los sectores científicos y técnicos a los que los países dedican mayores esfuerzos investigadores, no hay más que consultar los planes plurianuales de I+D+i aprobados por sus parlamentos, que a esta escala está ya el asunto cuando no a nivel internacional. Hablamos de los sectores de la energía, el transporte, el armamentístico, el aeroespacial, el químico, el farmacéutico, el biosanitario, el de las comunicaciones, el informático, etcétera. Todos tienen características comunes dentro de su extraordinaria diversidad. Por ejemplo, son interdisciplinares. Si se piensa en uno de los productos típicos de cualquiera de ellos, se convendrá en que los especialistas que intervienen en su diseño son de formación muy variada. Muy grande ha de ser la institución del sector que lleva a cabo la I+D+i para que pueda permitirse tener laboratorios que acojan a un número tan grande de especialistas. Hablamos de empresas u organismos públicos. Lo lógico es que se organicen meticulosamente las colaboraciones entre ellos.

Si el tamaño de la empresa permite tener su propia I+D+i al completo, el asunto adquiere unas características novedosas: el margen de beneficio ha de ser enorme para compensar los gastos en investigación. Además, seguramente tendrá que contar con recursos propios, porque si hay algo que detesta la banca es el riesgo, por lo que apenas da préstamos a este tipo de industrias. Lo que sí hará la empresa basada en una potente I+D+i es implicar a los estados en su financiación haciendo que su sector sea socialmente necesario. Hablamos de la seguridad, la defensa, la sanidad, etcétera, y entonces entramos en una dinámica que puede ser beneficiosa o perversa, pero que sin duda es nueva en la historia.

Otro aspecto común a todos estos sectores es que aunque el coste de fabricación puede ser mucho menor que el invertido en I+D+i, sigue siendo muy significativo el ahorro que supone la deslocalización de las fábricas llevándolas a países de mano de obra barata. Por todo lo dicho, se puede llegar a la situación paradójica de que las grandes empresas y centros de investigación de los países desarrollados inviertan en una I+D+i en sectores estratégicos llevada a cabo por científicos e ingenieros extranjeros que idean productos que producen los trabajadores de sus países de origen. Si regresan, como está ocurriendo con los chinos e indios que han trabajado en Estados Unidos, dejo al lector que califique la situación. Un dato le puede servir de acicate en sus elucubraciones: *The New York Times*, de 15 de julio de 2010, se hace eco de que hasta 2017 harán falta en Alemania 200.000 ingenieros, y en el Reino Unido se necesitarán más de medio millón de trabajadores técnicamente cualificados en los sectores de la energía, el transporte y el aeroespacial. Y mientras, las aulas de las facultades de ciencias e ingeniería de las universidades europeas están cada vez más desiertas. ¿De dónde van a salir esos contingentes necesarios para alimentar al coloso científico-técnico?

Las instituciones

Las pléyades de científicos e ingenieros dedicados a la investigación, el desarrollo y la innovación trabajan hoy día en una gran variedad de instituciones tanto estatales como privadas y mixtas. Comencemos con la que debería ser la madre de todas ellas, porque para eso es la que proporciona y acredita la formación de los protagonistas: la universidad. Al menos hasta hoy, porque veremos más adelante que este papel está cada vez más cuestionado, llegando a apreciarse claramente el peligro de que su función desemboque en una futura irrelevancia científica y social. Pero no seamos agoreros por ahora.

Las universidades

Las universidades son servicios públicos, estatales o privados, cuya finalidad es la difusión y creación del conocimiento. Una universidad se diferencia de una autoescuela o un instituto de enseñanza secundaria en que no sólo ha de transmitir habilidades y conocimientos, sino además generarlos. Dicho de otro modo, las universidades están obligadas, por esencia y por ley, a investigar. Esto lo olvidan a menudo muchos de sus actores, esto es, profesores, estudiantes, gestores y políticos. Esta misión investigadora de las universidades es tan importante que en las clasificaciones que se hacen de la excelencia de cada una, los indicadores de más peso están relacionados con los resultados de su investigación. Uno de estos rankings, no sé si el más respetado o el más famoso, es el de la Universidad de Shangai. El lector lo puede consultar y quizá le provoque sorpresas.[2]

Las universidades son, o deberían ser, las instituciones reinas de las sociedades. Es donde se acumula el conocimiento y la potencialidad, ya que los jóvenes estudiantes serán los que en buena medida rijan el futuro del grupo humano en que se inserten, y la formación que se les haya dado en la universidad se reflejará, sin duda, en la calidad de su gestión. Dicen que la universidad ha de ser el reflejo de la sociedad; sin embargo, sostengo exactamente lo opuesto: el ideal ha de ser que la sociedad sea el reflejo de su universidad. Pero construir una buena universidad no es fácil, ni muchísimo menos, y eso es lo que no han entendido en muchas comunidades. Han preferido tener una universidad local de medio pelo o, simplemente, inviable, antes que organizar un sistema de becas y ayudas a sus jóvenes de manera que los más valiosos puedan estudiar en la universidad de prestigio más adecuada, independientemente de todo lo que no sea su valía y tesón.

En Estados Unidos creo que hay 3.600 universidades, en Europa en torno al doble y en España prácticamente no queda ciudad de tamaño mediano que no tenga la suya. Y conste que a veces algunas de las universidades pequeñas de reciente creación adquieren una excelencia que las más tradicionales y de renombre han perdido por múltiples razones. La creación de universidades es, simplemente, una opción política, pero el lector ha de fijarse en dos datos que he dado:

2. La compilación de este Academic Ranking of World Universities de la Universidad de Shangai se puede encontrar en Wikipedia, aunque es mejor consultar la fuente original donde está la información más compleja pero más completa: http://www.arwu.org/.

la heterogeneidad de las universidades es enorme y no se crean por necesidades científico-técnicas.

Una universidad mediana ha de impartir enseñanzas de diverso tipo: humanidades, derecho, economía, medicina, etcétera, de manera que, obviamente y como debe ser, las ciencias y las ingenierías sean una parte más. La cuestión es que una universidad es una institución cara (debería serlo) y los gobiernos quieren que se autofinancien cada vez en mayor medida. Lo cual no es en absoluto criticable, sino seguramente todo lo contrario. Los departamentos de las facultades de ciencias y las escuelas de ingenieros son los que más posibilidades tienen de captar recursos externos. Las empresas, por otra parte, han de ser de gran magnitud para que les resulte rentable tener sus propios departamentos de investigación por lo dicho en el apartado anterior: la interdisciplinariedad y los inmensos costes que conlleva la I+D+i. Una magnífica solución es el establecimiento de acuerdos, convenios y contratos con los mejores departamentos de las universidades. El asunto puede llegar a extremos magníficos, pero también a algunos inquietantes. Por ahora conformémonos con esta radiografía de las instituciones, que ya le dedicaremos atención más adelante a la crítica del sistema. Así pues, las universidades, en función del prestigio que alcancen, pueden ser una fuente importante de recursos captados del Estado y de las empresas, de manera que en sus mejores laboratorios y talleres se pueda generar la mejor I+D+i requerida por el entramado industrial, agrícola, sanitario, etcétera, de la sociedad en que se inserten.

Los organismos públicos de investigación

Todos los países tienen sus organizaciones estatales de investigación científica y desarrollo tecnológico. En España es el Consejo Superior de Investigaciones Científicas (CSIC), en Francia el CNRS (siglas de significado análogo al español), en Alemania el Max Planck Institut, etcétera. Suelen ser entramados de centros e institutos diseminados a lo largo y ancho del país que a veces se imbrican en las propias universidades formando centros mixtos. La diferencia esencial con las universidades es que, aparte de que obviamente casi todos sus centros tienen carácter científico-técnico, son menos generalistas, más especializados, y su personal se dedica exclusivamente a la investigación y muy poco o nada a la enseñanza. Además del presupuesto asignado por el Estado, a los centros del CSIC les ocurre lo mismo que a los departamentos universitarios, que cada vez están más obligados a captar recursos externos, sobre todo de las empresas. Sin embargo, éste no es el problema principal del CSIC y de todos los organismos públicos de investigación, sino otro más sutil y difícil de solucionar: el continuo envejecimiento. Se trata de lo siguiente.

Aunque en este mismo capítulo hablaré de los protagonistas de la investigación y de la carrera científica, ya he apuntado que una sociedad como la nuestra, que se fundamenta en la I+D+i de manera tan decisiva, plantea unas enormes exigencias desde el punto de vista humano. La investigación de vanguardia requiere unas actitudes y aptitudes que no sólo están al alcance de los más brillantes, sino también de los más jóvenes. El científico veterano que no admita esto, es que no es de casta o es que le da pena admitirlo. La investigación científica no es como el ejercicio del derecho o la medicina, que son saberes acumulativos donde la experiencia puede ser fundamental. La investigación se asemeja más al deporte de élite. Pensemos (le pido complicidad y benevolencia al lector porque estas líneas se escriben tras el glorioso campeonato mundial de Sudáfrica y se revisan tras la sublime Eurocopa de 2012) en el fútbol. Un futbolista puede jugar al fútbol toda su vida, pero a partir de cierta edad, distinta para cada uno pero concreta y poco avanzada, mejor que no siga compitiendo con los más jóvenes de su equipo. Puede ser un magnífico entrenador, crear una escuela de fútbol, gestionar el deporte en infinidad de niveles, podrá hacer mil cosas, pero que se olvide de meter goles en campeonatos. ¿Es casualidad que Newton, Einstein e infinidad de genios más hicieran sus hallazgos antes de cumplir los treinta y que después muchos de ellos no aportaran ni uno bueno? Pues de forma análoga, los profesores de universidad podemos seguir desempeñando magníficos papeles, pero los investigadores del CSIC tienen más difícil continuar sempiternamente desempeñando el suyo de forma creativa. Es significativo y realista que el ETH[3] de Zurich ha impuesto una norma para que su director no pueda tener más de treinta y cinco años. Sólo hay una vía de escape que no sea la cruel y absurda prejubilación que a veces habría que hacer a edades extemporáneas por tempranas: la inyección continua de jóvenes promesas en sus grupos de investigación. Esto es difícil por dos razones, una presupuestaria y otra la escasez de aspirantes por lo que se ha dicho más arriba: la desertización paulatina de las aulas de ciencias y la dificultad de la carrera científica que hace que muchos jóvenes prefieran otras salidas más sencillas y rentables, o que suponen que lo son. Y así se puede llegar a situaciones de centros con grupos de investigación excelentes, magníficamente dotados y con un personal envejeciendo digna, simultánea e improductivamente.

Aparte de los grandes organismos nacionales como el CSIC o el CNRS, los estados también se dotan de centros de investigación más o menos autónomos que responden a una necesidad específica. Hablamos, por ejemplo, del Instituto Nacional de Técnicas Aeroespaciales, el de Oceanografía, el Centro Nacional de Aceleradores, el de Astrobiología, el de Investigaciones Oncológicas, etcétera. Suelen ser centros muy competitivos y sin muchas de las trabas que se les han ido enmarañando a las universidades y el CSIC con el paso del tiempo, ya que muchos de estos institutos son de creación moderna con criterios exentos de los peores lastres de la tradición. Más o menos.

Los laboratorios industriales

Seguramente, los primeros laboratorios industriales importantes fueron los que acompañaron a la electrificación y ya se han mencionado dos de sus protagonistas fundamentales: Edison en Estados Unidos y Siemens en Europa. El laboratorio de un competidor de Edison, George Westinghouse, también es digno de reseñar, porque tenía mucho en común con los otros.

3. Eidgenössische Technische Hochschule o Instituto Federal de Tecnología.

El laboratorio que construyó Edison en las afueras del pueblo de New Jersey llamado Menlo Park es muy famoso porque allí se creó el fonógrafo, la bombilla eléctrica y otros prodigios. Pero lo que quizá es menos conocido es que era un almacén de todos los materiales conocidos y que los empleados trabajaban a destajo. Se experimentaba con todos los productos químicos y las ideas del maestro las seguían quienes quisieran y cada cual cobraba, salvo un mínimo estipendio, en función de la rentabilidad de lo que inventaba. En seis años se patentaron cuatrocientos inventos.

Hoy día, los laboratorios de las empresas más grandes, normalmente multinacionales aunque no necesariamente, son impresionantes. Algunos, los mayores y de visión más amplia, tienen incluso departamentos de ciencia básica, es decir, no orientada a la producción, sino exclusivamente a la ampliación de conocimientos en el campo. Por eso algunos de sus científicos llegan a obtener el premio Nobel, algo normalmente reservado a investigadores de universidades o centros estatales. Lo normal, en cambio, es que el tamaño e importancia de los departamentos de I+D+i de las empresas exijan unas ciertas llamémoslas masas críticas. Por muy específica que sea la actividad de la empresa, para conseguir una verdadera innovación, un desarrollo o el resultado productivo de una investigación (obsérvese el orden inverso a como se formula la actividad) hay que hacer una inversión creciente y contratar a un número de investigadores y técnicos acordes. Insisto en que éstos, además, han de tener especialidades muy concretas, por lo que la interdisciplinariedad exige una organización y un volumen notables. La conclusión es que si el tamaño y las expectativas económicas de la empresa no alcanzan ciertos umbrales, es más conveniente establecer consorcios entre empresas del mismo sector o, como se ha apuntado, convenios con universidades y organismos públicos.

Sin embargo, un nuevo fenómeno opuesto al anterior ha irrumpido en las últimas décadas con éxito apabullante: las empresas constituidas fundamentalmente por los investigadores.

Los parques tecnológicos

Son famosos los prodigios que se han llevado a cabo y se llevan en Silicon Valley o Valle del Silicio, que divertidamente algunos traducen como Valle de la Silicona.[4] Parece una modernidad de las postrimerías del siglo XX, pero Silicon Valley es una zona de innovación tecnológica desde casi la época de Edison. Está al sur de San Francisco, California, muy próximo a la Universidad de Stanford, que si se ha consultado el ranking de Shanghai que he indicado se comprobará que es una de las mejores del mundo. Allí se fueron instalando antiguos alumnos de la universidad que, a modo de ciencia de garaje, crearon miniempresas muy innovadoras. Sólo hay que citar dos nombres propios para hacerse una idea de hasta dónde pudo llegar uno de esos garajes: Bill Hewlett y Dave Packard.

En Silicon Valley trabajan en la actualidad más de 200.000 personas en una infinidad de pequeñas empresas y algunas muy grandes relacionadas fundamentalmente con la microelectrónica y sus productos tanto de hardware como de software. Salvo Microsoft, que está en otro sitio, allí están o de allí han salido firmas tan famosas como Apple, Adobe, Google, Yahoo, Oracle, eBay, etcétera.

En la antigua Unión Soviética se dio un caso curioso de concentración de científicos e ingenieros. El invento se llamó Akademgorodok, y lo de invento no es sarcástico sino definitorio, porque en lugar de la espontaneidad que caracterizó el crecimiento de Silicon Valley, Akademgorodok fue meticulosamente diseñado. Y funcionó, claro, pero como funcionaba la Unión Soviética, con grandes éxitos y algunos fracasos tan decisivos que simplemente la hicieron inviable. Era la época de Nikita Jruschov, entre los años cincuenta y sesenta. Cerca de la capital de Siberia, Novosibirsk, porque había que estar próximos a los grandes recursos naturales, se construyó una

4. El silicio, elemento número 14 de la tabla periódica, forma el sustrato material de la electrónica moderna o microelectrónica. La silicona es un polímero inerte y estable con aplicaciones industriales como lubricantes, adhesivos e impermeabilizantes, y también aplicaciones médicas y quirúrgicas como prótesis cardíacas e implantes de mamas.

ciudad cuyos habitantes fueron unos cincuenta mil de los mejores científicos e ingenieros del país con sus familias. Aquello sería el cerebro de la Unión Soviética. La idea era fomentar la interdisciplinariedad y privilegiar de alguna forma a los mejores, ya que lo de aumentar sus salarios, si no había cosas que comprar, era bastante inútil. Lo que hicieron fue lo contrario: proporcionarles esas cosas, de manera que los supermercados de Akademgorodok eran los mejores del país y surtidos con infinidad de productos occidentales. Y las viviendas y dachas de recreo, lo mismo. De allí salió una cantidad ingente de buena ciencia, buenísima en muchos campos, pero de aprovechar los recursos naturales y demás, o sea, obtener resultados empresariales tangibles, hubo poco. En cuanto Jruschov fue sustituido el proyecto empezó a ser inviable y, para colmo, de Akademgorodok surgió la perestroika y la glasnost (apertura y transparencia) que encumbraron a Gorbachov quien a la postre acabó con la Unión Soviética y, en buena medida porque todavía existe como centro académico, con Akademgorodok.

Las lecciones de los dos valles, el Silicon y el Dorado, que así se llama el valle del río Ob donde se situó Akademgorodok, las han aprendido muchos países europeos que tratan de hacer cosas intermedias. Hoy día, a lo largo y ancho de Europa se establecen infinidad de parques tecnológicos, cercanos a ciudades atractivas y con buenas universidades, con una mezcla de la espontaneidad estadounidense y la planificación soviética. El Estado subvenciona a las empresas y les da facilidades de todo tipo para su instalación en el parque. Después, la competencia, el ingenio y el beneficio deben desempeñar su función. Como es lógico, hay parques tecnológicos buenos, malos y regulares, pero no cabe duda de que la idea es excelente y sus frutos en promedio son ventajosos.

Los países que emergen vertiginosamente, los llamados BRIC, por Brasil, Rusia, la India y China, también tienen o van a organizar sus propios valles de silicio. Quizá el más ambicioso por futurista sea precisamente el de Rusia, que se instalará a unos veinte kilómetros de Moscú en una zona llamada Skolkovo. Poco va a tener que ver con Akademgorodok, y seguro que ese nombre se nos hará familiar en el futuro, por lo menos más que Zhong Guan Cun, el principal parque tecnológico chino, o Bangalore, la capital india del software.

Aunque en este libro se huye de apabullar con datos, un buen reflejo de todo lo anterior es lo siguiente. La Unión Europea planifica la investigación en los que se llaman programas marco aprobados por el Parlamento y que duran cinco años. A mitad del actual, el séptimo, que termina en 2013 y en situación aún de crisis económica, se destinarán 6.400 millones de euros para 2011, un 12 por ciento más que el año anterior. La crisis era más cruda entonces, por lo que un cierto aumento es lógico, pero un 12 por ciento es mucho, de manera que no cabe duda del papel fundamental que se atribuye a la investigación como motor del progreso económico. En España, uno de los países a los que más le está costando superar la crisis, se hace justo lo contrario: recortar presupuestos destinados a la investigación. Alguien debería hacer un análisis de causa y efecto.

El dinero se reparte, como todo en ciencia y tecnología, en función de la revisión por pares, es decir, los grupos investigadores de las instituciones que estoy retratando en este capítulo presentan proyectos que serán evaluados anónimamente por colegas expertos en la materia. Si la calidad y la viabilidad quedan acreditadas, reciben todo o parte del dinero solicitado para llevar a cabo el proyecto. Hay un estricto control del gasto y de los resultados, por lo que todo el proceso conlleva una burocracia normalmente exasperante. El dinero se destina fundamentalmente a cuatro capítulos de gasto: instrumentación, fungibles, viajes y, no siempre, a personal.

Las siguientes cifras, aparte de la saludable y escalofriante del total de millones de euros, también son ilustrativas. Se financiarán proyectos presentados por grupos de unas 6.700 universidades (las cuales se suelen llevar un tercio del monto total del dinero), unos 4.100 centros públicos de investigación y unas 5.000 empresas, de las cuales unas 3.000 son pymes (pequeñas y medianas empresas). Digamos como anécdota, pero también para que nos hagamos una idea de cómo funciona el sistema, que España es el sexto país en número de solicitudes de proyectos y el decimosegundo en tasa de éxito, relación entre el número de proyectos presentados y aprobados. No es difícil interpretar estos dos datos.

De forma análoga al programa marco europeo funcionan los planes nacionales, y muchas comunidades autónomas y regiones de Europa también tienen sus planes específicos. Así pues, un buen grupo de investigación tiene muchas posibilidades y vías de financiación. Y esto no sólo ocurre en Europa, sino en casi todos los países desarrollados.

Las grandes instalaciones

Hay proyectos y actividades tan costosas en investigación científica y tecnológica que es difícil que los pueda financiar un solo país a menos que sea de gran tamaño. Como veremos, ya hay proyectos que exigen una colaboración a escala casi mundial.

Casi todos los países tienen sus «joyas de la corona» en forma de grandes instalaciones científico-técnicas. Hablamos de observatorios astronómicos, aceleradores de partículas, buques oceanográficos, etcétera. Sin embargo, la investigación que se hace en muchos de ellos satura lo que podríamos llamar la exploración (el descubrimiento) y han de dedicarse a la conquista (la ampliación del conocimiento). Si se quiere ir más allá en la vanguardia, los grandes instrumentos han de ser aún mayores: los telescopios más potentes, los aceleradores más energéticos y así sucesivamente. Llega un momento en que los países se unen para costear un nuevo instrumento, lo cual es típico europeo, aunque no es un caso único ni mucho menos. Recuérdese que incluso el Proyecto Manhattan era plurinacional: Estados Unidos, Canadá y el Reino Unido. En muchos casos, las grandes instalaciones nacionales quedan como centros de «entrenamiento» y formación del personal para la optimización del uso de las instalaciones supranacionales. Centrándonos en Europa, en este último sentido tenemos casos emblemáticos como el CERN (Centro Europeo de Investigaciones Nucleares), la ESA (Agencia Espacial Europea), el ESO (Observatorio Europeo del Sur [está en Chile]), la ESS (futura Fuente Europea de Neutrones por Espalación), la ESRF (Instalación Europea de Radiación Sincrotrón) y un etcétera tan espléndido como la serie anterior.

Si presentara un cuadro con los costes de inversión de cada una de estas instalaciones europeas, el presupuesto anual de operación y el número de personas que trabajan en ellas, el lector quedaría anonadado porque le haría considerar si es realmente necesario tal esfuerzo y dispendio cuando gran parte de la humanidad tiene otras exigencias más perentorias. Si además el objetivo de esas investigaciones es exclusivamente el aumento del conocimiento sin buscar aplicaciones, como ocurre en la mayoría de las instalaciones mencionadas, las dudas anteriores se agudizan. Pero el asunto es más sutil y presenta muchas facetas, no todas positivas. Para explicarlas usemos como paradigma, por su enorme tamaño, lo ambicioso de sus pretensiones y su cercanía al autor, el CERN.

A pesar de la espantosa conclusión de la Segunda Guerra Mundial con las explosiones de Hiroshima y Nagasaki, los países más avanzados se dieron cuenta de que el dominio del átomo sería decisivo para la humanidad. La Unión Soviética y Estados Unidos lo fomentaron con un ojo puesto en la disuasión militar; en cambio, Europa y el propio Japón lo hicieron con un ánimo pacífico y puramente científico. Pero la investigación de lo más íntimo de la naturaleza, el núcleo atómico, era tan cara que difícilmente la podría afrontar por su cuenta cada país europeo. Por eso varios de ellos se unieron para financiar conjuntamente el CERN. Los instrumentos esenciales serían los aceleradores y los detectores. Aquel embrión de unión europea es hoy una organización sostenida por 20 países miembros en la que trabajan 2.500 empleados. Lo utilizan unos 8.000 físicos de casi 600 institutos y universidades de 85 naciones. El acelerador más grande es el LHC (Large Hadron Collider o Gran Colisionador de Hadrones) que está instalado en un túnel de 27 kilómetros y sus detectores son moles de alta tecnología del tamaño de templos subterráneos a más de 100 metros de profundidad.

¿Qué se pretende encontrar con el LHC? Dicen que descubrir la «partícula de Dios» o hacer una «película de la Creación». Son dos estupideces mediáticas que cualquier persona sensata debería rechazar. Un hadrón es una partícula formada por otras llamadas quarks y gluones. El hadrón más famoso es el protón, el núcleo del átomo más sencillo y abundante del universo: el hidrógeno. En el LHC circulan por dos canales paralelos paquetitos de protones en sentido opuesto. Cada paquetito es un hilillo de varios centímetros de largo y un espesor que es la quinta parte de un pelo humano. Lo forman unos cien mil millones de protones. Cuando se cruzan los hilillos en los detectores sólo chocan unos veinte protones de cada uno, pero como van casi a la velocidad de la luz, se producen 600 millones de colisiones por segundo. De estos estallidos surgen infinidad de partículas que hay que analizar.

Para aclararnos, pensemos en dos cámaras fotográficas. Se lanza una contra otra a gran velocidad. Cuando chocan, resultan destrozadas y saltan piezas por todas partes. Lo que hacen los físicos es estudiar esas piezas para averiguar cómo funcionan las cámaras. Cuantas más cámaras fotográficas destrocemos, más pistas acumularemos hasta deducir el mecanismo del obturador y las lentes, porque ahí es donde reside el secreto. Este misterio, hasta ahora no encontrado aunque muy bien conjeturado, se llama bosón de Higgs. Esto es lo que se espera descubrir en el LHC, porque en los anteriores aceleradores la violencia de los choques no ha llegado a ser lo suficientemente grande como para que salte el mecanismo esencial de las partículas, la auténtica «caja negra» de la materia. Además, la energía que se concentrará cuando dos protones choquen en el LHC es tal que sólo pudo darse de manera natural al inicio del universo.

Planteado esto, volvemos a la pregunta inicial: ¿merece la pena el enorme esfuerzo económico y científico que supone un experimento de este calibre? De sobra. El CERN, como casi todas las instituciones públicas, es un eficiente privatizador de dinero estatal que funciona de la siguiente manera. Los componentes de los instrumentos se sitúan en los límites de diversas tecnologías: criogenia (el LHC funciona a 271 grados bajo cero), superconductividad, alto vacío, tratamiento masivo de datos (equivalentes a los bytes de 50.000 películas de DVD por segundo), mecánica de precisión, etcétera. La producción de esos componentes se saca a concurso entre las empresas europeas. La empresa que vence en uno de ellos no sólo gana el presupuesto asignado, sino que se sitúa en una posición privilegiada en el mercado mundial del sector tecnológico correspondiente.

Además, de vez en cuando, del CERN surgen desarrollos cuya aplicación directa nos deja estupefactos, por ejemplo, la popular World Wide Web se inventó allí para que los físicos de todo el mundo, no sólo los de los países miembros, pudieran acceder a los datos suministrados por las máquinas del CERN. Gracias a la ausencia total de ánimo de lucro, la WWW no está patentada, por lo que es de uso libre y gratuito. Haremos mención de nuevo, más adelante, de otros aspectos que tiene el desarrollo de la World Wide Web.

La investigación básica es la que ha generado el mayor número de revoluciones tecnológicas, desde el transistor hasta la penicilina, desde la radiactividad hasta la vacunación. Los propios aceleradores son un buen ejemplo de los beneficios de la investigación básica, ya que de los 10.000 que se calcula que hay instalados en todo el mundo, menos de 100 se dedican a los estudios nucleares. El resto están en los hospitales y las industrias.

Se confirmará la detección del bosón de Higgs o no, pero el estudio de los componentes del núcleo atómico seguirá dando resultados insospechados que recompensarán el enorme esfuerzo económico e intelectual puesto en juego. El CERN y la mayoría de los grandes centros de investigación, más que un lujo, son una necesidad para la humanidad.

A una escala aún más ambiciosa que las instalaciones citadas hasta ahora son las que están a nivel mundial. Dos de ellas son la Estación Espacial Internacional y el Reactor Experimental Termonuclear Internacional. Pero de estos dos megaproyectos hablaré más adelante con detalle.

Los investigadores

A un amigo mío ingeniero de caminos le expliqué la razón por la que una tarde me encontraba un tanto atribulado. Me había percatado de que en el último artículo que había publicado había un error: en la fórmula fundamental faltaba un factor $1/\sqrt{4\pi}$. «¿Qué vas a hacer?», me preguntó. «Pues enviar una *erratum* que se publicará en un número próximo de la revista.» El ingeniero quedó pensativo y me dijo: «Ésa es la diferencia esencial entre un científico y un ingeniero: si yo cometo un error de ese calibre, se me cae un puente y termino en la cárcel». Aquello, naturalmente, dio pie a una chispeante discusión, pero a lo que viene esta anécdota es que, realmente, los científicos y los ingenieros son distintos en más aspectos de los que cree mi amigo, pero también tienen muchas más cosas en común y, sobre todo, no tienen nada que ver con los clichés y estereotipos acrisolados en el imaginario popular de despistados, algo locos y bonachones. En la historia de la ciencia y la técnica ha habido grandes científicos soñadores, misóginos, vividores, tristes, golfos, generosos, mafiosos (nada de adjetivo: vinculados estrechamente con la Mafia siciliana), mezquinos, ambiciosos, héroes, traidores, de todo. Incluso entre ellos ha habido muy buenas personas. ¿Nada tienen en común? Lo que les une es su inmensa curiosidad y el afán del trabajo bien hecho. Y conste que en la retahíla anterior también podía figurar lo de chapucero, pero éstos sí que son una minoría afortunadamente, porque la ciencia tiene una virtud formidable: antes o después se pone en evidencia una falsedad. Esto ocurre sin excepción, y el horror al desprestigio es otra de las características comunes a los científicos e ingenieros, porque todos consideran que precisamente el prestigio es su patrimonio principal. Pero al margen de si los investigadores forman o no una casta especial, que insisto en que no, la cuestión que interesa aquí es cómo se forman y cómo trabajan.

Esencialmente hay dos tipos de formación científica que podríamos catalogar en sus primeras etapas como anglosajonas, por un lado, y napoleónicas, por otro. Las primeras son las que se imparten en universidades que a lo máximo que aspiran es a dar una formación general no demasiado profunda, abundando más en las aptitudes que en los conocimientos. Normalmente duran tres años en los que los estudiantes, más o menos estrictamente seleccionados, encuentran pocas exigencias, mucha ayuda tutorial y se dotan de una buena autonomía para la adquisición futura de conocimientos. Naturalmente, ni terminan capacitados para ejercer una profesión relacionada directamente con sus amplios y superficiales conocimientos ni hay pretensión alguna en ese sentido por parte de ellos ni de las universidades. A los mejores les puede tentar hacer un máster, y entonces la cosa se pone más seria en cuanto a formación y exigencias. Después del máster se puede empezar el doctorado.

Las universidades que hemos llamado napoleónicas son las que en un número mayor de años, entre cinco y seis, imparten conocimientos intensivos con unos niveles altos de exigencia. El abandono, casi inexistente en las anglosajonas, aquí es, lógicamente, acusado. La autonomía que se le da al estudiante es prácticamente nula. Una vez finalizados los estudios, se está capacitado para afrontar un empleo bastante más relacionado con la formación adquirida que en el caso anterior. No se necesita requisito alguno adicional para comenzar el doctorado.

En Europa, por razones de homogeneidad y compatibilidad de títulos universitarios, ambos sistemas están en la actualidad en un proceso de convergencia: se aumenta un año la carrera a las anglosajonas y se introduce el máster a las napoleónicas, reducidas sus carreras en uno o dos años. En cualquier caso, para lo que queremos describir, que es la formación de un científico, lo que unifica el proceso de aprendizaje es el doctorado.

Durante unos cuatro años, el joven ha de hacer una tesis doctoral, supervisada por un profesor o doctor experto, que suponga un avance en un campo definido, normalmente muy especializado. Aunque antiguamente se exigía que el trabajo de la tesis doctoral fuera inédito, hoy día suele exigírsele que esté avalado por algunas publicaciones en revistas internacionales de prestigio en ese campo. Una vez que el joven llega a ser doctor, se supone que ha adquirido autonomía investigadora y que ya se le puede considerar científico profesional. En la práctica se le obliga a hacer un período posdoctoral de unos dos años en centros de excelencia, normalmente en un país distinto al de su residencia habitual. Todo lo anterior, esquemáticamente, es correcto, pero encierra una cantidad de matices que hay que hacer aflorar para sustentar algunas de las tesis que se quieren mantener en este libro.

La primera es, en mi opinión personal, el carácter discipular que tiene el doctorado. Posiblemente una de las relaciones de poder más fuertes que exista hoy día es la que se establece entre el director de tesis y el doctorando. Un joven, por muy brillante que sea y normalmente los que hacen el doctorado lo son,[5] no puede hacer absolutamente nada en investigación sin la orientación de un investigador veterano. La dependencia es total en este sentido, y su futuro se lo ha jugado en buena medida al elegir al que antes en España se llamaba maestro y en otros pagos supervisor. Esos cuatro años de trabajo intenso, hasta llegar a menudo a la extenuación, pueden ser los peores de la vida de un científico. Pero también pueden ser los mejores, sin la más mínima duda. (En mi caso fueron bastante buenos, dicho sea de paso para que no se piense que hay gotas de resentimiento en lo que estoy exponiendo, porque no hay ni una).

Dos de los extremos entre los que se sitúan los directores de tesis son el que colabora normalmente con grupos investigadores de centros extranjeros de prestigio en la especialidad o lo que podríamos llamar «sabios locales». Se entiende, ¿no? Otros dos extremos son los que se implican tanto en el trabajo del doctorando que se pueden llamar colaboradores desde el inicio, o los que le dan cuatro ideas y «allá te apañes y cuando tengas algo concreto vienes a verme». Otros dos extremos de directores de tesis, obviamente, son los que proponen como tema de investigación un problema realmente candente, nuevo y relevante en el campo o los que ofrecen desarrollar un aspecto casi repetitivo de lo que él mismo ha hecho en los últimos años y que, encima, jamás ha destacado aunque haya dado lugar a publicaciones, de las cuales hablaremos más adelante.

Otro matiz sobre el que hay que recapacitar en lo que se refiere a los investigadores es lo que supone su carrera profesional. Recapitulemos lo que llevamos expuesto hasta ahora de la vida académica de un investigador que se está formando para ser puntero en su campo. Ha terminado brillantemente la carrera con unos vein-

5. Hasta ahora, el expediente académico en España se evalúa dando un punto a la nota de aprobado, dos al notable, tres al sobresaliente y cuatro a la matrícula de honor en cada asignatura. Lo normal era que los estudiantes de doctorado tuvieran una nota media superior al tres. Ahora, ante la escasez de candidatos, esta media ha disminuido y ya sólo se suele exigir un mínimo de 1,5.

titrés años. Con el doctorado y el período posdoctoral en el extranjero, se ha plantado en la treintena. Muchos países ofertan contratos de entre tres y cinco años para recuperar a estos profesionales y darles la oportunidad de encontrar una plaza permanente, bien sea un contrato de duración indefinida aunque sometido a evaluaciones periódicas, bien de funcionario. Nuestra «joven» figura ya ronda los treinta y cinco años o más, si es que ha llegado hasta aquí. Lo lógico es que quiera llegar a lo más alto, que es a catedrático de universidad o a profesor de investigación en el CSIC o un organismo equivalente, por lo que deberá continuar acumulando méritos… o lo que sea, para culminar su ambición, que, si se mira bien, no deja de ser modesta. Es arduo, obviamente, pero esta carrera tiene muchos trucos, baches, dificultades artificiales y tremendas injusticias; tantas, que pueden significar una seria amenaza para la ciencia, razón por la cual dejamos su análisis para el capítulo siguiente.

La carrera de los ingenieros es del todo parecida a la anterior si siguen la senda académica, aunque, obviamente, su incorporación al mundo empresarial es mucho más frecuente que en el caso de los científicos. Pero hay que hacer una distinción en este caso, y es entre la de gestores de tecnología externa o foránea y la de creadores de la misma. Estos últimos se parecen más a los científicos, especialmente a los que entre éstos abandonan la carrera académica para incorporarse a la industria. Queremos decir lo siguiente expresado con un ejemplo. En Alemania se dice que la Siemens es la mayor enemiga de la universidad. Es una broma entre científicos, especialmente entre físicos veteranos dedicados a la investigación fundamental. Se refiere a que la gran multinacional recluta en masa a los jóvenes doctores desmembrando los equipos de investigación. Lo que hacen muchos de esos físicos en la gran empresa no se diferencia apenas de lo que hacen muchos ingenieros. Con biólogos moleculares, químicos, farmacéuticos, etcétera, ocurren cosas parecidas, por más que los salarios y la carrera sean diferentes en la industria correspondiente y en los centros públicos de investigación.

Las publicaciones

El colofón del método científico es la comunicación pública de los hallazgos, esto es, la publicación de los resultados obtenidos y el método utilizado para ello. Las publicaciones científicas presentan distintas formas, incluidos los informes internos casi secretos por interés industrial o estratégico. Sin embargo, lo normal y que forma parte de la esencia de la ciencia es la publicación de un artículo evaluado por pares en una revista internacional de libre circulación. Analicemos las tres cosas: los artículos, su evaluación y las revistas en que se publican.

La llamada «literatura» científica, a la que ya le quitan las comillas por razones de pura justicia, en realidad difiere mucho de la literatura digamos artística, humanista o como se la quiera llamar a la tradicional. Prácticamente toda se lleva a cabo en el mismo idioma, el inglés; el estilo es tan irrelevante que todos los artículos científicos siguen el mismo patrón hecho de frases cortas y lineales; están cuajados de tablas, gráficos y, dependiendo del campo, de fórmulas matemáticas o químicas, y las referencias son de una escrupulosidad y detalle inauditos. De hecho, la elaboración del artículo es lo que suele llevar menos tiempo y esfuerzo, porque lo que de verdad ha exigido inspiración e inmensa transpiración es el trabajo que refleja.

Otro aspecto curioso es que los artículos científicos los podrían entender muy pocos especialistas si los leyeran, porque normalmente no se leen y mucho menos se reproducen sus resultados siguiendo los métodos expuestos; salvo en unos pocos casos, naturalmente. Lo normal es que un científico profesional lea los títulos de todos los artículos que se publican de su especialidad. Entre éstos, elegirá algunos de su campo de investigación de los que, como mucho, leerá el *abstract* o resumen. De vez en cuando se interesará por alguno que puede serle útil para su trabajo y le prestará tanta atención que igual lo lee al completo. Finalmente, a lo largo del año, encontrará unos pocos artículos que realmente supongan un complemento, estímulo o avance en su propia investigación. En resumen, digamos que de las toneladas de artículos que se publican (afortunadamente, internet está cambiando la unidad de medida porque el papel circula cada vez menos), pocos, muy pocos, desempeñan un papel notable. Pero no desdeñe el lector este asunto, porque, por ejemplo, la célebre ecuación que definió un siglo y mucho futuro, $E = mc^2$, apareció en un artículo de tres páginas que no creo que en su momento lo leyeran más que unas docenas de personas en todo el mundo.

La evaluación por pares en la ciencia es una de sus grandes virtudes y ya se ha dicho en qué consiste: el juicio anónimo que merece a los colegas especialistas el proyecto de investigación propuesto por un científico o el resultado obtenido con uno anterior. En el caso de que este resultado se presente en forma de artículo, el editor de la revista que lo recibe se lo envía a un especialista llamado *referee*, árbitro o, agárrese el lector, censor. Todos los llamamos *referee*. Éste, insisto en que anónimamente, emite un juicio escrito sobre el artículo en cuestión que sólo puede implicar tres resoluciones: la aceptación, el rechazo o, lo normal, la aceptación proponiendo correcciones. El autor, al recibir el informe del *referee* enviado por el editor, reacciona en cada caso consecuentemente: alegrándose, maldiciendo al *referee* tachándolo de ignorante o afanándose en incluir las correcciones propuestas. Todos los científicos tienen mil anécdotas sobre los *referees* que terminan sobre todo denostándolos, pero personalmente sostengo que en general mi producción científica la han mejorado notablemente los *referees*. Muchos se olvidan, además, de cuando han tenido que hacer de *referee*, lo cual, en mi caso, siempre lo he considerado una calamidad, porque elaborar un informe sobre el artículo de un colega nunca me ha costado menos de dos o tres jornadas de trabajo intenso. Pero siempre he aceptado hacerlo porque considero que forma parte del oficio.

Por último, digamos algo de las revistas. Hay infinidad de ellas[6] aunque, naturalmente, no todas son igual de importantes. ¿Qué significa esto de la importancia? El nivel de exigencia de calidad de los artículos que publica, lo cual se mide por el llamado «impacto». Este concepto, que se aplica no sólo a las revistas sino a los propios artícu-

6. Concretamente, 6.125 según el Science Citation Index.

los, merece una explicación aparte, la cual, si se tiene paciencia, se encontrará fascinante.

Se llama factor o índice de impacto el número de veces que un artículo concreto publicado en un período es citado por otros artículos posteriormente. En el caso de las revistas, es lo análogo pero dividido por el número total de publicaciones en aquel período. ¿Se entiende? Supongamos un artículo publicado en una revista en el año 2005. Hay bases de datos que se pueden consultar libremente que indican que tal artículo fue referenciado, es decir, citado, por ejemplo, por 38 artículos publicados a partir de 2006 en todas las revistas de todo el mundo. Ése es el número de citas o impacto del artículo en cuestión. El factor de impacto de la revista es el número de citas que consiguen sus artículos publicados el año anterior dividido por el número total de artículos de la especialidad publicados en todo el mundo.

Todo lo anterior es para evaluar la calidad del trabajo de los científicos, y el remate de todo ello es el llamado índice *h*, invento de un físico apellidado Hirsh, que establece que un científico tiene un índice *h* si ha publicado *h* artículos con al menos *h* citas cada uno. Obviamente, valores altos de *h* indican buena calidad del trabajo de un científico. Si el lector no se ha aburrido con todo esto, le felicito porque ahora viene la parte divertida de todo el galimatías anterior.

Los científicos son de los pocos profesionales que tratan que su labor sea cuantificada rigurosamente. Me imagino que hay muchas profesiones evaluables, por ejemplo, la policial, porque no hay más que dividir el número de detenciones por el número de condenas. O algo así. Pero todas las evaluaciones, por sofisticadas que sean, encierran paradojas e injusticias. Pongamos varios ejemplos para el caso de los científicos.

He dicho que la creatividad en muchas ramas de la ciencia reside en los jóvenes. Difícil será que tengan muchas publicaciones y sus *h* forzosamente serán pequeños. Pero lo peor de todo es que puede que se dediquen a perseguir un gran número de publicaciones en un campo de moda que facilite su *h* futuro sin atender a la vocación, intuiciones, riesgos ni aventuras. Supongamos que con el tiempo, mucho tiempo, consigue un $h = 18$, lo cual no está nada mal. De la infinidad de artículos que ha publicado, dieciocho de ellos se han llevado dieciocho o más citas. Imaginemos que no muchas más. Estará en ventaja clara sobre otro joven que ha seguido sus impulsos y sueños pero que no ha publicado más que cuatro artículos aunque uno de ellos haya conseguido doscientas citas. O las vaya a conseguir en el futuro, lo cual lo dejará en posición aún más comprometida.

Imaginemos ahora que un artículo contiene un error de bulto que se le ha escapado al *referee* (o los *referees*, porque muchos editores prefieren tener dos y más para cada artículo que reciben). Es raro, pero sucede. Aparecerán un montón de artículos llamando la atención sobre la incorrección. Paradójicamente, un mal artículo puede aumentar el número de citas de su autor.

Ante la avalancha de publicaciones, los editores de las revistas encargan a científicos de prestigio revisiones en cada campo. Suelen ser artículos largos y muy detallados, pero que contienen más investigación ajena que propia. Esos artículos suelen acumular muchas referencias y, por tanto, impacto. Es justo que así sea porque no encargan revisiones a cualquiera, pero conste que contienen poca investigación del autor.

¿Y todo esto para qué? Para decidir sobre fondos para financiar las investigaciones y la dotación de contratos y plazas a los científicos. Creo que no hay mayor control de gasto del dinero público que el de los proyectos de investigación. Llamo la atención sobre el hecho de que posiblemente nadie recuerde ningún caso de corrupción económica en el mundo científico. Ninguno. En cuanto a las plazas, el asunto es de lo más peliagudo. Si se recuerdan la infinidad de hitos que exige la carrera de investigador, piénsese en una de obstáculos que no cesan jamás. Creo que los investigadores son las personas que más veces se examinan a lo largo de su vida, bien sea para demostrar que su trabajo merece la pena financiarse o para prosperar en su situación laboral. Lo único que un investigador tiene como patrimonio es su currículo, o sea, el número y calidad de sus publicaciones. Pero conseguir aumentar esto último puede convertirse en objetivo único y esencial a costa de muchos otros. Por otra parte, una crítica exacerbada a las publicaciones y su impacto es también altamente sospechosa de justificar la laxitud e incompetencia. Ya hablaremos de cómo el sistema puede convertirse en un peligro para el devenir de la ciencia, pero por ahora conformémonos con las pinceladas trazadas.

Las patentes

La otra forma del producto del trabajo en la investigación científica y técnica aparte de la publicación es la patente, la cual es casi tan antigua como la anterior. Una patente es un derecho que le otorga el Estado al inventor de una nueva técnica o procedimiento protegiéndolo del uso y provecho que de ellos pueda obtener un tercero. Lo primero que ha de demostrar el inventor es la viabilidad de su invento. El organismo estatal encargado, que normalmente se llama Oficina de Patentes, ha de asegurarse no sólo de lo anterior, sino de la originalidad del asunto. Entonces registra la patente y vela por su posible explotación, a cambio, naturalmente, de cierta cantidad de dinero. El mantenimiento de una patente durante un período que normalmente suele ser de veinte años se puede hacer a escala nacional o internacional. El coste aumenta llegando a ser tan alto que a veces, para fomentar la invención, hay organismos públicos de financiación de la I+D+i que se hacen cargo de él. Una patente europea puede costar varias decenas de miles de euros, lo que significa que es varias veces más cara que las japonesas o norteamericanas, a lo cual no son ajenos los costes de traducción. Hoy día casi se le da más importancia a la patente que a la publicación, lo cual no deja de tener su lógica. En resumen, una patente es un registro de la propiedad que conlleva unos derechos casi tan meridianos como el de otras propiedades, por ejemplo, la inmobiliaria, porque las patentes se pueden vender, comprar, transferir, heredar, alquilar, e incluso robar. Además, conllevan un prestigio que está desde hace mucho tiempo casi al mismo nivel que la autoría de un descubrimiento científico. Piénsese que el Senado de la República de Venecia no otorgó grandes honores a Galileo por su telescopio porque se sabía que lo tenía patentado el holandés Hans Lipperhey, patente que por cierto le costó mucho que le otorgaran.

Las patentes tienen algunos aspectos inquietantes. ¿Estimulan o entorpecen el desarrollo tecnológico? Depende. Por una parte, está bien que el autor de un buen invento se beneficie de él, lo cual sin duda anima a inventar. Pero también puede favorecer el monopolio si los derechos de la invención recaen sobre un gran laboratorio. Si encima éste se dedica a aspectos de la salud (industrias farmacéuticas), de la alimentación, etcétera, el asunto se complica. En general, además, la protección intelectual de los procesos industriales dificulta el acceso y disfrute de los países pobres a las nuevas tecnologías. Se llega incluso al extremo de que una patente importante, o sea, cara, frene el desarrollo de una determinada tecnología durante el período que exija su amortización.

II

LAS AMENAZAS

3

Los peligros internos

El ritmo al que crecen la ciencia y la tecnología, así como los inmensos frutos que dan, exige que todos los países organicen su propia comunidad investigadora. El tamaño y la excelencia de ésta suelen ser proporcionales a su grado de desarrollo. Hay tres motivos fundamentales para ello: el cultural, el económico y el político. Veamos someramente los peligros internos a los que está sometida dicha comunidad investigadora, por lo que detallaré algo más las críticas que se han podido detectar cuando he descrito en el capítulo anterior sus características esenciales.

Desde el punto de vista cultural, la ciencia desempeña un papel parecido al de las artes, las humanidades, la instrucción pública, etcétera. Por eso, en primera instancia, los científicos de un país son importantes para que la sociedad en que se insertan se vea influida por la ciencia. Así pues, es necesaria la divulgación científica de calidad hacia los no especialistas, porque, ya lo he apuntado, en una democracia actual es difícil ejercer los derechos ciudadanos sin una información científica mínima. No es sólo porque es el pueblo el que a través de sus representantes ha de financiar a dicha comunidad científica, sino porque los resultados de la investigación van a repercutir directamente en él. Si no se sabe nada de células madre, de sistemas de defensa, de generación de energía, etcétera, las posibilidades de manipulación por parte de líderes de opinión interesados por la razón que sea serán altas. Así pues, ya tenemos un peligro interno de las organizaciones científicas: su aislamiento en las llamadas torres de marfil que pueden llevar la indiferencia popular hasta el extremo de que la gente normal les vuelva la espalda y las deje con dos palmos de narices. Esto es, sin respeto primero y sin financiación después. Además, sucede algo interesante sobre lo que deberían reflexionar los científicos que nunca se lo han planteado. Las personas agradecen que se les informe y, en general y como consecuencia, se muestran generosas hacia la ciencia. Si se le cuenta a alguien cómo funciona el cerebro, qué es una galaxia o para qué sirve un nanotubo, lo agradecerá y se mostrará favorable a la financiación de centros de investigación biomédica, observatorios astronómicos y laboratorios químicos. Sobre todo si la explicación se hace con honestidad, es decir, huyendo de provocar simplemente el asombro por el tema y la admiración por quien le cuenta semejantes maravillas. Los científicos jamás deberían olvidar la admonición de Rutherford a sus discípulos: «Si le cuentas a un camarero lo que haces y no te entiende, lo pobre no es el camarero, sino lo que estás haciendo».

La victoria de la mediocridad

El segundo escalón y mucho más decisivo que el anterior en cuanto a la transmisión de conocimientos generados por la comunidad científica es la enseñanza superior. Y la enseñanza superior en los países desarrollados se está banalizando en los últimos tiempos de una manera asombrosa. No es un fenómeno español aislado, ni mucho menos, pero me referiré a él por razones obvias de cercanía. Conste que huyo despavorido de las tentaciones de caer en lo de cualquier tiempo pasado siempre fue mejor y otras actitudes de abuelo Cebolleta, sobre todo porque además de subjetivo suele ser falso. Pero conste también que conozco relativamente bien la situación internacional por circunstancias personales concretas. Por ejemplo, durante seis años representé no hace mucho a España en un comité de expertos (en física nuclear) de la Fundación Europea de la Ciencia y los demás representantes de los diversos países, creo recordar que sin excepción, se quejaban de lo mismo que se va a reflejar en los párrafos siguientes particularizado en España.

Los alumnos universitarios están sufriendo una transformación acelerada de estudiantes a clientes. Al definir la universidad he resaltado en el capítulo anterior su carácter de servicio público, pero de ahí a que se llegue a una relación de empresa-cliente como hoy se está dando con el profesorado y el alumnado hay un trecho. El problema es que esta degradación tiene ventajas para ambas partes, por lo que se acelerará. Profundicemos un poco más en lo que se quiere decir con lo de cliente.

La escolarización plena se ha conseguido en los países desarrollados hace mucho tiempo, quedando, si acaso, alguna que otra carencia a nivel de guarderías infantiles. La edad de formación obligatoria ha aumentado apropiadamente, pero por múltiples razones que todo el mundo se atreve a diagnosticar y normalmente con muchos y buenos argumentos, el nivel educativo ha caído como, quizá, no podía ser de otra manera. El problema viene de que a los gobiernos les dan pánico las tasas de fracaso y abandono escolar, la discriminación, los perjuicios psicológicos, etcétera. La solución que suelen encontrar es igualar a la baja y destinar recursos, a veces asombrosamente ingentes, a evitar que los malos alumnos terminen o, más bien, se sientan perjudicados. Pocos recursos extras se destinan a reforzar la formación de los buenos estudiantes. Cuando a un político se le ocurre proponer algo en este sentido le llueven palos.

La universidad española sigue teniendo prestigio social y la formación profesional presenta carencias notables, sobre todo porque un puesto escolar de este nivel educativo suele ser mucho más caro que el de muchas facultades universitarias. Una gran parte de los estudiantes de secundaria optan por matricularse en la universidad. Para ello tienen que pasar una prueba llamada de selectividad. Este examen no sirve para seleccionar estudiantes, porque lo aprueban prácticamente todos los que se presentan, sino para que éstos seleccionen la carrera que van a estudiar. En el caso de medicina, porque el asunto es peliagudo desde el punto de vista social, es el Estado el que dicta la nota mínima exigible al futuro estudiante, la cual suele ser alta, incluso muy alta. Pero para las demás carreras, las universidades fijan las notas exigibles en función de la demanda de cada carrera, no de las aptitudes de cada estudiante para cada una de ellas. Se da la situación surrealista siguiente. Durante un período de tiempo, por razones objetivas o peregrinas, los aspirantes a estudiantes universitarios optan por una carrera determinada. Un ejemplo real reciente en España de estudios muy solicitados han sido fisioterapia y enfermería. Una razón objetiva ha podido ser el alto índice de empleo; y entre las causas peregrinas de la vocación puede destacar una buena serie de televisión con protagonistas de esos oficios. Automáticamente, en función de la demanda y las posibilidades del centro, se establece una nota media mínima para acceder a esos estudios que lógicamente es alta. Por otro lado, los jóvenes saben de sus carencias y les asustan carreras que a lo mejor les encantaría seguir pero que suponen que son muy difíciles. Destacan entre éstas las de ciencias y muchas ingenierías. No se atreven con ellas, por lo que cada vez son carreras menos demandadas. La nota de corte, que así se llama esa mínima exigible para acceder a esos estudios, baja hasta el mínimo absoluto. Conclusión, la selectividad ha hecho que haya que ser mucho más listo y mejor estudiante para estudiar enfermería que para estudiar matemáticas, física, ingeniería, etcétera. Naturalmente, hay muchos estudiantes con buenas notas que ingresan en esas carreras, pero han de convivir con otros que están en ellas porque no pueden estar en otras. Una manera de evitar conflictos es nivelar de nuevo a la baja, porque si se mantiene el nivel tradicional, las aulas de los centros científicos y técnicos pueden terminar no desertizadas, sino vacías.

El alumno, con cierta lógica, ve que no le sirve de mucho esforzarse, lo que acostumbra a hacer desde que era pequeño y suspende una y otra vez las pocas veces que se presenta a un examen. Si él no falla, lo que falla es el sistema, o sea, el profesor. Y él (sus padres) paga una matrícula, por lo que no hay que lamentarse, sino exigir, porque si está claro que no se puede aprender lo que supone el profesor que hay que aprender, mejor no discutir e ir al grano: se trata de aprobar las asignaturas para obtener el título. Nuestro alumno ha sufrido la metamorfosis de estudiante a cliente preparador de exámenes. Personalmente, he tenido infinidad de estudiantes que escapan de esta aciaga caricatura, pero tengo cada vez más que los retrata fidedignamente. Para colmo, este proceso está acentuado por el hecho de que la capacidad de decisión del colectivo de estudiantes en el funcionamiento de las universidades es tan grande que suele ser decisivo. Me refiero a toda la gestión académica, siendo el aspecto más importante el de la elección de los órganos de gobierno colectivos y personales. Así, las listas de derechos crecen mientras que las de deberes menguan. El nivel sigue bajando y los profesores se hacen cómplices de ello porque favorece infinidad de aspectos, como, por ejemplo, la convivencia pacífica con el mínimo esfuerzo. Se puede decir que nunca los universitarios han vivido mejor pero a costa de dejar ir la universidad a la deriva. Naturalmente, el análisis anterior peca de dos deficiencias como mínimo. Una, porque es demasiado simple por su brevedad, y otra porque no todas las universidades españolas ni europeas están cayendo de la misma manera. Aconsejo consultar algunos de los rankings mencionados porque así se verá a qué universidades se les puede aplicar la rudeza del diagnóstico anterior. Pero aún hay más en cuanto al riesgo al que están sometidas las universidades.

En el proceso de convergencia europea que he apuntado que se está dando en la actualidad, aquel que armoniza las universidades anglosajonas con las que he llamado napoleónicas, se agudiza el problema a causa de los llamados másters. Las universidades que han pasado de licenciatura (cinco o seis años) a grado (cuatro años) en el marco de la caída del nivel académico, han confiado la recuperación de éste al máster, un año más de contenido especializado que prepare para el ejercicio profesional o para afrontar un doctorado. Los másters, en principio, son caros y están agudizando el carácter clientelar del estudiante hasta un extremo que causa estupor. Se aprueban simplemente por la asistencia a las clases si son presenciales, y en los remotos, esto es, los que se imparten vía internet, ni eso. Los alumnos empiezan a exigir incluso buenas notas sin apenas control ni examen, o sea, que ya no compran el derecho de adquisición de conocimientos y habilidades, sino directamente el título. Infinidad de profesores acceden por los dos motivos apuntados: evitar conflictos y la ausencia total de alumnos matriculados en su asignatura si ésta presenta la más mínima dificultad.

En el momento actual se ha llegado al extremo en que lo único que unifica a nivel internacional la calidad de los posibles investigadores que se incorporan al sistema de investigación científico y técnico es el doctorado. Pero, ojo, ya hay proyectos de ley que pretenden una nueva regulación del máximo grado académico que pueden otorgar las universidades. Da miedo que ocurra lo mismo que en los niveles educativos inferiores: igualación a la baja.

En el contexto de lo que se quiere sostener en esta parte del libro que es presentar los posibles riesgos que pueden poner fin al desarrollo científico de un país, la pregunta entonces es la siguiente: si en el futuro no va a ser la universidad la institución que suministre personal al sistema de ciencia y tecnología, y éste es cada vez más necesario, ¿cómo se va a realimentar? Lo harán las grandes corporaciones y las empresas. Incluso, atención, instituciones que pueden parecer tan ajenas a estos menesteres como... ¡la Iglesia!

En los periódicos se puede leer con frecuencia algunas manifestaciones en contra del proceso de convergencia europea de la educación superior. Es lo que se simplifica llamándolo inapropiadamente movimiento anti-Bolonia. Da igual el origen de la expresión para lo que se quiere sostener a continuación. Es un movimiento contestatario muy minoritario, pero merece la pena analizar su punto de vista porque lo considero desenfocado, pero menos que el dominante.

El temor de los estudiantes anti-Bolonia (hay pocos profesores que se opongan al proceso) es que, como dicen ellos, se mercantilice la universidad. La captación de recursos externos se hace cada vez más acuciante para la institución y los únicos departamentos que pueden hacerlo son los relacionados con la técnica y los servicios. Así, las humanidades irán desapareciendo de la universidad, la cual quedará al servicio de las empresas. Incluso las ciencias puras saldrán perjudicadas a costa de las aplicadas. Los másters serán los que dicten las necesidades empresariales y serán tan caros que introducirán discriminación económica o dependencia por estar sometidos a préstamos o compromisos futuros con las empresas que los patrocinen. Este es *grosso modo* el temor que manifiestan los que están en contra de la convergencia universitaria europea tal como suponen que está planteada hoy día. Es un gran error, primero porque no es así como se está desarrollando el proceso ni los objetivos trazados tienen mucho que ver con esa supuesta mercantilización. El problema no es éste, sino el de la trivialización. Muchas universidades, no necesariamente las pequeñas o de zonas no industriales, pueden ir relegándose hasta quedar como instituciones tan vetustas como los ateneos, las academias, los círculos culturales o las sociedades de amigos del país. Si esto se generaliza en un país o grandes zonas geográficas, quienes suministrarán recursos humanos a las comunidades científico-técnicas serán, como se ha apuntado y es bueno insistir, institutos tecnológicos de nueva creación y las grandes empresas multinacionales.

Se podría pensar que este proceso no tiene por qué ser necesariamente perverso y sí lo es. Si la universidad se degrada a sí misma por una endogamia irremediable y externamente no se puede enderezar porque el coste político sería insoportable, dejémosla que se vaya disolviendo en la irrelevancia y vayamos preparando el recambio empezando desde cero. Las nuevas instituciones, públicas y privadas, se nutrirán en principio de los elementos más excelentes de las universidades actuales y de extranjeros en un proceso parecido al de la formación de grandes orquestas: seleccionando escrupulosamente a los mejores profesores y virtuosos de exactamente los instrumentos necesarios para que aquello suene armónica y maravillosamente. Y nada de considerar la orquesta como una vía para aliviar el desempleo entre los músicos locales, ni apechugar con derechos y vicios adquiridos, ni orientar la música a los gustos de los maestros veteranos, ni nada de nada que la tradición haya acrisolado. Borrón y cuenta nueva.

Si un estudiante quiere encontrar trabajo fácilmente, tendrá que hacer el máster de la empresa tal que cuesta una fortuna (ofrecen varias vías de financiación incluidas las crediticias) y seleccionan a sus alumnos de manera estricta. El prestigio está en ese máster, ni de lejos comparable con el que ofrecen las universidades locales o regionales de turno.

El lector puede que aún, a pesar del tono negativo y casi sarcástico que he empleado para pergeñar este proceso, siga sin ver dónde puede estar la gravedad de su perversión. Lamento comunicarle que tendrá que leer el libro completo para tomar conciencia de lo que el autor desea mantener, si bien le avanzo lo siguiente: las democracias han ido cediendo una gran parte del poder político que debería ser inherente a un Estado. Una inmensa parte de este poder cedido, quizá de manera inevitable y seguramente provechosa según análisis infinitamente más profundos que el que pueda llevar a cabo este modesto científico, se ha debido a la dinámica de la economía internacional en un marco de globalización. Pero el conocimiento es algo aún más global que la economía, y si la parte alícuota del conocimiento universal que corresponde a un país se deja al socaire de los avatares económicos internacionales, la democracia se debilita infinitamente más, pudiendo quedar mucho más maltrecha de lo que el mercado la puede dejar. A la vista está en estos años cómo puede terminar el bienestar social inherente a las democracias cuando dicho mercado enloquece. Así, cuando las universidades se enquistan contentando a sus protagonistas a costa de cesar en su papel social de vanguardia del conocimiento, el daño que se está haciendo es infinitamente más grave de lo que se suele vaticinar. Pero aún hay otro aspecto que, por muy correlacionado que esté con todo lo dicho anteriormente, hay que resaltar.

Ya he dicho que si la comunidad investigadora de un país no puede ser alimentada por los científicos y técnicos formados en sus aulas, se contratan de fuera y se acabó. Como he apuntado, es un fenómeno generalizado en muchos países, incluido Estados Unidos. También he alertado sobre el problema que puede suponer que todos esos científicos vayan regresando a sus países emergentes. Pero el aspecto grave que podemos destacar en este punto de la enseñanza superior es que si el propio país no puede suministrar buena parte, incluso la mayor parte del personal de su comunidad investigadora, los aspectos humanos, culturales, etcétera, aparte de los económicos, se resienten decisivamente. Tenga el lector en mente lo de la orquesta sinfónica si lo desea. Póngase en los dos extremos pensando en el nivel musical de la sociedad (ciudad, región u organismo) que desea organizar la orquesta si la selección estricta de músicos ha dado como resultado que ningún músico local haya superado las pruebas o que todos lo hayan hecho.

Creo, sinceramente, que lo deseable es lo que está ocurriendo en algunas de nuestras comunidades autónomas. En muchos grupos de investigación de distintos centros científicos e instituciones, incluidas las universidades, de Cataluña, el País Vasco y de Madrid, no de forma generalizada pero tampoco escasa, y puntualmente en algunas otras zonas de España, se están incorporando investigadores de alto nivel que provienen de centros de excelencia de países desarrollados. Y lo hacen no porque en sus centros de origen tengan dificultades laborales o científicas y ya los consideren amortizados (aunque se han dado casos), sino porque los institutos españoles a los que se incorporan les resultan científica y laboralmente más atractivos. Ésa es la vía, pero existe un peligro claro de que no pueda prosperar asfixiada por los intereses de la marea creciente de mediocridad. Si no se favorecen procesos como el anterior, la disolución de la organización de la investigación científica y técnica puede tener lugar por el envejecimiento de su personal más excelente y su reposición por jóvenes mal formados y peor seleccionados. Y recuérdese en todo momento lo concluido en el capítulo anterior: la ciencia y la tecnología actuales exigen un gran número de las mejores cabezas que puede dar una comunidad.

El descontrol

Con la esperanza de que haya gustado y ayudado la comparación de la comunidad investigadora con una orquesta sinfónica, bien entendidas las distancias y diferencias esenciales, ahondaré un poco en la metáfora. En el punto anterior he alertado de lo que supondría una orquesta tocando cansinamente para sí misma, o sea, sin apenas público y reponiendo sus músicos jubilados por jóvenes ejecutantes torpes y cohibidos. En este punto y el siguiente trataré del riesgo de que la orquesta, aunque sus músicos sean buenos, se encamine hacia la formación de un conjunto escuálido o sobredimensionado, da igual, que ya lleva contratados catorce contrabajistas, dos violinistas, treinta y dos trompetistas, un flautista, nueve pianistas y el resto de los instrumentistas en proporciones igualmente desquiciadas. Además, todos y cada uno teniendo como objetivo alcanzar una plaza fija y alguno que otro pretendiendo ser solista famoso cualquiera que sea el instrumento que toque. Vamos allá sin bromas. Empecemos por una ocurrencia de la que fui testigo.

Por la división de teoría del CERN pasan muchos físicos al año, habiendo en cada momento algo más de un centenar. Cada trimestre se organiza lo que se llama Five Minute Meeting. En la sala de seminarios se reúnen todos y cada uno tiene cinco minutos para decirles a los demás lo que quiera. Cada fulgurante speach puede ir desde el tema en que uno trabaja hasta que está buscando apartamento o que tiene dos hijos de cuatro y siete años que necesitan amigos. O todo a la vez. En la presentación de cada uno, lo único común es decir el nombre, el país de donde proviene y cuánto tiempo va a estar allí. En una ocasión uno empezó diciendo: «Me llamo fulano de tal y seguramente soy el único de esta sala que puede decir que es el mejor físico teórico de su país. Soy de Guatemala». Tras el jolgorio, primero me quedé un tanto entristecido por aquello, pero después me pregunté si realmente Guatemala necesitaba un joven que supiera de teoría de supercuerdas. Terminé considerando que la respuesta no era trivial y que presentaba múltiples facetas.

Para no particularizar, y puesto que estoy convencido de que el siglo XXI va a conocer una transformación asombrosa del continente africano, pensemos en un país mediano del África central, no importa si real o imaginario, porque vamos a hacer un ligero ejercicio de política ficción.

Sea porque los chinos empezaron a expoliar las materias primas del país de una manera menos sangrante que la tradicional de los extranjeros, por la conjunción propicia de planetas o por cualquier otra feliz circunstancia, supongamos que surge un dirigente honrado y listo, en otras palabras, democrático. Además, con fuertes apoyos de las clases populares y de la ilustrada. Esta última la forman unas decenas de licenciados en derecho y en escuelas de economía de Londres, que otra ambición no habían tenido hasta entonces los que se suponía que serían la clase dirigente del país por los siglos de los siglos. Nuestro hombre, ya presidente, decide racionalizar el país y, antes de empezar, reduce el ejército al mínimo necesario para mantener la paz, o sea, para darle la del pulpo a cualquier señor de la guerra, sátrapa, narco o iluminado que le dé por incordiar. Comienza su tarea emprendedora por la educación básica y la sanidad. Solicita ayuda a los organismos internacionales y a las ONG sanitarias.

No pide dinero, que para eso están los chinos a los que se les exige un precio justo por las materias primas que extraen y se llevan, lo que pide el presidente es que los mejores centros educativos europeos formen las primeras oleadas de maestros. Y después los profesores de secundaria. A los Médicos Sin Fronteras y la OMS les pide que le asesoren para construir el mejor hospital del universo, una red de centros asistenciales sanitarios primarios y un buen sistema de comunicaciones y traslados en ambulancias. Los primeros estudiantes de medicina ya están seleccionados y comienzan su éxodo temporal a las mejores facultades de medicina de Europa. Empieza a cundir el entusiasmo interno e internacional. El siguiente paso es la organización de escuelas técnicas de formación profesional en los sectores básicos en que se fundamenta la economía del país, ya sea la minería, el turismo, el caucho o las mariposas de colores. Así, como quien no quiere la cosa, nuestro presidente y sus ministros empiezan a crear un sistema modesto de captación de los chavales más listos en matemáticas, ciencias y técnica. A ésos, no muchos pero todos inteligentes y trabajadores de verdad, consigue que les den becas para cursar estudios superiores, con vistas al doctorado, en centros internacionales de máximo prestigio. Bien mirado, son cuatro perras. Los primeros flamantes doctores, que no lo han sido en cualquier cosa, sino en aspectos de la ciencia y la tecnología relacionados con el futuro del país, tendrán todo tipo de facilidades para desempeñar su trabajo. No como en los centros donde se han formado, obviamente, pero encontrarán vía libre para crear los laboratorios u otro tipo de infraestructuras científicas y técnicas necesarias para organizar una aportación razonable de su país a la ciencia y la técnica mundiales. La única restricción que tienen los jóvenes científicos e ingenieros es la presupuestaria. El ministro de turno, animado por nuestro sabio y amable presidente, se ha mostrado incluso tolerante con algunas de las lumbreras que habían solicitado especializarse en cosas que no entreveía cómo diablos podrían beneficiar al país en el futuro. Entre ellos habían surgido hasta tres aspirantes a astrónomos. El caso es que tras varias décadas, en las que los seguidores del primer presidente sensato han sido elegidos entusiasta y repetidamente, tenemos un país con una organización científica y técnica quizá no muy grande, pero sí muy brillante, que es la envidia de sus vecinos y la alegría del resto del mundo. Su Centro de Enfermedades Tropicales es de los mejores del planeta, su Escuela de Ingeniería Geológica y Minera atrae a muchos estudiantes extranjeros, y para colmo y sublime remate, el Centro Europeo de Radioastronomía Submilimétrica decidió construir allí una espléndida instalación de presupuesto multimillonario gracias a su cercanía al Ecuador y, sobre todo, porque había un grupito excelente de astrónomos locales que serían magníficos interlocutores entre la comunidad astronómica internacional usuaria del observatorio y el gobierno del país. Y así, nuestro pequeño y entrañable país se hace con siete u ocho centros de referencia mundial en sus campos del saber. Las universidades, no muchas pero magníficas, son el sueño de todos los chavales y, sobre todo, la ilusión máxima de sus padres. Todos los ciudadanos las apoyan porque se sienten orgullosos y dueños de ellas. Y colorín colorado... vamos a extraer las moralejas del cuento.

La primera se basa en la palabra décadas. Por muy planificado que esté, el proceso de creación de una comunidad investigadora organizada de proporciones acordes al tamaño de un país cuesta al menos treinta años. Pero lo importante no es esto, sino que puede destruirse completamente en un suspiro o entrar con gran facilidad en una vía agónica irreversible. No es necesario por ahora incitar la imaginación para ilustrar lo dicho.

La segunda moraleja es que, permitiendo siempre cierto margen de espontaneidad, la planificación de la comunidad científica y técnica ha de estar condicionada por la potencialidad del país y sus deseos de futuro. Incluso su aportación a la ciencia básica, o, dicho de otra manera, su contribución solidaria al avance mundial de la ciencia, ha de ser proyectada. Esto no tiene que ver estrictamente con la espontaneidad sobre la que profundizaré más adelante.

La tercera moraleja es más sutil y aquí sí que se va a apelar a la imaginación del lector. En otros libros y escritos míos en los que he tratado sobre la ciencia y la técnica de civilizaciones antiguas, desde los sofisticados mesopotámicos hasta los modestos indios navajos de Nuevo México, siempre he planteado la duda siguiente: ¿son las sociedades prósperas las que pueden permitirse el lujo de una comunidad científica, o es justo al revés, son prósperos aquellos pueblos que supieron organizarla? A nuestro querido país imaginario de África le hemos puesto unas condiciones iniciales muy favorables pero nada exóticas: presidente inteligente y honrado, apoyo popular, ejército que no se trague el presupuesto, paz social y poco más. Sí, poco más, porque si se piensa en que lo de las materias primas es jugar con ventaja, que se considere las que tiene, por ejemplo, Holanda, uno de los países más ricos y razonables del mundo. Pero la cuestión más sutil y decisiva es la siguiente: es muy posible que el propio empeño de organizar la ciencia, la técnica y, en definitiva, la cultura de un país sea el motor más potente que impulse su prosperidad. No lo sé, sociólogos y políticos lo sabrán mejor, pero sospecho que esto es así y por eso volveremos a este asunto en el capítulo 6.

Ahora pasemos de un país imaginario a países reales, ya prósperos, para concluir que también, aunque por mecanismos más sutiles y complejos, la ciencia puede entrar en una fase agónica. En éstos no es previsible un golpe de Estado, una guerra tribal, un desastre natural de proporciones catastróficas, etcétera, pero sí una acumulación de enfermedades incubadas por la propia comunidad. Tomaré como referencia el caso de España, aunque salpicado de ejemplos de otros países y organismos internacionales.

La peculiaridad de España respecto al resto de los países avanzados estuvo en el tardío inicio de la formación de su comunidad investigadora. Cuando iba más o menos (menos) encarrilada de manera análoga a sus vecinos, estalló la Guerra Civil y se fue todo al garete. El interés de la dictadura por la ciencia fue prácticamente nulo, aunque no impidió que algunas personas admirables desarrollaran ciencia de calidad. Con estos nobles embriones, y cuando ya se vislumbraba la democracia, unas pequeñas, pero insistentes e intensas, oleadas de jóvenes se fueron al extranjero a formarse en centros de excelencia en los que fueron acogidos con cariño y sorpresa por el buen nivel que tenían. A trancas y barrancas, y sobre todo con un impulso decidido de los gobiernos de la década de los ochenta, se organizó la investigación de manera acorde a los demás parámetros económicos y sociales del país. Se alcanzaron incluso cotas por encima del nivel razonable. Muy bien. Todo estuvo acorde, salvando las distancias y matices que el lector quiera, con lo dicho respecto al país imaginario de la África profunda. Pero escrutemos un poco más detenidamente lo que ocurrió.

¿Cuáles eran las especialidades de aquellos embriones, es decir, de los sabios que lucharon por hacer ciencia de altura en un ambiente hostil? Pues vaya usted a saber: la que quiso cada uno y pudo desarrollar. ¿En qué campos del saber terminaron especializados los jóvenes enardecidos, entre los que me incluyo por edad e incluso suerte? Pues lo mismo: vaya usted a saber; terminaron donde los acogieron o donde sus heroicos maestros los enviaron. ¿Eran esas ramas del saber las que necesitaba España? Quién diablos se iba a preguntar eso, porque el objetivo no era aumentar el bienestar y la dicha de la población, sino que el país alcanzara un nivel internacional de excelencia en su investigación científica y una comunidad de tamaño apropiado; cuanto mayor, mejor.

En cuanto los políticos vieron que era una meta no sólo alcanzable, sino a la que se estaba llegando con facilidad y entusiasmo sorprendentes, empezaron a tratar de poner orden a toda aquella espontaneidad. Había que usar la zanahoria, es decir, definir unas líneas estratégicas de interés para el país y financiar preferiblemente los proyectos de investigación que cultivaran esos campos. Eran los planes nacionales y regionales de I+D+i a los que ya hemos hecho mención. Incluso europeos, porque todos los países tienen una estructura parecida. Pero ¿quiénes establecen esos planes? Los aprueban los políticos, pero los definen los propios científicos, porque, como todo en ciencia, ya he dicho que se resuelve por pares. Y funciona a la perfección… salvo en los casos que llamaré tumorales. Conste que en todo momento, hasta que los aumente de categoría, estoy hablando de tumores benignos.

Imaginemos que un noble profesor de universidad de los años oscuros hubiera trabajado en una línea de investigación concreta. Como no quiero que ningún científico se sienta ofendido, no citaré ninguna línea en particular. A su joven discípulo lo envió en los setenta al mejor centro de Europa o Estados Unidos para que se formara en el último grito del campo. Al regresar éste, ve que el país, a trancas y barrancas como se ha dicho, está que bulle. Hay nuevas plazas y muchas posibilidades. El nuevo profesor universitario o investigador del CSIC ve que atrae a jóvenes brillantes que quieren hacer el doctorado con él. ¿En qué? Pues en qué va a ser, en el campo concreto en el que es experto. Las publicaciones aumentan, el número de doctores también, los departamentos se consolidan, algunos llegan a catedráticos y empiezan a tener poder. Las consejerías de las comunidades autónomas y los ministerios se ven invadidos de científicos. ¡Magnífico! Se definen las líneas prioritarias. ¿Cuáles? Pues cuáles van a ser... las de siempre. Pero, arguyen algunos, esas líneas ni son útiles para el país ni se siguen cultivando en los centros internacionales en los que nacieron. Esto, ¡uhm!... claro, pero es lo que sabemos hacer, tenemos prestigio en ello y salen publicaciones que permiten justificar fondos, solicitar nuevas plazas y aumentar los índices de productividad científica. Ya tenemos un pequeño tumor formado que puede llegar a proporciones primero sorprendentes y luego inquietantes. Si la cosa se dispara, como en todo organismo vivo, hay que sajar. Seguramente, la operación de mayor envergadura, a cauterio y sin anestesia de extirpación de un tumor de éstos la llevaron a cabo, como no podía ser de otra manera, los estadounidenses. La comunidad de físicos de partículas (tan querida para este autor) llegó a tener tal poder y capacidad de disuasión que convenció a Reagan con artes más o menos honrosas (estaba de por medio el delirio de la guerra de las galaxias) de construir un acelerador ¡de 80 km de circunferencia!, el Supercoducting Super Collider o SSC. Cuando ya se llevaban gastados tropecientos millones de dólares, llegó el corte que no sólo acabó con una buena parte de la obra faraónica que se llevaba construida enterrada, sino que dejó a la comunidad de físicos hecha unos zorros. Y ya que estamos en este campo, hablemos de lo que ocurrió en Europa, que fue mucho más razonable pero no exento de aspectos inquietantes.

En el CERN es donde se estudia en Europa la física de partículas. Allí el proyecto era construir en el mismo túnel del mayor acelerador de la época, que se llamaba LEP, el futuro colisionador de mayor energía del mundo. Sería el LHC y su longitud, comparada con la del SSC, igualaría por tanto a la del LEP, o sea, 27 kilómetros. El coste, exorbitante para muchos aunque ya he relativizado esto en el capítulo anterior, era asumible y, de hecho, los países miembros lo aprobaron y el acelerador ha empezado a funcionar recientemente. Según los resultados que se obtengan, se pensará en alguna máquina más grande o, simplemente, aplicar el bisturí a ese campo del saber y su comunidad científica de manera más o menos delicada, con anestesia y teniendo prevista una buena convalecencia. Pero obsérvese el siguiente detalle.

La aprobación del LHC tuvo lugar en diciembre de 1994. Yo estaba allí y, lógicamente, todos los físicos andábamos nerviosos e inquietos los días en que estaba reunido el consejo, formado por un representante de cada país miembro del CERN, que tenía que decidir si aprobar o no el proyecto del LHC. Charlábamos, hacíamos pronósticos, denostábamos, animábamos, bromeábamos, qué sé yo. Pero de pronto, estábamos en ésas dos o tres físicos, reunidos precisamente en mi despacho, cuando escuchamos un tremendo alboroto fuera. Nos asomamos y por la calle... ¡desfilaba una manifestación en toda regla! Consignas a gritos, pitos y pancartas trataban de presionar al consejo para que se aprobara el presupuesto del gran acelerador de partículas. Eran los administrativos y técnicos del CERN, o quizá, no lo sé, también científicos, que temían por sus puestos de trabajo si no se construía el LHC.

Muchos colegas y yo quedamos muy preocupados por aquello. Si la ciencia, en este caso la búsqueda del bosón de Higgs, la iban a orientar asuntos corporativos o laborales, apañados estábamos. Y conste que a quien esto escribe le encantan las manifestaciones, en las que ha participado y participa aún en algunas, aunque sea para quitarse años de encima y revivir gratos tiempos pasados.

Se puede pensar que esto de los tumores surgidos espontáneamente, o sea, fruto de cualquier causa salvo la lógica y la planificación, tampoco es tan grave, pero es una equivocación por una razón. Una comunidad científica fuerte puede asumir un cierto número de tumores de este estilo y de otros, por ejemplo los quistes de mediocridad aquí y allá, pero como el asunto se extienda un poco, al primer resfriado la cosa se puede poner tan fea que se vislumbre una enfermedad mortal, y un buen resfriado lo puede provocar un recorte presupuestario serio. Obsérvese que en España y otros países, con Italia a la cabeza, lo primero que se recorta cuando hay crisis económica son los presupuestos de I+D+i. Y aquí no se distinguen quistes y tumores de órganos fuertes y saludables, sino que se les congela la sonrisa a todos por igual. Pero lo que proporciona vitalidad a estos órganos sanos son los nuevos jóvenes doctores, y los recortes suponen fundamentalmente la disminución drástica y repentina del número de nuevas plazas. Un laboratorio puede seguir funcionando un año con los remanentes que todos acumulamos; un grupo de investigación puede disminuir sus viajes y otros gastos; la adquisición de nuevas infraestructuras se puede aplazar, pero un joven brillante no puede estar sin contrato mucho tiempo. Se irá al extranjero o abandonará la carrera investigadora. Un drama, pero el drama de verdad es que si la cosa se prolonga, en pocos, muy pocos años, los quistes y tumores irán acabando con la vitalidad que le quedaba al sistema de I+D+i de todo un país. ¿Alarmista? Sin duda, pero lo anterior ha sido pedagógico, no simple, y desde luego, más real que lo del país africano.

¿Qué hay que hacer, pues? Pues ir orientando en cada momento la organización nacional de la investigación, de manera que ni sean necesarias intervenciones thatcherianas (de Margaret Thatcher, que se hizo especialista en cercenar grupos y centros de investigación británicos que ella supuso que no valían la pena) ni que el descontrol de una comunidad, donde un cierto grado de espontaneidad es inevitable, supere los límites soportables.

La endogamia

La endogamia es una palabra de la que se ha abusado queriendo englobar en ella o atribuirle todos los males de la universidad española. El término indica el matrimonio de individuos que son miembros de un mismo grupo. Es decir, a la comunidad científica de un país o a las instituciones que las alojan se las tacha de endogámicas si sólo contratan a los jóvenes formados en su seno y la promoción en las carreras académicas se prevé que la disfruten exclusivamente los miembros de la propia universidad o institución. Allí no entra ni dios, tenga los méritos que tenga, si va en menoscabo de «uno de los nuestros». Ha sido relativamente injusto calificar a nuestras universidades y centros de endogámicos, al menos en muchas ocasiones, porque los datos objetivos no tendrían por qué indicar necesariamente mezquindad alguna. En una comunidad que crece a buen ritmo tiene sentido que las personas traten de progresar en su lugar de formación y residencia y no compitan por plazas y contratos de otra. Hasta que se llega a un cierto límite de saturación, naturalmente, y entonces es cuando se desatan los vicios endogámicos. Sin embargo, hablando de la ciencia en general, esta endogamia tiene tintes más graves. Al fin y al cabo, si una universidad se degrada, el mal queda relativamente localizado; si lo que se deteriora es la organización de la I+D+i de un país, el asunto puede ser catastrófico. Veamos lo que puede significar la endogamia, bien entendido que la palabreja está mal aplicada, a escala de la organización global de la investigación científica.

Recuérdese que la carrera científica es ardua entre el doctorado, el período posdoctoral y el tiempo de contratos más o menos dignos hasta que se alcanza una plaza en propiedad, expresión horrible para un puesto permanente de trabajo. Y también ha de recordarse que las publicaciones científicas, con sus factores de impacto, índices *h* y demás, forman el patrimonio del investigador, lo cual, además, es lo único objetivo y evaluable de forma cuantificada de su valía profesional. El asunto no se refiere exclusivamente al joven investigador, sino a todos, porque ese patrimonio sirve no sólo para progresar en la carrera académica, sino para obtener financiación con la que llevarla a cabo mediante el desarrollo de proyectos de investigación. Conclusión: el objetivo de la investigación puede terminar siendo la publicación por la propia publicación.

Esta apreciación tiene infinidad de matices y peligros de mala interpretación, y el primero es alertar al lector de que si escucha lo anterior, evalúe inmediatamente a quien se lo está diciendo, porque existe la posibilidad de que lo sostenga un ágrafo, o sea, alguien que no publica ni lo pretende, consciente de sus limitaciones u ociosidad. Por otro lado, recuérdese que el impacto es una medida, quizá no precisa ni relevante, pero medida al fin y al cabo, de la calidad y oportunidad de los resultados de una investigación concreta. Esto es, el aprecio de la comunidad internacional por un trabajo determinado. Pero, a pesar de todos los pesares, conste que el publicismo puede acabar siendo un mal endémico que distorsione completamente el objetivo de la investigación. Éste es el aspecto realmente peligroso de la endogamia, que la actividad de la comunidad científica sea en beneficio propio y que el provecho social no sea más que un bien colateral y, en infinidad de casos, casual o eventual. Pero incluso esta afirmación puede ser matizada, porque el publicismo garantiza algo sin la menor duda, y es que la comunidad científica que publica mucho y de calidad está en plena forma, lo cual es importante por lo siguiente: en ciencia y técnica muchos descubrimientos son inesperados y surgen en cualquier momento y lugar. Se podrían poner infinidad de ejemplos: el transistor, la superconductividad, la WWW, etcétera; y si una comunidad científica está en forma, aprovechará instantáneamente el descubrimiento sea a nivel técnico, biosanitario o conceptual. Si está mortecina, publicando de vez en cuando vaya usted a saber qué y justificándose a sí misma diciendo que el publicismo es malo y que en lugar de publicar está meditando profundamente para alcanzar logros revolucionarios y estratégicos, apañados estamos.

Siempre que pienso en las publicaciones científicas, recuerdo el ejemplo que me proporcionó una anécdota personal. Supero el sonrojo que me produce contarla con la esperanza de que al lector le guste y la encuentre ilustrativa de lo que he sostenido en el párrafo anterior.

En cierta ocasión no hace mucho tiempo, en el recoleto museo de historia de la ciencia de Oxford dediqué mucho tiempo a descifrar el intríngulis de una máquina antigua que me pareció perfecta. Otro visitante (éramos los únicos) se animó a comentarme la belleza del artefacto de mi interés, pero poniendo el énfasis en la calidad del latón bruñido, la perfección de los engranajes, el diseño de las manivelas y los engastes, así como la esmerada caligrafía de escalas y graduaciones. El que supuse que era profesor retirado de física se fue y yo quedé muy complacido pero mosqueado, porque ni él ni yo habíamos dicho nada de para qué servía aquel bello artilugio. Continué observándolo hasta que me di por vencido y leí el cartelito adjunto. Quedé asombrado al saber que nadie había adivinado el objetivo científico de la máquina ni su posible aplicación. Se aventuraba que quizá habría sido para hacer demostraciones didácticas, pero observándola de nuevo deduje que no, basándome para ello en ciertos desgastes suaves y unas precisiones excesivas. Me alejé sonriente hasta que me detuve con la sonrisa congelada. Aquella maquinita me había recordado algunos artículos profesionales míos, que cumplían la infinidad de requisitos exigibles para su publicación salvo uno: que los métodos o resultados que exponían sirvieran para algo.

Tras permanecer unos minutos apesadumbrado, consideré que quizá construyamos demasiados artilugios tan inútiles como el del museo de Oxford, pero que muestran públicamente que sabemos hacer nuestro trabajo con enorme grado de perfección. Ésta es la condición necesaria para que de vez en cuando algunos, muy pocos de nosotros, produzcan «máquinas» maravillosas. Esta conclusión me permitió, al menos, recuperar la sonrisa. Pero que conste: una inmensa parte de la actividad de la comunidad científica puede estar destinada a la autocomplacencia cuando no a la supervivencia.

Como no me gustaría que este libro fuera sólo de diagnósticos, evitando el riesgo de las prescripciones y tratamientos, pergeñaré alguno para lo anterior.

Un joven que termina su carrera de ciencias o ingeniería en los años estipulados, con buenas notas y habiendo llevado a cabo sus trabajos y proyectos brillantemente, no tiene por qué ser un gran investigador, por muchas papeletas que tenga a su favor. De lo que se puede tener amplia certeza es que no será un vago. ¿Qué problema hay en contratarlo indefinidamente cuanto antes? Ninguno, porque seguro que si se hacen las cuentas bien hechas, la suma de becas y contratos eventuales de todos los que inician la carrera forman una masa salarial en la que apenas es apreciable el abandono. Entonces, ¿cuál es la ventaja? La psicológica. Un joven que se siente amenazado laboralmente hasta los treinta y cinco años hará encaje de bolillos para mantenerse en la comunidad investigadora, y en estos encajes no tiene por qué entrar, necesariamente, la creatividad. Aún más, ésta se evitará seguramente por el riesgo que puede conllevar. Si además es mujer, la cosa se agrava por razones fisiológicas tan obvias que no hace falta señalar. Las medidas que se toman para paliar esta última injusticia se pueden considerar, benevolentemente, exóticas: paridad en las comisiones de contratación, contar doble o con algún factor multiplicativo mayor que uno el número de artículos publicados en función al número de hijos, etcétera. Déseles estabilidad en el empleo a todos y ellos verán. ¿Funcionarios todos desde jovencitos? No, contratados laboralmente y con unas perspectivas claras de progreso que serán la salvaguarda de la sociedad en cuanto a su competencia, productividad y genialidad. En lugar de unos pocos escalones en la escala de la carrera académica, pónganse muchos. Los que progresen, que vean mejorados sus salarios y consideración; los que se apenquen, que vean cómo su carrera queda mortecina y aciaga; pero que sean ellos y no las circunstancias o el llamado «sistema» quienes decidan. En un marco así, muchos, seguramente, optarán por intentar hacer algo realmente nuevo, se plantearán perseguir un descubrimiento importante, tratarán de diseñar una innovación grande, en resumen, encauzarán su ambición en algo menos estrecho de miras que alcanzar en su madurez una plaza de funcionario que tampoco es para tanto. Si consiguen ganar su apuesta, los mecanismos han de ser lo suficientemente flexibles como para pagársela incluso con intereses; si no lo consiguen, no tienen por qué sentirse frustrados porque no han tenido que renunciar a nada vital e íntimamente puede que incluso se sientan satisfechos por haberlo intentado. Además, la ciencia y la tecnología son lo suficientemente generosas como para premiar de múltiples maneras a quienes las han cultivado con tesón. No son meras palabras.

El clientelismo

Ésta es otra palabra relativamente mal usada cuando se analizan los defectos de la comunidad científica. La práctica de recompensar a los partidarios, discípulos y científicamente allegados la he englobado más bien en la endogamia, por ser aquélla su principal consecuencia. Sin embargo, la raíz de la palabreja nos puede servir para poner de manifiesto otro de los peligros generados internamente por la organización científica y técnica de un país. Se trata de su conversión en cliente de modo muy distinto, pero no tanto, a como se convierte en cliente un estudiante. De quién y cuáles son las consecuencias es lo que trataremos de dilucidar a continuación.

Toda investigación, incluida la teórica y en ella la matemática, exige un equipamiento y una instrumentación. Puede ir desde un ordenador portátil hasta una lanzadera espacial. Estos instrumentos o los construyen quienes los van a usar para investigar o los compran. Galileo construyó sus propios telescopios, y lo importante no fueron éstos, sino los descubrimientos que hizo con ellos. Un laboratorio de biología celular no puede poner a sus investigadores a construir microscopios antes de iniciar una línea de investigación de vanguardia. En cambio, los ingenieros de la Agencia Espacial Europea que construyen un satélite meteorológico rematan su misión cuando, una vez puesto en órbita, se comprueba que las innovaciones que han introducido en él funcionan a la perfección. Hasta ahora, Perogrullo *dixit*.

Fabricar equipamiento e instrumentación científica, dependiendo de la complejidad técnica, suele exigir fuertes inversiones en I+D+i. Estamos hablando desde las fábricas de matraces y demás cristalería de laboratorio hasta las de microscopios electrónicos o aceleradores de núcleos atómicos. Obsérvese que los ejemplos que se han dado se diferencian esencialmente en una cosa: lo primero es equipamiento cuyo uso, destino y configuración final lo decidirá el laboratorio que lo adquiera y los segundos constituyen instrumentación que normalmente se entrega, como se suele decir, «llave en mano». Con esto último es con lo que hay que tener mucho ojo, porque además es lo más caro. Las empresas que fabrican estos sofisticadísimos instrumentos suelen ser muy pocas en el mundo y la competencia entre ellas, lógicamente, es feroz. Un buen laboratorio de investigación siempre tendrá la ambición de dotarse de la mejor instrumentación, pero esto puede terminar siendo un fin en sí mismo por lo siguiente: si un laboratorio de un determinado país es el primero en utilizar un nuevo instrumento que es mejor que los existentes hasta entonces de su clase, los demás laboratorios que investigan en la misma línea aspirarán a adquirir esa maravilla, lo cual es lógico, o al menos relativamente lógico. El problema está cuando esa aspiración se convierte en necesidad porque la comunidad internacional, por ejemplo a través de las editoriales de las revistas científicas, define la obsolescencia de unos resultados más por el medio utilizado para obtenerlos que por la relevancia que representan. Todo es sutil y matizable, porque jamás se va a menospreciar un descubrimiento, no ya importante sino incluso notable, porque no se haya obtenido con el último grito en instrumentación, jamás, pero recuérdese que son miles las revistas científicas que cada semana ofrecen artículos muy bien hechos pero cuyo porcentaje de relevancia es pequeñísimo. Si no ha quedado claro el asunto o se tiene dudas de que esto sea así, piénsese, con todas las correcciones de escala que se desee, en lo que supone la tecnología de consumo a nivel popular. ¿Realmente se avanza significativamente en la comunicación o la informática si no usamos el último modelo de teléfono móvil u ordenador portátil? Pues, insisto, salvando todas las distancias que se quiera, mucho de esto también ocurre en la comunidad internacional de investigación científica y técnica. Pero aún puede llegar el sentido clientelar a extremos mucho más alarmantes, porque al fin y al cabo el anterior consumismo genera conocimiento, aunque el beneficio principal sea para un pequeño número de empresas, pero el que explicaré a continuación es aún más sutil, absurdo y grave.

Imaginemos un centro de investigación de absoluta vanguardia mundial sito en uno de los países más avanzados. No es internacional, es decir, que es una de las joyas de la corona de su país y, por tanto, financiado íntegramente por su Estado. Es frecuente y deseable que el centro acoja a muchos investigadores extranjeros. Todo el mundo sale beneficiado, porque de esa manera el centro en cuestión tiene mano de obra hipercualificada y muy barata, ya que normalmente tienen contratos en sus países de origen y sólo han de completar sus sueldos para que la estancia no se haga demasiado onerosa. Puede salirles hasta gratis, porque para los investigadores también es una gran oportunidad trabajar en ese excelso centro y pueden incluso renunciar al complemento salarial. Muy bien. Pero llega un momento en el que el equipamiento y la instrumentación del susodicho centro exigen la reposición, cuando no un salto cualitativo fenomenal. O sea, extraordinariamente caro, tanto que con cierta lógica el ministro de turno dice que eso de poner dinero para que se beneficien muchos extranjeros tiene poco sentido. O aportan algo, o no hay nuevos presupuestos.Y ya tenemos ahí a un montón de científicos pidiendo dinero a los ministerios de sus países para equipar un centro extranjero. Esto, si se piensa bien, en principio no es tan malo, pero ocurre que lo normal (por decir algo, porque no conozco excepciones) es que el beneficio que obtiene el país que aporta dinero sea nulo y la financiación conseguida por los investigadores usuarios haya sido en provecho propio. Han acabado como clientes que, a cambio de dinero público de su país, han obtenido derechos de uso de instrumentación decidida e instalada por otros y la coautoría de artículos científicos con «marca de origen» extranjero. Es un chollo para el centro excelente y para los investigadores, pero una nulidad para el país pagache y testigo de la maravilla foránea.

Todo esto último nos lleva a un nuevo punto crítico referido a los presupuestos dedicados a la investigación científica y técnica.

Ciencia y dinero

Si queréis alma, Leonor,
daros el alma confío.
¡Jesús, qué gran desvarío!
Dinero será mejor.

Estos versos de Quevedo, jocosos en una primera lectura, me vienen a la cabeza cada vez que escucho las declaraciones de un nuevo ministro o consejero responsable de la investigación científica y el desarrollo tecnológico, y las respuestas, normalmente en artículos de prensa o cartas a los directores de periódicos, de los gerifaltes de la ciencia.

Nada más tomar posesión de sus cargos, los políticos declaran su amor apasionado por la ciencia ofreciendo solemnes promesas; nada más escucharlas, los científicos opinan con desdén que muy bien, pero lo que hay que hacer es soltar dinero por parte de la administración y dejar que sean ellos los que organicen el asunto, porque es demasiado complejo para dejarlo en manos de políticos. A continuación, indefectiblemente, tanto unos como otros centran sus cuitas y pesares en la empresa privada. ¿Cómo podría llegar al arrebato una relación apasionada sin un tercero? Ya he hablado de la deseable relación entre la investigación y la empresa privada, así que centrémonos sólo en la relación entre la administración y la comunidad investigadora. Es bueno, muy bueno, que surjan estos amores ciegos, pero como el matrimonio está para eso, para devolver la vista, lo aconsejable es que tanto los políticos como los científicos entren en una relación apacible, cariñosa y duradera. Pero antes de casarse hay que conocerse bien, y uno de los objetivos de este libro es precisamente ése. Así que haré algunas consideraciones sobre el asunto que más les suele interesar a los contrayentes en primera instancia: los presupuestos destinados a la investigación científica.

Los elementos negativos en conflicto entre los administradores y los científicos en cuanto al dinero son la cicatería e inestabilidad de los primeros frente al derroche de los segundos. Empecemos por la administración.

En tiempos de bonanza económica, a los políticos les suele quedar muy lucido aumentar los presupuestos dedicados a la ciencia. Nada hay que objetar, obviamente. El problema surge en cuanto aparecen síntomas, los más ligeros síntomas, de crisis económica, porque casi lo primero que se recortan son esos presupuestos. En otras palabras, se sigue considerando la investigación como un lujo. Sin embargo, una reflexión algo más profunda puede mostrar que es justo lo contrario lo que debería hacerse.

Imaginemos una familia en apuros económicos. En los tiempos que corren es muy fácil porque estamos rodeados de ellas. La familia hará malabares para tirar hacia delante: solicitud de ayudas estatales, chapuzas a domicilio, recortes de todo tipo de gastos y un etcétera tan largo como permitan la imaginación y las circunstancias. Lo que seguro que no hace es consentir que los chavales dejen los estudios, antes al contrario, exigirá que se esfuercen más que nunca. Me contaba un colega judío que esa sensatez, quienes la han llevado a cabo en la historia con más tesón han sido los de su religión, y el pilar más firme de tal actitud han sido las madres de familia. Y los judíos saben lo que es padecer dificultades serias a lo largo de la historia. En cuanto se desata la crisis, todos los políticos claman que hay que enderezar el modelo productivo, basar aún más la economía en el sacrosanto I+D+i, elevar el nivel formativo de obreros especialistas, ingenieros y científicos, entrar más de lleno en las nuevas tecnologías, y así la cantinela la alargan *ad infinitum*. Asustados, los políticos, una vez desfogados con lo anterior y tras recortar los presupuestos a veces al buen tuntún, lo que hacen en la práctica es destinar el poco presupuesto de que disponen a subvencionar todo lo subvencionable con tal de que el máximo número de personas trabajen o parezca que trabajan, porque una ocupación poco o nada productiva no está claro que sea un trabajo. Y lo de la investigación, el desarrollo y la innovación, como es el futuro, ya se hará cuando no pinten bastos. Esto, sostengo, equivale a que los hijos dejen los estudios para más adelante y que mientras se busquen la vida como puedan.

La actitud de las madres judías, que es la de las personas sensatas en general, la aprendieron hace mucho tiempo los políticos de algunos, no todos ni mucho menos, de los países más desarrollados. Pongamos un ejemplo significativo. Un sincrotrón es una compleja instalación científica que ocupa varias hectáreas de edificación y muchos de cuyos centros, en particular el principal, están atiborrados de altísima tecnología. Allí se aceleran electrones hasta que alcanzan una velocidad próxima a la de la luz y, manteniéndolos en una trayectoria curva, emiten fotones. Digamos, luz. Es como un gigantesco y fantástico microscopio con el que se puede escudriñar la materia a nivel molecular. Los usuarios de tal máquina son cientos de ingenieros y científicos de infinidad de especialidades de centros de investigación públicos, privados, hospitales y empresas de diversos tipos. Uno de los sincrotones más sofisticados del mundo, el SPRING-8, está en Japón, lo cual no es nada de extrañar. ¿Cuándo se construyó? En un período entre los ochenta y noventa en el que el país estaba sumido en una crisis bastante peor que la actual que empezó en 2008. Se podrían poner muchos, muchísimos ejemplos de países como Estados Unidos y los principales europeos que reaccionaron de manera análoga en plenas crisis económicas.

En España, por fortuna o porque el asunto se llevó a cabo en una de las regiones más sensatas del país, también se mantuvo la financiación para la construcción de un laboratorio análogo en Barcelona. Se hizo contra viento y marea, con sus altibajos a lo largo de más de una década, pero apenas se detuvieron las obras ni la dotación de equipamiento hasta que se inauguró.

En tiempos de crisis, una vez que los políticos hayan asegurado que nadie, absolutamente nadie pase necesidad básica y las prestaciones sociales se mantengan incólumes por mucho que se racionalicen sus costes, tendrían que acercarse a la universidad y a los organismos públicos de investigación, en nuestro caso el CSIC, y preguntar. Los mejores grupos de investigación les darían ideas que quizá les asombrarían. En primer lugar, potenciando las grandes instalaciones científicas con que ya cuente el país. Después surgirían propuestas de otras nuevas que el poder político analizaría y filtraría con realismo. Estos proyectos darían trabajo a infinidad de trabajadores de todas las ramas y sentarían las bases del futuro. O sea, nada tendrían que ver con ocupaciones como arrancar de las minas carbón a precio de oro o despavimentar calles para pavimentarlas después (recuérdese el no tan lejano Plan E) que tan poco apreciarían las apacibles y sabias madres judías.

Como conclusión de lo anterior, el consejo a dar al galán enamorado, o sea, al político que declara continuamente su amor a la ciencia, es que no sólo hay una correlación estrecha entre la financiación y el desarrollo de un país, sino que, por mucho de lo que se ha dicho, la estabilidad de los presupuestos se ha de mantener a toda costa. Pero ahora vamos con la dama destinataria del amor del político, la comunidad científica, porque puede ser tan díscola como la Leonor de Quevedo.

Una solicitud razonable de la sociedad y de los políticos representantes de ella es que la comunidad científico-técnico se financie en parte. Que se busque la vida, vaya. Los investigadores no hay nada que reciban de peor humor, y eso que el sistema es cada vez más permisivo en cuanto a la captación de recursos externos, incluidos los honorarios que se pueden percibir de las instituciones y empresas privadas beneficiarias de la I+D+i. Y es que en gran medida lo que hay que cambiar es la mentalidad del científico, si se quiere que los resultados de la investigación reviertan en mejorar la competitividad industrial, agrícola, sanitaria, etcétera. Curiosamente, no hay nada que inventar, porque se trata de recuperar el espíritu tradicional del científico que más bien se ha pervertido. Nuestros jóvenes investigadores se olvidan de que muchos de los maravillosos descubrimientos de Galileo los impulsó su afán de ganar dinero, fama y honores. La mayoría de las imágenes de Einstein que nos son familiares de abuelete melenudo, listo y afable, se tomaron en una época en la que estuvo once años trabajando en el diseño de un refrigerador doméstico sin partes móviles. No lo consiguió, pero él ya era rico, famoso y le sobraban honores. ¿Por qué hacía cosas tan prosaicas el genio de los genios? Estudien los jóvenes investigadores la historia de la ciencia, aunque sean resúmenes irreverentes como el capítulo 1 de este libro, y muchos se quedarán perplejos comparando en las biografías de los grandes científicos las motivaciones que los impulsaron con las suyas personales.

Hay otro vicio en la comunidad científica que habría que desterrar. Ya he apuntado que no se ha dado ningún caso de corrupción económica en la ciencia nacional o extranjera. Es muy grato escribir lo anterior, sobre todo en una época tan aciaga como las que nos ha tocado vivir en muchos países europeos y, en particular, en España. Pero que los científicos sean honrados casi por naturaleza no significa que gasten bien el dinero público. Ya he dicho que existe el consumismo en la ciencia, pero eso es relativamente inocente y fácil de controlar. También tiene su lógica que todo científico no sólo reclame permanentemente más dinero, sino que considere sin duda alguna ni derecho a réplica que su línea de investigación es la más importante y merecedora de atención, esto es, de financiación, que ninguna otra. Sigue siendo una actitud inocua que provoca más ternura que inquietud, aunque a veces se llegue a la exasperación. Los problemas surgen cuando la financiación se relaciona con la mediocridad y la irrelevancia, porque entonces es cuando se llega al auténtico derroche. Quizá sea duro lo que sigue a continuación, pero así ocurre. España, sin ir más lejos, es uno de los países desarrollados con menor porcentaje del PIB destinado a la investigación. Si éste aumentara considerablemente en poco tiempo, la mayor parte del aumento se derrocharía. La comunidad científica sería incapaz de absorber y gastar razonablemente ese aumento. Dicho de otro modo, hay grupos de investigación que han desarrollado una habilidad magistral en la captación de recursos públicos por cumplir al mínimo, y más formalmente que otra cosa, los requisitos exigibles por las convocatorias públicas. Cuanto más dinero se ponga en juego, más captarán, pero sin aumentar un ápice su rendimiento científico, de manera que a partir de un determinado umbral comenzaría el derroche. El problema presenta otro aspecto en su extremo opuesto. Todas las administraciones, sobre todo las regionales o autonómicas en el caso de España y los estados federales de Alemania y otros países, tienden a cubrir lo que se llama financiación basal. Es un mínimo anual de dinero que se reparte un poco en plan de café para todos. Es decir, todo aquel que parezca que investiga o que, por su bien y el beneficio social podría ahorrarse la molestia de hacerlo, recibe una determinada cantidad destinada a renovar ordenadores portátiles cada dos por tres, llenar los aeropuertos de supuestos científicos y cosas así de lucidas. La suma de lo que cuesta financiar toda esta mediocridad produce escalofríos.

Hacer social y científicamente rentable la investigación tiene una de sus raíces, quizá la más profunda, en el carácter funcionarial de los investigadores y en el efímero de los políticos, y eso tiene difícil solución. Muchos investigadores se vician y acomodan y casi ningún político plantea estrategias, porque las tácticas a corto plazo son las más rentables para la clase y el partido al que pertenece. El pueblo soberano es el que tiene que estar atento porque es el único que puede conducir, con su voto y su libertad de expresión, a ambas comunidades, la de los políticos y la de los científicos.

Los objetivos cumplidos

Hay muchas personas, sobre todo filósofos y periodistas aunque también algún que otro científico, que sostienen que el fin de la ciencia es inminente porque, más o menos, ya se ha descubierto todo lo que hay por descubrir. Misión cumplida, la guerra ha terminado. Es lo que sostiene, por ejemplo, y quizá el que lo hace de manera más sugerente, John Horgan en su libro citado en la introducción, *El fin de la ciencia*. De los peligros generados por ella misma que amenaza a la comunidad científica, éste sería el más serio. Aterrador.

Un gran divulgador de la ciencia, soviético de pura cepa, llamado Yuri Perelman sostenía que un físico bien podría pasarse toda su vida estudiando una pompa de jabón y no terminar de comprender todos los secretos que guarda. Llevaba razón, porque en ese estudio entrarían campos como la óptica, la elasticidad, la hidrodinámica, etcétera. Imaginemos que ese tema de investigación, por las razones que sean, se pone de moda a escala mundial. ¿Qué ocurriría si en lugar de un físico se concentraran en el estudio de las pompas de jabón veinte mil científicos a tiempo completo? Que terminarían comprendiéndolas y haciendo fútil su estudio posterior. Sanseacabó el problema, la ciencia de las pompas de jabón ha concluido.

El anterior es el argumento utilizado por los vaticinadores del fin de la ciencia. Del planeta Tierra no quedan más esperanzas que descubrir alguna que otra especie de microorganismos o de peces abisales; entender el funcionamiento del cerebro es cuestión de ir desbrozando pacientemente lo que las modernas técnicas de captación de imágenes nos ofrecen de procesos bioquímicos; a las leyes de la física les queda poco para quedar unificadas en una Teoría del Todo que explique eso, todo; aunque la materia oscura y la energía oscura del universo representen el 23 por ciento y el 74 por ciento respectivamente del contenido total casi nada cambiará cuando se detecten; el genoma está completado y sólo faltará utilizarlo a nivel hospitalario; etcétera. Así va a ocurrir con todas las ramas de la ciencia: su final es inminente por saturación y agotamiento. No en vano hay quien ha calculado que en seis meses se publican más matemáticas en el mundo que en los últimos seis mil años. Además, qué más da, si al fin y al cabo lo que interesa es la tecnología, y hasta que toda la ciencia que hemos acumulado se convierta en técnicas que eleven el bienestar de la población, tenemos gran faena por delante; así pues, despidamos a la ciencia y dediquémonos a la ingeniería.

Personalmente, cuando leo este tipo de argumentos sonrío pensando en Tiziano. Michelson, el físico norteamericano que a finales del siglo XIX midió la independencia de la velocidad de la luz del sistema de referencia desde la que se mida, le escribió a un colega europeo amargamente lo siguiente que cito de memoria: «Lamentablemente, la física ha llegado a su fin. En el futuro sólo nos dedicaremos a refinar detalles». Su amigo le respondió una carta muy lacónica y original. En el centro del papel dibujaba en pocos trazos el marco de un cuadro con un tosco monigote dentro. Debajo ponía (esto sí que lo recuerdo textualmente): «Salvo detalles refinados, pinto como Tiziano».

La amargura del vaticinio de Michelson[1] tenía cierto fundamento. A finales del siglo XIX, la electricidad y los misteriosos efectos magnéticos estaban unificados en unas maravillosas ecuaciones; la termodinámica, de tan bella y precisamente que estaba formulada y comprobada, no tenía otro destino que reposar en el baúl de los recuerdos con su madre la máquina de vapor; ¿qué más se le podía pedir a la óptica si telescopios, microscopios y máquinas fotográficas eran maravillosos? Y así todo.

O casi todo, porque en algunos laboratorios académicos de Europa, algún que otro profesor más o menos aburrido trataba de refinar detalles de esos que menospreciaba Michelson. Por ejemplo, se empeñaban en medir la radiación que emitían los cuerpos en virtud de su temperatura. Para que ésa fuera exclusivamente la causa de la radiación emitida, había que eliminar toda posible radiación reflejada, o sea, que el cuerpo debería ser perfectamente negro. Si no se entiende, no importa, porque al fin y al cabo, a quién diablos le podía interesar aquello. Surgía un problemilla, y era que los resultados de las medidas no cuadraban con ningún cálculo basado en la física que se sabía entonces. El asunto era muy raro, tanto que empezó a despertar cierto interés entre los físicos más listos del momento. El empeño en explicar la radiación de un cuerpo negro, que sin duda muchos catalogarían de enfermizo, dio origen a la mecánica cuánti-

1. Muchos atribuyen esta anécdota a Kelvin, lord Kelvin, el de la escala absoluta de temperaturas, pero estoy casi seguro de que es como se apunta en el texto.

ca. Lo llevó a cabo uno de los profesores más reputados de Alemania: Max Planck. Le daba tanto miedo la revolución que podía desencadenar que a la magnitud que introdujo en su teoría, la llamada constante de Planck, le asignó la letra *h*, que casi nadie sabe que proviene del alemán *hilfen*, ayuda. A la vez, un oscuro empleado de tercera clase de una oficina de patentes de Berna, Suiza, trataba de entender la mecánica de Newton a la vista del resultado del desilusionado Michelson. Dio origen a la teoría de la relatividad. Recuerde el lector de lo mencionado que en uno de los artículos de apenas tres páginas que remataban una serie de ellos publicados por ese empleado en 1905, firmados escuetamente como «A. Einstein, Berna», aparecía una fórmula curiosa: $E = mc^2$. Hoy se puede decir sin exageración ni aspaviento que las consecuencias de esos detalles refinados definieron el siglo XX.

A pesar de todo lo anterior, podría quedar la duda de si la comunidad científica internacional, nutrida en la actualidad por un número de científicos que tiene varios ceros más que un siglo antes, no está llevando realmente la ciencia al punto de saturación. No, porque una de las conclusiones más maravillosas de la ciencia es que el universo y su contenido, la naturaleza en resumen, son inabarcables por la mente humana. Dicen que cada pregunta que responde la ciencia abre diez interrogantes. No es necesariamente así, pero algo de eso hay. Hay infinidad de filósofos de la ciencia que disfrutan con hacer adivinaciones sobre el futuro de la ciencia. Casi todos sus vaticinios son aciagos. Pero los científicos confiamos en dos cosas: la experiencia histórica y la cotidiana. La historia nos demuestra que la ciencia puede morir de muchos males, incluido el asesinato, pero desde luego no por haber terminado de entender el universo. El oficio nos confirma esta lección, porque cotidianamente, cada vez que creemos tener resuelto un problema, por mínimo e irrelevante que sea el secretillo que arrancamos a la naturaleza, nos surgen iniciativas para seguir indagando en la dirección marcada por dicha resolución. Creo sinceramente que nunca, jamás, vislumbraremos un límite al conocimiento científico comprobable y sólido de un fenómeno o propiedad del mundo que nos rodea, incluidos nosotros mismos. Porque ésa es otra, queda incluso por dilucidar si nosotros y el mundo no formamos un sistema integrado de interrelación en crecimiento fractal, de manera que a mayor conocimiento, más amplias se hacen las fronteras del mismo.

¿Y la tecnología? ¿También estamos llegando a sus límites, a su final? Sigue una anécdota personal, de esas que he dicho que no quería prodigar para no enfadar al lector. Pero ésta le gustará, ya verá.

Hace unos años dirigí y presenté (e hice en ella muchas más cosas) una serie de televisión sobre ciencia para Canal Sur, la televisión pública de Andalucía. La serie se llamaba *Andaluciencia*. Uno de los trece capítulos se titulaba «Ciencia y justicia», en el cual explicaba cómo la ciencia, más bien la tecnología, ayudaba a cumplir la ley y perseguir a sus infractores y malhechores. Tuve mucho apoyo institucional y tanto la policía como la Guardia Civil colaboraron generosamente conmigo y con todo el equipo. Si el lector conoce la serie estadounidense CSI, puede imaginar lo bien que me lo pasé con todo aquello.

La parte que consideré más inquietante fue la que se referiría al control de la frontera con Marruecos. Allí se vería clara la distinción que he hecho antes entre infractores y malhechores, porque no es lo mismo un inmigrante irregular que un traficante de drogas. La primera sorpresa grata que me llevé en Algeciras fue que los guardias civiles no sólo sabían esto perfectamente, sino que su apreciación del asunto iba mucho más allá que la mía en cuanto a sensibilidad humana. Pero es otra cosa la que es de resaltar aquí.

Me explicaron cómo se controlaba el tránsito humano en tierra, por mar e incluso por aire. Cámaras de infrarrojos, radares sofisticados, complejos programas informáticos de identificación de matrículas y pasaportes, escáneres de todo tipo y, lo que más me fascinó, detectores de sonido tan delicados que, aplicados a un camión, eran capaces de detectar el latido del corazón de una persona escondida en su interior. Estando yo con todo el equipo de televisión en la explanada que bullía de gente ante el ferry, me sentí muy complacido con estos prodigios técnicos.

Entonces vi a un guardia civil joven, con gafas de sol, las piernas entreabiertas, los brazos cruzados y la expresión hierática, o sea, picoleto total, con un perro al lado que mantenía una actitud y pose acordes con la suya. Le pregunté al comandante que me acompañaba explicándome todo aquello cuál era la misión del guardia y el perro. Me respondió lo siguiente con el ceño fruncido y el gesto adusto pero cómplice: «Esos dos están ahí para cuando toda esta mandanga electrónica falla». Yo, en aquel momento, me partí de risa, pero por la noche aquello me hizo pensar.

La tecnología ha expandido la potencialidad del ser humano hasta límites a veces inconcebibles, o al menos impresionantes. Podemos volar veloces, llegar hasta la Luna, escudriñar el universo en su infancia, activar las intimidades de la materia hasta explorar las partículas elementales, fantástico. No debería quedar mucho para superar la intuición de un guardia y el olfato de un perro, ¿no? Pues no está nada claro, porque detrás de esas virtudes (y otras que sí que se han superado) no olvidemos que hay millones de años de evolución por selección natural. Cuando un robot sea capaz de atarse el cordón de los zapatos, la robótica habrá dado un paso de gigante y, aun así, mientras se pueda llegar a ciertos límites técnicos y sobrepasarlos, como las máquinas de escribir, los trenes de vapor y los discos de vinilo, se vislumbrarán caminos de los que ni siquiera se intuye el final. Por otro lado, tanto en la técnica como en la ciencia, lo más fascinante es aquello que ni siquiera es posible vislumbrar. ¿Predijo alguien el uso universal y masivo de internet y los teléfonos móviles? No, muchos osados que se plantearon meras posibilidades en ese sentido más bien hicieron vaticinios con la misma habilidad que aquel directivo de IBM de la década de 1940 que se hizo famoso por ello. Ante un armatoste de válvulas que ocupaba muchos metros cúbicos y hacía un montón de operaciones algebraicas por segundo, dijo que él no preveía un mercado para los ordenadores de más de ocho o diez en todo el mundo. Un águila.

4

Las pseudociencias

Presenté mi primer libro de divulgación científica[1] en una gran librería un sábado por la tarde. Asistí al acto muy bien acompañado por mis compañeros de departamento universitario, entre otras cosas porque el libro se lo había dedicado a ellos. Al llegar a la librería, quedé muy gratamente sorprendido por la gran animación que había. Mis amigos, alborozados, empezaron a gastarme bromas. Cuando fuimos pasando la larga cola de personas, vimos que no esperaban entrar en el salón de actos, sino a que les firmaran un libro. Nos quedamos atónitos al ver que la ansiada autora era la pitonisa de una cadena local de televisión.

La presentación de mi libro no quedó deslucida, gracias sobre todo a mis compañeros, porque el público interesado fue un pequeño porcentaje del que había congregado la adivina. Por mi carácter natural, aquello me produjo más diversión que contrariedad, a lo cual sin duda ayudó que las burlas de mis compañeros fueron realmente ingeniosas, pues piénsese que mi libro trataba de astronomía y la principal arma de la vaticinadora era la astrología. Para lo que sí me sirvió aquello fue para comenzar a reflexionar sobre las pseudociencias cuando en los periódicos surgía alguna noticia sobre ellas.

Ante la alarma que me iban causando mis descubrimientos, empecé a hurgar hacia atrás en el tiempo y me detuve en la época de los ochenta. Lo hice cuando supe que Ronald Reagan, presidente prácticamente del mundo, consultaba sus decisiones principales con

1. *El cosmos en la palma de la mano. Del big bang a nuestro origen en el polvo de estrellas*, Mondadori, Barcelona, 2002.

un astrólogo. Ahí se me heló la sonrisa que habían despertado mis hallazgos anteriores protagonizados por personajes públicos que habían hecho ostentación de su creencia en algún tipo de pseudociencia. A continuación señalo algunos de más a menos inocuos. Empecemos por Elena y Felipe de Borbón, infanta y príncipe de España, respectivamente. No es muy preocupante, porque durante tres siglos los españoles no hemos mostrado inquietud alguna por el nivel intelectual de los Borbones. Sigamos por Antonio Banderas, actor internacional muy querido, Gemma Mengual, nadadora olímpica, y Cristiano Ronaldo, futbolista de máximo nivel. Esto ya es más inquietante, porque estos personajes famosos son referentes sociales y, por tanto, influyentes. El siguiente escalón en cuanto a inquietud sobre el poder de la pseudociencia me lo ofrecieron Gustavo de Arístegui, diputado del PP, y Leire Pajín, secretaria de organización del PSOE. Estos últimos son políticos y, por tanto, pueden ser más decisivos en la evolución de un país y sus gentes. El remate de esta pequeña lista, quien verdaderamente me enfadó, fue Joan Saura, un miembro del gobierno de Cataluña perteneciente a un partido supuestamente de izquierdas y ecologista. Este individuo no es que manifestara sus creencias en la pseudociencia, sino que gastó dinero público para favorecerla. La gravedad del asunto se agudiza además por lo que supone de regresión ideológica, pues la izquierda es la heredera más directa de la Ilustración, el movimiento social liberador, uno de cuyos pilares fue la lucha contra la superstición, la charlatanería y, en definitiva, lo que ya en su época se llamaban pseudociencias.

Antes que nada hay que advertir de que el mundo de la charlatanería es extraordinariamente variado. Una exploración superficial por internet, empezando por la inefable Wikipedia, nos deja anonadados en cuanto al número de pseudociencias que se cultivan en el mundo. Yo pensaba que la pseudociencia correspondiente a la astronomía era la astrología, pero no, al menos hay diez creencias más basadas en los astros. Las ciencias espaciales no tienen su contrapartida sólo en la ufología, como siempre hemos creído, sino que reúnen varias especialidades distintas. La geología y las ciencias de la Tierra que antes se llamaban Naturales tienen seis, sin contar subespecialidades de éstas, algunas interdisciplinares. No es broma; por ejemplo, la agricultura biodinámica trata las fincas como organismos vivos individuales y unificados, pero el rendimiento agrícola aumenta muchísimo si se siembra cuando Venus pasa por la constelación del Escorpión. La criptozoología es fascinante, y no se crea el lector que se queda en el abominable hombre de las nieves, el entrañable Yeti, o el esquivo y pacífico monstruo del lago Ness, no, cuenta con decenas de especies clasificadas. La psicología y las ciencias de la salud son las que se llevan la palma en cuanto a variedad de pseudociencias paralelas, porque en ellas hay que incluir todo el submundo paranormal, el ocultismo y las medicinas alternativas. Finalmente, hay infinidad de pseudociencias inclasificables por no ser el burdo reflejo de una ciencia concreta. Si tratáramos de desmontar cada una de estas patrañas, el capítulo se convertiría en una obra de varios volúmenes. Sin embargo, no puedo renunciar a poner en evidencia aquellas más extendidas que considero que pueden representar una amenaza para la ciencia, si bien antes conviene hacer un par de precisiones.

Magia y pseudociencia

Las pseudociencias siempre tratan de mantener unas formas o apariencias científicas, pero terminan haciendo un remedo grotesco del método. En la práctica, ni la más supuestamente refinada de las pseudociencias se somete al método científico en su totalidad. Las menos refinadas, o sea, casi todas, presentan ineludiblemente tres características: 1) sus fundamentos son ambiguos, exagerados o no comprobables, y normalmente las tres cosas a la vez; 2) el énfasis lo ponen en la vanagloria de sus supuestos aciertos, ignorando sin explicación alguna los fallos frecuentes y evidentes; 3) nunca progresan en sus teorías, ni siquiera en la calidad de sus pretendidos logros prácticos. En este marco, interesa hacer constar lo siguiente: soy un admirador entusiasta de la digna magia y el fascinante ilusionismo, los cuales no tienen absolutamente nada que ver con las pseudociencias. Entonces, ¿para qué hablar de ellos? Porque los pseudocientíficos los utilizan como argumento y conviene desenmascararlos cuanto antes.

La tercera ley de Arthur C. Clarke, el magnífico escritor de ciencia ficción, dice: «Cualquier tecnología suficientemente avanzada es indistinguible de la magia». Es broma, claro, pero no una estupidez, ni mucho menos. Imaginemos un personaje histórico inteligente, de mentalidad abierta e ideología ilustrada, es decir, que está en contra de la superstición, la charlatanería e incluso de la religión. Por ejemplo, Voltaire, que vivió en el siglo XVIII. Por arte de birlibirloque, nunca mejor dicho, resucita y aparece en nuestra época. Da un paseo con uno de nosotros y queda maravillado con los coches, semáforos y demás. Lo que le deja más perplejo es un avión que surca el cielo. Le damos explicaciones y se le nota cada vez más complacido. Aquel espectáculo es la apoteosis del triunfo de la razón por la que tanto batalló en su época.

Se detiene ante un quiosco de prensa y observa todos los periódicos y revistas que hay expuestos. Su entusiasmo continúa aumentando cuando compara todo aquello con las pobres y escuálidas gacetas antiguas, pero algo le empieza a inquietar. Hay un enorme número de revistas dedicadas a la astrología, la adivinación, el más allá y el ocultismo. Nos damos cuenta de su tribulación creciente y tratamos de proceder a una explicación. Pero en ese momento suena nuestro teléfono móvil. Hablamos por él y nuestro ilustre invitado da muestras de pasmo creciente. Al terminar nuestra conversación, le mostramos el pequeño adminículo y le decimos con quién habíamos hablado y dónde estaba. Presa del mayor abatimiento, Voltaire concluye que se había equivocado, que lo que había triunfado era justo el tenebrismo, la superstición y, finalmente, la magia. Antes de que podamos tratar de animarle sacándole de su error, se esfuma porque prefiere su acogedora tumba a un mundo enloquecido.

¿Cuál habría sido el principal error de nuestro imaginario y entrañable Voltaire? Haber confundido ciencia y magia con ocultismo y charlatanería. La ciencia es la enemiga mortal de la patraña, el espiritismo y la sinrazón de mitos y religiones, pero no de la honrada y fascinante habilidad de magos e ilusionistas. Aún más, la ciencia ha hecho realidad muchas categorías y efectos del ilusionismo. Divirtámonos un poquito con ello, para lo cual pido permisividad ante alguna posible exageración o complejidad.

Generación, el mago crea algo de la nada: un conejo de una chistera vacía, un ramillete de cartas del aire, incluso él mismo de una voluta de humo. Las fluctuaciones cuánticas del vacío producen sin causa pares electrón-positrón que justifican hasta la generación del propio universo en un grandioso big bang. *Desaparición*, el mago hace desaparecer monedas, su bella ayudante e incluso la estatua de la Libertad. En una tomografía por emisión de positrones en un moderno hospital, los médicos observan en el enfermo de dolencia grave cómo se esfuman las antipartículas emitidas por el radioisótopo inyectado dando lugar a imágenes espectrales que les ayudarán a diagnosticar. *Transformación*, el mago convierte cosas de un estado a otro como una mujer en un tigre, pañuelos de seda de un color a otro y unas cartas en otras distintas a las elegidas por el público. Las reacciones químicas son capaces de romper, alterar y recomponer grandiosos moleculones a voluntad del químico ayudado misteriosamente por extraños catalizadores. *Restauración*, el mago destruye objetos que después recompone, incluida su ayudante segada por la mitad con un espeluznante serrucho. Los aceleradores de partículas llevan a cabo procesos de ese estilo en número insólito y calidad insospechada. *Teleportación*, el mago mueve objetos de un lugar a otro sin tocarlos, incluyendo a su ayudante, desde una caja del escenario hasta el fondo del teatro. Nuestro Gran Cirac, Ignacio Cirac, posiblemente el más aventajado físico español en la actualidad, domeña la mecánica cuántica hasta hacer vislumbrar no sólo la teleportación de la información y las partículas mágicamente, sino con provecho para la futura computación cuántica.

La *levitación*, la *escapología* y la *penetración* son fenómenos familiares en cualquier laboratorio científico que maneje núcleos, átomos, moléculas e incluso materia condensada. La última clase de magia, la *predicción*, es tarea corriente de la física teórica, siendo la confirmación experimental una de las más excelsas satisfacciones de la investigación.

Lo más sublime de la magia y el ilusionismo es que casi nadie, ni siquiera el científico más perspicaz, suele ser capaz de desenmascarar al mago o ilusionista. Esto es lo que aprovechan los charlatanes y es por lo que interesa aquí demostrar la falacia de su argumento.

El brujo o adivino dirá que los científicos, ante su «arte, habilidad o ciencia», deberían tener una actitud parecida a la que mantienen con los magos e ilusionistas: no pueden decir que hay falsedad en lo que no llegan a entender. Aún más, los charlatanes dirán, con algo de razón, que algunas actividades despreciadas en su día por los científicos tachándolas de pseudociencias terminaron siendo aceptadas como ciencias por ellos mismos. De esto último ya hablaremos más adelante, pero por ahora limitémonos a distinguir entre mago y charlatán. El primero lo que reivindica con el engaño es su habilidad para llevarlo a cabo. Y cobra por eso, o sea, por la diversión que provoca en el espectador su impotencia para descubrir el truco. Porque truco hay y ningún mago o ilusionista, salvo para acentuar dramática o jocosamente el espectáculo y la diversión, se arrogará poderes sobrenaturales. Considerarían tanto él como el público que en tal caso el artista no tendría mucho mérito. Creo que la actitud más clara en este sentido es la que mantiene hace muchos años el ilusionista escéptico James Randi, que ofrece un premio de un millón de dólares a cualquiera que logre demostrar fehacientemente la existencia de un fenómeno o poderes paranormales, incluyendo las adivinaciones de las que se ocupa la astrología. El premio permanece desierto desde que se ofreció. Los charlatanes, o no aceptan el desafío, o cuando lo hacen y fallan ponen en cuestión el método empleado para dilucidar el fallo. Y eso que las condiciones puestas por el ilusionista han de ser aceptadas por el charlatán de antemano y por escrito. En cualquier caso, la diferencia esencial entre un mago o ilusionista y los charlatanes está en que los primeros pueden desvelar sus trucos (de hecho, lo hacen en sus convenciones y congresos hasta ciertos límites marcados por su lógico interés profesional) y los segundos jamás lo hacen.

La astrología

La alquimia y la astrología son posiblemente las dos pseudociencias más venerables por su veteranía e incluso por los servicios prestados a la ciencia. De la alquimia no vamos a tratar en este libro por la sencilla razón de que no representa amenaza alguna para la ciencia al haber pasado a la historia. Trataremos, en cambio, de la astrología, que, curiosamente, no sólo no ha seguido el camino de la alquimia, sino que parece que tiene cada vez más raigambre entre la gente. Aunque bien pensado tampoco es tan curioso, porque los objetivos de la alquimia eran más materiales y los de la astrología más psicológicos. Pretender enriquecerse encontrando la manera de obtener oro o prolongar la vida con la piedra filosofal, no es lo mismo que vaticinar lo que le espera a uno a corto y largo plazo. El capitalismo y la medicina modernos dejan obsoletos los sueños de la alquimia, pero lo que ha conseguido la química con la alquimia, enterrarla definitivamente, no lo ha conseguido, ni de lejos, la moderna astrofísica con la astrología, por más potentes que sean los telescopios basados en tierra e incluso puestos en órbita con los que se escudriña el cosmos. La astrofísica nunca congratulará a un joven pronosticándole matrimoniar felizmente.

Voy a desenmascarar a los astrólogos científicamente y después lo haré de una manera menos complicada pero quizá más contundente. Así pues, el lector se puede saltar si quiere las dos o tres páginas siguientes, porque son los argumentos que el autor, al fin y al cabo físico de profesión, considera más necesario plantear, aunque los otros se basten por sí solos. Además, son un resumen de lo que ya se ha publicado en otro libro.

En esencia, los astrólogos han hecho y hacen creer que los acontecimientos pasados, presentes e incluso futuros (cuya adivinación es la que mejor se aprecia y paga) están influidos por los cuerpos celestes, en particular por los planetas. Por lo pronto, un astrólogo jamás ha explicado las razones por las que una predicción suya falla. Jamás. Y fallan muchísimo más que aciertan. Pero no hay que insistir en esto porque se puede pensar que los que yerran simplemente son malos astrólogos.

Para que una cosa influya en otra, ambas han de interaccionar de alguna manera. ¿Qué significa interaccionar? Intercambiar algo. Un objeto celeste interacciona con nosotros gravitatoriamente o electromagnéticamente. Esto quiere decir que nos envía luz o nos atrae por la fuerza de la gravedad, o ambas cosas a la vez, que es lo normal.

La Luna provoca las mareas en los mares y océanos. Si la Luna es capaz de mover inmensas cantidades de agua, bien pudiera suceder que su fuerza nos altere o influya de alguna forma también a nosotros, ¿no? Pues no. Pensemos en una persona que pesa 75 kilogramos. Ésta es una medida de la fuerza que ejerce la Tierra sobre esa persona en su superficie. La Luna la atrae 22 miligramos. Júpiter, con lo grandioso que es, apenas le resta unas décimas de miligramos. Se puede decir que es poco, sí, pero algo es algo. Ni hablar, porque lo que dicen los astrólogos es que lo que nos influye es el cambio de las posiciones relativas de los planetas y las diferencias de esos miligramos en comparación con nuestro peso conforme se mueve un planeta en su órbita lejana ya son mil millonésimas de miligramos o muchísimo menos. De la luz ni hablamos, porque la influencia de los fotones que nos llegan de esos planetas es obviamente menor que la de la atracción gravitatoria y considero que no es necesario mostrarlo. Todo lo anterior se refiere al efecto directo sobre el presente, los efectos sobre el futuro serían inexistentes. Ahora se puede entender el argumento del gran divulgador de la ciencia Carl Sagan contra la astrología. Decía que él nació en una habitación a la que no llegaba la luz de las estrellas y el médico que atendió a su madre ejercía un efecto gravitatorio sobre ella mucho mayor que todos los cuerpos celestes juntos. Sagan sostenía que hacer predicciones sobre su vida basándose en las circunstancias estelares durante su alumbramiento era del todo absurdo. Llevaba razón no sólo por el argumento anterior, sino también por el siguiente.

Una vez que la astronomía dejó establecidas las distancias entre los cuerpos celestes, desde los planetas hasta las estrellas, las galaxias y demás, haciendo inútil todo esfuerzo por achacarles influencia real alguna sobre nuestras vidas, la astrología retomó con fuerza sólo un aspecto de la creencia antigua: la sincronía.

La forma en que influyen los cuerpos celestes en nuestras vidas aparece detallada en el horóscopo completo de una persona. Éste se traza en función de los doce signos del zodíaco, las doce «casas» astrológicas y las diez luminarias o decanos que son el Sol, la Luna y ocho planetas. No sé por qué hoy día sólo intervienen éstos y no los que faltan, o incluso algunos de los satélites de ellos, que son más importantes que varios planetas. Los signos del zodíaco no son más que las doce constelaciones que se alinean con la Tierra y el Sol a lo largo del año. En realidad, son trece, por lo menos para los astrólogos antiguos, pero dejémoslo así. Las «casas» son ellos mismos, pero considerados como el domicilio de uno de los decanos. Son las conjunciones de los planetas. Como el lector seguramente se ha perdido, me detengo porque además el asunto tiene poco interés, pero baste saber que los astrólogos modernos (¿?) subdividen estos «alojamientos» en varios compartimentos con diversas propiedades predictivas, bien sean agoreras o todo lo contrario. Así pues, quedémonos sólo con lo dicho.

En principio, la fecha de nacimiento (incluso la hora) de una persona podría definir su horóscopo, lo que significa que el libro de su vida, o al menos, el guión ya estaba escrito. Pero esta correspondencia uno a uno, es decir, que un horóscopo dejara sentada una predicción vital para una persona, fallaba miserablemente y en según qué situaciones esto podía conllevar un peligro real para el astrólogo. Hablamos de tener como clientes a reyes y otros personajes poderosos.

Se trataba entonces de elaborar el Horóscopo (así con mayúscula es como los astrólogos exigen que se escriba) para extraer de él la profecía correspondiente a la persona que lo solicitase y pagase. Pero nos asalta una duda. ¿Habrá un horóscopo para cada persona en el Horóscopo sin repetirse?

En el sistema más simple, tenemos diez objetos combinados de doce maneras que se pueden agrupar en conjuntos de doce. Estadísticamente, nos salen unos 10^{34} horóscopos, que es la mejor forma de expresar un uno seguido de 34 ceros. Se calcula que ha habido 10^{10} personas (eso son diez mil millones, o sea, que pronto habrá más gente viva que muertos desde los australopitecus Adán y Eva según las estimaciones más recientes del número de difuntos).

¿Es necesario hacer comentario alguno para que la astrología se desplome por su propio peso? Baste uno: entre las 10^{34} posibilidades, generaciones absolutamente aleatorias de números (u horóscopos) en conjuntos de 10^{10} darían correlaciones indistinguibles unas de otras, lo cual imposibilita extraer conclusiones de carácter predictivo. Dicho de manera más sencilla, todas las predicciones sobre el futuro hechas basándose en el Horóscopo tienen exactamente la misma probabilidad de que ocurran, pero una en concreto es inmensamente más probable que *no* ocurra que sí.

Vamos ahora a los argumentos, pruebas, mejor dicho, que serán más amenas por ser seguramente más comprensibles que las anteriores, por muy inevitables que haya sido plantearlas en un libro como éste, donde no se quiere dejar nada de lo sostenido sin argumentar con la mayor solidez posible.

La prueba más divertida a la que someten la astrología es la que se basa en el llamado efecto Forer. El experimento lo ideó este psicólogo en el año 1948 para mostrar la inutilidad de los tests de personalidad de la época. Se reúne a un buen número de personas, por ejemplo a los estudiantes de un mismo curso o a los trabajadores de una empresa. Se les pregunta y clasifica su hora y día de nacimiento. A cada uno se le entrega una hoja con las características personales y avatares pasados y futuros que su signo zodiacal indica en el horóscopo. Sobre los primeros, es decir, las predicciones relativas a su personalidad y los sucesos por los que ha pasado, se le pide a cada persona que puntúen de 0 a 5 su grado de acierto, o sea, completamente equivocado, un cero; totalmente acertado, un 5. Lo normal es que la media del conjunto supere el 4. De hecho, la primera vez que usó la prueba Bertram Forer obtuvo un promedio de 4,26. El experimento concluye haciendo que las personas intercambien como quieran las hojas que les dieron: quedan maravillados cuando comprueban que todos tienen exactamente la misma. Las afirmaciones que contiene se sacan normalmente al azar de los horóscopos de distintos periódicos, y son del estilo de «encuentras poco sensato ser muy franco a la hora de abrirte a los demás», o «cuando sufriste la que consideras mayor tragedia de tu vida creíste firmemente que jamás la superarías», etcétera. Las conclusiones del efecto Forer son que los análisis o predicciones tienden a creerse tanto más firmemente cuanto más confianza tiene el sujeto en que están dedicados específicamente a él, cuando concede autoridad al pitoniso y cuando lo que se adivina son atributos o vaticinios positivos.

Otra prueba interesante que no puede superar la astrología es la de los gemelos univitelinos, o sea, los originados de la fecundación del mismo óvulo. ¿Por qué diablos estos gemelos no sufren los mismos avatares, por ejemplo, no se mueren el mismo día? Más desafiante es la pregunta a los astrólogos respecto a aquellos gemelos que por circunstancias extrañas y originales, que se han estudiado para otros asuntos más serios, han vivido separados desde su nacimiento e incluso ni se conocían. No hay respuesta.

En fin, que así se podría seguir enumerando pruebas sencillas y contundentes contra la astrología y el lector interesado se puede divertir de lo lindo descubriéndolas en internet. Recomiendo, por ejemplo, las del psicólogo francés Michel Gauquelin. También encontrará otras en el libro de Inés Rodríguez Hidalgo *La astrología ¡vaya timo!* de la deliciosa colección dirigida por Javier Armentia en la editorial Laetoli.

La cuestión reside entonces en por qué algo más de un 50 por ciento de la población en Estados Unidos cree en la astrología y en torno al 40 en Europa. Prácticamente no hay diario o revista, incluidos los más serios y de todas las ideologías, que no ofrezcan su horóscopo, ¿acaso no sabe la gente que lo suelen elaborar periodistas becarios en prácticas? ¿Por qué es lo primero que consultan infinidad de personas al abrir el periódico? Psicólogos, sociólogos, políticos o curas habrá por ahí que opinarán sobre este asunto con mucha más autoridad (al menos con más desparpajo) que yo, por lo que no me uniré a ellos. Lo único que sostengo es que esta actitud popular es menos divertida de lo que parece y que en determinadas circunstancias puede representar más peligro del que se le supone. Ahora que el lector sabe esto, ¿no le dan escalofríos al recordar lo de Ronald Reagan y su astrólogo de cabecera? ¿No le parece al menos inquietante que la Universidad de Alicante haya acogido y apoyado un congreso internacional de astrólogos en septiembre de 2010?

La homeopatía

La siguiente pseudociencia que vamos a tratar le puede parecer al lector aún más inocua que la astrología, y lleva toda la razón, salvo en un matiz que se puede considerar tan importante como para incluirla en las amenazas que se ciernen sobre la ciencia. Además, creo que supone una amenaza más seria que la anterior, a pesar de que parezca mucho más preocupante que un gobernante consulte sus decisiones con un adivino a que beba agua fresca como única medicina para curar sus males. Porque de eso se trata. Ya mostraremos más adelante los motivos de inquietud que provoca la homeopatía, pero antes expliquemos en qué consiste la patraña. Se puede encontrar un tratamiento más detallado de la homeopatía por parte del autor en otro libro,[2] pero el resumen que sigue contiene los tres elementos básicos que desenmascaran esta llamada medicina alternativa.

La homeopatía la inventó un alemán, Samuel Hahnemann, poco después de la Revolución francesa. Es importante recordar que aquélla era una época de sangrados con sanguijuelas y purgas como tratamientos de choque para casi cualquier dolencia.

El amable e inquieto médico judío trataba de entender por qué la quinina aliviaba los síntomas de la malaria. Probó un poco de la medicina y sintió frío y fiebre. Seguramente, se agobió, pero el caso es que aquéllos eran los síntomas típicos de la malaria. Con ese simple experimento recuperó un viejo principio de la medicina: *similia similibus curantur*, esto es, lo similar cura lo similar. Esto significa que las sustancias que producen un conjunto de síntomas en una persona sana pueden curar esos síntomas en una enferma.

El médico se trazó un plan: probar sustancias naturales para descubrir los síntomas que producían y averiguar así lo que podían curar. Pero una cosa es ser curioso y otra intrépido, porque muchos productos naturales son tóxicos y aquellas probatinas lo podían matar. Así que se decidió por la disolución, o sea, echaba la hierba cocida, la droga, el polvo de víscera desecada o el mineral triturado que fuera en agua en una proporción de uno a diez. Agitaba vigorosamente aquello y de nuevo disolvía en una proporción de uno a diez. Nótese que esto significa ya una parte de la «medicina» en cien de agua. Y tres, y cuatro… y treinta veces, lo que significa una parte en

2. *Los hilos de Ariadna. Diez descubrimientos científicos que cambiaron la visión del mundo*, Debate, Barcelona, 2007.

mil, en diez mil... en ¡un quintillón! Esto se expresa hoy día en las etiquetas de los preparados homeopáticos como 3X, 4X... 30X. La X viene del diez de la numeración romana, por lo que también se utiliza el cien, la C, de manera que hay productos homeopáticos etiquetados como 2C (= 1/10.000), 3C (= 1/1.000.000), y así sucesivamente. Hoy día, los remedios homeopáticos van desde 6X hasta 30C, aunque algunos llegan a 200C.

Cada vez, Hahnemann descubría alborozado que los efectos secundarios iban desapareciendo, hasta dar pie a un chiste: un paciente suyo murió de sobredosis el día que bebió agua fresca en lugar de su medicina. Porque se debe recordar lo que es el número de Avogadro, un oscuro noble italiano casi coetáneo de Hahnermann, que estableció que el número de moléculas que tiene una cierta cantidad de cualquier sustancia, por ejemplo un vasito de agua, es casi un cuatrillón. Si se hacen las cuentas bien hechas, para lo cual no hay más que sumar ceros, se concluye que para ingerir una simple molécula de «medicina» homeopática de un preparado 30X habría que tragar treinta mil litros del mismo.

Insistamos en lo que supone el número de Avogadro, o sea, en lo pequeños que son los átomos.

Una disolución como la indicada, 30X, significa que la sustancia original se ha disuelto 1.000.000.000.000.000.000.000.000.000.000 de veces. Ahora supongamos que un centímetro cúbico de agua contiene 15 gotas, dosis típica de un medicamento líquido. El número anterior de gotas de agua llenaría un depósito cincuenta veces más grande que la Tierra. Reconózcase que los preparados 30X y 30C simplemente no existen, porque es imposible obtener una disolución en la que una molécula de la sustancia original exige estar disuelta en un matraz lleno de agua del tamaño del planeta ¡como mínimo!

A principios del siglo XIX, entre un siniestro doctor que se te acercaba con un frasco de asquerosas sanguijuelas y un amable tipo que te daba una bolita de azúcar humedecida con agua clara, no había color. Sobre todo, teniendo en cuenta que la mayoría de las enfermedades se curan por sí mismas, antes o después, o, lo que es más raro, te llevan a la tumba.

Como hoy día esto no se sostiene, los homeópatas han inventado un tercer principio: el de la memoria del agua. O sea, que aunque las moléculas de «medicina» desaparezcan del todo tras las disoluciones, el agua se acuerda de que han estado en su seno y eso es lo que cura. De cuando en cuando, alguna prestigiosa revista de medicina, por ejemplo *The Lancet*, publica algún estudio sesudo de médicos de verdad que demuestran científicamente, sin posibilidad de discusión, que la medicina homeopática no cura absolutamente nada. Como si esto hiciera falta después de lo del número de Avogadro. Pero si aun así se duda, pensemos en lo de la memoria del agua.

¿De dónde viene el agua? La mayor parte de la que hay en nuestro planeta vino del espacio en los cometas cuando impactaron con él en su etapa primitiva. Después formó los océanos y luego empezó a emigrar continuamente flotando en las nubes tras evaporarse y lloviendo a cántaros aquí y allá. La tierra la filtró o la paseó alegremente en ocasiones y tumultuosamente en otras formando parte de los ríos, la depuró el servicio municipal, le añadieron incluso flúor para cuidar nuestra salud dental, después... en definitiva, que un vaso de agua obtenida abriendo el grifo de nuestra casa tiene una historia tremenda de todas las moléculas que ha acogido en su seno a lo largo de miles de milenios. ¿De todo esto se acuerda el agua?

Pero es que hay más. No hay ni un procedimiento como no sea de alta, muy alta tecnología (por ejemplo, en los detectores de neutrinos), que nos garantice que el agua que tratamos es pura. Se maravillaría el lector al saber la inmensa cantidad y variedad de moléculas extrañas que tiene en su seno el «agua hiperpura» que podría obtenerse en un «laboratorio homeopático». Sin duda, tiene cantidades de muchísimos más ceros de otras sustancias que del «principio activo». ¿Cómo selecciona el agua de su inmensa e inconmensurable memoria lo que le interesa al paciente?

A pesar de todo lo anterior, desde hace dos siglos las consultas de los homeópatas se llenan de pacientes. ¿Por qué? Por el efecto placebo. Nos sentimos enfermos y, en épocas pasadas, es muy posible que nos recetaran aceite de ricino, si no cosas peores, como las que se han indicado antes; hoy día, tras esperar varias horas en urgencias, nos recibe un médico que tuerce el gesto a la vista de nuestro análisis de sangre. Si tras la consulta terminamos sintiéndonos peor que antes, ¿por qué la próxima vez no cambiamos de enfoque y nos vamos al brujo o al homeópata? Son caros, pero nos podemos permitir el lujo.

Las autoridades, naturalmente, han tratado de tomar cartas en el asunto, pero ¿qué daño puede hacer la homeopatía y sus «medicinas»? Ninguno. Así pues, no hay base para prohibirla, sobre todo porque alivian el sistema sanitario y hacen lo que han hecho los médicos toda la vida: fomentar el efecto placebo, es decir, suministrar sustancias cuyo efecto curativo es debido, exclusivamente, al hecho de que el enfermo las reciba con el convencimiento de que le van a curar. Un buen tema de investigación para los médicos serios es averiguar la interacción entre el cerebro y el sistema endocrino, por qué la gente que va y paga al homeópata se siente mejor. Sin duda. Y si la cosa se pone fea, siempre tiene la opción de acudir a la Seguridad Social. Entonces, ¿a qué viene considerar la homeopatía como una amenaza para la ciencia? A que se está convirtiendo en un virus invasivo. Empecemos por las farmacias.

La farmacología es una ciencia con todos sus aditamentos. Como seguramente no podía ser de otra manera, la cultivaron los departamentos universitarios, los institutos de investigación y, poco a poco de manera cada vez más intensa y productiva, los laboratorios de las grandes empresas multinacionales. Los medicamentos genéricos fueron desapareciendo y con ellos el papel tradicional de las farmacias. Éstas terminaron siendo lo que ya se llama sin ambigüedad oficinas (más bien despachos de venta) de farmacia. En ellas prácticamente no quedan farmacéuticos que preparen medicamentos siguiendo la prescripción y la receta de un médico. Se venden productos elaborados por las compañías farmacéuticas y se tramitan órdenes de pago a la Seguridad Social. El siguiente escalón, obviamente, fue rentabilizar la tienda tanto como fuera posible. En las farmacias se empezaron a vender productos de todo tipo, desde caramelos hasta pasta de dientes, pasando por… lo que sea que cercana o remotamente tenga algo que ver con la salud. Hasta hace poco, los productos que no había manera de ser encuadrados entre los anteriores, se vendían en otros establecimientos llamados parafarmacias. Cada vez se ven más productos de éstos en las farmacias. Final y gloriosamente, en las farmacias han entrado de lleno, abundantemente y anunciados con letras enormes, esto es, sin pudor, los productos homeopáticos. ¿No se ha desvirtuado de alguna manera la ciencia farmacológica? Se dirá que mientras que se siga cultivando en serio dicha ciencia en las universidades y los laboratorios de las multinacionales, qué más da. Pero también se podría pensar que realmente el ataque ha sido tan brutal que no sólo no es cosa de permisividad, sino de reclamar la actuación de los poderes públicos por lo que pueda representar de estafa. Pero apañados estamos si estos poderes son las autoridades políticas sanitarias, porque los homeópatas claman cada vez con más altanería ser aceptados en la Seguridad Social y en algunos países lo han conseguido. No se piense el lector que ha sido en países del Tercer Mundo, no, porque en el Reino Unido, por ejemplo, lo han permitido.

Como en absoluto queremos parecer autoritarios, hagámonos la siguiente consideración: los antiguos médicos rurales siempre llevaban «salinos» en su maletín, es decir, pastillas de polvo inocuo prensado con algo de sal y quizá una pizca de azúcar, canela y cosas así. Llegaban a caballo de noche a casa de un enfermo pobre y veían que su enfermedad no exigía un penoso traslado al hospital, o que era incurable, o que la medicina apropiada tardaría muchos días en llegar, o... eran muchas las causas que le hacían prescribir sus pastillas mágicas. Las prescribía no sólo con toda seriedad, sino advirtiendo que era imprescindible observar gran rigurosidad con las dosis y las horas en que había que administrarlas al enfermo. Eran muy eficaces siempre que se siguiera escrupulosamente la medicación. Todos los médicos sabían del enorme porcentaje de éxito que tenía el efecto placebo. Y si el enfermo empeoraba, simplemente tardaría más en curarse a menos que muriera. En ninguno de los dos casos nadie lo achacaba al error en el diagnóstico y prescripción del médico, y además, justamente. Entonces, ¿por qué no permitir el uso del efecto placebo por el sistema público de salud? Por dos razones. Lo que en una zona rural en tiempos antiguos era loable, en un hospital moderno es un fraude. Un fraude de ley, o sea, un delito. Segundo, porque en ese hospital hay infinidad de profesionales exprimiéndose las meninges hasta la extenuación, diagnosticando y tratando en las ramas clínicas e investigando en las básicas para curar a los pacientes, como para que encima le pongan al lado a supuestos colegas cuya única arma es la amabilidad y la dicharachería. Simplemente, y como mínimo, es injusto. Como máximo, ese virus de la homeopatía hospitalaria puede llegar a ser tan voraz como lo está siendo en las farmacias y el asunto puede llegar a la degeneración del sistema sanitario. ¿Exagerado? Lo que resulta exagerado e increíble es que no sólo los crédulos e ingenuos, sino las autoridades, lleguen a equiparar la pseudociencia con la ciencia.

Las medicinas alternativas

Oficialmente, la medicina es la ciencia que trata de las enfermedades y su curación. Si en este apartado voy a tratar de las medicinas que se plantean como alternativa a la oficial, esto es, a la que tiene base científica, ¿por qué no incluyo aquí la homeopatía? Porque está mucho más extendida que las demás y, sobre todo, porque ninguna de éstas está basada en el efecto placebo. O sea, que pueden ser más efectivas, pero también muchísimo más peligrosas. Además, las medicinas llamadas alternativas y complementarias (ya veremos la distinción) presentan unos matices tan interesantes que desenmascararlas puede exigir esfuerzos científicos. En cambio, la homeopatía acaba en lo dicho: el uso del agua y la simpatía como elixires universales.

La primera frase del párrafo anterior comienza sosteniendo que la medicina es una ciencia. ¿Es esto así? Hay muchos médicos y filósofos de la ciencia que lo dudan o al menos reflexionan largo y tendido sobre tal asunto, el cual tiene enjundia. Si hojeamos las más prestigiosas revistas de medicina, observamos que hay un ingente número de artículos que se publican en base al análisis estadístico. Esto no tiene por qué poner en cuestión nada... salvo quizá un par de cosas.

En la época de máximo esplendor del califato de Córdoba se había llegado a reunir unas diez mil plantas medicinales con sus efectos minuciosamente descritos. Obviamente, los médicos de aquella época se basaban exclusivamente en el empirismo, lo cual se parece mucho al análisis estadístico. ¿Son aquellas descripciones menos científicas que los artículos modernos? No está claro. Además, el uso de hierbas medicinales no tiene absolutamente nada que ver con la homeopatía, ya que el enfermo ingiere una dosis determinada de compuestos y elementos químicos. Lo que sí hay que resaltar es que la diferencia entre la medicina tradicional a base de plantas medicinales y la farmacología científica es justo el control de la dosis. El ácido acetilsalicílico se encuentra en la corteza de los sauces, pero hasta que no se aisló y se aprendió a sintetizar en forma de aspirina, no pudo controlarse su administración a los enfermos.

La segunda cosa que puede dar que pensar en cuanto a su carácter científico es que el premio Nobel de Medicina en rigor se llama de Medicina o Fisiología. Esta última se define como la ciencia que estudia las funciones de los seres multicelulares vivos, en particular los humanos. Ésta sí que es una ciencia sin la más mínima ambigüedad, sobre todo desde que se fundamenta en la biología molecular. Antes también lo era, sin duda, pero desde que la bioquímica con todo su poderío científico dilucida los mecanismos fisiológicos, la fisiología se convierte en uno de los grandes pilares de las ciencias. ¿Y la medicina? Pues sostengo que es el equivalente a la ingeniería, o sea, que está tan imbricada con la fisiología como la tecnología a la física, pero que no son la misma cosa. Sobre todo en los últimos tiempos, porque recuérdese lo que se ha dicho de que la técnica es inherente al ser humano y la ciencia comienza sus balbuceos hace unos 5.000 años, alcanzando su categoría hace apenas cuatro siglos con el establecimiento del método científico iniciado por Galileo. Así, tanto la medicina como la técnica se han ejercido siempre, pero el entrelazamiento íntimo entre la medicina con su ciencia, fundamentalmente la fisiología, y de la técnica con la suya, fundamentalmente la física, no se ha llevado a cabo hasta hace muy poco. Por tanto, de la medicina se podría decir que es científica aunque no sea una ciencia. Por ejemplo, ¿se puede considerar la cirugía una ciencia o es más bien una ingeniería basada en la ciencia?

Toda la perorata anterior viene a lo siguiente: ¿tenemos derecho a condenar a todas las llamadas medicinas alternativas tachándolas de no científicas? Creo que hay que tener cuidado y ser rigurosos, pero este rigor hay que exigírselo a los dos «bandos», a los defensores de las medicinas alternativas y a los furibundos detractores. Creo, sinceramente, que la ciencia ha de hacer un esfuerzo para dilucidar lo que puede haber de verdad en ciertas prácticas médicas alternativas. Simplemente, porque quizá están en una fase que podríamos llamar *pre* o *proto* científicas y podríamos aprovechar mucho de su empirismo. Voy, pues, a tratar de concretar de dónde puede venir la amenaza para la ciencia de todo ese mundo que se llama medicina alternativa.

Antes que nada hay que definir algunos términos, porque a la medicina alternativa se le suele añadir la llamada complementaria. Mientras que la primera trata de curar por una vía heterodoxa, ateniéndose normalmente a un diagnóstico médico de verdad, la segunda se combina con el tratamiento médico oficial. De esta medicina complementaria me ocuparé poco, porque la «aromaterapia», a base de inhalar esencias de flores, hierbas y hojas, fumar marihuana, etcétera, en el período convaleciente tras una operación o un tratamiento agresivo como la quimioterapia, puede ser eficaz aunque en algunos casos no se haya demostrado científicamente. Algunos paliativos administrados en la Seguridad Social, como la magnífica y triste morfina, quizá tuvieron un origen complementario. Lo de triste viene a cuento de que cuando te la administran es que sueles estar listo. De todas formas, incluso la aparentemente inocua medicina complementaria no se escapa de la charlatanería, sobre todo cuando se construye introduciendo elementos psicológicos en la relación entre el «médico» y el paciente, el espíritu de éste y su cuerpo como un todo sin aislar la parte enferma y cosas así. A este conjunto de medicina convencional con tratamiento complementario se le suele llamar medicina integrada o integral.

Permítaseme una última apreciación antes de entrar más de lleno en el mundillo de la medicina alternativa. He puesto antes la palabra médico entrecomillada. ¿Es apropiado? Pues resulta que no mucho, porque un gran porcentaje, cuando no la mayoría, de practicantes de la medicina alternativa y complementaria son médicos en el sentido de que tienen título universitario de licenciado en medicina. ¿Por qué lo hacen? Sus razones tendrán, pero hay una que destaca entre todas: el dinero. La medicina alternativa está tan extendida que la cifra de negocio que se alcanza es impresionante. Como las estadísticas en este sentido son engañosas por ser dificilísimo establecer, sólo puedo dar un dato. Un médico amigo mío de nuestra época de estudiantes dejó hace unos años su plaza en la Seguridad Social para hacerse «alternativo» y dice que su consulta no la abre por menos de 2.000 euros. Le pedí una aclaración y me lo aclaró: pasa consulta dos días a la semana en dos ciudades distintas, y esa cantidad es la mínima que ingresa cada una de esas tardes. Y, por supuesto, libre de impuestos, porque es dinero tan negro como el alma de Hitler.

La medicina alternativa tiene raíces muy diversificadas que entroncan con la medicina tradicional, elementos folclóricos y culturales, creencias espirituales y religiosas, etcétera. Estas prácticas pueden agruparse en cinco clases.

La primera sería la más ambiciosa, esto es, la que supone una medicina completa porque prácticamente se atreve con todas las enfermedades y dolencias. En este grupo entraría la acupuntura como base de la medicina tradicional china, la naturopatía, el llamado ayurveda e incluso la ya tratada homeopatía.

La segunda clase englobaría toda práctica que trata conjuntamente el cuerpo y el espíritu, esto es, los efectos psicosomáticos enfocados desde el vudú caribeño hasta la más sofisticada superchería supuestamente basada en tecnología moderna.

La tercera clase la formaría la curación por administración de hierbas y productos naturales sin integrarse en un cuerpo de doctrina global como la naturopatía mencionada.

La cuarta clase sería la manipulación del cuerpo de distintas maneras: quiropráctica, osteopatía, etcétera.

Y, finalmente, la quinta clase de medicina alternativa, la más enloquecida y tan inocua como la homeopatía, es la que se fundamenta en las energías electromagnéticas. Aquí es donde entran las pulseras mágicas que lucen algunos de los personajes mencionados al principio del capítulo. Por cierto, uno de ellos llegó a ser ministra de

Sanidad. Si en algún momento el lector ha pensado que soy alarmista en cuanto a la amenaza que supone la pseudociencia, que medite sobre el hecho de que una ministra de Sanidad tenga fe en la curandería, y que conste que no estamos hablando de un país africano ni caribeño. En este sentido, no me resisto a reproducir el comentario que recibí en el blog por parte de un lector habitual mío cuyo nombre lamentablemente no conozco porque firma con seudónimo: Galileo Galiciano, el cual siempre es acertado y de una ilustración científica admirable. Decía lo que sigue.

> Para los crédulos y los necesitados de autoengaños, las pulseras de tereftalato de polietileno —plástico usado en botellas y textil— son artefactos mágicos, milagrosos. La caleidoscópica difracción holográfica que llevan incorporada les induce a pensar que existe un efecto de interacción física con el organismo; un campo de energía que contrarresta la acción negativa del ambiente contaminado y el deterioro orgánico por el transcurso del tiempo. Según los ignorantes y analfabetos científicos, las pulseras proporcionan equilibrio físico y emocional, así como efectos de felicidad y empatía contagiosa. Puro marketing para engaño de estúpidos —ilustrados o no— que confían en los milagros antes que en la ciencia. Y esto aún después del timo de las pulseras magnéticas, ya denunciadas y desechadas.
>
> Las auténticas «pulseras mágicas» serán las que llevemos en el futuro con todos nuestros datos de salud incorporados, y conectadas con centros de vigilancia y prevención médica que chequearán —a demanda— el estado saludable o no de nuestro organismo. Eso sí será un proceso interactivo de carácter científico al que cuadra aplicar la ley de Clarke.[3] Lo otro —el placebo de plástico— debería venderse en los «todo a cien» (bueno, «todo a un euro»), pero entonces sería una muñequera cutre más, no un valorado objeto milagroso de 35 euros.

Afortunadamente, hay personas como Galileo Galiciano que aunque no tengan el poder de una ministra de Sanidad, impondrán

3. Se refiere a lo ya mencionado de que «cualquier tecnología suficientemente avanzada es indistinguible de la magia».

su acertado criterio poco a poco. Otros que no tienen poder, podrían tenerlo aunque las consecuencias de su credulidad fueran simplemente el ridículo. El otro político que he mencionado que lucía pulsera mágica era portavoz del partido de la oposición en la Comisión de Asuntos Exteriores. Supongamos que se hubiera convertido en ministro representante de España en el mundo. Imaginemos que solapara su mandato con el de Angela Merkel y que en algún momento tuviera que saludarla o, mejor, tal como están las cosas, rendirle pleitesía. Al estrecharle la mano, la mandataria alemana descubriría la pulsera del ministro español y seguramente se controlaría, pero la carcajada interior le alborotaría las entrañas, porque resulta que la señora Merkel es doctora en física. ¿Es sólo ese político el que habría hecho el papelón o todos a los que nos representa? Un aspecto mucho más grave del problema es el siguiente; a la empresa que comercializó en Estados Unidos las pulseras milagrosas le endosaron una multa de 42 millones de dólares. En España, la administración más osada y beligerante contra la superchería fue la Junta de Andalucía. Consiguió que a la multinacional le impusieran una multa de apenas 15.000 euros. En toda España se vendieron unas 300.000 pulseras a unos 35 euros. Háganse las cuentas y se verá que el negocio ha sido tan redondo que ya tienen en marcha un nuevo invento: protector bucal implantado que no sólo protege los dientes, sino que ayuda a relajar los músculos de la cara y la mandíbula, permitiendo el correcto alineamiento del cuello y la columna provocando así una respiración correcta.

Otras paparruchas como la medicina cuántica y terapias de apellidos altisonantes sacados de la ciencia y la tecnología no son inquietantes a menos que utilicen algo de esa parafernalia, por ejemplo el láser, las microondas o cualquier tipo de radiación ionizante.

A diferencia de lo que he hecho con la homeopatía, aquí no trataré de desenmascarar científicamente cada una de estas prácticas por varias razones. Por lo pronto, en estos cinco grupos mencionados hay tal cantidad de subgrupos que rebatir todas las medicinas alternativas nos llevaría todo un libro. Por otra parte, los límites entre la medicina alternativa y la medicina científica siempre serán difusos, porque como hemos dejado entrever, ciertos cuidados y remedios alternativos pueden salir airosos al aplicárseles el método científico. En resumen, que la medicina alternativa, o bien se ha demostrado que no funciona, o no se demostrado que funciona, y en los casos en que se ha demostrado, simplemente se ha convertido en medicina. ¿Está más o menos claro? El caso es que lo que interesa en este libro es mostrar los peligros que suponen las medicinas alternativas.

En primer lugar, obviamente, quien corre mayor peligro es el enfermo ingenuo que confía en ellas. Ese peligro no es grave en la mayoría de los casos, porque ante la posibilidad de que sufran denuncias y demandas serias, los practicantes alternativos no se arriesgan y confían más en el placebo. Y, como he dicho, si el enfermo no encuentra mejoría, siempre tiene la posibilidad de acudir a la Seguridad Social. Aquí, curiosamente, empieza a veces el verdadero peligro, porque se sospecha que un enorme porcentaje de enfermos que han pasado por tratamientos alternativos no se lo dicen al médico de verdad cuando acuden a él. Además, si la enfermedad es seria, el diagnóstico puede oscurecerse y el tiempo perdido en la curandería puede complicar el tratamiento. Afortunadamente, como he dicho, la evolución humana ha hecho que el cuerpo sea capaz de defenderse por sí mismo de una gran cantidad de enfermedades y dolencias, siendo muy pocas las que matan. O sea, que la tarea de estos alternativos prudentes no suele ser muy dañina y el enfermo muy posiblemente no haya tenido que acudir al médico del seguro porque se habrá curado él solito.

Los alternativos más osados presentan fundamentalmente el peligro de la incompetencia. Yo confiaría mil veces más en las hierbas prescritas por un médico de la Córdoba omeya del siglo VIII que en las de un curandero actual por muy licenciado en medicina que certifique que lo es el título que preside su consulta. Puestos a que te claven agujas aquí y allá, sería infinitamente más fiable un buen acupuntor tradicional chino que cualquier europeo que se te acerque con esos estremecedores pinchos destacando entre guantes inmaculados y coronado todo ello con una sonrisa beatífica. Y eso aunque en este caso el título de médico esté acompañado por otro de máster en acupuntura otorgado por una universidad. De esto, de la penetración de las pseudociencias en las universidades europeas y estadounidenses ya hablaremos.

Voy a terminar este apartado tratando de dejar clara la posición de la ciencia respecto a la medicina alternativa con un último ejemplo histórico e ilustrativo. Se trata, nada menos, que de la radiactividad y los esposos Curie.

Aunque la historia de la radiactividad es bien conocida y se ha escrito mucho sobre el fascinante fenómeno[4] hay algunos detalles muy poco conocidos. El descubridor del núcleo atómico, Ernest Rutherford, durante una visita a París pasó una tarde con los esposos Curie y varios amigos más, todos científicos. Al final de la merienda en el jardín, ya casi de noche, Pierre sacó de un bolsillo un tubo de ensayo parcialmente cubierto de sulfuro de cinc. Contenía una disolución de sal de radio. De repente, el tubo se iluminó. El grupo guardó un silencio solemne. Sin embargo, lo que anotó Rutherford sobre aquellos instantes mágicos fue que los dedos de Pierre estaban tan hinchados y ulcerados que apenas podían sostener el tubo.

Otro asunto relacionado con lo anterior fue que, aunque el premio Nobel se lo concedieron a los esposos Curie en 1903, no fueron a Suecia a recogerlo hasta 1905, porque estaban continuamente enfermos y Marie incluso había tenido un aborto. Naturalmente, a ninguno de los dos se le escapó que los efectos biológicos de la radiación eran muy intensos, pero hasta de esto trataron de sacar su lado positivo. De hecho, Pierre experimentó consigo mismo irradiándose partes de la piel de los brazos protegiendo ciertas zonas con distintos materiales. Pensó que las quemaduras que le producía el radio podían controlarse y usar la radiactividad para destruir las células cancerosas. Así pues, fue el propio Pierre Curie el primero que habló de radioterapia.

Lamentablemente, el idealista y soñador Pierre (renunció a patentar el procedimiento para obtener el radio) murió atropellado una lluviosa tarde de abril de 1906. Resbaló frente a una vagoneta de seis toneladas tirada por un caballo que trató de evitarlo. El ani-

4. Véase, por ejemplo, el capítulo 2 de *Nucleares, ¿por qué no?*, Debate, Barcelona, 2009.

mal no lo pisó, pero una rueda del carruaje le aplastó la cabeza y murió en el acto.

De la profunda tristeza en la que se sumió Marie salió de la única manera que sabía que a Pierre satisfaría: persuadió al gobierno francés y a la fundación privada Pasteur para financiar el Instituto del Radio. Ella dirigiría el laboratorio de radiactividad y un médico eminente el de radioterapia.

Las más de mil radiografías que Marie Curie hizo sin apenas protección junto con su hija Irène, de diecisiete años, para localizar balas y metralla en heridos de guerra, pasaron factura. Murió de leucemia, como quizá no hubiera podido ocurrir de otra manera, en 1934. No llegó a ver cómo a su hija Irène junto a su marido Frédéric-Joliot le dieron el premio Nobel en 1935 por el descubrimiento de la radiactividad artificial en el Instituto del Radio. Por cierto, Irène murió como su madre: de leucemia.

La historia anterior viene a cuento de lo siguiente. A principios del siglo XX, la radiactividad era un fenómeno bastante desconocido. Sus descubridores, los Curie, pero también todos los científicos que indagaban en los misterios del núcleo atómico, sabían que la radiactividad tenía efectos biológicos deseables e indeseables. Eran totalmente conscientes de los riesgos que corrían al investigarlos, pero también sabían que había que hacerlo. Hacerlo científicamente, aun a riesgo de su propia salud y su vida. ¿Qué fue lo que se desató en toda Europa con la aún misteriosa radiactividad? Una charlatanería con ánimo exacerbado de lucro en torno a ella. Tengo un anuncio de prensa francés de 1920 en que se pregonan las virtudes de unas cápsulas de radio que duraban 1.500 años y que curaban todo tipo de males. No copio la lista de enfermedades que sanaban las cápsulas porque llenaría la página, pero van desde arritmias hasta hemorroides, de cirrosis a cefaleas, y así sucesivamente. Impresionante. En España se llegaron a comercializar parches radiactivos contra el reuma, en las consultas privadas se anunciaba la radioterapia a bombo y platillo, en algunas farmacias se vendían pintalabios ¡radiactivos! para conseguir, obviamente, la sonrisa más radiante posible. Se desconoce el número de víctimas que produjo todo este desafuero, pero sin duda fue alto.

Así pues, la radioterapia tuvo su fase de medicina alternativa, pero afortunadamente se continuó estudiando científicamente y hoy día no hay hospital mediano que no tenga un espléndido y costoso departamento de medicina nuclear. Allí se utilizan isótopos radiactivos para las más sofisticadas técnicas de diagnóstico y los aceleradores de núcleos y partículas para el tratamiento del cáncer. Las moralejas de todo lo anterior son las siguientes.

El argumento de los «médicos» alternativos de que si los científicos no entienden sus tejemanejes no tienen autoridad para desautorizarlos es totalmente falso. Si los científicos no lo entienden, ellos muchísimo menos todavía. Otra conclusión es que si algún descubrimiento o práctica médica tiene fundamento real, por ligero que sea, la ciencia terminará por dominarlo, sin duda. El argumento de que hay enemigos poderosos y misteriosos que tratan de evitar el progreso de métodos alternativos por razones económicas, psicológicas, políticas, de poder y no sé cuántas mamarrachadas más que se dicen, también es falso porque ignoran cómo funciona la comunidad científica. Ésta tendrá los defectos que tiene, y muchos ya se han puesto de manifiesto en este libro, pero si algo la caracteriza es que la curiosidad los barre todos. Siempre habrá un científico (o una miríada) que al más mínimo atisbo de plausibilidad de una técnica o innovación se lance de cabeza a investigarla. Y si es en el mundo biosanitario, lo harán aún con más denuedo. Si las pulseras magnéticas con su pequeño holograma que lucen princesas, actores y políticos sin pudor alguno tuvieran una mínima parte de las virtudes que anuncian, ¿nadie se pregunta por qué no las receta la Seguridad Social? Hacerlo gratuitamente, incluso obligando su uso, ahorraría una millonada de dinero público y aumentaría el bienestar social. Sin embargo, cuestan unos 35 euros y se pueden adquirir hasta en los mercadillos. Se han vendido millones de pulseritas de ésas, entre otras cosas gracias a la propaganda gratuita que le han hecho algunos personajes públicos. ¿No es estremecedora la estupidez humana?

La parapsicología

En una reunión de amigos científicos surgió un tema de conversación interesante: cuáles habían sido los diez libros que se podían considerar los pilares de la ciencia. Antes de comentar lo que surgió de aquella discusión, hay que decir dos cosas. La primera, que los presentes éramos físicos nucleares, biólogos moleculares y un par de ingenieros, o sea, especialistas en esas cosas y nada más. La segunda, que era una reunión en la que se escanciaba generosamente cerveza y vino.

Los primeros embates de la marejada que se avecinaba fueron suaves porque había gran acuerdo con los *Elementos* de Euclides, los *Principia* de Newton, y el etcétera fácilmente imaginable. Cuando el asunto parecía declinar, se hicieron casi simultáneamente dos propuestas que nos sumieron a todos en un silencio meditabundo. El amigo al que la bebida le producía nostalgia había musitado, más que dicho, «*El Manifiesto Comunista* de Marx y Engels»; un físico al que el alcohol le producía el efecto contrario, o sea, euforia, había propuesto alegremente «*La interpretación de los sueños* de Freud». A la vista de que aquello podía desatar una tempestad, como así ocurrió, hice valer mi autoridad de anfitrión porque la reunión se celebraba en mi casa. Exigí que primero se hablara de un libro y después de otro. Curiosamente, me hicieron caso. Voy a ahorrarle al lector lo que se dijo del gran folleto revolucionario, por más que tuviera su enjundia, y me limitaré a lo que se discutió sobre la obra del que se considera el creador del psicoanálisis. Antes quiero hacer notar que algo en común se debatió sobre esos dos libros y fue si sus autores habían aplicado realmente el método científico a sus pesquisas. Se llegó incluso a plantear la necesidad de ampliar el método para incluir ciertas ramas del saber, sobre todo de las llamadas humanidades. Centrémonos, pues, en la obra de Freud.

En el contexto de este libro, el psicoanálisis de Freud entra de lleno en lo que estamos llamando pseudociencia. Los escritos del vienés están plagados de generalizaciones y fantasías. La literatura en ellos, pobre en general, es la nota dominante y la base experimental, ni siquiera empírica y apenas estadística, es prácticamente inexistente. El complejo de Edipo es totalmente irrelevante para infinidad de caracteres personales. El sexo no tiene por qué ser decisivo en otra buena porción de arquetipos humanos. No tiene ningún atisbo de comprobación que la personalidad esté dividida en tres partes (el *ego*, el *id* y el *superego*) que almacenan y gobiernan la consciencia, los instintos y las represiones. Y todo es así en Freud, de manera que su pobreza científica hizo que su obra pasara a la historia como no podía ser de otra manera. Por todo ello, siendo generoso, uno podría pensar que el psicoanálisis de Freud bien se puede considerar una protociencia en relación con la psicología moderna al estilo de cómo la alquimia dio paso a la química o la astrología a la astrofísica. Sinceramente, creo que, por una parte, eso es menospreciar demasiado la obra de Freud, y por otra que las diferencias que tiene con las supercherías anteriores son muy notables. Apuntemos sólo un aspecto que considero decisivo.

Copérnico le quitó toda posición privilegiada a la Tierra, y la resolución del universo en galaxias, o sea, el descubrimiento de que los ladrillos básicos del mundo son infinidad de conjuntos aislados de centenares de miles de millones de soles, le quitaron relevancia cósmica a la humanidad, sobre todo porque los descubrimientos incesantes de nuevos planetas de tamaño y demás propiedades similares al nuestro en los cuales hace altamente probable que exista vida abundante y variada.

Darwin redujo la categoría humana a una especie más, sometida como todas a la evolución por selección natural. Y el darwinismo se ha mostrado rigurosamente válido para el tránsito de la materia orgánica a la vida, y la evolución de ésta hacia la complejidad.

Heisenberg y todos los padres de la mecánica cuántica pusieron en entredicho fundamentos intelectuales tan supuestamente sólidos como la realidad material, el determinismo e incluso el sacrosanto principio de causalidad.

¿Qué quedaba de toda la tradición greco-judeo-cristiana, budista, islámica, confuciana, amerindia y lo que sea menester? La mente humana. El espíritu. El alma. Y resulta que Freud muestra (que no demuestra) que la mente consciente puede no ser más que una minúscula isla emergiendo apenas de la superficie de un inmenso océano inconsciente. Y, para colmo, que no sólo no tenemos control de nuestros actos, sino que apenas conocemos nada de las motivaciones que los impulsan. En este sentido, la obra de Freud no es precisamente uno de los pilares de la ciencia, pero sin duda sí lo es de la sabiduría. En su haber se ha de anotar abrir las puertas de la psicología, por poco que tenga ésta que ver con el freudismo; el problema es que en su debe ésta haber propiciado otra de las grandes pseudociencias: la parapsicología. Ésta existía antes de Freud, pero él, con toda su fama y autoridad, no la negó, sino que trató incluso de dar explicación a los fenómenos paranormales. A principios de la década de 1920 escribió ensayos como «Sueños y telepatía», «Sueños y ocultismo», «Psicoanálisis y telepatía», etcétera, en los cuales sostuvo varias cosas que animaron muchísimo a los parapsicólogos, como que él no entendía muy bien por qué se producían aquellos fenómenos, pero que sin duda existían. Por ejemplo, en el caso de la telepatía, esto es, la transmisión de pensamientos por vías extrasensoriales, Freud apelaba a su teoría de la neurosis como posible explicación, de manera que lo que se transmite son los deseos reprimidos del remitente. La necesidad de un «médium» como persona de capacidad superior al receptor para recibir el mensaje transmitido también la acepta Freud con lógica y complacencia. Así pues, si alguien como Freud admite los fenómenos paranormales, dice que no los entiende, aun así se aventura a explicarlos y la explicación no se la cree nadie, los parapsicólogos se frotan las manos y piensan que tienen un gran futuro, como así ocurrió.

Se podría pensar entonces que, a la postre, a la obra de Freud le ha sucedido lo mismo que a la alquimia y la astrología, pero no, la alquimia desapareció y la astrología sigue viva sin someterse a prueba científica alguna. En cambio, la superchería de la «ciencia del espíritu» busca, o al menos parte de ella dice buscar, denodadamente experimentos que la confirmen. Hasta ahora lo ha hecho sin éxito, pero no cabe duda de que este afán la singulariza e incluso la dignifica de alguna manera.

Hagamos un breve repaso de los principales fenómenos en los que se basa todo el tinglado parapsicológico. Ya que la hemos mencionado, empecemos por la telepatía, porque a la transmisión de información por medio de la mente es a la que más provecho se le ha entrevisto, sobre todo en tiempos de guerra. Seguramente por eso se han desarrollado un gran número de experimentos muy variados para demostrar su existencia primero y dominar su manejo después. Se han usado cartas especiales, vídeos, series de palabras, números aleatorios generados por ordenador, etcétera, en unas condiciones de aislamiento absoluto, a unas distancias tremendas, con personas de caracteres de lo más variado… y nada. Pero nada de nada, o sea, que en todos los casos se ha llegado a dos y sólo dos conclusiones. La primera, que la desviación estadística de los resultados eran compatibles con el azar. La segunda, que cuando se presentaban desviaciones perceptibles, éstas se podían atribuir, sin duda alguna, al mal planteamiento del experimento o la mala interpretación de los datos. Naturalmente, muchos parapsicólogos apoyan estos resultados aparentemente positivos negando autoridad a los científicos, pero los más honrados entre ellos admiten que, efectivamente, no se puede decir que sean concluyentes. Lo que sostienen éstos es lo que desde Freud se les atribuye a los fenómenos parapsicológicos: no tienen explicación, pero existen.

La premonición es la percepción de hechos que acontecerán en el futuro, o sea, una violación del concepto de tiempo; la clarividencia es la percepción de sucesos que tienen lugar en lugares remotos, o sea, una violación del concepto de espacio. Si se piensa bien, esto es lo que hace de oficio la física mediante ecuaciones que predicen exactamente dónde va a estar un cuerpo en un instante futuro. Pero como el lector sabe, la parapsicología y la física se aborrecen hasta la repulsión. La psicoquinesia ya es el acabose del distanciamiento de la parapsicología con la física, porque se trata nada menos que de encontrar las capacidades de la mente para influenciar no sólo en el espacio y en el tiempo, sino también en la materia y la energía.

Las especialidades más siniestras de la parapsicología son los fenómenos asociados a la resucitación, la reencarnación y las apariciones de espíritus o al menos la comunicación con ellos. El cine ha dado tanta cuenta de todo esto que no es necesario describirlo. Además, lo ha hecho de manera deliciosa, porque algunos directores como Alfred Hitchcock o Alejandro Amenábar han reflejado magistralmente estas, nunca mejor dicho, fantasmadas.

En cualquier caso, el hecho de que se hayan escudriñado científicamente los fenómenos paranormales ha propiciado que la parapsicología se haya introducido en algunas universidades, sobre todo de Estados Unidos, aunque parece que esta penetración ha cambiado de intensidad, siendo ahora las universidades europeas las que las están acogiendo con menos reticencias. Seguramente, los experimentos más serios y numerosos para confirmar y controlar los fenómenos paranormales son los que se han llevado a cabo durante décadas nada menos que en Princeton. En ese centro de tan alto prestigio científico se alojó el llamado PEAR, siglas que en español corresponden a Laboratorio de Ingeniería de Princeton para la Investigación de Anomalías. Terminó cerrándose en 2007, y son de destacar dos sentencias pronunciadas a modo de epitafio por personas muy distintas. La primera la hizo el fundador del laboratorio, un tal Robert Jahn. Dijo que durante veintiocho años habían hecho lo que habían podido y querido, y no había razón alguna para continuar obteniendo los mismos datos negativos. El autor de la segunda frase es un profesor de física muy comedido y consejero de organismos públicos, instituciones científicas y políticos que solicitan sus servicios: Robert Park. Dijo que aquel laboratorio había sido una vergüenza para la ciencia y para Princeton. De este profesor recomiendo un libro excelente que escribió hace unos años desenmascarando muchas de estas cosas.[5]

¿Qué daño puede hacer la parapsicología a la ciencia? Pues poco más del que supone contribuir a una sociedad más crédula y menos crítica, como todas las supersticiones y patrañas. Sólo tiene el agravante de la apariencia científica de sus fallidos experimentos y del hueco que se hace en las universidades a costa, obviamente por la limitación de recursos, de las distintas ramas del saber, de las cuales no forma parte en modo alguno.

5. *Woodoo Science*, Oxford University Press, 1999 (hay trad. cast.: *Ciencia o vudú*, Grijalbo, Barcelona, 2001).

La ufología

Si el lector tiene cierta edad, seguramente ha notado que el asunto de los objetos voladores no identificados y toda la parafernalia de las visitas de extraterrestres han perdido muchísima intensidad en las dos últimas décadas. No aparece casi nada en los medios de comunicación en comparación con lo que sucedió entre los años 1950 y 1980. Sin embargo, demostraremos en este apartado que el daño que esta charlatanería ha hecho a la ciencia ha sido posiblemente el más deplorable y costoso.

Hoy día, prácticamente todo el mundo acepta que los ovnis fueron cien por cien invenciones o se debieron a una mala interpretación de fenómenos meteorológicos o de otro tipo perfectamente explicables. Sin embargo, no sé si como causa o consecuencia, el proceso fue en paralelo al desarrollo de una literatura y una filmografía espectacular, en muchas ocasiones muy buenas. Ya he citado aquí admirativamente al gran autor de ciencia ficción Arthur Clark y, al menos para mí, deseo dejar constancia de que considero obras maestras del género la película *Alien* del director Ridley Scott o *El planeta de los simios* de Franklin Schaffner. Dicho esto, que nada tiene que ver el arte y el buen espectáculo con la charlatanería, analicemos primero lo que es la vida, su distribución en el universo, la posibilidad de civilizaciones extraterrestres y lo que de negativo han tenido los imaginarios y supuestos viajes espaciales. Ya distinguiremos justo esto: lo de imaginarios y supuestos.

El último planeta de propiedades similares a las de la Tierra que se ha descubierto es uno que gira en torno a una estrella llamada Gliese 581 situada a unos 20 años luz de nosotros. La distancia entre el planeta llamado *g* (en torno a Gliese 581 giran como mínimo cinco planetas más) y su estrella entra dentro de lo que se llama zona habitable, es decir, que en grandes extensiones de su superficie e interior se mantiene la temperatura en unos límites aceptables (entre –37 y –12 °C) para el desarrollo del fenómeno llamado vida. Además, las características de su trayectoria en cuanto a período orbital en torno a su estrella y el hecho de que le muestre siempre la misma cara como hace la Luna con la Tierra, así como la masa (entre 3 y 4 veces la de la Tierra) que no genera una fuerza de la gravedad exagerada, hace que haya muchos más elementos favorecedores de la vida. Hay controversia en la interpretación de todos estos datos de este planeta de Gliese 581, pero el caso es que se han detectado ya un buen número de mundos extrasolares parecidos a la Tierra. De hecho, el satélite Kepler, en órbita desde 2009, está analizando el espectro y el movimiento de unas 150.000 estrellas buscando planetas en sus zonas habitables, por lo que tenemos que estar preparados para ir descubriendo un gran número de ellos susceptibles de acoger vida en nuestro entorno dentro de la galaxia, la Vía Láctea. Teniendo en cuenta los centenares de miles de millones de estrellas que la forman (el lector, a pesar de que se ha citado varias veces este número y puede que ya no le haga caso, debería meditar sobre él sin dejarse llevar por el vértigo), no sería nada extraño que descubriéramos que la vida bulle en la galaxia. Si encima pensamos que el número de galaxias que forman el universo es casi tan inmenso como el anterior, bien podemos asumir que la vida sea un fenómeno corriente, abundante y variado. Pero los ufólogos y charlatanes del ramo (y gente mucho más poderosa y respetable como veremos pronto) no están interesados en planetas cubiertos de musgos, infectados de bacterias o con charcas en las que pululan paramecios y amebas, no, ni siquiera en aquellos donde bichos y bestias de todas clases campen por sus respetos. Lo que quieren averiguar, si es que no sostienen con firmeza haberlo averiguado ya, es si hay gente por ahí fuera con la que nos podamos entender por raros y feos que nos parezcan. Entonces es cuando llevamos la ciencia y la técnica hasta tales límites que, al sobrepasarlos, las ponemos en peligro. Discutamos, pues, la probabilidad de que existan civilizaciones tecnológicas en el universo.

Hay fórmulas (pseudofórmulas) que tratan de dilucidar cuantitativamente esa probabilidad. No sirven absolutamente para nada, pero son divertidas. Se puede pasar un buen rato en internet jugando con algunas de ellas, la más famosa de las cuales es la de Drake, de Frank Drake, que empezó a tratar de detectar civilizaciones allá por la década de 1960. Esas fórmulas mezclan factores que pueden evaluarse bastante bien con otros que caen de lleno en el terreno de la especulación. Por eso, digámoslo ya, sus resultados pueden ir desde que en la Vía Láctea hay sólo una civilización tecnológica, la nuestra, hasta que haya mil millones de ellas. El sinsentido de estas fórmulas queda garantizado por lo que sigue.

El número de estrellas más o menos parecidas a la nuestra, en el sentido de que puedan tener planetas en una zona habitable, se puede estimar cada vez mejor como hemos visto. La fracción de éstos en los que se puede desarrollar la vida ya es más limitada, pero también puede ser bastante alta. El asunto empieza a entrar de lleno en la fantasía cuando se trata de asignar un valor a la fracción de los planetas anteriores en que la vida alcanza cierto grado de inteligencia. Y entre éstos, aquellos en los que esa inteligencia se orienta hacia la tecnología, que entre ésta destaquen las telecomunicaciones, que sus habitantes tengan interés en comunicarse con sus posibles vecinos y, sobre todo, en lo que hay que especular a fondo es sobre cuánto tiempo tarda una de esas civilizaciones en formarse y en extinguirse. Si es que se extinguen todas forzosamente, claro. Todo es un dislate, pero insistamos en que los resultados de estas estimaciones hacen compatible que estemos completamente solos con que la galaxia sea un fantástico bullicio de infinidad de civilizaciones extraterrestres.

Así que se puede pensar que los charlatanes y Hollywood a la postre pueden llevar razón, pero, lamentablemente (o afortunadamente, vaya usted a saber) no es así.

Vamos a suponer que hay mil millones de civilizaciones tecnológicas en la Vía Láctea. Si calculamos un poco basándonos en las dimensiones y la densidad estelar de ésta, nos sale que la distancia promedio de las estrellas que acogen planetas en los que viven esas civilizaciones es de unos 15 años luz. Compárese este dato con el de Gliese 581, que está a una distancia de 20 años luz y es la estrella más cercana que hemos detectado hasta ahora que tiene un planeta en su zona habitable. O sea, que puede tener hongos, microbios y cosas así pero que no lo sabemos. Supongamos que además de tener vida, ésta ha evolucionado en esos planetas hasta el grado de que algunos de sus seres han llegado a alcanzar el sublime estadio de telecos, esto es, de ingenieros de telecomunicaciones. Como están a un promedio de 15 años luz de nosotros, los mensajes que podamos intercambiar con ellos tardarán 30 años entre la emisión y la recepción. Entre nuestras primeras emisiones de televisión destaca una amable alocución de Hitler en la década de 1930. Lo cual significa que lleva vagando por el vacío interestelar unos 80 años. ¿Ningún vecino se ha interesado por ella? Los ingenieros extraterrestres bien podían habernos preguntado quién era ese tipejo. Problema de idioma no es, porque si han llegado a ser telecos, eso lo tienen muchísimo más fácil que lo tuvieron los primeros españoles con los indios americanos.

Si se hace un pequeño cálculo, desde que llevamos emitiendo señales electromagnéticas al exterior las han podido detectar unas seis civilizaciones en una galaxia con mil millones de ellas.[6] Y nada. Pero nada de nada, o sea, que en los últimos cincuenta años podríamos haber recibido múltiples indicios de comunicación y no hemos recibido absolutamente ninguno. ¿Por qué? Es desalentador, pero ahora viene lo peor en cuanto al asunto de los extraterrestres.

Hasta ahora hemos hablado de comunicaciones, es decir, de señales electromagnéticas. Éstas viajan a la velocidad de la luz, la cual es la máxima alcanzable en el vacío por cualquier móvil, porque si su masa no es cero como la de la luz, se hace infinita si llega a ella.

Pensemos en la posibilidad no de hablar por teléfono con nuestros vecinos extraterrestres, sino de encontrarnos, saludarnos y charlar como podamos cara a cara. Pues aunque la galaxia esté tan rebosante de gente civilizada como hemos indicado, lo tenemos difícil. Dificilísimo.

La velocidad de la luz es 300.000 km/s. Nuestras sondas espaciales alcanzan unas pocas decenas de km/s en la actualidad. Supongamos que en un futuro, aunque sea lejano, fabriquemos «reactores» capaces de transportarnos a la velocidad de la luz. Conste que el desafuero es grande, porque es equiparable a que un cavernícola soñara con construir una locomotora tras haber descubierto cómo hacer fuego. Pero, bueno, admitamos que pronto se construirán naves casi

6. El cálculo lo he hecho suponiendo que la galaxia tiene 200.000 millones de estrellas. En una esfera de 80 años luz de radio, y suponiendo que las estrellas se sitúan a una distancia promedio de 15 años luz, caben 1.200. Por la proporción anterior, una de cada doscientas tiene una civilización tecnológica. Es decir, que en nuestro entorno de 80 años luz habría seis.

tan veloces como la luz, el caso es que hay que acelerarlas. Un sencillo cálculo muestra que para acelerar una nave de la masa de un coche hasta un tercio de la velocidad de la luz, frenarla después (si no, ya me dirán), y hacer lo mismo al revés una vez que haya terminado cordialmente la visita a unos vecinos situados a 15 años luz, indica que necesita la misma energía que consume Europa en 20 años. A ver qué Parlamento aprueba unos Presupuestos Generales del Estado que contemplen semejante partida. Y los extraterrestres para venir hasta aquí seguramente tienen el mismo problema, porque sin duda son democráticos, ya que son tan listos.

También está el problema de encontrar voluntarios para hacer de embajadores. Piénsese en la famosa paradoja de los gemelos que surge al acelerar móviles hasta velocidades próximas a la de la luz. Resulta que el tiempo transcurre de una manera distinta, mucho más lentamente, para un viajero a esas velocidades que para un hermano gemelo que deje en tierra. Así pues, tras ir de aquí a un planeta habitado a unos pocos años luz y regresar, se encontrará que su hermano y todos los humanos han envejecido muchos más años de los que el hermano astronauta ha empleado en el viaje. A ver quién se presta a hacer semejante excursión abandonando familias, ambientes y sabiendo que cuando regrese no va a conocer a nadie. Supongo yo que nuestros embajadores astronautas serían asesinos de la peor ralea o aventureros enardecidos, muy apropiados para hacer amigos entre los extraterrestres.

Quizá todo esto sean ganas de decepcionar y aguar muchas fantasías, porque todo el mundo ha oído hablar de otras dimensiones, agujeros de gusano establecidos entre dos agujeros negros que conectan regiones alejadas del espacio-tiempo, etcétera. Se pueden hacer todas las especulaciones que se desee siempre que no se pretenda que tengan visos de realidad.

La conquista del espacio

Cuando las naciones estaban agrupadas en dos grandes bloques, liderado uno por la Unión Soviética y el otro por Estados Unidos, las cosas eran sencillas de entender, por muy complicado que fuera asumirlas racionalmente. Se llevaron a cabo muchos disparates, como, por ejemplo, más de seiscientas pruebas nucleares en la atmósfera, explosiones muchísimo más potentes que las de Hiroshima y Nagasaki. Esto fue una barbaridad se mire por donde se mire, pero hubo otro desafuero que quizá deje atónito al lector cuando se lo demuestre a continuación. Se trata de la llamada carrera espacial.

El primer objeto que se colocó de manera proyectada en órbita terrestre, esto es, el primer satélite artificial, fue el Sputnik-1 y lo hizo la antigua Unión Soviética en 1957. Todo el mundo sabe esto, sin embargo, quizá sea menos conocido que aquello fue una contribución científica al Año Internacional Geofísico declarado por las Naciones Unidas. Se puede sonreír pensando que aquello era una formalidad, porque lo que había detrás del Sputnik-1 era un interés de estrategia militar. Sea, pero el caso es que aquella esfera de aluminio de 58 centímetros de diámetro y 83 kilos de masa no llevaba en su interior sólo un emisor de pitidos de radio para demostrar a todo el mundo que estaba allí. El Sputnik-1, que era el primero de un programa más ambicioso de lanzamientos, llevaba además varios instrumentos científicos que, por muy primitivos que fueran, funcionaron muy bien e hicieron varios descubrimientos. Uno de ellos, la concentración anormal de electrones en la ionosfera, fue decisivo para el desarrollo de las telecomunicaciones. Los estadounidenses, por las razones que se quieran suponer que seguro que son acertadas, respondieron inmediatamente con su ya iniciado proyecto Vanguard seguido del Explorer. Los militares y los políticos de uno y otro bloque seguramente estaban ansiosos por las labores propias de su condición y oficio, pero los científicos e ingenieros estaban alborozados porque aquellas propiedades electromagnéticas que se iban descubriendo de las capas más externas del planeta abrían posibilidades fascinantes de control de la propagación de ondas de radio. Y respecto al estudio de la atmósfera y la superficie de la Tierra, las perspectivas eran aún más amplias.

El asunto empezó a torcerse cuando los estadounidenses comenzaron a enviar satélites con monos dentro. La respuesta soviética dejó atónito a todo el mundo: puso en órbita a Yuri Gagarin en 1961, el cual dio una vuelta a la Tierra en menos de dos horas a 315 kilómetros de altura. ¿Qué había hecho Gagarin desde el punto de vista científico? Nada, salvo sobrevivir, que no es poco. De hecho, en cuanto los estadounidenses se pusieron manos a la obra para no perder la carrera, tuvieron dificultad para encontrar «astronautas» entre los pilotos de prueba de las fuerzas aéreas. Éstos consideraban que su papel en una de esas cápsulas era idéntico al de los monos predecesores: ninguno.

A pesar del tono irónico de los párrafos anteriores, debe saberse que considero el alunizaje de los cosmonautas (esta vez sin comillas y ya se explicará por qué) uno de los hitos tecnológicos más importantes del siglo XX. Hoy día hay que reconocer que con los medios técnicos e informáticos de los años sesenta aquello fue una grandiosa hazaña. Al Apolo XI, el primer viaje que culminó con éxito en la Luna, le siguieron cinco más, de manera que nuestro satélite lo han visitado un total de doce personas. Y sanseacabó. ¿Por qué? Porque el programa espacial de interés científico se desarrolló en paralelo demostrando que no había dónde ir y que ni siquiera la Luna merecía la pena. Hasta los militares y los políticos perdieron interés en ello. Profundicemos un poco en todo esto y veremos hasta dónde pueden llegar los despropósitos por no hacer caso a los científicos, poniendo incluso en peligro a la propia ciencia.

La exploración espacial se basa en dos tipos de proyectos: los instrumentales y los tripulados. Los primeros han sido una fuente admirable de conocimientos y riqueza; los segundos, científicamente irrelevantes y económicamente ruinosos, no tienen más interés que el servicio político que prestan.

Seguramente, la hazaña instrumental más llamativa y quizá más meritoria es la llevada a cabo por dos pequeñas naves norteamericanas, una europea y una japonesa, que han explorado Marte ofreciéndonos imágenes y datos maravillosos. La europea *Mars Express* dio incluso las primeras pruebas de la presencia de agua en el vecino planeta. Hasta llegar a este punto de desarrollo de los proyectos espaciales instrumentales, hemos conseguido conquistas tecnológicas que ya son familiares: satélites meteorológicos, de comunicaciones, telescopios en todos los rangos de la radiación, sistemas de posicionamiento como el GPS y el próximo Galileo, etcétera. Lo que quizá sea más llamativo es que se han explorado prácticamente todos los planetas del sistema solar. Una pequeña nave, la Voyager II, después de treinta años enviando preciosos datos planetarios, va a abandonar el sistema solar y perderse en la galaxia. Desde donde está, el Sol se ve como una estrella más del firmamento. Este dato nos servirá después. Para colmo de dicha en la exploración espacial instrumental, lo que al principio fue una aventura armamentística estadounidense y soviética, ahora está abierta a un buen número de países con intereses pacíficos.

A pesar de todos estos prodigios, lo que interesa a nivel popular y político, haciendo caso omiso a todo consejo de los científicos, es la llamada conquista del espacio por el hombre. Es decir, los vuelos tripulados por «astronautas». El entrecomillado, que ya he anunciado que explicaríamos, se debe a que se supone que un astronauta es un navegante estelar; sin embargo, la mencionada Voyager II llegará a la estrella más próxima dentro de otros cincuenta o sesenta años, o sea, que con la tecnología actual de propulsión, unos astronautas de verdad tardarían unos doscientos años en navegar hasta el astro más cercano y regresar. Lo de cosmonautas aplicado sin comillas como hemos hecho antes a los visitantes de la Luna es más apropiado, porque la palabra cosmos se aplica a todo lo que está fuera de la Tierra.

Como hemos visto, cuando estas visitas a la Luna empezaron a dejar indiferente a la gente, se dio por concluida la aventura. Pero, sobre todo, lo que ocurría es lo que he apuntado, que las sondas instrumentales estaban dejando claro que el único destino humano posible en el futuro sería Marte por la extrema inhospitalidad de los demás planetas y sus lunas. Hasta los más recalcitrantes entusiastas de los vuelos tripulados, dejando aparte los de Hollywood, admitieron que no hay otro sitio donde ir a pesar de que se han descubierto más de 350.000 objetos celestes de mayor o menor tamaño en torno al Sol. Así que se buscaron alternativas.

Fue la administración del presidente Reagan la que no pudo soportar que los soviéticos hubieran inventado las estaciones espaciales. Se trataba de establecer un laboratorio de investigación y desarrollo (y cosas más inquietantes) en condiciones de microgravedad que daría productos de ventajas inconcebibles. *Mir*, que significa paz o incluso mundo, se llamaba la estación soviética y, naturalmente, *Freedom* se llamaría la estadounidense. Por supuesto, hubo científicos razonables de ambos países que dijeron dos cosas que todavía hoy no han calado en el público. La primera y fundamental es que la diferencia entre un laboratorio en órbita y otro en tierra es que en aquél apenas actúa la fuerza de la gravedad, pero esta fuerza es completamente despreciable frente a la electromagnética que rige las reacciones químicas y todos los procesos de manipulación de materiales. Si la fortuna de Bill Gates se expresara en céntimos de euro, incluso en céntimos de la añorada peseta, la cifra tendría muchos menos ceros que veces es más intensa la fuerza electromagnética que la gravitatoria. Para que por culpa de la gravedad nos abramos la cabeza en una caída es necesario que nos atraiga hacia el suelo la masa de todo un planeta. La segunda cosa de la que no se es muy consciente es que una estación «espacial» se sitúa a unos cuatrocientos kilómetros de la superficie: menos distancia que de Sevilla a Madrid. Si eso es exploración espacial...

¿Por qué no hizo caso Reagan a sus científicos? Por un anuncio de televisión. El relato y la crítica que de todo esto hace el autor ya citado Robert Park es reseñable de nuevo (referencia 5) porque además él fue de los consejeros que desaprobaron el proyecto de la estación espacial.

Pagado por la gigante aeroespacial McDonnell Douglas, ésta sí que actuando con toda lógica, se transmitió un anuncio impresionante. En un fondo de estrellas aparece lentamente una nave espacial. Se escucha el rugido de sus motores (sin aire no hay sonido, pero es igual). La nave avanza y ocupa buena parte de la pantalla. Una voz en *off* dice: «En este momento, a muchas millas sobre la Tierra, en una estación espacial tripulada se están haciendo experimentos que podrían curar graves enfermedades, se están creando nuevas aleaciones y materiales, y cada minuto se están obteniendo datos científicos que cambiarán el rumbo de la historia». Se hace una pausa y en pantalla aparece una estrella roja en el costado de la nave. La voz se pregunta: «¿No deberíamos estar allí también?». La nave avanza y se escuchan voces animadas en ruso que terminan en carcajadas. La gente (el pueblo estadounidense le dicen allí a la primera oportunidad, pero en realidad en este caso se refirieron a una minoría extraordinariamente pequeña pero decisiva) apoyó el proyecto.

Las consecuencias, unos treinta años después, son impresionantes. La *Mir* yace como chatarra hundida en la mar océana, y la estación espacial estadounidense, reconvertida en internacional por Bill Clinton, porque aunque los costes le parecían desmesurados no era cuestión de enfadar a la industria aeroespacial ni de dejar pasar la oportunidad de congraciarse con sus aliados, sigue sin dar el más mínimo avance científico. Alguno de esos aliados, España, envió un «astronauta» a hacer experimentos tan irrelevantes que casi no le llegaron propuestas de los centros de investigación de su propio país. Aunque, eso sí, la bandera nacional que lucía Pedro Duque era la insignia más grande que se ha visto nunca en un traje espacial. Una noticia reciente[7] se hace eco de las dificultades que tiene Europa para mantener su contribución anual de 500 millones de euros al desarrollo de la Estación Espacial Internacional más unos 100 para las expediciones de los «astronautas». Expediciones que, por cierto, no se llevarán a cabo en transbordadores estadounidenses, a los que Estados Unidos ha renunciado, sino rusos o de otro país que son mucho más baratos.

George Bush padre, temiendo que las estaciones espaciales no iban a ser muy populares, propuso un nuevo ideal: se volvería a la Luna donde se establecería una base para ir a Marte. Por cuestiones presupuestarias y políticas, aquello no pudo ser. George Bush hijo retomó la iniciativa y pretendió embarcarnos en una nueva carrera espacial en la que los participantes, en lugar de dos, seríamos muchos, aunque, obviamente, el ganador sería sólo uno. Ahora, Obama no sabe qué hacer con todo este disparate. ¿Entiende ahora el lector por qué en el capítulo 1 he afirmado que la Estación Espacial Internacional puede equivaler a los majestuosos acueductos romanos? Es lo que pasa cuando los imperios se embarcan en obras tecnológicas faraónicas sin un fundamento científico sólido detrás.

7. *El País*, 27 de octubre de 2010.

Si algo nos han enseñado los vuelos tripulados es que la ausencia de gravedad sí que afecta fisiológicamente a la larga: estrés, debilitamiento de los huesos y músculos, diarrea endémica, insuficiencia inmunitaria, alteración del sueño y brotes alternados de depresión, ansiedad y euforia. Y eso sin tener en cuenta la peligrosa radiación ionizante, o radiactividad si se quiere, que apenas se nota en la estación «espacial» porque está ahí al lado, pero que se vuelve letal en cuanto se abandona el abrigo magnético de la Tierra. Así pues, nos gastaremos una portentosa fortuna en viajar a Marte, desatenderemos una o dos décadas la auténtica exploración espacial y, tras siete meses de viaje (de ida), unos maltrechos y escuálidos astronautas no descubrirán ni una mínima parte de lo que ya han encontrado los instrumentos. Pero, indudablemente, la industria aeroespacial estadounidense será el sostén del imperio y la propaganda mundial, su fundamento ideológico.

Pero esto ha sido casi siempre así y ya estamos acostumbrados, el problema de verdad es que la gente poco a poco empezará a desconfiar de la ciencia y la tecnología porque no será a los políticos a quienes culpen, sino a la inutilidad que representa dedicar ingentes cantidades de dinero y esfuerzos a fantasías de los científicos. Hasta ahí puede llegar este tipo de charlatanería sofisticadamente envuelta de la ciencia y la ingeniería más avanzadas que se conocen, la que conlleva nada menos que la conquista del espacio.

La calderilla de la pseudociencia

Comparado con lo anterior, la amenaza que supone para la ciencia lo que sigue es pura calderilla, pero algunas pseudociencias menores pueden ser tan peligrosas puntualmente que es bueno al menos reseñarlas.

Empecemos con una a causa de la cual he denostado al político que la favoreció; el feng shui es la patraña y Joan Saura es el individuo supuestamente de izquierdas, o sea, heredero de la Ilustración, que gastó dinero público en ella. Lo hizo pagando un estudio para decorar la nueva sede del departamento del Interior de la Generalitat de Catalunya siguiendo los preceptos del arte oriental feng shui. Dicho estudio consistió, según se hizo público en la prensa en enero de 2008, en detectar las geopatías, la energía mala, y neutralizarlas. La excusa que dio el autor de semejante estudio fue que «puede que sea extraño para los neófitos (*sic*),[8] pero este tipo de cosas los pueblos antiguos ya las tenían en cuenta».

El feng shui («viento y agua»), conjunto de ideas reconocido ampliamente como pseudociencia, se basa en las orientaciones, porque sostiene que de cada punto cardinal emana una energía determinada. Al margen de que no esté claro dónde diablos se localizarán esos puntos, el feng shui es una superchería de origen chino destinada a armonizar las fuerzas de la Tierra con las del Cielo y con la energía particular de cada persona, lo que hace que atraigamos más fácilmente la prosperidad y el bienestar. Hay que reconocer que decorar nada menos que un departamento del Interior, esto es, la sede de la dirección de las fuerzas represivas para el cumplimiento de las leyes y el mantenimiento de la paz y el orden, siguiendo preceptos tan peculiares es una idea curiosa.

Piénsese un momento en lo siguiente: una nave espacial situada a millones de kilómetros de la Tierra, por ejemplo la mencionada antes Voyager II, emite su preciosa información a través de ondas electromagnéticas con una potencia de unas pocas decenas de vatios, la equivalente a la de una bombilla. Somos capaces de detectar esa debilísima señal entre un inmenso océano de ondas que nos llegan de todas partes. ¿Por qué ningún físico en ningún lugar del mundo ha tratado de detectar las ondas asociadas a esas geopatías que inquietaban al político? Si lo consiguiera, el premio Nobel lo tendría asegurado. ¿Por qué la «geobiología» en la que dice que se basa el feng shui no es una nueva carrera? La pregunta relevante de verdad es cuánto costó el susodicho estudio y cómo una persona con responsabilidad pública puede dejarse engañar tan fácilmente por la charlatanería. A buen seguro que al tal Saura ni se le ocurrió aseso-

8. Neófito es una persona recientemente convertida a una religión, adherida a una causa o incorporada a una agrupación o colectividad.

rarse llamando por teléfono a cualquiera de los excelentes departamentos de física que tienen todas las universidades catalanas o a un instituto del CSIC.

Lo anterior no es más que producto de la estupidez humana que hacen poco daño, pero hay pseudociencias más inquietantes que afortunadamente se han atajado judicialmente, como, por ejemplo, la grafología y el uso de polígrafos o detectores de mentiras.

Lo primero que hay que decir de la grafología es que no se debe confundir con el peritaje caligráfico, que, con sólidos argumentos, puede demostrar la autoría de un escrito. Y cuando los peritos no pueden establecer esas pruebas, lo dicen y en paz. Está tan judicialmente admitida ésta que también se llama caligrafía forense, que no la vamos a discutir aquí. Además, todos sabemos que la firma tiene valor legal aunque pueda ser falsificada.

La grafología pretende ser un método de análisis de la personalidad e incluso del estado fisiológico de una persona. El lector puede pensar que si la autoría de una firma puede ser inequívoca, es porque la personalidad del autor se refleja en ella. Puede ser, pero la ambición de la grafología va mucho más allá y es tan grande que tanto su método como sus predicciones se pueden someter a prueba científica y el resultado es desastroso.

Algo parecido le ocurre al detector de mentiras. En este caso parece que el sustento científico es mayor porque se utilizan detectores de determinados indicios fisiológicos como la presión sanguínea, el pulso, la respiración, la conductividad de la piel, etcétera. Éstas se asocian a la verdad o a la mentira y por ello sus predicciones son binarias y no tan amplias y sutiles como las de la grafología. Pues a pesar de todo ello y la cantidad de años que lleva practicándose con estos detectores, la fiabilidad apenas roza el 60 por ciento, de manera que judicialmente no se le concede valor alguno. Piénsese que elegida la veracidad de las respuestas al azar de un interrogado, si éstas son muchas, el acierto tendería al 50 por ciento. Un buen policía con experiencia y ojo avizor es capaz de adivinar las mentiras de un sospechoso de manera mucho más fiable que el más sofisticado polígrafo. Estos chismes sólo sirven para asuntos privados de legalidad dudosa como en la contratación de personas por empresas, los interrogatorios de servicios secretos, los programas de televisión en el marco del *reality show* y cosas así.

El peligro que he mencionado que pueden conllevar estas prácticas es fácilmente deducible, sobre todo porque antes de ser consideradas sin valor judicial han podido hacer mucho daño a sospechosos de crímenes que quizá eran inocentes.

Se puede encontrar infinidad de pseudociencias más en internet, pero hay un campo que seguramente no se encontrará y es el que a mí, más que indignación, me provoca ternura.

Por mi especialidad en el oficio que desempeño, no hay mes que no reciba mensajes o cartas con descubrimientos sensacionales que revolucionan la física. Tengo doce trienios, así que se puede uno imaginar el número de descubrimientos que llevo acumulados. Un buen porcentaje de ellos rebaten la relatividad de Einstein, otro presentan diseños de máquinas de movimiento perpetuo e incluso de fuentes portentosas de energía (¡maldito primer principio de la termodinámica!), pero también abundan universos conectados, místicas cuánticas, medicinas poéticas... son cientos de revoluciones científicas las que someten a mi juicio. Juicios que hace ya mucho tiempo que no emito, porque normalmente se vuelven contra mí en forma de menosprecio o insultos, incluyendo varios intentos de agresión. Pero no siempre es así, y de ahí lo de la ternura, porque incluso en estos últimos casos, esas personas han dedicado una gran cantidad de esfuerzo e ilusión a diseñar sus inventos y formular sus ideas. Lo que ninguno hace es estudiar física o matemáticas, pero al fin y al cabo, salvo los agresivos, son pseudocientíficos que no hacen daño a nadie. Excepto que alguien les haga caso, claro, y enlazamos así con el último punto de este capítulo, quizá el más preocupante de todos.

La penetración de la pseudociencia en la universidad

Una iniciativa reciente que considero muy loable es la elaboración de un blog en torno al listado de universidades españolas que imparten másters, cursos de posgrado, cursos de verano e incluso títulos propios en pseudociencias. Naturalmente, recomiendo vivamente que se visite: http://listadelaverguenza.blogspot.com/. Advierto de que el asunto primero produce sorpresa, después fascinación y, finalmente, abatimiento. Ya hay hasta cátedras financiadas por laboratorios homeopáticos, cursos cuyos «profesores», sobre todo el director, obtienen una remuneración sustanciosa, simposios internacionales desarrollados en dignos y vetustos paraninfos, etcétera. Otra advertencia es que nadie piense que lo que se hace en esos «actos académicos» es un análisis crítico, científico, cultural o histórico de las pseudociencias, porque están todos enfocados hacia la actividad profesional o al menos a la obtención de créditos gratis y sin esfuerzo.

Éstas son las claves de la penetración de la charlatanería en la universidad: el dinero y la renuncia total a la cultura del esfuerzo que muchas autoridades universitarias propician. Recordemos el afán de autoridades y estudiantes de convertir a éstos en clientes, porque todo este desbarajuste de la introducción del espiritismo, la acupuntura, la astrología, las terapias naturales, el creacionismo y otros negacionismos como el del virus del sida y otras teorías conspiratorias que acuden a la universidad para darse una pátina de respetabilidad a cambio de dinero tiene un responsable: las susodichas y nunca suficientemente denunciadas autoridades universitarias que las permiten.

Lo que las anteriores distorsionan hasta unos límites insufribles es la llamada libertad de cátedra y la interrelación de la universidad con los agentes empresariales, sociales o, más eufemísticamente, el omnipresente mercado. El argumento del que abusan es que si hay una demanda social real, supuesta o inducida, la universidad se ve en la obligación de atenderla. El carácter pseudocientífico denostado por parte de la comunidad universitaria lo convierten inmediatamente en discutible, y por lo tanto la libertad de cátedra ampara su enseñanza. Si el gobierno además incentiva la captación de fondos de instituciones y empresas privadas, como debe ser, pues miel sobre hojuelas. La guinda la puede poner la administración de justicia. Un juzgado de instrucción de Albacete impuso una multa de 204 euros a un catedrático de la Universidad de Castilla La Mancha por llamar «vulgares estafadores» a los organizadores de un seminario de espiritismo que acogió su campus en 2009. La reunión de médiums y parapsicólogos se llamaba «Vida después de la vida» y el catedrático, citémoslo como reconocimiento y honra, don Fernando Cuartero.

Así se concibe la idea de que la universidad ha de ser el reflejo de la sociedad y no justamente lo contrario, que una universidad excelente es la que debe imprimir tal dinamismo cultural y científico a la sociedad que la financia que sea ésta la que llegue a estar influida positivamente por aquélla.

Al final, en lo que queda todo es en una degradación de la institución, un quebrantamiento de la verdadera ciencia y un empobrecimiento de la sociedad, llevándola por el camino de la superstición y la ignorancia.

5

Religión, ideología y catastrofismo

Observemos tres sucesos acontecidos en el otoño de 2010 que quizá sorprendan porque parece que no sólo no tienen nada que ver entre sí, sino que sus naturalezas son radicalmente diferentes, o al menos lo son las ideologías que supuestamente les sirven de sustrato. Después veremos que sí tienen algo en común.

Un individuo con pintas de personaje secundario de zarzuela, pastor de no sé qué religión de una parroquia de unos cincuenta feligreses de la Norteamérica rural profunda, sale en la televisión luciendo un mostacho grandioso y, pistola en mano, dice que va a organizar una quema de ejemplares del Corán. La bufonada desata una polémica global y en algunos lugares del mundo los disturbios provocan algún que otro muerto. Unos meses después, un colega del payaso anterior lleva a cabo la cremación y el número de muertos se multiplica en el mundo musulmán. A este nivel de histeria internacional nos han llevado las religiones, lo cual no es de extrañar si estamos convencidos de que lo último que hicieron Ali Atta y los suyos antes de estrellar sus aviones fue invocar a Dios, y si recordamos que fue justo eso lo primero que hizo George W. Bush cuando lanzó su amenaza de revancha.

En octubre de ese mismo año, el ex presidente del gobierno de España, José María Aznar, fue nombrado presidente del consejo asesor de un instituto internacional cuya misión principal es estudiar la adaptación al cambio climático. En el mismo mes de dos años antes, en 2008, Aznar arremetió contra «los abanderados del Apocalipsis climático», a los que acusó de querer restringir la libertad bajo una apariencia noble. Lo hizo en la presentación del libro *Planeta azul (no verde)* del presidente checo, Václac Klaus, editado por FAES, fundación que el ex presidente preside y que niega la gravedad del calentamiento. Finalmente, yendo hacia atrás en el tiempo, Aznar firmó en 1998 como presidente del gobierno el Protocolo de Kioto, que pretendía frenar las emisiones de CO_2 por quedar claro que ésa era la causa del cambio climático. Así pues, las conclusiones de los millares de científicos del Panel Internacional de las Naciones Unidas para el estudio del cambio climático (IPCC) se aceptan o, lo que es más curioso y grave, se niegan dependiendo de... vaya usted a saber qué.

Un tren sale de la planta de reprocesamiento nuclear de La Hague, en la costa de Normandía. Transporta residuos reciclados, vitrificados y blindados del combustible nuclear usado por las centrales nucleares alemanas. Su destino es el almacenamiento profundo en Alemania. Unos 25.000 activistas antinucleares bloquean las vías, se enfrentan a la policía y desatan una oleada de protestas en todo el país. En las cinco o seis décadas que se llevan transportando residuos radiactivos en el mundo, jamás ha habido accidente alguno, el nivel de radiactividad en el entorno de los vehículos que los llevan es exactamente cero y el consenso entre técnicos y científicos es que incluso si hubiera un extraño accidente que destruyera uno de estos contenedores, el impacto ambiental y contra la salud sería inapreciable. Los manifestantes dicen que el tren puede esparcir (o ha ido esparciendo según algunos medios que recogen la polémica) inmensas cantidades de radiactividad por el norte de Europa y que la herencia que estamos dejando a las generaciones futuras es tenebrosa.

¿Suponen estos hechos una amenaza para la ciencia o sólo para la convivencia en paz o al menos en cierta armonía? El mejor antídoto contra toda la estupidez que generan muchas tensiones sociales es la sensatez, y la máxima expresión de ésta es la ciencia. Por eso las religiones, los negacionistas y los catastrofistas mesiánicos la atacan cada vez con más saña. Eso es lo que tienen en común los tres sucesos anteriores, por más que tras atacar a la ciencia unos se escabullan diciendo que ésta es compatible con la fe religiosa, otros la usen a su conveniencia personal y algunos más la manipulen burda y grotescamente para sustentar su opción ideológica.

El «hecho» religioso

Se ha escrito y debatido tantísimo sobre la relación entre la ciencia y la religión que el lector seguramente está tentado de saltarse este párrafo. Es lo que yo haría, recomendación marxista a lo Groucho Marx. Pero como lo he hecho tantas veces, ignorar los debates orales o escritos que contraponen la ciencia y la religión cada vez que he topado con ellos, no sería de extrañar que el enfoque y las opiniones que siguen sean bastante originales. O no, pues por lo dicho no puedo saber si caeré en lugares comunes establecidos en esta sempiterna polémica.

Por lo pronto, hay que dejar claro que la religión es coetánea de la técnica, no de la ciencia, que, como he dicho, es algo muchísimo más moderno. Hay indicios de creencias y adoraciones sobrenaturales tan prehistóricas como los más toscos utensilios. Cuando la ciencia primigenia irrumpió en la historia, hace unos cinco mil años, las religiones se habían hecho inherentes a las distintas civilizaciones desde muchos milenios antes. Cuando se estableció la ciencia de verdad con Galileo, la mayor parte de las religiones llevaban infinidad de siglos elaborándose teóricamente, hegemonizando los credos, armonizando éticas y comportamientos, adquiriendo poder político y formando parte de la cultura popular. Todos estos aspectos se fueron imbricando de tal manera en la evolución de los pueblos que, siendo los avatares de cada uno de ellos tan dispares, no es de extrañar que las grandes (y las pequeñas) religiones sean tan diferentes, por más que tengan elementos comunes. Con esta perspectiva, anuncio que al triunfo de la ciencia sobre la religión, que debería ser inexorable pero que puede convertirse en quimérico, le faltan seguramente unos siglos de madurez para que alcance al conjunto de la humanidad.

Veamos someramente cuáles son los aludidos elementos subyacentes al judaísmo, el islam, el cristianismo, el hinduismo y el budismo, sin distinguir las múltiples variantes de cada una de estas religiones.

Dichos elementos se pueden agrupar en la teología, la fe, la ética, la política y la cultura o costumbres. La trascendencia que se le suele atribuir a cada uno de estos aspectos va en sentido decreciente del orden anterior. Hagamos, pues, un repaso en sentido inverso, esto es, de menos a más aunque ya veremos que hasta esto se ha subvertido hoy día en cuanto a la religión en las sociedades modernas, es decir, que suelen tener más trascendencia las ceremonias del bautismo cristiano o el baño de purificación en el Ganges que el misterio de la Trinidad o el mecanismo de la transmigración y reencarnación de las almas. Empecemos, pues, por constatar la enorme fuerza de la cultura religiosa y lo engarzada que está en las costumbres de los pueblos.

Un día, paseando tranquilamente con mi mujer por Praga, vimos el anuncio de una exposición de pintura y escultura del románico. Sin mucho entusiasmo, entramos, sobre todo porque el centro donde se exhibía parecía tranquilo y las aglomeraciones en los museos nos aterran a ambos. No había casi nadie y las obras que se mostraban eran espléndidas. Nos fuimos alegrando e incluso nos separamos apreciando con calma lo que más le gustaba a cada uno. En un momento dado, mi mujer se acercó a mí con expresión entre intrigada y divertida. Me había estado observando un rato y le había parecido que una talla me tenía embelesado. Le sonreí y cuando ella vio lo que me tenía admirado se puso seria. La escultura, magistralmente esculpida en madera, representaba a María, la madre de Jesús. Era una mujer de más de cincuenta años, su ropaje era pobre y tenía un semblante transido de dolor. Mi mujer musitó: «Ésa es realmente una mujer humilde a cuyo hijo han torturado hasta la muerte».

Ella había entendido fielmente la causa de mi asombro por una razón fundamental: es alemana del norte y yo soy español del sur, concretamente de Sevilla. En otras palabras, ella proviene de una cultura religiosa en la que la madre de Jesús apenas tiene relevancia y yo provengo de otra en la que la adoración a la Virgen es de una exaltación que puede (y suele) llegar a ser extrema, es decir, fanática. Pero, curiosamente, las imágenes de las decenas, quizá centenares, de advocaciones de la Virgen en mi tierra suelen ser muchachas casi adolescentes, guapísimas y muy parecidas entre sí, vestidas con lujosísimos ropajes y coronadas con joyas y pedrería preciosa de valor incalculable. Y, cuando salen en procesión, lo hacen bajo unos palios y en andanadas que rivalizan entre ellas en platería y bordados de seda y oro en su vestimenta. Esas procesiones son de una belleza indescriptible, pero prácticamente nada tienen que ver ni con los hechos históricos ni con la lógica. ¿Cómo puede ser tan irracional una manifestación de la religión? Y no estoy hablando de una anécdota o asunto de menor trascendencia, porque para infinidad de personas de mi ciudad la religión es eso y poco más. Para colmo, no sé si adjetivarlo como sospechoso, fascinante o vaya usted a saber qué, está el hecho de que infinidad de ateos y agnósticos, entre los que me he contado durante muchos años, disfrutan muchísimo con la Semana Santa de Sevilla. Lo que es de resaltar aquí es lo disparatada que puede ser la religión incluso desde este punto de vista costumbrista, y la fuerza arrolladora que puede tener tal desvarío que, en casos extremos (y frecuentes), alienta el fanatismo violento. Naturalmente, consideraciones parecidas, al menos equivalentes, se pueden hacer con otras religiones, de las que quizá pueda salvarse el budismo.

En cuanto al poder político que han conseguido los cleros de las distintas religiones hay que reconocer que provoca como mínimo estupor.

Una fotografía reciente me llenó de desasosiego. Un cura imponente por su estatura y atavíos cardenalicios aparece sentado junto a una mujer vestida de negro con discreto velo que le sonríe encogida en su asiento con humildad y recato extremos. No doy crédito a lo que veo en la imagen considerando que el enorme clérigo es un tal Bertone, secretario de Estado del Vaticano, y la mujer contrita es María Teresa Fernández de la Vega, nada menos que la vicepresidenta del gobierno supuestamente socialista de España. No mucho después, se pusieron de manifiesto dos hechos que resultan estremecedores por separado y, mucho más, al relacionarlos entre sí. España, bajo el gobierno socialista, aportó la mayor cantidad de dinero de la historia a la Iglesia católica y, cuando aquel mismo año que se alcanzó este récord vino de visita el Papa, éste lanzó una tremenda diatriba contra ese mismo gobierno acusándolo de todo mal, incluida la amenaza de persecución del clero y la quema de iglesias.

El enorme poder y la desfachatez de los representantes de la Iglesia católica queda en chascarrillo si se compara con el que detenta el islam en algunos países. No vamos a hacer aquí un análisis de todo esto, pero hay un matiz acorde con el espíritu de este libro: la dispar acogida que tiene la ciencia y la tecnología por parte de los religiosos más recalcitrantes. Un ayatolá iraní temblaría de indignación si un intrépido físico le explicara lo que son las fluctuaciones del vacío; pero si el mismo físico se ofreciera a colaborar en la producción de una bomba atómica, tendría garantizada la más deliciosa amabilidad persa. ¿Por qué? Pues porque lo primero hace automáticamente superflua la existencia de Dios y lo segundo le puede dar al ayatolá un poder que quizá contrarrestara el que tiene su enemigo mortal: los israelitas, esto es, el pueblo elegido por Dios. Por otro Dios, claro. Lo que se negará a entender el ayatolá es que la ciencia que explica la innecesaria existencia de Dios es justo la misma que hace posible la fabricación de las bombas atómicas, así como de los televisores, los teléfonos móviles, los ordenadores y los aviones que tanto usan.

Pero lo anterior no es lo más inquietante, sino lo siguiente: una de las maneras más eficientes de poblar el paraíso, aparte de los accidentes de tráfico, el cáncer y el colesterol, es con bombas atómicas. Esto, hoy día, da más miedo por parte de los islamistas más furibundos, y con razón, sobre todo porque aprendieron de los cristianos. Cuando los cruzados enviados por Roma a Francia para acabar con los cátaros le preguntaron al abad Arnaud Amaury cómo distinguir a los herejes de Béziers de los demás ciudadanos, la respuesta fue tremenda: «Matadlos a todos, que Dios distinguirá a los suyos». De las 15.000 personas que se cargaron, poco más de cien eran cátaros. Cámbiese cátaros por terroristas, abad por ayatolá, Papa por presidente, o cualquier batiburrillo que quiera el lector con Dios y las bombas atómicas por medio, y ya sabemos hasta dónde podemos llegar.

En cuanto a la moral y la ética, hay que reconocer que prácticamente todas las religiones han tenido aportaciones valiosísimas al devenir de las distintas civilizaciones. Pensemos, por ejemplo, en el amor al prójimo cristiano, el deseo judío de abandonar cada uno un mundo mejor del que encontró al nacer, la solidaridad con los pobres y los desfavorecidos fomentada por el islam, el desapego por los asuntos materiales del hinduismo y la bondad esencial de los budistas. Todos estos valores y muchos más han cohesionado a las sociedades, por más que no se hayan evitado horrores como la Inquisición, la soberbia del Estado de Israel, el maltrato y el menosprecio a la mujer islámica, la permisividad de las castas hindúes, cuando no la generación de las mismas, y las injusticias sociales de China y otros países budistas amparadas por el clero. En este último sentido, un ejemplo triste y curioso que relaciona estos aspectos negativos con el poder político y la capacidad de engaño que pueden alcanzar las religiones lo ofrece el Tíbet. Los budistas liderados por el Dalai Lama han logrado transmitir al mundo la imagen de un país heroico, espiritual y pacífico invadido y sojuzgado por la malvada China. Lo que no dicen es que antes de la invasión, los monjes tenían sometida a la población a un estado de semiesclavitud en un régimen feudal. Y que la crueldad llegaba a que a los delincuentes (y disidentes, que los había) los torturaban hasta la extenuación, pero como el idílico budismo prohíbe quitar la vida, tras el tormento los abandonaban a su suerte, que no era otra que morir lentamente de sufrimiento.

Pero, seguramente, lo que distinga a cada una de las religiones desde el punto de vista político y social es el grado de diferenciación entre pecado y delito que han alcanzado o se les ha obligado aceptar. Consideremos la blasfemia.

En el otoño de 2010 tuvimos noticia de una mujer cristiana condenada a morir en la horca en Pakistán por haber faltado al respeto al islam en una discusión religiosa. En los galeones y los tercios españoles no se llegaba a tanto hace unos pocos siglos: a los marinos o soldados blasfemos sólo se les clavaba una escarpia en la lengua o, más expeditivamente, se les arrancaba un trozo con unas tenazas. Pero en cuanto se refiere a la ciencia, lo que interesa no es tanto la blasfemia, que también, sino su hermana mayor la herejía.

En el mundo cristiano es impensable hoy día que se persiga a quien defienda la evolución de las especies por selección natural, crea en las fluctuaciones espontáneas del vacío o niegue la existencia del alma. Esta tolerancia quizá sea debida a que tendrían que perseguir a demasiada gente y las leyes lo prohíben. Dilucídese si la razón principal es que las jerarquías de las iglesias cristianas, en particular la católica, han evolucionado tanto que armonizan esas conquistas científicas con los dogmas en que creen. Considérese si es compatible con eso la manera que tienen de condicionar políticamente al Parlamento, el gobierno y la ciudadanía en lo que se refiere a la ingeniería genética, a la prevención de enfermedades contagiosas como el sida, los cuidados paliativos y remedios eutanásicos, etcétera. A lo mejor se concluye que no persiguen más porque las leyes no se lo permiten; dicho de otro modo, que lo que ha evolucionado son los códigos civil y penal, y no ellos.

Los dos escalones superiores que nos quedan por comentar son los de la fe y finalmente la teología. Éstos sí que son los que marcan el conflicto entre la ciencia y las religiones. En estos terrenos es difícil, muy difícil, alcanzar una coexistencia pacífica y coherente. Hubo algún padre de la mecánica cuántica, creo que Niels Bohr, que dijo que el budismo quizá fuera la única religión compatible con la ciencia moderna. Las demás, simplemente, son contradictorias en sus términos más esenciales, por más que los científicos religiosos, que los hay, clamen que la fe y la ciencia son dos planos complementarios (siendo el religioso siempre superior), que no tienen nada que ver, que pueden compatibilizarse, etcétera. Sinceramente, creo que no puede ser. Imposible.

Piénsese, así de entrada, que la arqueología niega hoy día la existencia nada menos que de Abraham después de estudiar miles de textos antiguos procedentes de los lugares y de las épocas narradas en la Biblia. No hay rastro de Moisés ni de la conquista de Canaán por parte de Josué ni aparece gloria alguna de David y Salomón. No se han encontrado apenas indicios de veracidad de la historia bíblica de Israel en esa inmensidad de documentos que han ilustrado el mundo en que se desarrolló. La solución que aportan los rabinos más sabios es que los registros bíblicos y los arqueológicos son dos entidades separadas. Se parece demasiado a la argumentación siguiente: no sabemos por qué llueve, será porque así lo quiere el dios de la lluvia. Averiguamos la causa meteorológica de la lluvia, pero seguimos manteniendo que llueve porque así lo quiere el Dios Supremo (que ha engullido al menor de la lluvia), lo cual no es contradictorio con lo anterior, porque la meteorología y la teología son dos entidades separadas. Y quien no lo ve así es porque es un simple.

Si se piensa que esto es acusar de arrogancia a los religiosos, podemos poner infinidad de ejemplos de que, efectivamente, es así. Vamos a servirnos, por qué no, de Einstein. Y conste que no es, ni mucho menos, el mejor ejemplo de lo que supone el conflicto actual (y antiguo por inherente) entre la religión y la ciencia.[1]

La revista *Time* hizo a finales de los noventa una encuesta sobre los personajes que más habían influido en el siglo XX en la que resultó ganador el físico Albert Einstein, por delante de Gandhi, Hitler, Stalin, Juan Pablo II, etcétera. El resultado tenía toda su lógica.

En 1905, Einstein escribió cuatro artículos de física impresionantes. El primero demostraba, veinticuatro siglos después del planteamiento de su hipótesis, la existencia de los átomos. El segundo le daba carácter corpuscular a la luz, es decir, que además de ser una onda, contradictoriamente también se podía interpretar como un vendaval de tenues partículas a las que se llamó fotones. Por este trabajo fue por el que le dieron el premio Nobel. El tercer artículo planteaba una teoría revolucionaria: la relatividad especial. En el cuarto, muy breve, surgía la fórmula más maravillosa e inquietante del siglo: $E = mc^2$, o sea, que la energía y la materia eran equivalentes y se podían transformar una en la otra, de manera que una pequeña cantidad de masa podía generar una enorme cantidad de energía. El descubrimiento de la energía nuclear, que es la energía reina del universo porque explica gran parte de su dinámica y hace brillar las estrellas, permitía entrever su domesticación, así como su más terrible aplicación, la bomba atómica. Unos años más tarde, Einstein

1. Los dos libros utilizados para extraer los párrafos del texto son de Max Jammer, *Einstein and Religion*, Princeton University Press, New Jersey, 1999, que puede consultarse en la web, y de Walter Isaacson, *Einstein: su vida y su universo*, Debate, Barcelona, 2008. Richard Dawkins, en su libro *The God Delusion*, Black Swan, Londres, 2006, también cita algunos de estos pasajes y episodios.

concibió y formuló lo que todo el que la comprende considera el más portentoso producto del cerebro humano, la teoría general de la relatividad, la descripción del universo en su conjunto regido por la fuerza de la gravedad.

La grandiosidad de la obra de Einstein se la da, fundamentalmente, que su validez, rigor y exactitud quedaron demostrados abrumadora y fehacientemente. Es decir, que no es discutible. Será ampliable, pero no cuestionable, porque quien lo dude no tiene más que conectar su televisor, tapar con una mano la célula fotoeléctrica para evitar que se cierre la puerta del ascensor, conectarse a internet vía satélite, ir al hospital a hacerse una exploración o tratamiento radiológico y consultar el GPS de su coche. El funcionamiento correcto de cada uno de estos cinco prodigios está basado, respectivamente, en aquellos cuatro artículos de Einstein y en su teoría general de la relatividad.

Albert Einstein, de origen judío aunque fue poco o nada practicante de su religión, lógicamente escapó de la Alemania nazi y finalmente emigró a Estados Unidos. Aunque a partir de los treinta y tantos años de edad, después de elaborar su obra magna contribuyó relativamente poco a la física, su popularidad era enorme. Naturalmente, una figura de su talla en Estados Unidos, que tanto culto prodiga a la fama y el liderazgo, estuvo en el punto de mira de los medios de comunicación. Sus opiniones eran atendidas con veneración no exenta de polémica. La energía nuclear, la política y la religión fueron obviamente los asuntos más controvertidos. Políticamente, Einstein se podía situar en una especie de progresismo socialdemócrata pacifista con ciertos destellos radicales. Uno de éstos, por ejemplo, le llevó a sentenciar: «Me opongo al uso de la fuerza bajo cualquier circunstancia excepto para enfrentarse a un enemigo que persiga la destrucción de la vida como un fin en sí mismo».

Respecto a su sentido religioso, que es lo que aquí nos interesa, sus opiniones eran tan matizadas y suaves como las políticas. Con buen sentido del humor, expresaba su sentimiento de esta manera: «Soy un no creyente profundamente religioso, lo cual puede ser una nueva clase de religión». Más en serio, lo que él negaba de manera apacible («Es difícil aceptar...», «Esa idea de un Dios antropomórfico me resulta bastante ajena», etcétera) era un Dios omnipresente, omnipotente y omnitodo pendiente de nosotros y tomando nota escrupulosa y detallada para recompensar o castigar nuestros actos, siendo él, encima, causa de toda dicha y desdicha que nos acontezca o provoquemos a los demás. Quizá la declaración de Einstein que mejor perfilara, que no definiera, su actitud religiosa sea la siguiente: «Nunca le he atribuido a la Naturaleza un propósito, un objetivo o cualquier cosa que pueda entenderse como antropomórfica. Lo que veo en la Naturaleza es una grandiosa estructura que podemos entender sólo muy imperfectamente y que quien piense en ella se ha de llenar de un sentimiento de humildad. Éste es un sentimiento genuinamente religioso que no tiene nada que ver con el misticismo».

También merece la pena citar esta otra afirmación de Einstein aunque vaya en el mismo sentido que la anterior: «La más bella emoción que podemos experimentar es el misterio. Es la emoción fundamental que subyace a todo arte y ciencia verdaderos. Aquel que desconoce esta emoción, que ya no puede maravillarse y sentirse arrobado de sobrecogimiento, es como si estuviera muerto, como una vela apagada. Sentir que detrás de todo lo que podemos experimentar hay algo que no pueden captar nuestras mentes, cuya belleza y sublimidad nos alcanza sólo de manera indirecta; esto es la religiosidad. En este sentido, y sólo en este sentido, yo soy un hombre devotamente religioso».

Veamos algunas reacciones que suscitaron estas afirmaciones de Einstein en religiosos cristianos y judíos. Aunque incluyen a algún obispo católico y un gran rabino, sus autores no merecen que se les cite por sus nombres.

1. «Einstein no sabe de lo que habla. Está completamente equivocado. Hay quien piensa que porque haya alcanzado un alto grado de conocimiento en un campo, está cualificado para expresar sus opiniones sobre todo.»
2. «Lamentamos profundamente su afirmación que ridiculiza la idea de un Dios personal. En los diez últimos años nada

como su afirmación ha hecho pensar a la gente que Hitler tenía alguna razón para expulsar a los judíos de Alemania. Aceptando su derecho a hablar libremente, sostengo que su afirmación le convierte en una de las mayores fuentes de discordia en América.»

3. «Einstein es, incuestionablemente, un gran científico, pero sus puntos de vista religiosos son diametralmente opuestos al judaísmo». (En este punto, Richard Dawkins llama la atención de por qué el rabino de Nueva York, que es a quien corresponde la sentencia anterior, usa el «pero» y no el «y».)
4. «Profesor Einstein, creo que cada cristiano de América le diría que no va a abandonar su fe en Dios y su hijo Jesucristo, sino que le invitaría, ya que no cree en el Dios de esta nación, que regrese a su país. He hecho todo lo posible para bendecir a Israel, y ahora viene usted con una afirmación hecha con su lengua blasfema para ofender la causa de su pueblo... Cada cristiano de América le dirá que coja su loca y falaz teoría de la evolución (*sic*) y regrese a Alemania...»

En los libros citados se pueden encontrar infinidad de reacciones del estilo de las anteriores, incluyendo muchas aún más duras y arrogantes.

Décadas después, otro físico del que dicen exagerada, si no desquiciadamente, que es de la talla de Einstein, Stephen Hawking, se ha atrevido a dar un paso más sosteniendo que igual que Darwin y Wallace explicaron el aparentemente milagroso diseño de las formas vivas sin intervención de un ser supremo, el universo puede explicar nuestra existencia sin necesidad de un creador benevolente que lo hiciera para nuestro beneficio. El problema reside en que mientras que la evolución de las especies por selección natural y las teorías de Einstein están demostradas desde la escala atómica hasta la intergaláctica, los modelos en once dimensiones que desarrollan todos los conceptos de supercuerdas, las llamadas teorías M en las que se basa Hawking, no tienen por ahora la más mínima posibilidad de contrastarse experimentalmente. Dicho de otro modo, entran casi en la categoría de filosofía, a la que Hawking le niega cualquier papel hoy día. Así, si suponemos que Borges tenía razón al catalogar la filosofía (y, lógicamente, la teología) de subgénero de la literatura fantástica,[2] las teorías M pueden caer en el mismo saco.

Creo que lo más honesto desde el punto de vista científico es mantener la ya comentada postura de Laplace, que en ningún momento tuvo que hacer la hipótesis de la existencia de Dios para desarrollar su trabajo científico. También creo importante no distraer a la gente en cuanto a que el problema no es Dios, sino las religiones. Los representantes de éstas, en particular las cristianas y la judía, han reaccionado a las ideas de Hawking tan airadamente como lo hicieron contra Einstein, o peor. Sobre el islam, mejor no imaginarse lo que dirían sus gerifaltes si tales ideas llegaran a los países que dominan. Y, curiosamente, en una encuesta sobre este asunto de la religión y la ciencia, poniendo énfasis en particular en la evolución darwiniana, parece que China es el país más reacio a aceptar la conclusión científica. Sobre el hinduismo y el budismo no hay conclusiones claras, al menos yo no tengo referencias fidedignas.

¿Supone entonces la religión un peligro para la ciencia? Creo que mortal, dicho sin aspavientos. Por el tono altanero e irrespetuoso (curiosamente, respeto es lo primero que exigen airadamente los eclesiásticos y creyentes en general) que muestran, parece claro que, como he dicho, la única contención que les retiene son las leyes, en particular el código penal. La actitud del clero en el mundo democrático occidental se muestra en demasiadas ocasiones tan hostil contra la ciencia que hace temer que aceptan de mala gana la distinción entre pecado y delito. Si no nos mantuviéramos firmes en eso, en la exigencia de respeto a las leyes y los derechos humanos, arrasarían con casi todas las conquistas sociales que ha logrado la ciencia. Piénsese que fue un juez de Arizona el que sentenció que explicar el creacionismo en las escuelas al mismo nivel que la evo-

2. De hecho, Borges consideraba que los dos libros que le habían parecido más fantásticos eran *Los viajes de Gulliver* de Jonathan Swift y la *Suma teológica* de Tomás de Aquino.

lución por selección natural no era más que un burdo intento de introducir la religión en la escuela. Esa sentencia debería ser de obligada lectura y cumplimiento en todas las escuelas de las sociedades democráticas. Por ejemplo, las españolas, donde la religión campa por sus respetos en las escuelas estatales y, como no podía ser de otra manera, en la infinidad de centros educativos religiosos que aún perviven en el país generosamente (totalmente) subvencionados por el Estado.

Aparte de vigilar y reivindicar continuamente el cumplimiento escrupuloso de las leyes, los científicos no tienen más que hacer su trabajo para protegerse de las religiones. Sirva el siguiente ejemplo para ilustrar tal recomendación. Los obispos españoles organizaron una campaña feroz en contra de la manipulación genética. Desde los púlpitos y hasta en las televisiones lanzaron tremebundas filípicas usando los cuatro aspectos de la religión mencionados antes. En el político llegaron hasta a proponer la desobediencia de leyes emanadas por el Parlamento. ¿Qué hicieron los científicos? Ignorarlos a la vez que en el hospital público Virgen del Rocío de Sevilla (magnífico nombre para ello) conseguían usar sus técnicas embrionarias para que una mujer de Algeciras engendrara un hijo que salvaría a su hermano condenado a una muerte precoz. De vez en cuando, los medios se hacen eco de la evolución de los chavales, ambos saludables y unidos por lazos seguramente más estrechos que los fraternales normales. Esos padres, posiblemente no muy instruidos en teología, y las personas interesadas en el caso, son los que engordan la estadística que han publicado recientemente las revistas paradigmáticas de la ciencia *Nature* y *Science*. Evaluada del 1 al 5, los científicos gozan de una confianza de 4, la máxima, y los curas de 1,6, la mínima, quedando por debajo incluso de los políticos, que consiguen 1,8.

Ése es el camino, unido a una buena labor de divulgación científica por parte de los profesionales de la investigación. Llegará el día en que las personas se percaten de que la cura del Alzheimer, cuando lo consiga la ciencia, o la nitidez de las imágenes de la televisión son fruto del mismo método intelectual que sostiene con firmeza y prudencia la posible no existencia de Dios por ser innecesario para explicar el mundo. Y si esto es así, puede que nos planteemos en algún momento para qué diablos queremos las religiones si siguen haciendo nuestra convivencia global extremadamente peligrosa.

La ideología

La ciencia no es de derechas ni de izquierdas, aunque los científicos y la investigación sí que se pueden calificar como tales en infinidad de casos. Pongamos algunos ejemplos con ánimo distendido. La eugenesia, o intento de mejorar la raza humana aplicando la genética, obviamente es de ultraderecha; la epidemiología tropical es de izquierdas. Los precientíficos alquimistas, que buscaban transmutar metales innobles en oro y el elixir de la larga vida para enriquecerse y vivir eternamente ellos o quienes les pagaran bien, eran de derechas; Lavoisier, que acabó con ellos creando la química, era de izquierdas, y eso que lo guillotinaron unos revolucionarios. A veces la cosa se complica. Los coautores de la teoría de la evolución fueron un aristócrata, Darwin, y un maestro de escuela, Wallace. El primero se metió con Dios a cuenta del antepasado homínido del hombre; el segundo estaba a favor del sufragio femenino, pero era muy religioso. ¿Quién era el de izquierdas y el de derechas? Einstein era un pacifista de izquierdas que abogó por la construcción de la bomba atómica. Heisenberg fue un derechista que, según sostuvo él una vez terminada la guerra y perdida por los alemanes, impidió que la tuviera Hitler. Oppenheimer, el que de verdad la construyó, pensaba que jamás se iba a lanzar contra nadie, y que a pesar de ello iba a acabar no sólo con el nazismo, sino con todas las guerras del futuro. Terminó perseguido por McCarthy por comunista, entre otras cosas porque había defendido pública y ardorosamente a la República Española. Uno de sus acusadores, Edward Teller, padre de la bomba de hidrógeno, quiso tirarlas en Corea, después en Vietnam y, para rematar, usarla en las obras públicas a modo de dinamita pero a lo bestia. Era un majareta claramente de extrema derecha. Y así, muchos de los protagonistas de la ciencia se pueden clasificar más o menos burdamente.

Analicemos un poco más en serio el asunto de la ideología en la ciencia remitiéndonos a dos temas de gran actualidad, porque se intuye que serán decisivos para el devenir de la humanidad: el cambio climático y la energía nuclear, temas que trataremos en la tercera parte de un modo algo más técnico.

En el primer caso, el cambio climático, el término que se está imponiendo en los medios de comunicación para encuadrar ideológicamente a los que lo niegan es negacionismo, o sea, la negación sin fundamento de las evidencias científicas. Creo que es inapropiado, porque normalmente el negacionismo se refiere a la revisión falsa e interesada de la historia. Se niegan, sobre todo, hechos desgraciados porque pueden contravenir pasiones sustentadas fanáticamente o por simple conveniencia política. Se niegan desde matanzas localizadas hasta exterminios masivos y todo tipo de actos deleznables. Obviamente, el negacionismo más cruel y despreciable es el del Holocausto judío por parte de los nazis. Pero este tipo de negacionismo no es el único ni mucho menos, por eso se toma la palabra en un sentido genérico. El caso más popular en la ciencia posiblemente sea la negación de la evolución de las especies por selección natural. Ya he mencionado esto en varios párrafos y no voy a insistir en ello, porque a la religión ya le he suministrado su ración de crítica. A pesar de ello, con ánimo más jocoso que beligerante, cito una crítica eclesiástica que refleja muy bien el negacionismo que vamos a tratar. Se refiere al descubrimiento por parte de Galileo de las «estrellas mediceas», esto es, los cuatro satélites de Júpiter que descubrió simplemente enfocando su telescopio a ellos. La crítica decía así: «Esas lunas no se ven con los ojos, por eso no tienen influencia sobre nosotros, por eso son inútiles, y por eso no existen».

El negacionismo científico se manifiesta hoy día de múltiples formas que incluyen desde simples actitudes propiciadas por la incultura hasta campañas producto de complejas operaciones jurídico-empresariales. Dos ejemplos de estos extremos pueden ser la negación por una persona de algún diagnóstico médico hasta la negación de los efectos nocivos del tabaco en campañas truculentas que pueden tener como medio desde ciertas revistas médicas hasta la publicidad más o menos encubierta. Piénsese que en este último ejemplo no todos los países están igual de protegidos legalmente contra ellas, y que en infinidad de zonas del planeta depauperadas o bajo regímenes dictatoriales las empresas multinacionales tabaqueras encuentran pocas dificultades para explayarse sin escrúpulos.

Pero todo esto, en rigor, no entraña un peligro para la ciencia. El problema de verdad surge cuando el negacionismo científico adquiere tintes amenazadores no sólo para la ciencia, sino para la humanidad en general, entre otras cosas porque se asocia a una de las grandes opciones ideológicas que detentan el poder político, el conservadurismo. Aunque como veremos, el progresismo tampoco escapa, ni mucho menos, de la irracionalidad interesada. Así, como novedad inédita, la difusión del negacionismo la pueden llevar a cabo medios democráticos que cuentan con grandes recursos. En este sentido, nada es más peliagudo en la actualidad que el negacionismo del cambio climático, una de cuyas puntas de lanza ha sido con frecuencia nada menos que un medio tan poderoso como *The Wall Street Journal*. El oponente es el ya mencionado Panel Internacional sobre el Cambio Climático (IPCC) de las Naciones Unidas, un elenco de miles de científicos de una gran variedad de especialidades. Una traducción más apropiada al español del IPCC es Grupo Intergubernamental de Expertos sobre el Cambio Climático.

Para cerrar este preámbulo, conste que la palabra escepticismo que también se suele emplear en este asunto es mucho más impropia que la de negacionismo. Todos los científicos, y más los del IPCC por razones que ya explicaremos, somos escépticos, o sea, inclinados a la duda y a no creernos nada que no esté demostrado por el método que nos hemos dotado a nosotros mismos: el experimental o, más generalmente, el científico. El negacionismo es la conversión de esa duda en rechazo causado por intereses pecuniarios o ideológicos en lugar de evidencias, experimentos o resultados inducidos por la observación o medidas rigurosas.

El negacionismo climático

Creo, sinceramente, que lo peor que se ha hecho últimamente contra los avances científicos en la determinación del cambio climático ha sido otorgarle el premio Nobel de la Paz *ex aequo* al IPCC y a Al Gore. Ya he anunciado que en la tercera parte de este libro analizaremos el clima con detenimiento, porque considero que su estudio es uno de los grandes desafíos científicos del futuro, o, si se quiere, uno de los fines fundamentales de la ciencia. Pero aquí trataremos lo esencial del clima en lo que a sus aspectos políticos se refiere, o sea, a las amenazas a que está sometida la ciencia implicada en el cambio climático y, por ende, la ciencia en general al adscribirle elementos ideológicos. Por eso uniremos en torno al asunto el IPCC y Al Gore.

Casi desde el principio de la industrialización hubo personas que manifestaron su inquietud por las ingentes cantidades de gases que se expelían a la atmósfera. Por supuesto, escorias y todo tipo de residuos industriales iban a la biosfera sin el más mínimo control, lo cual auspiciaba la preocupación ambiental en general, no sólo la atmosférica. Respecto al clima, obviamente lo primero que había que averiguar para determinar si la agresión a la atmósfera podía provocar una alteración del mismo, era cómo cambiaba, si es que cambiaba, a lo largo del tiempo. Había muchísimas sospechas fundadas de estos cambios climáticos, pero fue entonces, digamos en la segunda mitad del siglo XIX, cuando empezó a tomar forma lo que se llamó paleoclimatología o estudio de los climas en la antigüedad. Se mostró como un campo de investigación extraordinariamente difícil de afrontar por muy fascinante que fuera. Apenas había datos (de hecho, fue en esa época cuando empezaron a recopilarse con rigor y sistemáticamente en Europa y la costa Este de Estados Unidos) y todo se tenía que basar en indicios indirectos: separación entre los anillos de los árboles, composición del aire atrapado en los hielos, referencias en documentos históricos, etcétera. Cuando la sensibilidad por el medio ambiente llegó a un cierto grado y las sospechas de posible cambio climático se hicieron cada vez más fundadas, el temor que cundió entre los gobiernos se plasmó en la organización de la información científica que se hubiera acumulado hasta ese momento y el encauzamiento de toda la que se generara en el mundo. Las Naciones Unidas y la Organización Meteorológica Mundial crearon el IPCC. Corría el año 1988.

La idea era la siguiente: cada país definía de alguna manera el grupo de expertos en el clima que trabajarían en el objetivo de dilucidar si había cambio climático, cuál era su origen, sobre todo si estaba causado por las actividades humanas (antropogénico) y si había manera de paliarlo. Y si no, analizar las consecuencias que tendría en el futuro para estar prevenidos. No investigarían, ni dirigirían proyectos científicos ni cobrarían, lo único que tenían que hacer era escudriñar y evaluar toda la información científica y técnica publicada en revistas evaluadas por pares generada por la comunidad investigadora: universidades, agencias nacionales, organizaciones científicas, etcétera. Recuérdese lo que he descrito en cuanto a las publicaciones en el capítulo 2, es decir, la manera tan escrupulosa en que los científicos evaluamos nuestra labor, reflejada en la cuantificación de la calidad de las publicaciones en que mostramos nuestros resultados. Pues aparte del filtro de calidad y rigor que supone la publicación en una revista científica de prestigio y los índices de impacto que alcanza cada una de ellas, el IPCC las sopesa y las discute. Esta discusión se suele llevar a cabo en conjunto una vez al año y los grupos de trabajo van sacando sus conclusiones. Estos grupos son tres, el primero evalúa lo dicho: los aspectos científicos del cambio climático; el segundo examina la vulnerabilidad de la economía de los países y los sistemas naturales, incluyendo las consecuencias negativas y positivas, así como las posibilidades de adaptación al cambio climático; el tercero estima las posibilidades de atenuar las causas del cambio para mitigarlo.

Tras infinidad de discusiones e intercambio de comunicación, el producto del trabajo del IPCC se traduce en informes que se hacen públicos y cuya misión fundamental es dotar a la sociedad y, sobre todo, a los políticos de un instrumento fiable para que puedan tomar sus decisiones con conocimiento científico. Las personas dedicadas en exclusividad al IPCC, o sea, con sueldo específico por su tarea, no son más de una docena. El presidente elegido es Rajendra Pachauri, de nacionalidad india.

En 2007, el Comité Nobel le otorgó al IPCC el premio de la Paz declarando que «miles de científicos y funcionarios de más de cien países han colaborado para conocer con mayor certeza la escala del calentamiento». Reléase la sentencia y póngase atención a lo de «conocer con mayor certeza» y, sobre todo, «calentamiento», nada de cambio climático. Verá que eso entra de lleno dentro de la prudencia y el escepticismo acrisolados por los científicos, por lo que no sólo no es criticable la carga de duda que conlleva, sino todo lo contrario. El problema, como he dicho, es que el comité Nobel a la vez le otorgó el premio a Al Gore. Veamos igual de sucintamente que el IPCC, quién es Al Gore.

Fue vicepresidente de Estados Unidos con Bill Clinton. Seguramente debió suceder a éste porque ganó las elecciones presidenciales de 2000 frente a George W. Bush, al menos obtuvo más votos que él; pero por razones que sería arduo explicar nunca le llegó la investidura y el presidente fue el republicano. Téngase en cuenta, pues, que Al Gore era un político de adscripción ideológica concreta como no puede ser de otra manera; en su caso, demócrata. Para los estándares europeos, digamos que es socialdemócrata de centroderecha. O algo así. En cualquier caso, es una ideología oponente de la derecha de su país.

Con el tiempo, a Al Gore le dio por el saludable empeño de concienciar al mundo sobre el cambio climático. Lo hizo de manera espectacular, viajando con una pequeña corte en jet privado por todo el planeta y dando conferencias a públicos de lo más selectos ayudado de un documental precioso titulado *Una verdad incómoda*.

¿Qué problema hay en que un líder político mundial (¿?) alerte sobre un problema global? Sólo uno y nada más que uno: que sus errores, si los comete, van a ser automáticamente utilizados por sus oponentes políticos. En el documental de Al Gore hay grandes errores que no ha sabido defender por incapacidad científica, y ya tenemos puestas las bases para el negacionismo y la adscripción política de la actitud de cada cual ante un problema científico: los que creen en el cambio climático, progresistas, y los que lo niegan, conservadores. Adiós a la ciencia. Para colmo, hay grandes intereses económicos de por medio, por lo que los ataques al IPCC se agudizan hasta extremos insoportables. Por ejemplo, a su presidente Rajendra Pachauri le han acusado de todo, incluido de corrupción, por lo que aunque los fiscales y jueces hayan archivado todas las querellas por no entrever indicios de delito alguno, el mal del «calumnia que algo queda» ya está hecho. Pero no es cuestión de analizar aquí estos asuntos, sino de mostrar la complejidad de las cosas desde el punto de vista científico, tratando de que el lector aprenda lo que pueda de ellas. Veamos, pues, algunos de los errores de Al Gore. Quedémonos en tres, dos de bulto y el otro más sutil aunque no menos grave.

En su bello documental se sostiene que el número de huracanes, así como su virulencia, se han multiplicado en los últimos tiempos, dejando entrever que es debido al calentamiento global. Aún más precisamente, al cambio climático. Falso. Lo que se ha multiplicado es la capacidad técnica de detectar los huracanes. Antes sólo se contaban los que llegaban a la costa, los que se producían en las rutas marítimas usuales y pocos más. Hoy, sobre todo gracias a los satélites, las boyas automáticas y las comunicaciones, tenemos datos fehacientes y precisos de todas las tormentas que se producen en alta mar. Si se renormalizan los datos, resulta que en las últimas décadas no ha habido más huracanes, sino quizá menos, dentro de las indeterminaciones estadísticas. Por otro lado, la fuerza con que llegan a tierra disminuye mucho sin que ello suponga que sean más o menos dañinos, porque las catástrofes que generan no dependen sólo de su fuerza, sino de algunos factores más fácilmente deducibles: características urbanísticas de las zonas afectadas, hora en que llegan, etcétera. Para colmo, los científicos aún no han dilucidado si el calentamiento global, y mucho menos el cambio climático inducido por éste, afecta precisamente al número de huracanes y su violencia, por lo que la afirmación de Al Gore no tiene fundamento alguno.

En cuanto al deshielo de los polos, en particular el Sur, o sea, la Antártida, Al Gore se quedó de piedra cuando le hicieron ver lo siguiente. El calentamiento global genera, lógicamente, mayor humedad en la atmósfera por evaporación de los océanos, lo que implica mayor pluviosidad. En la Antártida hace tantísimo frío, decenas de grados bajo cero, que medio grado o uno más o menos no cambiaría la característica de las precipitaciones: siempre en forma de nieve, lo que significa, que no se forman corrientes de agua que puedan desembocar en el mar. Por tanto, si hay más precipitaciones a causa del calentamiento, en lugar de haber menos hielo tiene que haber cada vez más. ¡Glub! La respuesta que Al Gore no supo dar es que en el asunto intervienen desde corrientes marinas hasta convecciones térmicas muy complejas. La interrelación entre el agua de los mares, el aire de la atmósfera, la tierra de los continentes y el hielo de los polos está sometida a estudio con toda la capacidad informática de que se dispone hoy día, que es impresionante, y aún quedan infinidad de factores por evaluar, de los cuales ya hablaremos en el capítulo 9.

En el sentido anterior de consecuencias de la ignorancia o la falacia, también es de reseñar que hubo un padre de alumno de una escuela británica que interpuso una querella a los tribunales pidiendo que el documental de Al Gore no se expusiera en los colegios porque era falso. Se basaba en las imágenes de osos polares que no lograban alcanzar los témpanos de hielo pereciendo por falta de alimentación. Según el documental de Al Gore, el deshielo causante de la desdicha había sido provocado por el calentamiento global. La sentencia del juez no tiene desperdicio: «El único estudio científico aportado por ambas partes demuestra que recientemente, como consecuencia de una tormenta, se han ahogado cuatro osos polares».

El tercer error que vamos a reseñar (insisto en que hay bastantes más) es el acabose. Préstese atención, porque es algo más difícil de entender que los anteriores. El gráfico que se presenta en la página siguiente[3] es muy famoso entre los climatólogos, si bien en el documental de Al Gore se expone de modo mucho más dramático (e impreciso). Refleja la proporción de CO_2 en la atmósfera y la temperatura de ésta en promedio en un estudio paleoclimático, o sea, a lo largo de los milenios. Su elaboración ha sido muy costosa y se ha hecho estudiando fundamentalmente la composición del aire atrapado en las burbujas de hielo polar de muestras tomadas a distintas profundidades, lo cual está correlacionado estrechamente con la época en que se produjo la precipitación de nieve.

3. Está tomado del libro de Roger G. Barry y Richard J. Chorley, *Atmósfera, tiempo y clima*, 7.ª ed., Ediciones Omega, Barcelona, 1999.

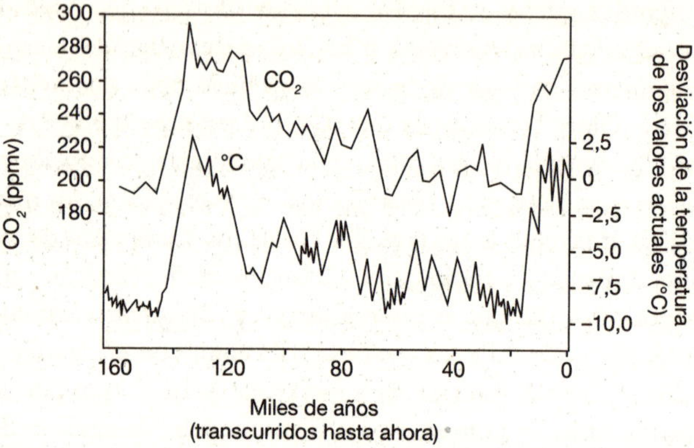

Cambios en el CO_2 atmosférico (ppmv: partes por millón en volumen) y estimaciones de las consiguientes desviaciones de la temperatura mundial comparadas con el valor actual, estudiados en el aire atrapado en las burbujas del hielo en núcleos del Vostok, la Antártida.

FUENTE: *Our Future World*, Natural Environment Resarch Council (NERC), 1989.

Como puede verse, el paralelismo de las líneas de la temperatura y la cantidad de CO_2 es casi obvio, aunque la relación causa-efecto que sugiere no lo es. Al Gore, cuando llega a este punto en su presentación, dice frases ambiguas cuando no confusas, pero al asistente a la charla no le queda la menor duda de que la causa del calentamiento y las glaciaciones está en la cantidad presente en el aire del principal gas de efecto invernadero. Pues seguramente es al revés, es decir, que la cantidad de CO_2 en la atmósfera es una consecuencia de su temperatura. Resulta que este gas se disuelve en el agua oceánica más fácilmente cuanto más fría está. Partiendo de un punto determinado, imaginemos que el planeta se enfría. El agua disuelve más dióxido de carbono, el cual disminuye en la atmósfera. Esa agua fría se hunde y la más profunda emerge en un ciclo que dura casi un milenio. La cálida que llega a la superficie emite parte de su dióxido de carbono a la atmósfera.

Si se observa la escala del tiempo en el gráfico, la horizontal, un milenio de diferencia no se aprecia fácilmente. La correlación, pues, no es nada obvia. Esto de que la cantidad de dióxido de carbono en la atmósfera es consecuencia y no causa de los cambios de temperatura lo sabían todos los estudiantes de física del aire, pero hasta esto lo está poniendo en cuestión y estudiando a fondo el IPCC sin llegar aún a conclusiones definitivas. ¿Por qué Al Gore no dice que este gráfico no se sabe bien si es lo que parece? Pues porque se le estropearía la presentación encaminada a sostener una tesis predefinida que él no entiende muy bien.

Uno se puede hacer la siguiente consideración en este punto: ¿es realmente grave hacer ligeras (más bien burdas) tergiversaciones, imprecisiones y exageraciones si el fin de alertar al mundo de un problema serio es loable? Lo es, porque da pábulo al oponente político a atacarlo y la consecuencia no es un sano debate, imposible entre políticos sobre un tema científico complejo, arrastrándolo así inevitablemente a la disputa ideológica. Los conservadores, primero estadounidenses y por emulación los del resto del mundo, pusieron en evidencia a Al Gore yendo más allá del descrédito: negando el conjunto de su tesis. Y ya tenemos a los defensores del cambio climático, incluido todo el portentoso IPCC, en el saco de los izquierdistas y a todos los derechistas negando lo que sea menester en cuanto al calentamiento global. Además, y para remate extraño, los intereses afectados se suponen que también definen esos bandos. Digamos que las industrias petroleras y gasistas, el capitalismo de los países emergentes, el más acrisolado de Europa y Estados Unidos, etcétera, se muestran temerosos ante las medidas que exigiría paliar el cambio climático y, en cambio, los progresistas se congratulan de que afrontar dicho cambio va a propiciar un desarrollo más armónico con la naturaleza y la humanidad. De repente, los grandes empresarios a los que supuestamente amparan las derechas se percatan de que si se hace distinción entre paliación y adaptación, el asunto se pone interesante porque se entrevé negocio. Mitigar el cambio climático puede costar una inmensa cantidad de dinero en forma de merma de beneficios, pero adaptarse a él puede suponer un impulso empresarial impresionante, porque sin duda hay una palabra mágica de por medio: subvenciones. Así, las derechas de pronto dicen que esto del cambio climático a lo mejor es verdad y no está tan mal afrontarlo.

Hay negocio seguro. Y las izquierdas, como ya es costumbre en ellas en los últimos tiempos, regresan al estado de estupor, o sea, según María Moliner, a una disminución de sus funciones intelectuales acompañada de un aire de asombro e indiferencia.

Pero todas estas consideraciones políticas y económicas, además de distorsionar el quehacer científico cuando no anularlo, se dan de bruces con la realidad. A veces quedan estupefactos tanto los unos como los otros, y el mejor ejemplo de ello es cuando se analiza el papel de la energía nuclear en todo este embrollo. Resulta que el IPCC recomienda viva e insistentemente que hay que desarrollar la energía nuclear de manera extensiva para respaldar las fuentes renovables, evitando así paulatinamente el uso de los combustibles fósiles para la generación de electricidad y el transporte. Pero ¿la energía nuclear no es de derechas? Los ecologistas e izquierdistas se echan las manos a la cabeza ante estas recomendaciones del IPCC, y los derechistas, que lo habían tachado de izquierdista, no saben ya qué opinar, sumiéndose ahora ellos en el estupor, porque la energía nuclear exige grandes inversiones, y lo de que los estados la subvencionen no está nada claro. Enlazamos así con el segundo aspecto negativo de la ideologización de la ciencia que vamos a tratar a modo de ejemplo, la energía nuclear.

La «ideología» nuclear

¿Por qué a nadie se le ocurre adscribir una ideología al transporte aéreo o la industria química y sí a la energía nuclear? ¿Por qué la tendencia clara es asociar el movimiento antinuclear con el progresismo? El origen de este extraño comportamiento seguramente está en Jane Fonda y la película *El síndrome de China*. Recupérese el lector de la sorpresa causada por semejante afirmación.

Una joven periodista de una cadena de televisión hacía un documental sobre la energía nuclear. Estando en una central con un cámara, se detectaron problemas de funcionamiento. Hubo intrigas, represalias y amenazas hasta que el desastre tomó proporciones tremebundas. Ésta, más o menos, era la trama de la película *El síndrome de China.* La actriz que hacía de periodista era Jane Fonda y el cámara Michael Douglas. En una escena, uno de los ingenieros de la central (el siempre genial actor Jack Lemmon) le dice a la periodista que si el núcleo del reactor se fundiera, lo cual suponía el accidente más grave que podría tener lugar, un área del tamaño de, por ejemplo, Pensilvania sería inhabitable por los siglos de los siglos. Además, la reacción en cadena no se podría detener y el núcleo del reactor no sólo fundiría los cimientos de la central, sino que atravesaría la Tierra reapareciendo en China, las antípodas de Estados Unidos (que está a muchos miles de kilómetros de allí, pero da igual).

La inquietante y exitosa película se estrenó a mediados de marzo de 1979. Menos de dos semanas después, concretamente el 28 de ese mismo mes de marzo, tuvo lugar el accidente más grave de la historia nuclear de Estados Unidos: se fundió parcialmente el núcleo del reactor de la central de Three Mile Island, cercana a Harrisburg, del condado Dauphin de... ¡Pensilvania! Ya se puede imaginar el lector la que se lió.

Lo primero que hay que decir de este accidente[4] es que no produjo ninguna víctima: nadie resultó ni siquiera mínimamente afectado a corto ni a largo plazo, y eso lo admite hoy unánimemente todo el mundo. Aparte de la nula incidencia humana, se comprobó que lo del «síndrome de China» era una fantasía hollywoodiense. A pesar de todo, Jane Fonda se hizo una furibunda antinuclear y Edward Teller, el ya mencionado delator de Oppenheimer al pérfido McCarthy y padre de la bomba de hidrógeno, defendió la energía nuclear ardorosamente. Hay que imaginarse a la brava y bella actriz que no hacía mucho había luchado noblemente contra la guerra de Vietnam, contra el impresentable Teller que había exigido públicamente el uso de la bomba termonuclear en aquella injusta y desquiciada guerra. El muy imbécil llegó a defender su postura a favor de la energía nuclear en anuncios de prensa pagados por la empresa fabricante de las válvulas cuyo fallo provocaron el accidente de Three Mile Island.

4. Una descripción técnica detallada del accidente se puede encontrar en *Nucleares, ¿por qué no?* del mismo autor y editorial.

El caso fue que el reactor había sido tan seriamente dañado que terminó cerrado definitivamente, y la industria nuclear estadounidense entró en un declive profundo. Las ciento y pico centrales estadounidenses siguieron funcionando, pero no se aprobó ningún proyecto nuevo. Sobre todo, porque las décadas posteriores fueron de precios bajos de los combustibles fósiles y la permisividad e indiferencia de Estados Unidos hacia la contaminación atmosférica se hicieron antológicas. Para colmo de males en cuanto a relacionar la energía nuclear con el conservadurismo estadounidense, el que izó de nuevo la bandera nuclear fue nada menos que el temible George W. Bush. Afortunadamente, Obama relanzó el programa nuclear con inusitados bríos incluso para los conservadores.

A lo que vamos en este apartado es a lo siguiente. La energía nuclear, tras el accidente de Harrisburg se asoció a la izquierda pacifista. En Europa todo esto se veía más bien lejano porque estaba lanzada construyendo centrales nucleares. Seguramente, los tres casos paradigmáticos fueran Francia, que apostó decididamente por la energía nuclear exponiendo una razón sencilla: si no hay petróleo ni gas, no hay otra opción; Alemania, donde surgió con fuerza el movimiento ecologista que desde el primer momento se adhirió a la postura antinuclear; y España, que merece mención aparte porque el asunto se relacionó con algo mucho más serio, el terrorismo.

Bajo el gobierno socialista, aunque heredado en parte, se desarrollaba un ambicioso plan de construcción de centrales nucleares. Una de ellas estaba en el País Vasco. La organización terrorista ETA la atacó cruelmente asesinando, entre otras personas, a dos de sus ingenieros directores. El presidente Felipe González consideró que detener sólo la central vasca se interpretaría, obviamente, como una cesión inadmisible al terrorismo, causante en aquella época de un enorme número de víctimas. El petróleo estaba barato, el dinero caro y detener la construcción de centrales sería oneroso pero viable. La solución que tomó fue detener todas las centrales en construcción, aunque algunas estaban tan terminadas que sólo esperaban la carga de combustible, y resarcir a las empresas por lo que habían invertido endosando un canon al recibo de la electricidad por veinticinco años. Asunto resuelto, aunque décadas después, el propio Felipe González haya reconocido públicamente que aquél fue uno de los grandes errores que cometió.

Lo que importa aquí es lo siguiente: a ETA, mal que bien, seguía identificándosela con la izquierda. Al fin y al cabo, la propia banda se proclamaba (no sé si en su fase agónica final sigue en las mismas) como nacionalista, marxista y leninista (o ya sólo socialista), como si semejante pastiche fuera entendible. Seguramente, ni ellos mismos creen tener adscripción ideológica alguna, pero en el imaginario popular se grabó la identificación de antinuclear con la izquierda. Aunque el movimiento ecologista en este país siempre fue testimonial, los llamados ecopacifistas y una parte de la izquierda contribuyeron de manera más o menos escandalosa a reivindicar su postura en contra de la energía nuclear. Nadie, ni de derechas ni de izquierdas, defendió jamás esta energía, por lo que, sin contrapeso, se llegó al siglo XXI con toda aquella carga ideológica intacta.

El ocaso nuclear

El accidente de Chernóbil de 1989 se utilizó de una manera impresionante. El desastre, a diferencia del de Harrisburg, lo provocó un motivo noble por muy mal planificado que estuviera: un experimento fallido para aumentar la seguridad. El reactor del accidente de Chernóbil era uno de cuatro diseñados fundamentalmente para la producción de plutonio militar. En época de desintegración de la Unión Soviética se dedicaba más a producir electricidad que plutonio para detonante de bombas de fusión termonuclear. La diferencia esencial con el reactor de Harrisburg, aparte de un diseño completamente diferente, era que no tenía edificio de contención. Empecemos con lo del diseño.

Cada modelo de coche, sea un utilitario o un superdeportivo, alcanza una velocidad máxima no superable por más que se acelere. En él han equilibrado la fuerza del motor con el rozamiento del aire y la carretera. A un reactor convencional le ocurre lo mismo: la reacción en cadena de fisión no puede superar cierto límite máximo de energía. Aún más, si lo intenta, provocada o accidentalmente, simplemente se detiene. El reactor de Chernóbil no tenía ese límite, de manera que lo que hizo el mencionado experimento fallido fue disparar la reacción. Si hubiera sido un coche se habría embalado hasta alcanzar el triple de la supuesta velocidad máxima. El sobrecalentamiento continuó hasta que se produjo un incendio, que, para colmo, hizo arder un enorme cubo de carbón. Efectivamente, mientras que el elemento moderador de casi todos los reactores es el agua, el de Chernóbil era el grafito, el mismo material de las minas de los lápices, el carbón. El virulento incendio hizo volar el techo (cosa que no pudo haber pasado ni en Harrisburg ni en ningún reactor europeo o, como veremos, japonés) y esparció una ingente cantidad de elementos radiactivos a la atmósfera. El desmadre político, administrativo y social en que estaba inmerso el país propició que no sólo se tardara mucho en intentar controlar el desastre, sino que ni siquiera se hiciera público. Durante tres días infernales, la gente estuvo a merced de las siniestras emanaciones de la central; baste decir que las escuelas no cerraron y los niños acudían a ella con normalidad. Esto, obviamente, produjo víctimas y, para colmo, el control del accidente se hizo más heroica que sabiamente a costa de muchos afectados por la radiactividad entre los militares, los bomberos y las oleadas de personas que limpiaron todo aquello, los famosos y valientes liquidadores.

El accidente de Chernóbil hizo estremecer a todo el mundo con razón, entre otras cosas porque estremecedoras fueron en todo momento las informaciones que se dieron de sus consecuencias. ¿Quién iba a defender una energía que podía provocar una explosión nuclear, que ya, de hecho, había matado a miles de personas y condenado a cientos de miles más, si no millones, a terribles secuelas tanto de futuros cánceres como de malformaciones congénitas que se transmitirían a varias generaciones? Montones de científicos trataron de explicar que seguramente aquello no era para tanto, pero lo más agradable que se decía de ellos era que estaban vendidos a la industria nuclear. Lógicamente, los expertos, como quien esto escribe, concluyeron que no merecía la pena exponerse a los vituperios y que si la gente y los gobiernos se creían aquellas barbaridades, que muy bien, que organizaran referéndums y que paralizaran e incluso prohibieran lo que les diera la gana en materia de energía nuclear. Pero los años pasaron y pasaron... y se fueron aclarando muchas cosas. Por lo pronto, 438 reactores siguieron funcionando en todo el mundo, confirmando lo que los científicos dijeron después de Chernóbil: aquello había sido producto de un cúmulo de errores tal que la probabilidad de que se repitiera era ínfima, tan ínfima que al cerrarse todas las centrales del modelo de Chernóbil se redujo a imposibilidad. Por otra parte, las Naciones Unidas, la Organización Mundial de la Salud, la Agencia Internacional de Energía Atómica (premio Nobel de la Paz como el IPCC), infinidad de grupos de investigación de universidades de todo el mundo, etcétera, llegaron prácticamente a la misma conclusión veinticinco años después del accidente: 57 muertos y unos 4.000 afectados de cáncer de tiroides, con una supervivencia superior al 90 por ciento. Pues bien, todavía hay que escuchar que todo esto es falso, que los afectados son centenares de miles y que... ¡yo qué sé! Y, por supuesto, nadie se cree que la probabilidad de que una central nuclear explote como una bomba atómica es la misma que el piloto de un avión de Iberia se despiste y llegue a la Luna. Tampoco se cree nadie, naturalmente, que no habrá secuelas genéticas detectables debidas a mutaciones u otras barbaridades propias de los Simpson.

Por cierto, relájese el lector con dos anécdotas personales.

No hace mucho, me presté a declarar en la Audiencia Nacional sobre el embalse de Arrocampo, un pantano artificial construido para refrigerar la central nuclear de Almaraz. Era un pleito sobre impuestos, o sea, que tres pueblitos vecinos a la central querían cobrarle tasas porque el embalse lindaba con ellos y era una instalación del complejo industrial. Esto era lo que tenían que demostrar, que aquel pequeño lago no tenía otro fin que ése. Los abogados de Almaraz, el pueblo que se llevaba todos los ingresos, sostenían lo contrario, que aquello era un embalse más de los muchos que había por la zona y que se dedicaba a otras actividades, no sólo a refrigerar la central. Yo estaba de parte de los pueblitos. En un momento dado de mi declaración, la magistrada principal del juicio me preguntó completamente intrigada cómo era posible que en aquel embalse se organizaran concursos de pesca por las distintas federaciones de este deporte.

Era uno de los argumentos que alegaba la parte contraria para demostrar que Arrocampo servía para otras muchas cosas. Mi respuesta la dejó estupefacta porque (después lo supe) ella se esperaba que allí, según los Simpson, muchos de los peces tuvieran tres ojos. Dije, simplemente, que la temperatura del embalse era unos grados más alta y que aquello favorecía la fauna. Las federaciones, para distinguir a los pescadores más hábiles, preferían aquel embalse a los de alrededor porque había muchos más peces.

Aún más recientemente, me llegó el segundo indicio desconcertante del despiste generalizado que han provocado los enemigos de la energía nuclear. Tras impartir una charla en un curso interdisciplinar, en el turno de preguntas un joven se interesó por una entrevista que había visto en un programa de televisión dedicado a la superchería y la pseudociencia. *Cuarto Milenio*, creí entender que se llama el engendro. El presentador había dado paso a unas imágenes idílicas del entorno de Chernóbil décadas después del accidente. La flora era exuberante y la fauna de lo más variada y abundante. La pregunta que hacía el presentador en un tono que transmitía el mayor misterio era si la radiactividad no tendría un efecto beneficioso a largo plazo, porque aquel paraíso no existía ni antes del accidente ni entonces en el resto de Ucrania. No sé lo que respondería el experto, pero según el joven que me preguntaba, allí se dejó entrever que había enigmas sin descifrar en torno a la energía nuclear. Mi respuesta fue, obviamente, la que hubiera dado cualquier científico si a alguien se le hubiera ocurrido llevarlo al programa. La zona en torno al complejo de Chernóbil, tras el accidente y el cierre de los reactores, quedó muy abandonada. Ya era pobre de por sí y, sin industria y con la Unión Soviética desintegrada, la emigración de gente a otras zonas fue masiva. Un entorno sin presión humana y cuidados, se convierte en feraz para la flora y la fauna. La radiactividad no desempeñaba ningún papel provechoso en el asunto. Naturalmente, el científico invitado habría deslucido totalmente el programa.

El renacimiento nuclear

Ante los resultados apabullantes de los estudios anteriores y el hecho indiscutible de que en cinco o seis décadas de producción de electricidad por fisión nuclear apenas había habido más accidentes con víctimas que las de Chernóbil, el movimiento antinuclear hizo hincapié en lo impalpable e inaprensible: los efectos epidemiológicos. Se retomó la bandera, contra toda evidencia, de que las centrales nucleares provocaban efectos a largo plazo que se concretaban en cánceres y horribles mutaciones. Aunque los estudios de todo tipo indicaban lo contrario, el remate lo puso el año 2010 el Consejo de Seguridad Nuclear en el caso de España. Decidió planificar un extenso estudio epidemiológico de los efectos de las centrales nucleares españolas en su entorno, pero con una condición: tendría que considerarse definitivo. Para ello invitaron a científicos, técnicos y representantes de los principales grupos ecologistas. No se comenzaría el estudio hasta que todos estuvieran de acuerdo en las medidas a tomar (nunca mejor dicho lo de las medidas), de manera que se cumpliera la condición anterior, o sea, que los resultados nadie los pudiera poner en cuestión. Tras muchas discusiones, se llegó a un acuerdo. Se llevaron a cabo todas las medidas y controles, resultando que los niveles radiactivos de los entornos de las centrales nucleares nunca y menos ahora habían superado ni superaban los niveles naturales. Nada. Como ha sido costumbre inveterada de muchos ecologistas, no sintieron pudor en poner en cuestión el estudio aunque hubieran participado en él, pero obviamente su credibilidad cayó de nuevo en picado. O no, porque parece que para muchas personas es indiferente lo que digan, porque siempre les dan la razón. Misterios de la naturaleza humana.

En cualquier caso, puesto que la inseguridad de las centrales nucleares fue pasando de ser un temor real a una simple percepción de riesgo cada vez más contrarrestada por la realidad, el movimiento antinuclear empezó a arremeter casi en exclusividad contra el asunto de los residuos radiactivos. Tuvieron tanto éxito que una macroencuesta que se realiza en toda Europa, el Eurobarómetro, mostraba que el apoyo a la energía nuclear era apenas del 30 por ciento, pero en caso de haber una «solución» para los residuos, el apoyo pasaba a algo más del 60 por ciento. Ya explicaré lo de las comillas en la palabra solución. Los dos casos más virulentos que se han registrado en este sentido en 2010 han sido el ya mencionado transporte de residuos reprocesados desde Francia hasta Alemania y el mucho más surrealista de la instalación de un Almacén Temporal Centralizado (ATC) en España. Centrémonos en este último, porque el alboroto que ha generado la elección del emplazamiento ha sido berlanguiano, y sirva este apelativo de homenaje póstumo al genial retratista cinematográfico de este país Luis García Berlanga, muerto el mismo año en que tuvo lugar el mayor y más divertido desatino municipal español.

En las manifestaciones en contra de la instalación del ATC en algún pueblo la televisión ha recogido testimonios como los dos que siguen. Una señora decía que ella era diabética y que «esas cosas» le sentaban fatal. Un joven clamaba enardecido que la salud de sus hijas era más importante que el dinero que llevara el ATC. Obviamente, nadie le había explicado a la señora la absoluta imposibilidad de que su dolencia se viera afectada ni al joven que la probabilidad de que la salud de sus hijas las alterara el ATC es entre un millón y mil millones de veces menor de que sufrieran un accidente de tráfico o pillaran una enfermedad grave. Pero estamos en el apartado del daño que puede hacer la ideología a la ciencia, por lo que interesa más observar las actitudes de los políticos.

Infinidad de dirigentes de los partidos políticos se confesaron (o no, según les conviniera en el momento de hacerlo) confusos ante la energía nuclear, pero no dudaron en amenazar con la expulsión a los alcaldes que se manifestaran a favor de acoger el ATC en su pueblo. El gobierno no podía evitar transmitir la confusión y las contradicciones internas, en particular las tribulaciones del ministro de Industria que era el responsable de la instalación del ATC. Una de las más gloriosas declaraciones fue la del presidente de Castilla La Mancha (socialista), quien sostenía solemnemente que su comunidad ya había dado muestras de su solidaridad en materia nuclear. Si se piensa bien, ¿qué diablos quería decir? España lleva casi cuarenta años produciendo electricidad con centrales nucleares sin haber provocado ningún afectado, o sea, cero heridos y cero muertos. ¿Dónde está la desgracia a compartir solidariamente entre la ciudadanía? La candidata a sustituirle en el cargo (conservadora y que después lo consiguió) se manifestó en el mismo sentido, pero con una diferencia: su partido no estaba confuso con la energía nuclear como su oponente socialista, sino convencido de sus ventajas. Lo cual ella misma ha tenido que defender en público, porque era nada menos que la secretaria general de dicho partido. Simétricamente, un presidente conservador, el de Valencia, que también se había manifestado ostentosamente a favor de la energía nuclear, cuando el gobierno anunció (que no decidió) que un pueblo de su región era el candidato más apropiado, se rebeló y dijo que ni hablar del asunto, que en su comunidad no se instalaría esa barbaridad. Los responsables del Ministerio de Industria, ante la mirada torva de sus compañeros de gobierno, se desgañitaron diciendo que el ATC holandés que se toma como modelo está en un parque industrial, es amarillo chillón y está bien rotulado (no se oculta), su ubicación la decidió el ministerio correspondiente sin preguntar a nadie y su instalación no conllevó compensación alguna para los pueblos vecinos. ¿Están locos o son tontos estos holandeses? Nadie les hace caso y la decisión del emplazamiento se aplaza *sine die* a la espera de... tiempos mejores, o sea, de conveniencia política. Ésta llega en cuanto ganan los conservadores y deciden un pueblo sin más discusión. Inmediatamente, los otros pueblos candidatos se sienten ofendidos y, lo más curioso, el nuevo presidente valenciano dice que hay que agradecer al gobierno (de su mismo partido) que haya liberado a su comunidad de aquel peligro. ¿No es una pena que Berlanga se haya perdido todo esto?

En España debe de haber unos mil expertos independientes en energía nuclear. Me refiero a personal del Consejo Superior de Investigaciones Científicas, del Centro de Investigaciones Tecnológicas y Medioambientales, del Consejo de Seguridad Nuclear y de infinidad de universidades. ¿Han llamado los alcaldes a alguno de ellos para que les explique a los vecinos las virtudes y supuestos riesgos de un ATC? Sospecho que no. Sinceramente, creo que en estas circunstancias no es sólo que la ciencia se vea atacada por la ideología, sino que es simplemente imposible ejercer la democracia.

Conforme los más avezados antinucleares se percatan de que cada vez tienen menos efecto sus ataques políticos, porque se van imponiendo las evidencias científico-técnicas, recurren a los más sólidos principios ideológicos. La energía nuclear no es de derechas por casualidad, sino porque representa el triunfo del gran capital (lo de que la energía nuclear fuera una gran apuesta comunista no cuenta para ellos, porque eso es historia o vaya usted a saber qué). Las energías renovables son el contrapunto social, porque además de ser tan limpias y seguras como la nuclear (esto no lo admiten ni bajo tortura) están esparcidas de manera que se benefician de ella pequeños propietarios y municipios por doquier, y, encima, crean innumerables puestos de trabajo. Todo está absolutamente desquiciado. Empecemos por la adscripción ideológica de la energía.

Quien más renovables instaló en España fueron los dictadores militares Primo de Rivera y Franco. Por cierto, las centrales hidroeléctricas han provocado bastantes más muertos que la nuclear, que no ha provocado ninguno, no sólo durante la construcción de las presas, sino por las inundaciones generadas por los desembalses controlados o accidentales en época de alta pluviosidad. Sirvan dos ejemplos trágicos. El 9 de enero de 1959 reventó la presa de Vega de Tera, que servía de pequeña central hidroeléctrica, y arrasó el pueblo de Ribadelago, Zamora, ocasionando 144 muertos. Más recientemente, el 20 de octubre de 1982, en la provincia de Valencia se derrumbó la presa de Tous, ocasionando unos 30 muertos y la evacuación de miles de personas que no pudieron recuperar sus casas.

El desarrollo de la energía eólica se inició en la época del gobierno conservador; consulte el lector Wikipedia o cualquier otra fuente y verá que el gráfico de crecimiento de potencia instalada a base de molinos de viento es espectacular bajo los gobiernos de Aznar, le pese a quien le pese. Por el contrario, como he dicho, la mayor parte de las centrales nucleares se instalaron en democracia y bajo el gobierno socialista. Yéndonos fuera, por ejemplo a Francia, la energía nuclear resulta que es estatal y su desarrollo lo llevaron a cabo gobiernos de todo color, en particular el socialista de Mitterrand. Y en cuanto a la concentración de capital, lo que se les olvida a los ecologistas militantes en su propaganda es decir que quienes se están beneficiando de verdad de las renovables son las grandes empresas propietarias de las centrales nucleares. El ejemplo de Iberdrola, la gran multinacional española, es paradigmático: su división Iberdrola Renovables era una de las grandes empresas del IBEX 35. Sobre los propietarios de las tierras de los huertos solares también se podría decir mucho, por ejemplo, que la empresa Endesa, la única de las grandes eléctricas del sector, tiene instalados 13 MW fotovoltaicos, lo mismo que... ¡la duquesa de Alba! Y sobre las corruptelas asociadas a la apoteosis renovable ya dan sobrada cuenta los periódicos y demás medios con frecuencia regular.

En cualquier caso, mientras que entre los defensores de las energías renovables no se encontrarán apenas defensores de la energía nuclear, entre éstos será raro encontrar a alguno que ataque a las renovables, como no sea para decir que están más en fase de investigación que de desarrollo. Aún más, dirán que las subvenciones han estancado la investigación en energías renovables, porque si se hubiera invertido una parte, aunque fuera pequeña, de la ingente cantidad que se ha prodigado en hacer que proliferen los huertos solares, en construir un centro de investigación puntero e internacional en el campo, se habría avanzado muchísimo. Y cualquiera que esté a favor de la energía nuclear añadiría que el enemigo a batir no son las renovables, sino el carbón, el gas y el petróleo, sobre todo para paliar los efectos del cambio climático, para asegurar la soberanía e independencia y por motivos económicos.

En el fondo, el problema que subyace, aparte del ideológico desquiciado, es el que se ha apuntado de la caza y captura de subvenciones. Los ecologistas y los grandes empresarios (curiosa coincidencia) lo que temen es que un desarrollo nuclear, que exige fuertes inversiones iniciales aunque se amorticen ampliamente muy pronto, desvíe las subvenciones de las renovables. Obama ha dejado clara la vía: el Estado no subvenciona la energía nuclear, sólo garantiza la inversión que hagan los empresarios en caso de que por motivos ideológicos o políticos futuros esa inversión corra riesgo. Está claro que ha habido escarmiento por lo que ocurrió en Europa y en particular en España cuando se hizo el parón nuclear por las causas que se han expuesto, o sea, cualquiera ajena a la seguridad o la contaminación.

Ya veremos en la tercera parte que el dilema político en cuanto a la energía no es entre las nucleares y las renovables, sino decidir si el origen del respaldo necesario a las energías no gestionables por depender de factores tan aleatorios como el viento, las nubes (y las noches de todos los días) y la pluviosidad, o sea, la eólica, la solar y la hidráulica, lo hará el carbón, el gas y el petróleo o la energía de fisión nuclear. No hay otra. Y todo lo que se diga de 100 por ciento renovables son zarandajas sustentadas en ideología tan difusa que se hace sospechosa de cosas peores.

En cualquier caso, el movimiento ecologista estaba sufriendo un cambio notable en cuanto a la energía nuclear. Seguramente, el resumen más llamativo de esta metamorfosis lo hizo el periódico británico progresista *The Independent* en su número del 23 de febrero de 2009. El reportaje se titulaba «Nuclear power? Yes please», el cual ironizaba sobre el lema antinuclear de décadas pasadas «¿Nucleares? No, gracias». Se resaltaban y resumían en primera página cuatro declaraciones, correspondientes a otros tantos líderes ecologistas, que se manifestaban a favor de la energía nuclear. Son las siguientes:

1. «La energía nuclear tiene inconvenientes, pero las consecuencias de no adoptarla son mucho peores», Chris Goodall, activista del partido verde.
2. «Estamos despertando [respecto a la energía nuclear] por la naturaleza muy seria del problema del cambio climático», Chris Smith, presidente de la agencia del medio ambiente.
3. «Es como una conversión religiosa. Ser antinuclear era parte de ser ecologista», Stephen Tindale, anterior director de Greenpeace.
4. «Para un ecologista, es como admitir que eres gay ante tus padres», Mark Lynas, escritor de temas ecologistas.

Y en ésas estábamos cuando en el lejano Japón se desató el Apocalipsis que arrasó vidas, propiedades y, sobre todo, el sentido común a escala planetaria. Analicemos, pues, el accidente de Fukushima, el segundo peor de la historia de la producción de electricidad por medio de la energía nuclear.

Fukushima, ¿un nuevo ocaso nuclear?

El accidente de Fukushima ha supuesto, dejando aparte la devastación y la tragedia, un grandioso experimento técnico, puesto que una central nuclear se ha visto sometida a unas condiciones extremas imposibles de llevar a cabo como prueba voluntaria: un terremoto de máxima intensidad seguido de un tsunami de proporciones desconocidas y de infinidad de fuertes réplicas sísmicas. Los hechos sucedieron de la siguiente manera.

Una central nuclear con seis reactores diseñados en los años sesenta, situada al borde del mar, con protecciones para contener olas de hasta siete metros y soportar seísmos de magnitud 7, se vio sacudida por un terremoto de magnitud 9 de epicentro cercano. Los cuatro reactores activos en ese momento resistieron el temblor e hicieron lo programado: detener la reacción nuclear en cadena por simple caída de sus barras de control. Como es característico de estas instalaciones térmicas, en lugar de enfriarse paulatinamente como las convencionales, los productos resultantes de la fisión nuclear continuaron calentando el entorno en virtud de su desintegración radiactiva. En la analogía que he hecho en el caso de Chernóbil con un coche que cuanto más acelerara más corría sin límite alguno, el caso de los reactores de Fukushima es como si el coche se hubiera detenido pero dejando el motor al ralentí, situación en la cual sigue necesitando refrigeración.

Al cesar de producirse electricidad, entraron en funcionamiento los motores diésel que impelen las bombas de refrigeración de emergencia. Entonces llegó el tsunami de una altura estimada de catorce metros que no sólo inundó la sala de los motores, sino que arrasó todas las líneas eléctricas externas. El calor en los núcleos de los reactores, a falta de refrigerante, se desbocó. El agua que cubría el combustible nuclear iba hirviendo y la presión del vapor aumentaba con la temperatura. Para colmo, el circonio de las varillas que contenían el combustible nuclear empezó a romper las moléculas de agua dando hidrógeno por una parte y oxígeno por otra, una mezcla que, alcanzando cierto punto, produce deflagraciones estremecedoras al «arder» el hidrógeno para volver a dar agua en una reacción explosiva. La primera explosión, a la que forzosamente debían seguir algunas más, empezó a liberar vapor de agua que contenía productos radiactivos, sobre todo yodo, y, afortunadamente, pocos más. Unos cientos de operarios que se redujeron a 180, llegando a un mínimo de 50, iniciaron una de las batallas más apasionantes de la historia reciente. Tenían que refrigerar con agua de mar cuatro portentosas calderas atómicas con medios precarios. A la vez, debían sobrevivir a las explosiones de hidrógeno y evitar exponerse a una radiación excesiva. Su objetivo, además de enfriar los reactores, era conseguir potencia, eléctrica o diésel, porque en el momento que lo consiguieran, el mayor peligro habría pasado. A oscuras, con alimentación escasa, algunos con el dolor de haber perdido a familiares en la catástrofe, respirando forzadamente a través de máscaras de microfiltros, usando la inteligencia, el valor y la disciplina casi como únicas armas, aquellos 180 voluntarios vencieron todas las dificultades y cumplieron su objetivo. En diez días que se hicieron eternos controlaron el accidente hasta tal punto que el número de víctimas que se ha cobrado ya se estimaba entonces que bien podría ser cero. De los veintitantos miles de muertes que ha producido el terremoto y el tsunami, ninguna se ha debido a la central de Fukushima ni a ninguno de los otros cincuenta reactores nucleares de Japón. De estos hechos y sus consecuencias son de los que hay que aprender la lección.

La primera es que por muy segura que se haya mostrado la energía nuclear a lo largo de décadas, se puede y se debe mejorar dicha seguridad. Todas las centrales nucleares del mundo están aún (más de un año después) revisando sus sistemas de refrigeración de emergencia, la resistencia de sus materiales y estructuras, la distribución de los puntos de acceso a la potencia en cualquier circunstancia, el equilibrio entre seguridad pasiva (automática) y activa (controlada por hombres aunque intervenga la posibilidad de error humano) y un etcétera largo y minucioso.

La segunda lección del accidente de Fukushima es que por mucha alarma social que se desate, la primera medida que tomaron las autoridades japonesas de evacuación de personas del entorno fue la más acertada. No hay mejor antídoto contra la radiactividad que la distancia. Por ello, las poblaciones cercanas a las centrales nucleares deberían someterse de manera periódica a simulacros de evacuación ordenada.

Las demás lecciones fueron mucho más aciagas e incluso grotescas que las anteriores. La ola de histeria que se desató a través de los medios de comunicación fue de intensidad comparable al tsunami. En las primeras páginas de los periódicos se hablaba de pánico nuclear, en los programas de radio y televisión se describía el horror atómico y en la más alta instancia política europea se llegó a hablar, pero en serio y referido sólo a Fukushima, de lo que he dicho anteriormente con algo de sorna, el Apocalipsis. En los reportajes se mezclaban en un impresionante *totum revolutum* imágenes de los efectos de la catástrofe (a muchos kilómetros de Fukushima) con las cifras de muertos en sus titulares, junto a menciones a la central nuclear, incluyendo fotos de Hiroshima y Nagasaki tras el bombardeo de 1945. Entre declaraciones de políticos, periodistas, tertulianos y organizadores de campañas antinucleares (justo así se presentaban) de vez en cuando aparecía algún que otro experto en física o ingeniería nuclear. Describían lo que estaba ocurriendo y sus causas mostrándose en general más tranquilizadores que alarmistas. Les hacían poco caso cuando no se les acusaba de ser aliados del gran capital, estar a sueldo del *lobby* nuclear y cosas peores. De pronto surgió una lección en forma de encuesta de un periódico nacional llevada a cabo el día más crítico de la evolución del accidente: el número de personas que apoyaban la energía nuclear en España estaba aumentando. O sea, hay que aprender que tratar a la gente como tonta genera rechazo mientras que agradece cuando se le informa con competencia y mesura. Éste es otro de los fines de la ciencia en todo momento y en particular en los dramáticos. Lamentablemente, la insistencia en el horror de los medios y los activistas siguió haciendo mella y de nuevo creció el sentimiento antinuclear de la población.

En muchos países tuvieron lugar episodios grotescos. La píldoras de yoduro sódico, cuyo consumo no se llegó a recomendar ni a los vecinos de Fukushima, se agotó en Alemania y Estados Unidos; nuestro gobierno fletó un vuelo para alejar del espanto japonés a los españoles, lo que, sensatamente, aprovechó solo el 4 por ciento de los residentes de allí; y eso porque era gratis. Y ya que hablamos de España, que no fue precisamente el país más histérico ante el accidente, quizá lo más chusco que aconteció fue la aprobación en el Parlamento andaluz, a iniciativa de la izquierda, de una moción por la que se prohibía construir ninguna central nuclear en Andalucía. Obviamente, fue un intento de captar votos aprovechando el accidente, porque en Andalucía no sólo no hay ningún proyecto nuclear, sino que no lo habrá a corto plazo porque el demencial sistema energético al que se ha llegado hace que se tenga instalada muchísima más potencia eléctrica de la que se necesita. A precio de oro, claro. En realidad, lo que votaron aquellos parlamentarios fue seguir dependiendo en el futuro del gas y el petróleo de Buteflika, el extinto Gadafi en su momento y otros colegas suyos igual de amables. Insistamos en que actitudes similares a las de los políticos andaluces se desataron por toda Europa, especialmente en Alemania.

A pesar de todo lo dicho, hay que reconocer que los inicios de la energía nuclear fueron tan trágicos que es lógico que en el imaginario popular se asocie a los terribles bombardeos de Hiroshima y Nagasaki, e incluso, por más que digan que ha garantizado la paz mundial, a la grave amenaza que ha supuesto la disuasión nuclear durante la guerra fría. Sobre esto poco se puede decir, salvo quizá lo siguiente.

Desde los albores de la humanidad ha habido guerras en las que se ha empeñado todo el ingenio humano. Ya he mencionado en el capítulo 1 que uno de los ejemplos más nobles seguramente fue el del uso de los inventos de Arquímedes en la defensa de Siracusa de los ataques romanos del general Marcelo. Catapultas, palancas, e incluso con su parte de leyenda, espejos, mantuvieron a raya durante más de dos años a la flota romana. Lo bello del asunto fue que se usó la ciencia y la tecnología en plan defensivo, de manera que causaron poquísimos muertos, si es que hubo alguno. Pero esto fue una excepción, porque la ciencia y la tecnología (y la economía, la producción, la propaganda, la agricultura y todas las habilidades y afanes humanos) siempre se han usado en tiempos de guerra. En el caso de la Segunda Guerra Mundial, las bombas atómicas fueron el trágico e injusto final, pero muchísimo más dolor, sufrimiento y víctimas produjeron, por ejemplo, los aviones. Después, a nadie se le ocurrió dejar de utilizar la aeronáutica en tiempos de paz para transporte de personas y mercancías. Por supuesto, también hubo y hay fantásticos desarrollos de aviones de combate, pero nadie adscribe ni unos ni otros a una ideología concreta. En cambio, a la energía nuclear en la industria de la producción de electricidad aún se le adjudica consciente o inconscientemente la carga heredada de su pasado bélico y sus posibles aplicaciones militares. Creo, sinceramente, que la humanidad tendrá que liberarse de esa herencia psicológica, con lo cual enlazamos con la siguiente gran amenaza que se cierne sobre la ciencia, porque esa liberación sólo puede venir de la mano de la información.

La manipulación informativa

Una de las primeras imágenes escalofriantes que recibimos del terremoto de Japón fue el del incendio desatado en un complejo gasístico. Las llamas incontrolables de uno de los depósitos esféricos de gas amenazaban con hacer estallar todas las demás. En cuanto se produjo el problema en Fukushima, los reportajes sobre la central nuclear se ilustraban con las imágenes de los depósitos del gas que nada tenían que ver con los reactores. Aquello era tan burdo que alguien debió de recapacitar, por lo que tras varios días desaparecieron las imágenes del espantoso incendio. De lo que apenas se informó fue que aquel incendio tuvo lugar en la refinería de Chiba, que está a unos 40 kilómetros de Tokio y unos 150 de Fukushima, que mató a 12 trabajadores, que costó diez días apagarlo y que los daños de las ingentes cantidades de dióxido de carbono y otros gases esparcidos en la atmósfera quedarán siempre sin evaluar.

Una de las consecuencias del terremoto fue la rotura de la presa de Fujinuma, próxima a Fukushima, que se usaba para irrigación y producción de energía eléctrica. Al parecer, la inundación subsecuente arrasó un número de casas indeterminado y un puente. Algunas de las imágenes que se mostraron mientras se hablaba del horror nuclear eran precisamente de aquello. Nunca se dijo cuántos muertos causó la presa hidroeléctrica y seguramente nunca se diga, salvo en Japón, claro, porque allí son más cuidadosos con estos temas. Hasta ahora, los datos menos alarmistas hablan de cuatro muertos y ocho desaparecidos.

El viernes siguiente al terremoto, una corresponsal destacada en el aeropuerto de Tokio «informaba» ante una nutrida cola de personas. Decía, en tono chillón, que el pánico se había adueñado de la gente ante la posible llegada de la nube radiactiva de Fukushima a la capital y que huía despavorida. Resultó que el lunes siguiente era fiesta, ¿es un indicio de éxodo motivado por el espanto que en una ciudad de 13 millones de habitantes una cola en un aeropuerto esté más concurrida ante un puente festivo que un día normal? Pues a pesar de todo lo anterior, sostengo que sobre Fukushima lo peor en cuanto a manipulación informativa, exageración y falsedades aún está por llegar. La razón es que veinticinco años después de Chernóbil siguen pasando cosas como la siguiente.

La prensa[5] se hizo eco de que distintas organizaciones humanitarias preparaban una serie de actividades en memoria de las víctimas de Chernóbil con motivo del 25 aniversario de la catástrofe nuclear. Nada hay que objetar, por mucho que esté basado en las burdas mentiras que se esgrimen a modo de espantajo antinuclear desde hace muchos años a las que nadie ha salido al paso. Si se hace aquí, como se verá, no es sólo para ilustrar la tesis que se sostiene del daño que hace a la ciencia y la razón la manipulación informativa, sino sobre todo porque hay niños de por medio y eso convierte la fantasmada en un problema de conciencia.

Se dice que hay 1,8 millones de afectados por el accidente nuclear, de los cuales 380.000 son niños, y que se producirán más de 500.000 muertes. Si se amplía la zona supuestamente contaminada, el número de afectados crece hasta los siete millones, tres de ellos niños. Además, se dice que siguen apareciendo malformaciones congénitas y deformaciones (*sic*) entre la población nacida después del

5. Me refiero al reportaje aparecido en *Diario de Sevilla* y los otros nueve periódicos del grupo Joly del viernes 25 de febrero de 2011, si bien el autor ha visto la noticia al menos en cuatro periódicos más de toda España prácticamente en los mismos términos.

accidente. Por todo ello, se hace un llamamiento a las familias para que acojan niños de Bielorrusia porque «por cada mes que están fuera de la zona contaminada pueden prolongar su esperanza de vida entre 12 y 18 meses». El remate de esta sarta de atrocidades lo ponen diciendo que todo es según la Organización Mundial de la Salud (OMS).

Invito al lector, en particular si es una buena persona que en algún momento se ha visto tentada de acoger a uno de esos niños porque esto se lleva haciendo desde 1989, a que haga algo que parece que ningún organizador de las conmemoraciones ni periodista alguno se ha molestado en hacer: entrar en Google y teclear «OMS Chernóbil». Inmediatamente accederá al informe completo, o bien a resúmenes y conclusiones. Si el pasmo que le produzca lo lleva a la incertidumbre, puede continuar navegando y encontrará los informes citados anteriormente del comité *ad hoc* de la ONU llamado UNSCEAR, el de la Organización Internacional de la Energía Atómica (premio Nobel de la Paz cuando estaba dirigida por el inefable El Baradei) y, ya puestos, quien lo desee puede profundizar en los estudios sobre las consecuencias del accidente de Chernóbil realizados por grupos de investigación de universidades de todo el mundo. Todos los informes, elaborados tras dos décadas de estudio, llegan a resultados y conclusiones prácticamente coincidentes. Elijamos el que se cita en este caso, el de la OMS. La exactitud de los párrafos que se reproducen a continuación puede comprobarse fácilmente porque son textuales.

> A mediados del año 2005 no llegan a 50 las defunciones atribuidas directamente a la radiación liberada por el desastre (otros informes suben la cifra a 57); ha habido 4.000 casos de cáncer de tiroides, en su mayor parte en niños, que, salvo nueve que fallecieron, todos los demás se han recuperado (en esto coinciden los otros estudios). No hay indicios de un aumento de la incidencia de la leucemia y de cánceres sólidos entre los residentes afectados (coincidencia absoluta). Ha habido un total estimado de 3.940 defunciones por cáncer y leucemia provocados por la radiación (discrepancias notables, mayoritariamente a la baja, por ser análisis estadísticos, aunque una estimación eleva la cifra a casi 6.000) entre los 200.000 trabajadores de servicios

> de emergencia que intervinieron en los años 1986 y 1987, los 116.000 evacuados y los 270.000 residentes en las zonas más contaminadas (un total de aproximadamente 600.000 personas). La mayoría de los trabajadores de servicios de emergencia y de los habitantes de zonas contaminadas recibieron dosis de irradiación corporal relativamente bajas, comparables a los niveles de fondo naturales. Por consiguiente, no se han encontrado pruebas de una disminución de la fecundidad en la población afectada, ni parece probable que se produzca; tampoco se han encontrado pruebas de un aumento de las malformaciones congénitas que pueda atribuirse a la exposición a la radiación. La pobreza y las enfermedades asociadas con el modo de vida que ahora proliferan en la antigua Unión Soviética representan para las comunidades locales una amenaza mucho mayor que la exposición a la radiación.

Lo anterior, le pese a quien le pese, es la verdad sobre las consecuencias de lo que pasó en Chernóbil.

¿Por qué se miente tan desvergonzada y exageradamente respecto al accidente de Chernóbil? Ni lo sé ni interesa en estas líneas. ¿Por qué hay personas de buena voluntad que se dejan engañar de esta manera? Allá ellos, porque hoy día es muy fácil acceder a información veraz. El problema de verdad es el siguiente. A la vista de los informes científicos, uno debería responderse a las siguientes preguntas: ¿quiénes son esos niños ucranianos que incitan a acoger a familias de buenas personas? ¿Cómo se eligen? Pero, sobre todo, ¿con qué derecho se les engaña haciéndoles sentirse que están condenados a un futuro corto y lleno de padecimientos? La última pregunta, menos importante pero cuya respuesta sería clarificadora, es: ¿hay dinero de por medio? ¿Se puede estar cometiendo una crueldad infantil al socaire de una simple estafa? Menos mal que Japón está lejos y la distancia los puede disuadir, porque lo de Fukushima podría alentar a estos humanitarios a extender su labor durante los próximos lustros.

La última reflexión a que nos invita el accidente de Fukushima es la siguiente. Algo más de un año después, concretamente a finales de mayo de 2012, la prensa se hizo eco de dos informes de la ONU a los que tuvo acceso la revista *Nature* en los que se decía que no había habido afectados y que no se preveía daños a largo plazo. Textualmente, la revista dice: «Lo que suponga la radiación será insignificante y no reconocible a nivel científico». Hace un informe detallado de las dosis que recibieron los técnicos y bomberos y, salvo dos que permanecieron en la sala de control que desobedecieron las instrucciones y ni siquiera se tomaron las pastillas de yoduro, todos los demás estuvieron seguros. De estos dos temerarios tampoco se espera que se vean afectados. Pero lo más estremecedor del informe es lo siguiente, que insto a lector a que lo lea atentamente. Dice que «peores que las consecuencias de la radiación son por ahora las sociales, como las depresiones, los suicidios o la exclusión de los ciudadanos procedentes de Fukushima». Si se piensa bien, resulta que los alarmistas, los salvadores, los activistas mesiánicos, los periodistas incompetentes y demás han hecho más daño que los reactores destrozados por el terremoto y el tsunami.

El catastrofismo

Mucho de lo dicho en el apartado anterior se podría haber incluido en éste, pero aquí me voy a referir a la actitud general que siempre sostienen unos individuos, e incluso algún sector social, cuya consecuencia ineludible es el presagio de un final desastroso para cualquier situación política, sanitaria, ambiental, económica, etcétera. La palabra clave del párrafo anterior es «siempre», porque quizá atenúa el peligro que conlleva dicha actitud por su tranquilizante condición de inevitable.

El catastrofismo suele surgir ante asuntos relacionados con el progreso, es decir, con la ciencia y la tecnología. Lo más grave de esto es que los catastrofistas más influyentes a menudo son... ¡científicos! Éstos tienen dos características comunes: su afán de notoriedad y no haber entendido bien de qué se trata. Uno de los ejemplos recientes fueron dos físicos (jamás diremos sus nombres para no contribuir a su afán de notoriedad) que vaticinaron que el LHC, el Gran Colisionador de Hadrones del CERN, produciría agujeros negros minúsculos que provocarían tan tremenda catástrofe que podían llegar a destruir el planeta. Tuvieron la osadía de presentar una denuncia formal ante un juez. Lógicamente (o no, piénsese en eso), se formó un gran revuelo mediático. El otro motivo que he mencionado aparte de la búsqueda de fama es no haberse enterado bien de lo que hablaban. En este caso se trata de lo siguiente.

La densidad de energía que alcanza el LHC podría ser suficiente para generar minúsculos agujeros negros según la teoría. Pero también, según la misma teoría, cuanto más pequeños sean éstos, antes se evaporan. Dicho de otro modo, desaparecen sin consecuencias. La energía del LHC no llega, ni de lejos, a poder producir un agujero negro de importancia tal que sea ni siquiera observable, ya no digamos de consecuencias catastróficas. Pero hay más. En la Tierra se están recibiendo continuamente rayos cósmicos que son partículas parecidas a las que acelera y genera el LHC pero de una energía que puede ser extraordinariamente elevada. En toda la historia del planeta, jamás se ha detectado consecuencia alguna de agujeros negros originados por los rayos cósmicos, y menos apocalípticas, como predecían esos dos individuos. Pues, a pesar de todo, alcanzaron fama mundial y todo el mundo sintió inquietud cuando se puso en marcha el LHC. No ocurrió nada[6] y ya nadie se acuerda de esos dos, pero la desconfianza hacia la ciencia se ha incrustado en el imaginario popular de una manera indeleble.

Algo parecido se podría decir del «efecto 2000», ¿se acuerda el lector? El sistema operativo de todos los ordenadores del mundo fallaría al cambiar de milenio con unas consecuencias inenarrables por su poder catastrófico. Tampoco ocurrió nada, pero aquello estuvo en los medios durante mucho tiempo y con efectos económicos muy notables, aunque los peores son los psicológicos apuntados antes en el sentido de acrecentar la desconfianza popular hacia la ciencia y la tecnología.

Vamos a hacer un pequeño repaso de algunos de estos alarmismos catastrofistas no sólo por lo chuscos que han sido, que siempre es bueno arrancar una sonrisa, sino para apoyar lo que vamos a sostener después de que este asunto es mucho más serio de lo que pa-

6. Varios medios difundieron la noticia de que una chica india se suicidó a causa del pánico que le produjo pensar que la catástrofe inminente la iba a matar.

rece. Tómese nota de que no se va a hacer mención de nada relacionado con los más grandes catastrofistas: los clérigos.

Seguramente, a quien los catastrofistas de los tiempos modernos (insisto en que siempre los ha habido) deberían erigir como santo patrón es Malthus. Este economista británico del siglo XIX pronosticó «científicamente» que la población mundial crecería de tal manera que en buena medida se extinguiría por guerras y, sobre todo, por hambrunas apocalípticas. Nada de ello ocurrió, pero el problema fue que un siglo después, otro iluminado, en este caso el estadounidense Ehrlich, de la Universidad de Stanford, pronosticó que la hambruna planetaria llegaría en veinte años. Ni uno más, ni uno menos. Corría el glorioso año 1968. Nada pasó a esa escala y la población mundial sigue su ascenso galopante. ¿Significa eso que nunca vaya a haber un desastre global debido a la sobrepoblación? No, lo que ocurre es que las cosas son más complejas en cuanto a extrapolaciones, de lo cual hablaremos más adelante. Por ahora continuemos poniendo ejemplos de naturaleza muy distinta para tratar de encontrar alguna unidad después.

Edison, posiblemente el inventor más grande de todos los tiempos, y lo digo muy en serio, cometió algunos errores. Uno en el que se empecinó fue en las ventajas de la corriente eléctrica continua respecto a la alterna en cuanto a su transporte y distribución. En Europa, de la mano de otros grandes inventores, la familia Siemens, se habían decantado por la corriente alterna. Era tan lógico que la solución prosperó hasta nuestros días. Edison quiso demostrar que llevaba razón en plan americano, o sea, con espectáculo incluido. Se basaba en que la corriente alterna era mucho más peligrosa que la continua. Le llegó la noticia de que la elefanta de un circo cercano le estaba amargando la vida a todos. Ya se había cargado a dos cuidadores y el dueño del circo no sabía qué hacer con ella. Topsy se llamaba el animal y parece que llevaba parte de razón en sus lances, porque los cuidadores la maltrataban. El caso es que Edison, naturalmente ante periodistas de todos los medios, envolvió a la elefanta con electrodos de cobre y la electrocutó con una colosal descarga de corriente eléctrica alterna. Ya de paso, porque hay que aprovecharlo todo, Edison patentó la infausta silla eléctrica. ¿Cuál fue la moraleja de esta tremenda historia? Que hubo apocalípticos que clamaron contra la electricidad, porque aquello de llevarla a los hogares poniéndola al alcance de todo el mundo significaba, obviamente, la electrocución masiva. Se llegó a calcular el número de muertos que aquello provocaría y el resultado fue pavoroso.

Otros catastrofismos son más sutiles y se podría estar discutiendo de ellos toda una vida. Por ejemplo, el que propició nada menos que Ernest Rutherford, el descubridor del núcleo atómico. Estamos hablando de un científico que tuvo once discípulos ganadores del premio Nobel. Cuando se inventaron los aviones, Rutherford se puso en contra de ellos. Vaticinó que se emplearían de forma masiva en las guerras y que aquello no sólo era innoble por lo que supondría de deshumanización absoluta de las guerras e industrialización de la muerte, sino que arrasaría la humanidad. Piénsese si su temor estaba justificado o no.

La postura de Rutherford era más o menos la misma que un grupo de sheriffs de un condado estadounidense que a principios del siglo XX, ante la proliferación de los automóviles, se reunieron y llegaron a un acuerdo famoso. Aquellas máquinas infernales, de las cuales había ya más de cien en todo el estado, contaminaban, asustaban a los caballos, atropellaban a la gente y los accidentes provocaban heridas graves en sus conductores. Había que parar todo aquello, así que acordaron inmovilizar los coches encadenándolos a los árboles o donde se pudiera en cuanto vieran uno aparcado, tenderían cuerdas a lo largo de las calles a una altura apropiada para que no pudieran circular y, si no había otra solución, se les dispararía procurando, eso sí, no darle al conductor. ¿Qué tenían en común Rutherford y los sheriffs? Que, como he apuntado en el capítulo 1, llevaban razón en todo, pero que no vaticinaron lo que le venía encima al siglo XX en cuanto a la aviación y el automovilismo. Aquí está la clave del asunto: distinguir entre lo que es catastrofismo auspiciado por el afán de notoriedad o no entender el problema en toda su extensión, por una parte, y por otra la imprevisión del vaticinio basado en la extrapolación.

¿Es catastrofismo augurar los males del cambio climático o la proliferación nuclear? ¿Se puede comparar esto con la amenaza extendida en su momento de la provocación de cáncer y otros problemas por los teléfonos móviles? ¿Los cables de alta tensión no generan todo tipo de males? En su día se alertó apocalípticamente de que inocular gérmenes que provocaban enfermedades en gente sana haría que la vacunación fuera un exterminio seguro. ¿Se puede comparar esto con los peligros que nos alarman sobre el consumo de alimentos transgénicos? ¿Todas las pandemias auguradas recientemente, como las de las vacas locas, las gripes aviar y A, el E. coli alemán, etcétera, fueron catastrofismo o exceso de celo por parte de las autoridades sanitarias? Todo depende de en qué se base cada cual para hacer la extrapolación hacia el futuro de los datos acumulados hasta el presente. O sea, que puede caerse en el catastrofismo más burdo o en el análisis pormenorizado del problema. La cuestión es que esto último sólo pueden hacerlo los científicos, y si por un lado pierden parte de su credibilidad y por otro hay un interés ideológico, político o económico para desprestigiar a la ciencia, apañados estamos.

En lo que hay que tener fe es en la ciencia incluso más allá de los propios científicos. A ver cómo se hace eso, se dirá el lector. Tratemos de explicarnos, porque es mucho lo que está en juego.

Políticos y científicos

Los protagonistas de las consecuencias sociales de la ciencia y la tecnología son dos: los políticos y los científicos. De la valía y competencia de unos y otros depende todo.

La diferencia esencial es que el método de selección de los componentes de ambos grupos es absolutamente dispar y las decisiones, como es lógico y democrático, han de tomarlas sólo los políticos. Éstos deben ser conscientes en todo momento de que ellos están en puestos de poder político por las razones que saben mejor que nadie: cooptación de la dirección del partido, resultado de acuerdos varios entre colegas, incluso en algunos sistemas y cargos, pueden haber sido elegidos democráticamente por las bases de su partido o directamente por el pueblo con conocimiento a fondo. Esto sólo suele ser el caso de los alcaldes de pueblos pequeños y medianos.

Los científicos, por su parte, son (o deben haber sido) resultado de una larguísima carrera cuajada de elementos de control y selección como he explicado en su momento. Además, suelen estar agrupados en instituciones públicas como universidades, organismos públicos de investigación, etcétera. Es tarea esencial de los políticos asesorarse de estas instituciones y es tarea esencial de los científicos explicarse de manera inteligible, es decir, es responsabilidad de éstos hacer divulgación científica para que las personas más responsables de la sociedad tengan una opinión formada y sólida sobre los distintos asuntos de la ciencia y la tecnología que les pueda atañer. Éstos han de estar también ojo avizor sobre la actitud hacia ésta de los políticos que eligen o cooptan para dirigirlos. Pero uno de los problemas en esto de la comunicación entre los tres grupos, políticos, científicos y ciudadanos, es el siguiente.

Un político siempre va a estar (va a aparentar estar) seguro de lo que dice. Un científico siempre se va a mostrar dubitativo en temas complejos en los que la ciencia y la tecnología no demuestren al mil por cien la fiabilidad de sus predicciones y resultados. El ciudadano va a tender a fiarse de quien se muestre más seguro, y ése es el error. El caso más flagrante en estos últimos tiempos seguramente haya sido el de las famosas armas de destrucción masiva de Irak. Recuérdense las actitudes tan distintas de Colin Powell y demás políticos, incluidos los presidentes español y británico, mostrando unas fotos, papeles y adminículos que podían ser cualquier cosa, y la de los representantes de las Naciones Unidas y la Agencia Internacional de Energía Atómica que pedían más tiempo para que los inspectores científicos que capitaneaban informaran más fidedignamente. Aquéllos mostraban una seguridad absoluta basada en unos informes clandestinos de sus servicios de información; los científicos se basaban en la ausencia de indicios claros que tendrían ineludiblemente que haber detectado y no lo habían hecho. Al final sabemos lo que pasó. La pregunta que puede hacerse uno es: ¿podían realmente los inspectores alcanzar la certeza de que en Irak no había armas de destrucción masiva? La respuesta es sí. Sí, sin ambigüedad. Podríamos extendernos sobre los indicios, por ejemplo, radiactivos, que tendrían que haberse detectado si hubieran tenido armas atómicas o los que demostraban la existencia de armas biológicas y químicas; aunque ya, ¿para qué?

El caso más reciente de este conflicto entre políticos y científicos, ocurrido en 2011, ha sido el problema citado de pasada del brote epidémico provocado por la bacteria E. coli en el norte de Alemania. La consejera de sanidad del *land* donde se detectaron los primeros síntomas apareció en televisión declarando con toda su capacidad de alarma y convicción que aquello estaba controlado y que la causa había sido una partida de pepinos españoles. Unos pocos telediarios después, empezó a aparecer un científico joven que decía, dubitativo y con frases entrecortadas, que aquello no estaba ni mucho menos claro, que habría que investigar mucho más a fondo otras posibles causas, que el control aún no estaba asegurado, y cosas así de aburridas. En lugar de concentrarse en esto, las autoridades pusieron su celo en hacer desaparecer no sólo los pepinos españoles, sino cualquier producto agrícola proveniente de España. Poco a poco se fue aclarando científicamente el origen del problema, que no tenía absolutamente nada que ver con los productos españoles, y las consecuencias fueron tremendas: ruina para muchos agricultores, 3.255 infectados según la OMS y 33 muertos.

Esta pobre interrelación entre científicos y políticos tiene que cambiar si no queremos que en el futuro se produzcan graves problemas e incluso tragedias en las que la primera víctima será la población y la segunda la ciencia.

Por cierto, y aunque sea algo oportunista: ¿es imaginable lo que hubiera ocurrido en Alemania si los afectados y las víctimas del E. Coli los hubiera provocado un accidente nuclear? Pues sobre todo que, a la vista de lo que ocurrió en Fukushima, el pánico se habría cobrado muchísimas más víctimas que la radiación; pero mejor cambiemos de asunto.

El ecoterrorismo

Un estremecedor[7] artículo reciente de la revista *Nature* llama la atención sobre ataques anarquistas a la ciencia. Un grupo de ideología que ellos llaman ecoanarquista ha reivindicado varios atentados en Italia, Suiza y México. En Génova le dispararon sin matarlo a un ingeniero nuclear, en el laboratorio de nanotecnología de la IBM en Zurich y en el Tecnológico de Monterrey el ataque ha sido con bombas, resultando heridos varios científicos. En Chile, Grecia y el Reino Unido parece que también han intentado llevar a cabo atentados similares. Dentro del llamado Frente Revolucionario Internacional de la Federación Anarquista Informal, la denominada Célula Olga parece la más activa. El nombre le viene de una activista detenida en Grecia por llevar a cabo uno de estos atentados.

Sobre el ingeniero italiano Roberto Adinolfi al que dispararon, en el comunicado de reivindicación de la autoría se dice que «él sabe muy bien que es sólo cuestión de tiempo que un Fukushima europeo elimine nuestro continente». Añadían que «Finmeccanica [la multinacional en la que trabaja Adinolfi] significa biotecnología y nanotecnología, es decir, muerte y sufrimiento, las nuevas fronteras del capitalismo italiano». En otros comunicados, los ecoanarquistas sostienen que «la ciencia prometió en siglos pasados una edad dorada, pero nos está empujando a la autodestrucción y la esclavitud total». La federación a la que pertenece este grupo ha dejado escrito que «la tecnología es la responsable de la enfermedad del mundo y que los científicos son las criadas del capitalismo».

Las consecuencias de estas acciones terroristas se están dando ya en forma de aumento de la vigilancia policial en centros de investigación, asignación de guardaespaldas y escoltas, e incluso se ha llegado a plantear la suspensión de una conferencia internacional de nanotecnología.

¿Pueden considerarse estos incipientes ataques a la ciencia anecdóticos o el inicio de algo que puede degenerar en una especie de

7. http://www.nature.com/news/anarchists-attack-science-1.10729.

cáncer? Es difícil evaluarlo, pero desde luego si se continúa sin poner freno al alarmismo, la desinformación, el oportunismo político y demás, puede que estemos contribuyendo al desarrollo de la más letal de las amenazas a la que se puede someter a la ciencia y la tecnología. Y si detrás de eso no está la barbarie, es que hemos aprendido pocas lecciones del pasado.

III

LOS OBJETIVOS

6

La coevolución

Una vez que se han pergeñado las amenazas a que está sometida la ciencia que puedan llevarla a su fin, tratemos de definir los fines, esto es, los objetivos fundamentales que ha de cumplir. El primero, y consecuencia ineludible de lo anterior, es defenderse de los peligros que la acechan. Para ello, la ciencia no tiene mejor aliada que la sociedad civil, es decir, el pueblo llano y soberano. Así pues, la tesis fundamental que se va a defender en este capítulo es que la ciencia es tan esencial para el devenir humano que la prosperidad de éste va a ir en paralelo al progreso de aquélla. Dicho de otro modo, la evolución de la ciencia se ha ido haciendo inherente a la evolución de la sociedad, y esa convergencia es la que hay que estrechar cada vez más. Tanto, que vamos a usar el término coevolución, el cual es un concepto biológico referido a la adaptación evolutiva de distintas especies, normalmente en beneficio de ambas. Este beneficio se consigue sólo si las especies que coevolucionan lo hacen mejorando continuamente, es decir, sin llegar a ningún estado estacionario. Nuestras «especies» serán, insisto para dejar clara mi posición, la sociedad y la ciencia.

Siempre habrá un sector de la población que vea con tal temor los avances científico-técnicos que le muevan a la beligerancia. Los motivos pueden ser muy variados, como hemos dejado ver en capítulos anteriores, incluidos algunos nobles sobre los que no he hecho hincapié. Por ejemplo, algunos ecosocialistas[1] se oponen parcialmen-

1. Otros ecologistas, como los de Greenpeace, reivindican su no adscripción ideológica; por ejemplo, veánse las declaraciones del que fue su director general

te (incluso totalmente) al avance de la tecnología por miedo a que sus beneficios los disfrute un sector social cada vez más reducido y privilegiado a costa de la mayoría. También habrá otro sector de la población que sostenga el punto de vista radicalmente opuesto a éste. Podríamos llamarlos los tecnoutópicos, o sea, aquellos que creen que sólo la ciencia y la tecnología eliminarán la pobreza y abolirán el sufrimiento humano. Entre estos dos extremos casi caricaturescos, nos situaremos más cercanos a este último, lo cual no le habrá causado sorpresa alguna al lector que haya llegado hasta aquí, pero seguramente se mostrará sorprendido por los argumentos que daré a continuación. En cualquier caso, conste que siempre mantendré una duda que en algunos pasajes de capítulos anteriores ya he puesto de manifiesto: ¿una sociedad progresa cuando dedica esfuerzos a la ciencia o se permite dedicar esfuerzos a la ciencia cuando es próspera? De lo que sigue, que trata de exponer dicha duda en el marco de la coevolución, se pueden poner infinitos ejemplos, pero he elegido, por mor de la originalidad… ¡el de los indios navajos!

Los navajos actuales (los pocos que quedan) llaman a sus ancestros anasazi, indios norteamericanos de los que hay indicios como tribu desde tiempos remotos hasta poco antes de la llegada de los españoles, que ya estaban extinguidos. Habitaban en Nuevo México en su frontera con Arizona y Colorado. Aquellos navajos primitivos eran sedentarios, agricultores y canasteros. Lo de las canastas es muy serio, porque adquirieron tal habilidad fabricando estos enseres, útiles para infinidad de cosas, que algunos de los períodos de su historia se definen por el tipo de cestería dominante. Al principio vivían en cuevas, pero como fueron agricultores afanosos, muy pronto empezaron a construir chozas de adobe cerca de los campos cultivados. Y después, por razones poco claras, construyeron estructuras comunales que iban desde veinte habitaciones hasta mil, todas sin solución de continuidad. Los restos de la mayor unidad urbanística de este estilo y que data del siglo XI se pueden visitar hoy día en el Parque Histórico Nacional de Cultura del Chaco, en Nuevo México, y se llama Pueblo Bonito.

Juan López de Uralde en el diario *Público* del 23 de mayo de 2009 en las que dice que no son de derechas ni de izquierdas.

En aquel ambiente apacible (es un decir, porque la convivencia en aquellas abigarradas comunidades debió de ser bastante escandalosa) y próspero había vecinos que se dedicaban a pintar hábilmente y a estudiar las estrellas. Algo diremos de esta combinación de arte y astronomía, pero antes observemos algo impresionante de aquella cultura primitiva. Las alineaciones de edificios, el estudio de la curva espiral y algunos petroglifos prueban hoy sin ninguna duda que los anasazi sabían prever el ciclo draconítico lunar de 18,6 años. Por si no se recuerda lo que era aquello del mes draconítico, piénsese que la órbita de la Luna en torno a la Tierra está en un plano inclinado unos cinco grados con respecto al plano de la eclíptica, esto es, el plano que forma la órbita de la Tierra con el Sol. La intersección de las trayectorias en ambos planos define dos puntos llamados nodo ascendente y nodo descendente. Estos puntos no son fijos debido al movimiento de la Tierra y la Luna en torno al Sol, sino que coinciden en un período de aproximadamente 18,6 años. Éste es el ciclo draconítico. También debido a este movimiento, el tiempo que tarda la Luna en volver a pasar por el mismo nodo es un poco más corto que un mes sideral. Este período se llama mes draconítico y dura 27,2 días.

Uno puede pensar que para un pueblo primitivo lo único de provecho que le puede ofrecer el estudio de las estrellas y los movimientos de la Tierra y la Luna en torno al Sol es el establecimiento del calendario, y mucho más para un pueblo agrícola. Sin embargo, la única aplicación que podría tener para los anasazi conocer tan precisamente no sólo el mes, sino también el ciclo draconítico, era predecir los eclipses, porque éstos tienen lugar cuando el Sol, la Tierra y la Luna están exactamente en una línea. Puesto que, como he dicho la órbita de la Luna está inclinada respecto al plano definido por la de la Tierra, la eclíptica, los tres cuerpos sólo están en una línea cuando la Luna está cerca de dicha eclíptica, es decir, cuando está cerca de uno de los nodos mencionados. El término *draconítico* se refiere al dragón mitológico que vive en los nodos y regularmente *se come* el Sol o la Luna durante el eclipse.

¿Para qué querían predecir los navajos primitivos los eclipses? Quizá para asuntos religiosos, no se sabe, pero lo que es indiscutible es que lo sabían hacer. Además, entre otros testimonios de su dedicación a la exploración del cielo nocturno, hay una pintura en una roca del Cañón del Chaco que representa la explosión supernova denominada hoy SN1054.[2] También en una mezcla de arte y astronomía, los chinos dejaron constancia histórica detallada de esa misma supernova, o muerte explosiva de una estrella de gran masa.

Los europeos, naturalmente, también vieron aquel resplandor que duró meses, pero aquéllas eran épocas oscuras en las que el cielo, decidido por la Iglesia, era inalterable. Dejar constancia escrita o discutir sobre una alteración tan llamativa de lo que era inmutable por dogma era jugársela, por lo que se consideró prudente correr un tupido velo sobre el asunto.

Esta sencilla historia de los anasazi, el ciclo draconítico y la SN1054 nos plantea una serie de preguntas. En primer lugar, la que he dicho que me asalta continuamente: ¿algunos navajos primitivos se podían dedicar a estudiar las estrellas porque su pueblo alcanzó cierta prosperidad, o en buena medida fue al revés: los anasazi prosperaron porque una parte de ellos se dedicaban a responder preguntas aparentemente inútiles? ¿Por qué se extinguieron? Se habla de cambio climático, sobrepoblación y mil hipótesis más, pero nunca se dice nada sobre si cometieron errores graves en su desarrollo científico y técnico. Por ejemplo, para construir las grandes casas de Cañón del Chaco se necesitaron millones de bloques de gres y varios centenares de millares de vigas. Los anasazi consiguieron edificar estas magníficas estructuras urbanas en lugares inaccesibles sin fuerza animal ni herramientas metálicas, porque no conocían la metalurgia ni la rueda. Tampoco tenían moneda ni escritura. Quizá la coevolución mencionada de ciencia y sociedad empezó a divergir en el caso

2. Las explosiones supernovas se denominan con las letras SN seguidas del año en que se detectó y a continuación con una letra que indica el ordinal del acontecimiento ese mismo año. Así, por ejemplo, la SN2004E indica la quinta supernova detectada el año 2004. Hoy día, lo que queda de aquella supernova SN1054 es una espléndida nebulosa, llamada el Cangrejo por su forma, situada en la constelación de Tauro a unos siete mil años luz. El Cangrejo aún se está expandiendo, nueve siglos y medio después de la explosión, a una velocidad de 1.450 km/s y su luminosidad equivale todavía a ochenta mil soles.

de los anasazi en algún momento después de haberse estrechado notoriamente por no haber descubierto o inventado cosas esenciales para su progreso.

Otro aspecto del asunto es el siguiente. El nivel de vida medio de los europeos del año 1054 no debía de diferir mucho del de los chinos o los navajos, ¿por qué y cuándo prosperaron los primeros y estos últimos entraron en declive? ¿Quizá cuando se liberaron de ciertas ataduras intelectuales y se abrieron a la ciencia y la técnica, o fue simplemente el desarrollo económico, militar, social y cultural el que lo propició? ¿Sólo las sociedades prósperas pueden permitirse tener en algunas de sus universidades departamentos de antropología que estudian a los navajos y la cultura china, o es al revés, dichas sociedades destacan porque siempre han tenido inquietudes intelectuales tan poco pragmáticas como ésas? Las respuestas a estas preguntas son complejas y caer en el simplismo es fácil, pero lo que voy a sostener en este capítulo es que la evolución de la ciencia y de la sociedad no se debe trastocar, aunque sea por errores basados en la buena voluntad. Dicho de otro modo, voy a ser modesto y trataré de mostrar sólo el poderoso papel que juegan tres motores decisivos para el avance de la ciencia a los que a veces se coloca en una situación delicada. Se trata de la curiosidad, la espontaneidad y la casualidad.

El motor de la curiosidad

A estas alturas del libro el lector ya sabe que de lo último que presumiré es de filósofo, sociólogo, psicólogo o historiador. Asumo sin problemas ser y haber sido durante décadas simplemente un científico asalariado. Por eso, para empezar a sostener mi hipótesis en torno a lo que significa el papel de la curiosidad en la coevolución de la humanidad con la ciencia, me voy a permitir utilizar un ejemplo tan particular y concreto que quizá mantenga al lector en un cierto estado de estupor mientras lee los siguientes párrafos.

Todo el mundo, lamentable y afortunadamente a la vez, está familiarizado con muchos términos entre esperanzadores e inquietantes que flotan en el ambiente de cualquier gran hospital. Radioterapia, resonancia magnética nuclear, láser, litotricia por ultrasonidos, análisis por efecto Doppler, y un largo etcétera que trasciende arrolladoramente a los entrañables, por tradicionales, rayos X. Una de las últimas novedades clínicas es el análisis por PET, siglas que corresponden a Positron Emission Tomography, Tomografía por Emisión de Positrones. Veamos un poco detalladamente en qué consiste. Es complicado, pero el esfuerzo por entenderlo valdrá la pena.

La raíz cuadrada de un número es positiva y negativa a la vez. Es muy fácil: la raíz cuadrada de 4 es 2, pero también –2, porque al hacer lo contrario, o sea, elevar al cuadrado el 2 y el –2, ambos dan cuatro. Si estos números se asocian a magnitudes, entonces surgen los problemas. Por ejemplo, ¿qué diablos es una masa negativa? Cuando se quiso fusionar la mecánica cuántica con la relatividad especial, surgían raíces cuadradas de magnitudes físicas, en particular, de la energía. El problema no parecía grave, porque la ecuación fundamental que gobernaba las partículas relativistas funcionaba bastante bien. Pero esos valores negativos provocaban gran insatisfacción, por lo que un físico, Dirac, propuso una manera de formular la ecuación donde no surgieran esas raíces cuadradas.

Cada vez que les explico a mis alumnos cómo surgió la ecuación de Dirac quedan asombrados por la gran osadía que supone a la vez que por su gran sencillez. Pero, ¡ay!, de las cuatro soluciones que tenía la ecuación, en dos de ellas seguían surgiendo valores negativos de magnitudes conceptualmente positivas. Ahora viene la genialidad. Dirac asoció esas dos soluciones a una partícula desconocida hasta entonces. Piénsese que estamos en una época (la década de 1930) en la que el universo se concebía constituido de fotones (radiación o luz), electrones, protones y neutrones. Nada más. Añadir una nueva partícula era una gran revolución. Esta partícula, además, tendría que ser exactamente igual que los electrones, salvo que algunas, muy pocas de sus propiedades, tendrían signo opuesto. Por ejemplo, la carga eléctrica tendría que ser exactamente igual que la del electrón, pero positiva en lugar de negativa. Aquello era muy raro, pero… ¡se descubrió! A la nueva partícula se la llamó, lógicamente, positrón, y por su carácter opuesto empezó a conocérsela como la antipartícula del electrón. A lo mejor, se llegó a postular, cada partícula tenía su antipartícula, como así se demostró después que ocurría. Se consiguió incluso sintetizar antimateria, es decir, átomos formados por las antipartículas del mundo normal. Pero sigamos con los positrones.

En cuanto una partícula se encuentra con su antipartícula, ambas se desintegran convirtiéndose en energía. Esta energía presenta la forma de dos fotones, que, para que se cumplan las leyes de la física, han de salir disparados en direcciones exactamente opuestas.

Pasemos ahora a otra historia: la radiactividad, la cual también surgió por pura curiosidad intelectual. Una de las formas de desintegrarse un núcleo radiactivo es mediante la emisión de electrones. Es la radiactividad beta, tan famosa como sus primas la alfa y la gamma, aunque hay otras. La radiactividad beta la genera la transformación espontánea de un neutrón en protón. El caso contrario, esto es, la conversión de un protón en neutrón también es posible, pero entonces lo que surge del núcleo que sufre esa transformación es un positrón, porque las leyes de la física, como todas las leyes están para que se cumplan. En este caso es la de conservación de la carga eléctrica. ¿Qué es lo que pasa cuando un núcleo radiactivo emite un positrón? Que éste, inmediatamente, casi sin salir de la sustancia que lo contiene, se encuentra con un electrón y, por tanto, ambos se desintegran. Conclusión y dejamos de marear: de un núcleo radiactivo beta positivo, o sea, emisor de positrones, lo que se detecta son dos fotones en direcciones opuestas.

Siguiente historia: la bioquímica de los procesos fisiológicos. Seguro que el lector ha escuchado eso de la química del amor. Pero ¿se imagina la cantidad de científicos que han tenido que trabajar para desentrañar cuáles son las reacciones bioquímicas, las que tienen lugar entre grandiosas moléculas, que rigen las emociones? Pues se conocen muy bien no sólo éstas, sino las que entran en juego en infinidad de procesos fisiológicos. Como interrelación entre la física y la biología molecular, a alguien se le ocurrió lo siguiente. Supongamos que un moleculón de esos que rige un proceso fisiológico tiene un átomo de, por ejemplo, sodio. Si sustituimos ese sodio por un isótopo de sodio radiactivo que emita positrones, podemos conseguir algo grande: seguirle la pista detectando los dos fotones que emite en direcciones opuestas. Muy bien, pero eso exige que entren en juego hallazgos que nada tienen que ver con los anteriores. Así que necesitamos más historias, por ejemplo las que llevaron a las técnicas de detección de partículas o… ¡la informática! Es lógico que la detección de esos fotones exija mucha computación, porque el moleculón al que queremos seguir la pista está emitiendo fotones a 180° continuamente y en todas las direcciones. Para distinguir el punto exacto de donde ha surgido una pareja de fotones de la desintegración de dos antipartículas hay que eliminar todos los demás y registrar el suceso. Y así, tras miles de miles de millones de registros, se puede reconstruir el proceso bioquímico que se quiere estudiar con esta técnica. En otras palabras, los algoritmos matemáticos y el cálculo numérico por ordenador asociado a los mismos han de ser tremendos.

Como se puede ver, ya estamos pasando de la ciencia básica a la ciencia aplicada.

Al final, resumiendo, han de entrar en juego ingenieros, técnicos e industriales de muchas especialidades para diseñar la cámara donde introducir al paciente para analizar con esta técnica alguna anomalía fisiológica. Que nadie piense que ésta es la parte trivial del asunto, porque justo estos remates son los que hacen que podamos sacar provecho o no a la ciencia.

¿Qué se ha conseguido con todo este esfuerzo científico y técnico en el que han participado infinidad de personas con todo su ingenio? Pues, por ejemplo, confirmar que, como intuíamos, las imágenes de nuestros procesos bioquímicos del cerebro cuando estamos tristes o cuando estamos eufóricos son muy diferentes. Lo cual no sirve para mucho, pero por el mismo procedimiento también se obtienen imágenes que permiten diagnosticar enfermedades y trastornos como el Alzheimer o la depresión, entre otras muchas, que, de otra forma, no se podría hacer. Ése es el avance fundamental, pero lo que quería resaltar aquí es otra cuestión.

De todo este asunto del PET hemos de tener en cuenta que los principales motores han sido el establecimiento de una ecuación matemática motivada por razones más conceptuales, incluso estéticas, que otra cosa; la detección de rayos cósmicos que confirmaron la existencia del positrón predicho por la ecuación anterior; la exploración de un fenómeno como la radiactividad que a nadie se le ocurría en su momento que pudiera servir para algo; el escudriñamiento de los procesos químicos que intervienen en la fisiología de un sistema tan extremadamente complejo como es el cuerpo humano; la informática extrema; y un largo etcétera cuya base está exclusivamente en la curiosidad.

Cuando algún científico escribe un artículo defendiendo ardorosamente la ciencia básica suele plantear una serie impresionante de descubrimientos que, como el que acabo de detallar, tienen su base en la investigación dirigida exclusivamente por la curiosidad sin que en ningún momento vislumbrara, ni siquiera se planteara, la más ligera aplicación práctica posible. Para mí, el ejemplo quizá más sublime sea el que también he citado de pasada: la relatividad general de Einstein, el que dicen y sostengo con firmeza que es el mayor producto del cerebro humano. Piénsese que es una teoría que describe el universo a su máxima escala y que se pone de manifiesto cuando entran en juego distancias de muchísimos años luz y masas de calibres estelares, cuando no galácticos. ¿Quién iba a pensar que iba a ser imprescindible para… ¡el GPS que llevamos en nuestros coches!? Nadie. Y mucho menos, Albert Einstein.

Los frutos de la espontaneidad

Hablemos una vez más del CERN (Centro Europeo de Investigaciones Nucleares) y del surgimiento de la WWW que he mencionado en el capítulo 2. Alguien podría argüir que la insistencia en este centro científico es porque estoy relacionado con él desde hace muchos años. Es posible, pero recuérdese que el CERN es el mayor laboratorio del mundo de investigación básica.

Ya he dicho que en el CERN trabajan miles de personas, pero la mayoría de los beneficiarios de los resultados que allí se obtienen son físicos de todo el mundo, porque esos datos no pertenecen sólo a los socios europeos que sostienen económicamente el centro, sino a toda la humanidad. ¿Cómo poner a disposición de todos de la manera más rápidamente posible dichos resultados experimentales?

En la primavera de 1989, un físico del CERN llamado Tim Berners-Lee le entregó a su supervisor un documento de título tan soso y mayúsculas tan inapropiadas como «Information Management: A Proposal». El jefe, tras leer aquella propuesta de tratamiento de la información, escribió a mano en una esquina de la primera página «Vague, but exciting…» (vago, pero prometedor). Aquello, aunque no fuera para tirar cohetes, permitió a Berners-Lee continuar con el proyecto, al que se unieron tres informáticos. Acababa de nacer la World Wide Web.

La propuesta de Berners-Lee era transferir información a internet usando hipertexto, el sistema familiar hoy día de apuntar y cliquear navegando a través de páginas que contienen dicha información. La primera página web de la historia apareció en la Navidad de 1990 y fue http://info.cern.ch/hypertext/WWW/The Project.html, la cual daba información sobre el proyecto WWW. Yo estaba allí, la vi, comenté el asunto con mis compañeros y todos nos encogimos de hombros indiferentes diciéndonos que era otra chichiflauta más de los informáticos con la única, sempiterna y aviesa intención de mantenernos a todos mareados. Veinte años después, aquella página se multiplicó por centenares de millones. O sea, que mis amigos, y sobre todo yo, fuimos unas águilas de mirada aguda contemplando en hierática actitud el futuro devenir de la humanidad. Hicimos el mismo papelón que el directivo aquel de IBM que a finales de la década de 1940, como ya he comentado en el capítulo 3, ante el éxito alcanzado por un ordenador de válvulas que ocupaba medio edificio, pronosticó que no preveía un mercado para los ordenadores de más de siete u ocho en todo el mundo.

¿Qué lección podemos extraer de aquel extraño invento de la WWW desarrollado en el sitio más inesperado? Que para que la ciencia ofrezca progreso a la humanidad no tiene más que ser excelente y abierta a todo el mundo, es decir, que no tenga nada que ver con el secretismo y la búsqueda del beneficio inmediato a costa de lo que sea. La espontaneidad, un efecto sin causa aparente como pueden ser nada menos que el big bang, la radiactividad o el surgimiento de la World Wide Web, es un motor extraordinario de la ciencia y, en consecuencia, del progreso. Ha ocurrido tantísimas veces en la historia que hay que procurar por todos los medios que esa espontaneidad siempre tenga un caldo de cultivo apropiado.

La riqueza de la casualidad

De un tiempo a esta parte se ha puesto de moda en el mundo de la ciencia la palabra serendipia. En español sería algo así como chiripa, aunque más apropiado sería casualidad. Y tampoco esta última palabra tradicional se adecua bien a lo que ocurre en ciencia con frecuencia asombrosa y resultados maravillosos. Quizá fuera hora de que la Real Academia tomara cartas en el asunto y elaborara una definición adecuada para la palabra serendipia. Ayudémosla por si acaso algún académico lee esto. Consideremos dos descubrimientos curiosos.

Tras la Segunda Guerra Mundial, las ciudades bombardeadas tenían enterradas muchas bombas que no habían explotado. Fue un trabajo tremendo buscarlas para evitar daños. Afanados en esta tarea de localización y desenterramiento, en Londres se descubrieron los restos de un templo romano dedicado al dios Mitra.

El medicamento más famoso de la historia del que todavía se encuentran nuevas aplicaciones beneficiosas es la aspirina. Como mínimo, está demostrada su eficacia en bajar la fiebre, aminorar el dolor y prevenir problemas cardíacos. La aspirina se preparó por primera vez para usarla como un antiséptico interno, o sea, con un objetivo que nada tuvo que ver con sus aplicaciones posteriores.

El hallazgo del templo de Mitra fue por casualidad y el descubrimiento de las propiedades de la aspirina por serendipia. Así se interpretan ambos términos en el mundillo científico y en muchas ocasiones no es fácil distinguir entre uno y otro, entre casualidad o serendipia. Por ejemplo, el doctor House en su serie televisiva está continuamente pasando de la serendipia a la casualidad al solucionar los problemas médicos de sus pacientes. En unas ocasiones, el diagnóstico acertado es el resultado inesperado de una deducción sistemática eliminando posibilidades, y en otras lo ha inspirado un hecho insólito o casual. Dicho de otro modo, se podría distinguir entre los casos de descubrimientos accidentales que culminan una búsqueda respecto a descubrimientos accidentales de cosas no buscadas. Estos últimos serían los frutos de la serendipia. Planteo el siguiente dilema: ¿el descubrimiento de América fue fruto de la casualidad o la serendipia?

La palabra viene de un cuento de hadas persa titulado «Los tres príncipes de Serendip», siendo Serendip la palabra fonéticamente adaptada del árabe referida a Ceilán o la actual Sri Lanka. Los príncipes hacían continuamente descubrimientos de cosas que no se habían planteado y solucionaban problemas usando la sagacidad por accidente.

En cualquier caso, sea por casualidad o serendipia, invito al lector a que descubra en internet la cantidad de hallazgos alcanzados por esta vía. Le auguro tal gozo que para alentarlo le recuerdo algunos de los más famosos que serán adecuados a la conclusión que extraeremos al final del apartado. La vacunación, los manuscritos del mar Muerto, la urea, la penicilina, el celuloide, el LSD, el teflón y un delicioso etcétera fueron frutos de la casualidad o la serendipia. Pero, seguramente, quien dio con el quid de la cuestión que quiero sostener aquí fue Louis Pasteur al decir: «En los campos de la observación, el azar favorece sólo a la mente preparada». Quería decir que la chiripa, la serendipia o la feliz casualidad te ha de pillar trabajando mucho y bien. Y para ello lo que hay que hacer es justo eso, facilitar que los científicos trabajen mucho y bien, lo que significa que hay que elegirlos escrupulosamente y proporcionarles los medios que pidan, aunque naturalmente, siempre dentro de un orden y bajo cierto control. Estos límites son los que estoy tratando de establecer en este capítulo.

Para terminar de precisar el problema, detallo sólo un ejemplo de serendipia que ya he citado de pasada y que me resulta especialmente querido. Se trata de la radiactividad, de la que dicen que descubrió Becquerel porque unos días a finales de febrero y principios de marzo de 1896 estuvieron persistente y espesamente nublados en París.

La luminiscencia era un fenómeno bien conocido a finales del siglo XIX. Había minerales que emitían una extraña luz azulada estimulada por la luz externa y otros cuya emisión verdosa persistía aun cuando se les dejara de iluminar. Al primer fenómeno se le denominaba fluorescencia y al segundo fosforescencia por razones obvias: los minerales que las producían contenían flúor o fósforo.

El uranio, elemento descubierto justo el año de la Revolución francesa, o sea, un siglo antes, se sabía que no valía para nada salvo para colorear vidrios y cosas por el estilo. Aunque, eso sí, todos apreciaban que fuera ligeramente fosforescente. A Becquerel, nada menos que el abuelo del que nos interesa aquí, siempre le habían llamado la atención las sustancias luminiscentes y hacía acopio de ellas. Por eso en su casa había sales y óxidos de uranio entre una infinidad de minerales y sustancias, todas ellas emitiendo su luz verdosa o azulada.

A finales de siglo, ya con el nieto enredando en la luminiscencia que tanto había fascinado a su padre y a su abuelo, la fotografía causaba furor en toda Europa. Lo que intentó el joven Becquerel fue nada menos que fotografiar con la luz de las sustancias luminiscentes coleccionadas por su padre y su abuelo. Cubría una placa fotográfica con papel negro de manera que no la impresionara la luz del sol. Sobre ella ponía, por ejemplo, una moneda. Lo cubría todo con sal de uranio y lo exponía al sol intenso. Esta luz excitaba la fosforescencia de la sal. Revelaba la placa y la imagen era debida sólo a la luz fosforescente.

En los mencionados días invernales de 1896 ocurrió que Becquerel estaba impaciente por exponer al sol radiante una de sus placas porque tenía que dar una charla en la Academia de Ciencias. Tras tantos días nublados, se desesperó y pensó que de todas formas revelaría la placa para hablar de los efectos de la fosforescencia débil. Resultó que la imagen de la moneda que había interpuesto entre la placa y las sales de uranio salía tan nítida como si éstas hubieran estado excitadas por una luz intensa. Repitió aquello mil veces, dejando ya todo a oscuras en el fondo de un cajón y dedujo que las sales emitían rayos que no tenían nada que ver con la fosforescencia. Tras infinidad de experimentos más, Becquerel concluyó que era sólo el uranio contenido en las sales el que emitía algún tipo de radiación. Acababa de descubrir la radiactividad.

La cuestión es que después de tres generaciones trabajando en un asunto se desemboque en un hallazgo importante y se diga que fue fruto de la casualidad es como mínimo desaforado. Esto es lo que explica el mensaje de Pasteur, que el azar, la serendipia o la suerte te han de sobrevenir trabajando afanosamente y con la mente abierta o pasarán de largo si que ni siquiera te percates de ello. Y la riqueza que pueden proporcionar los hallazgos hechos de esta manera es tan impresionante que siempre merecerá la pena cultivar la investigación no dirigida ni controlada.

Los rectores de la ciencia

La ciencia y la tecnología suponen hoy día una fuerza productiva tan esencial que, como he dicho, los países la afrontan con unos presupuestos que se miden en porcentaje del producto interior bruto. Se llevan a cabo también proyectos tan costosos que han de ser internacionales e incluso, como en el caso de la fusión nuclear, mundiales. Es lógico, por tanto, que se establezcan planes y programas detallados de las líneas prioritarias que se han de desarrollar. Nada hay que objetar a una planificación estratégica, por más que en algunos casos se trate de desarrollar las velas y la «luz de gas» de los que hablaremos pronto. Lo que no pueden olvidar los gobernantes, como he tratado de demostrar en los apartados anteriores, es que la investigación orientada jamás ha podido competir en eficacia en cuanto a creación de riqueza con aquella cuyo motor ha sido exclusivamente la curiosidad. Jamás. Pero tampoco han de olvidar los científicos «puros» que la investigación planificada a la escala que se desarrolla hoy la ciencia y la tecnología ha de estar dirigida políticamente.

A estas alturas, el lector ya estará acostumbrado a que use ejemplos de la historia, y espero que no sólo le hagan disfrutar, sino que sirvan como elementos de convencimiento de lo que se quiere sostener en este libro.

Imaginemos que, en el siglo XIX, el ministro de Ciencia y Tecnología (si hubiese existido tal en esa época) de un gobierno europeo hubiera decidido dar un fuerte impulso a las lámparas. Al fin y al cabo, todo el mundo, desde las clases más humildes a los pisaverdes de los salones más ricos, necesitaba la iluminación no sólo interior, sino para las calles y plazas. Se hace un plan plurianual competitivo de I+D+i, de investigación, desarrollo e innovación. Se subvenciona a todo aquel que trate de ofrecer mejoras en la óptica y la mecánica de quinqués, candelabros y faroles de gas; en los combustibles derivados del petróleo, aceites y sebos; en los materiales de mechas y sus recubrimientos, y un etcétera tan largo e imaginativo como planteen científicos, técnicos e inventores. Las mejoras empiezan a surgir por todas partes y el ministro muestra un gesto cada vez más satisfecho. Hasta que se le tuerce porque alguien le dice que el futuro está en las bombillas eléctricas, de manera que las innovaciones basadas en la llama de la combustión pasarán a la historia de inmediato.

Saltemos al otro lado del Atlántico y saquemos de nuevo a colación el asunto de Edison y las bombillas para analizarlo desde un punto de vista distinto al que ya he hecho en el capítulo 1. En los talleres y laboratorios de Menlo Park nos encontramos al gran inventor completamente atribulado. Su bombilla eléctrica, que tanto él como todos los accionistas de su empresa están convencidos de que es el futuro de la iluminación, apenas dura cuarenta horas antes de fundirse. Edison tiene que encontrar un material nuevo para los filamentos, algo que ninguno de sus competidores hubiera soñado experimentar. Ya sabemos que no escatimó esfuerzos y envió a sus más sagaces colaboradores a Extremo Oriente, a Sudamérica y a África para que buscaran fibras vegetales, minerales, metales o aleaciones, naturales o artificiales, de lo más exótico y experimentaran *in situ* o las transportaran al laboratorio. No mucho después de aquel alarde de inversión y despliegue de medios, una bombilla con un filamento de la fibra de un bambú carbonatado alcanzó las 1.200 horas sin que se fundiera. Las acciones del gas cayeron en picado y la Edison Electric Light Company se disparó hacia el futuro.

La moraleja de los ejemplos anteriores bien podría ser que el progreso lo marcan aquellos que tienen mayor intuición sobre su posible devenir, en ese caso Edison sobre el ministro europeo. A quien concluyera eso no le faltaría razón; sin embargo, debería pensar que lo que de verdad propició la revolución anterior fueron aquellos investigadores que estudiaron la electricidad, fenómeno cuyas aplicaciones ni se entreveían ni se buscaban. Coulomb, Franklin, Volta,

Galvani y, sobre todo, Faraday, entre otros muchos, sólo tuvieron la curiosidad como motivación en su grandioso esfuerzo investigador.

Sin embargo, la lección que quiero exponer en este apartado es que la orientación de la ciencia y la tecnología desde un punto de vista político, del todo necesaria, exige una competencia e intuición que va mucho más allá de lo razonablemente exigible a un político normal. Sostengo muy sinceramente que la defensa nacional la puede dirigir alguien que no haya hecho la mili, un hospital un gerente que no sea médico y un ministerio de fomento una persona sin estudios superiores. Pero la ciencia y la tecnología no son equiparables a los ejemplos anteriores, porque es muy difícil que una persona razonable, intuitiva y culta tenga bagaje suficiente para orientar la investigación de manera que saque el máximo jugo a las cuantiosas inversiones que exige hoy día. Y más en un marco supranacional, incluso mundial, porque obviamente ha de haber una cierta división del trabajo a escala planetaria. Hoy día es tan complejo el asunto que no todos los países pueden, ni deben, desarrollar intensamente todos los campos del saber, el desarrollo tecnológico y la innovación empresarial. El problema fundamental es que es dificilísimo encontrar un científico de casta al que le dé por la política, aunque sea la política científica. En nuestro país hubo una excepción. Tuvo lugar en los albores de la democracia, en particular durante los primeros gobiernos del presidente Felipe González.

El ministerio del ramo se llenó de científicos en activo de muchas especialidades. Consiguieron poner en pie un sistema de ciencia y tecnología inédito en la historia del país y homologable con los de los países de mayor tradición en la investigación. Pero esto es lo de menos, porque lo más importante fue la excitación creativa y entusiasta que lograron transmitir en infinidad de laboratorios de centros, facultades científicas y escuelas de ingenieros del país. En toda Europa contemplaban gratamente sorprendidos lo que siempre ha congratulado a la ciencia: que tan pocas personas con tan pocos medios consiguieran tanto.

Después de aquello, tanto bajo otros gobiernos socialistas como conservadores, la firmeza y finura de la dirección política empezó a desvanecerse presentando altibajos continuos. No cabe duda de que hubo y aún hay en estas últimas décadas personas sensatas y competentes en la gestión del saber, pero por aquellos cargos que ocuparon científicos de renombre empezaron a desfilar economistas, licenciados en derecho y hasta un famoso registrador de la propiedad tuvo mando en plaza. Milagroso ha sido que el sistema no se haya venido abajo, aunque en buena medida el mérito todavía puede atribuírsele a la solidez de los cimientos y la estructura organizada en aquellos años pioneros, por más que el edificio presente deterioros y grietas por todas partes.

No se piense que tengo ningún tipo de añoranza, resentimiento, mala conciencia, frustración o cosas medio mezquinas al respecto, porque poco tuve y tengo que ver con el asunto, sino que por la edad y las circunstancias fui testigo de excepción de todo este proceso, incluido el europeo.

En Europa, con diferencias entre los países más grandes, hubo un proceso diferente que desembocó en una situación casi igual de precaria que la actual española. Lo iniciaron los gobiernos conservadores de Margaret Thatcher, aunque en algunos aspectos también lo siguieron menos radicalmente los socialistas de Mitterrand. En el Reino Unido la idea que sirvió de base fue que, siendo el país con más premios Nobel de ciencia en proporción a su población (asunto discutible), era muy poco competitivo tecnológicamente. Dicho de otro modo, había que tener menos investigación básica, mejor ninguna, y sólo financiar aquella que estuviera relacionada con la industria en particular y la producción en general. Lo que no se le ocurrió a ninguno de los economistas y abogados (no me consta de ningún registrador de la propiedad en el Reino Unido, Francia o Alemania) que coparon los puestos de responsabilidad en la gestión de la ciencia y la tecnología era la irrupción de China en la competitividad tecnológica y la producción en general. Casi ninguna de las ocurrencias que tuvieron sirvió de gran cosa a la hora de enfrentarse competitivamente con la arrolladora potencia china.

El motivo por el cual los científicos clamaban en contra de aquella política no era para mantener unos estatus, libertades y privilegios adquiridos; tampoco, por supuesto, previeron nada sobre China; lo que sostenían era que la peculiaridad de Europa era justo ser y haber sido la vanguardia de la ciencia básica y que aquélla había sido y sería el origen de su riqueza. Sólo Alemania, matizadamente, sostuvo sin grandes alteraciones su sistema de investigación científico y tecnológico. Obviamente, les va muy bien, y nadie discute la contribución aportada por dicho sistema a la salida rápida y sólida de Alemania de la última crisis económica. Japón, seguidor de las doctrinas thatcherianas por muy *sui generis* que fuera la manera que lo hizo, aún sigue inmerso en el desconcierto económico, científico y tecnológico.

Muchos exploradores, sobre todo los españoles en América, dejaron constancia de que navegando por los ríos algunos de ellos preveían las temibles cataratas. Hoy día hay quien investiga si las causas de tan certera predicción son tenues perturbaciones en el agua, un ligero aumento de la humedad del aire, un sonido aparentemente inaudible o cualquier otro fenómeno sutil a los que puedan ser sensibles algunas personas. La predicción de erupciones volcánicas o terremotos siguen procedimientos análogos. Aún no se han alcanzado conclusiones claras, pero de lo que no cabe duda es que los rectores de la ciencia han de tener ese sexto sentido para el devenir de la ciencia y la tecnología. Por otro lado, han de tener una osadía sin límites, por lo que tienen que estar respaldados por el resto de los gobernantes. Recuérdese lo que se ha expuesto en el capítulo 3 sobre los peligros internos generados por la propia comunidad científica: la endogamia, los crecimientos tumorales, etcétera. ¿Es capaz un político de sanear la situación si llega a admitir en algún momento que es insostenible? A continuación pongo un ejemplo como acostumbro a hacer para sostener las opiniones.

Una tentación en la que se puede caer por todo lo dicho hasta ahora del papel fundamental que tiene la investigación no dirigida es separarla radicalmente de la aplicada. O sea, que el Estado financie la investigación básica y que las empresas, el «mercado» o a quien le corresponda trate de sacarles riqueza a los frutos de la ciencia. Esto hoy día no lo sostiene nadie ni en estado de delirio. Sin embargo, en una ciudad o incluso en una misma universidad se puede encontrar que coexisten centros que, financiados fundamentalmente por el Estado, parecen responder a esa división. No es raro, sino frecuente, que en una universidad grande haya, por ejemplo, una facultad de química y una escuela superior de ingeniería química. ¿Lo que hace la facultad es química básica y la escuela técnica química aplicada? No. ¿Cooperan sus grupos de investigación optimizando esfuerzos, recursos, etcétera? No necesariamente, incluso es más bien raro. ¿Es distinto el «espíritu científico» del «espíritu ingenieril»? Semejante desafuero sostienen muchos de manera más o menos explícita. ¿Son todos los componentes de los grupos de investigación de competencia digámosle estándar exigibles a un investigador? Mejor no respondo. ¿Se atreverá el político de turno a fundir centros, unir recursos, diseñar objetivos, enviar al retiro a los incompetentes y facilitar la reconversión de algunos de los competentes? Antes dimite, incluso se exilia, que meterse en ese berenjenal. El dicho que corre de boca en boca por los centros de investigación y departamentos universitarios es que si quieres cambiar algo hay que tener en cuenta que es como reformar un cementerio: no puedes contar con los que están dentro. El caso es que tal analogía no tiene mucho fundamento, porque a diferencia de los que descansan en paz, los de dentro de la comunidad científica pueden formar tal bochinche que ningún político tendrá arrestos para afrontarlo. A menos que… ¡cualquiera sabe!

A pesar de lo dicho anteriormente, en los últimos tiempos está ocurriendo algo mucho más esperanzador de lo que suelen plasmar los medios de comunicación. Se trata de los extraordinarios frutos que está dando la fusión de la ciencia básica con la aplicada en algunos hospitales. Resulta que en muchos de los grandes centros hospitalarios se han ido organizando institutos de investigación básica, o sea, de biología molecular. Desde siempre, los médicos (y las asignaturas, departamentos, etcétera) se dividen en básicos y clínicos. La única interrelación entre ellos era la suspicacia, la ironía y el menosprecio mutuos. La sangre no solía llegar al río porque la separación, incluida la geográfica, no lo propiciaba. Por iniciativas personales de grandes emprendedores además de buenos científicos y aciertos de los políticos, empezaron a construirse centros de investigación básica en el entorno hospitalario, cuando no en el mismísimo hospital. Los sarcasmos y desconfianzas continuaron, pero lo de verse cada día en la cafetería y cosas así de tontas y prosaicas empezaron a surtir efecto. Los excelsos básicos empezaron a ver que eso de opinar sobre problemas de pacientes concretos era mucho más gratificante que presumir de no haber visto uno en la vida; y el mal humor del clínico hacia los señoritos de laboratorio se empezó a mitigar cuando les planteaban dudas que a veces tenían como respuestas pistas esenciales para los diagnósticos y tratamientos. Muchos científicos e ingenieros deberían pasarse por los hospitales y preguntar cómo les va a los biólogos moleculares allí incrustados, así como a los médicos de batalla de los distintos servicios clínicos.

Para colmo de complicaciones del ministro del ramo de la ciencia y la tecnología y sus adláteres, han de lidiar con la instrucción pública.

En muchos países de Europa, y desde luego en la Unión Europea como tal, se ha seguido la tendencia de separar los timoneles de la educación de los de la investigación científica y tecnológica. No creo que exista ya ningún ministerio de Educación y Ciencia. Seguramente, el proceso ha tenido su lógica y no voy a criticar o alabar semejante evolución, aunque me esté atreviendo a analizar y opinar sobre asuntos más complejos. La cuestión es que si la coevolución entre la ciencia y la sociedad es correcta, lo cual defendemos ardorosamente, la separación entre la gestión o dirección de la instrucción pública y la investigación científica ha de llevarse a cabo de manera extraordinariamente inteligente y coordinada. El mayor problema es encontrar el equilibrio entre dos asuntos aparentemente contradictorios: la exclusión y la excelencia. El sistema educativo trata de evitar la exclusión y el científico de acaparar la excelencia. Una imagen apropiada del planteamiento del problema es la geométrica: hay que optar por el cilindro o el cono.

Supongamos que no hay que plantearse, por estar todo el mundo de acuerdo y tener la solución bien definida, que ningún joven pueda quedar excluido del sistema educativo desde el nivel preescolar hasta el doctorado por razones económicas, de sexo, extracción social o familiar, etcétera. O sea, que no hay que poner en cuestión la Constitución ni el sentido común. Una vez garantizado este excelso mínimo, hay que definir lo que significa exclusión y excelencia. El asunto no es sencillo, pero los errores que se cometen en ambas categorías sí que son fácilmente detectables. Por ejemplo, se puede y se debe discutir el papel que desempeña la habilidad matemática de un niño como causa de exclusión o de excelencia, pero lo que es una aberración es que se haga chanza de la destreza y se enaltezca la torpeza. Si se duda de que éste sea un elemento relevante o frecuente en las aulas, recuérdese que se le suele hasta sacar jugo comercial en determinados anuncios y series televisivas de gran éxito.

Obviamente, el establecimiento de una edad mínima de enseñanza obligatoria es una conquista social a la que no se debe renunciar, pero hay que ser consciente de que aunque ello favorezca el cilindro, no hay que caer en él necesariamente. Se igualan los niveles a la baja, se pasa de curso sin grandes problemas, se pulen las asignaturas que exigen determinadas capacidades más minoritarias que otras, se adoptan métodos pedagógicos en los que el esfuerzo pasa a desempeñar un papel secundario, etcétera, y ya tenemos el cilindro perfectamente definido. El ingreso en la universidad se hace mediante un examen cuya única utilidad es la de ordenar las prioridades personales de elección de carrera, independientemente de las habilidades y competencias, y ya tenemos el cilindro incrustado en el nivel educativo superior. El cono hacia cuya cúspide va la excelencia se encuentra cada vez más romo. En el capítulo 3 ya hemos visto las consecuencias de todo esto, pero lo que hemos de hacer notar aquí es un posible elemento de solución. Sólo uno, porque el problema es multidimensional. Se trata de relacionar el mundo de la ciencia con el de la educación básica.

Desde hace algún tiempo, sobre todo en un programa denominado Semana de la Ciencia, se desarrolla el loable y exitoso acercamiento de la ciencia a la sociedad, en particular de los chavales de instituto a los centros de investigación. También cada vez más, los profesores de secundaria invitan a profesores universitarios a impartir charlas en sus centros. En esos actos no sólo se hace divulgación científica, sino realmente se despierta en muchos alumnos las vocaciones científicas y se rompen muchos tabúes y tópicos sobre los científicos y sus afanes. En la televisión, sobre todo en canales de pago y en los generalistas de otros países europeos, los programas científicos son cada vez mejores desde todos los puntos de vista. Todo esto hay que intensificarlo, pero el acercamiento de la ciencia y la tecnología a los primeros escalones de la educación ha de ser cualitativamente distinto. Hay dos vías, ambas difíciles, y una de ellas va camino de ser fallida. La primera es la reconversión parcial o total de investigadores en profesores de secundaria. Los mejores profesores de la universidad deberían dar no sólo charlas de divulgación en los institutos, sino lecciones. Por otro lado, el título de doctor debería valorarse mucho y adecuadamente para la obtención de una plaza permanente en un instituto, de manera que para algunos investigadores que no vieran claro su futuro profesional les debería ser atractiva la dedicación a la enseñanza secundaria. Por su parte, los profesores de secundaria deberían tener la posibilidad de asistir a cursos y seminarios impartidos *ad hoc* por los departamentos universitarios. Incluso deberían poder ser destinados, en plan año sabático, a universidades, laboratorios industriales, bibliotecas y archivos nacionales, centros del CSIC, etcétera. Y no sólo de España, sino de cualquier país de la Unión. ¿Que todo esto es muy costoso? Bien, ¿y qué? Ya hablaremos más adelante de dinero.

La otra posibilidad, la que he dicho que en muchas universidades se ha encarrilado en una vía que, más pronto que tarde, todos se percatarán que es una vía muerta, es lo que se llama máster de pedagogía. O algo así. La idea es que los titulados que aspiren a convertirse en profesores de secundaria hagan un máster que les capacite para enseñar. Es lógico que quienes se han formado como arquitectos, biólogos, historiadores, físicos, etcétera, aprendan técnicas, métodos y experiencias que les ayuden a prestar un buen servicio como enseñantes. El problema es que los profesores de esos másters suelen ser pedagogos, es decir, en el caso de España, personas que según ellos enseñan a enseñar pero que normalmente sólo se han dado clases a sí mismos. Los organizadores de uno de estos másters de mi universidad tuvieron la deferencia de invitarnos a participar a un grupo de científicos. Junto a la invitación nos enviaron el programa. En mi caso, respondí que aceptaba gustoso siempre que alguien me explicara antes qué diablos eran los aspectos axiológicos de la ciencia y la tecnología, el constructivismo, el socioconstructivismo, el etnodiseño, el diseño instruccional para el aprendizaje y la visión social integral. Porque de eso, y nada o poco más que de eso, se trataba el asunto. No digo que los axiólogos, los constructivistas y los etnodiseñadores no tengan que dar clases en ese máster, Dios me libre, pero a los futuros profesores de secundaria les han de enseñar los rudimentos del noble oficio de enseñar los profesores de secundaria expertos y bien evaluados por el ministerio, así como profesores universitarios veteranos de prestigio reconocido según los estándares internacionales al uso. Ya se perfeccionarán los novatos con la experiencia y las lecturas apropiadas de pedagogía. El asunto quedó en profunda decepción porque los asistentes al máster exigieron que a cambio del dineral que se les cobraba se les diera la acreditación y santas pascuas, o sea, nada de exámenes ni prueba alguna que no fuera el mero certificado de asistencia.

En definitiva, regir la ciencia y la tecnología es una labor que no se puede separar de la instrucción pública. Es difícil, muy difícil que un país tenga buena investigación con un sistema educativo precario. No es imposible, pero entonces hay que estar dispuesto a hacer lo que hizo Estados Unidos hace unas décadas: llenar los laboratorios de inmigrantes, especialmente de Extremo Oriente. No hay nada que objetar, salvo que, como ya he apuntado, puede llegar el día en que se marchen y dejen desiertos esos laboratorios, llenando a continuación los de su país con toda la experiencia adquirida en ellos. No es por ahí por donde debería ir la globalización.

La mecánica cuántica y la República de Weimar

Hace muchos años, un amigo de gran cultura y escasos recursos nos regaló a mi mujer y a mí un librito de modesta edición: *Cultura en Weimar, causalidad y teoría cuántica, 1918-1927*, de Paul Forman, editado en bolsillo por Alianza Universidad en 1984. Lo recibimos con regocijo porque apreciamos la ingeniosidad de unir en el regalo mi condición de físico cuántico con la de mi mujer de socióloga alemana. El caso es que cuando lo leí quedé fascinado, y tanto me impresionó que lo he buscado y rebuscado en el caos libresco de mi casa hasta encontrarlo, porque en mi opinión supone el mejor análisis de lo que estoy tratando de sostener en este capítulo de coevolución de ciencia y sociedad.

Es un texto oscuro, incluso farragoso, porque es esencialmente académico, por eso voy a apoyarme en él más que reproducir sus argumentos. Puesto que es un texto de filosofía de la ciencia, si algún profesional de esta disciplina lee este libro y no está de acuerdo con mi interpretación de las ideas de Forman, me excuso de antemano, aunque si se consulta en internet, se encontrará que hay fuertes debates entre los citados profesionales sobre el libro en cuestión. Cuando lo hice y vi la repercusión intelectual de dicha obra, me entró un gran cariño por el amigo que nos hizo el aparentemente modesto regalo, entre otras cosas porque lamentablemente había fallecido.

Recordemos someramente cuál era la situación de Alemania tras la Primera Guerra Mundial. Había sido derrotada y se situaba al borde de una insurrección armada muy orientada hacia la revolución socialista. La vanguardia de la rebelión no eran los obreros, sino los marinos y los soldados, lo que significaba que el asunto era muy serio. El imperio se había esfumado y las condiciones de los aliados victoriosos eran tan fuertes que incluían no sólo restituciones económicas, sino de toda índole, incluidas las territoriales. La monarquía no tenía ni sentido ni apoyos y se instauró la república. Su capital fue Weimar. Las agitaciones sociales, con muertos a tiros cada dos por tres, las agudizó algo más virulento que las armas y las proclamas: la hiperinflación. Por un dólar se llegó a pagar más de cuatro mil millones de marcos. Eso significó la evaporación de los ahorros y el enriquecimiento desorbitado de aquellos que compraron casas, tierras y fábricas por, literalmente, cuatro perras, o sea, céntimos de pesetas. Así pues, los que se comportaron sensatamente, los dignos ahorradores, pasaron hambre y humillación, y los espabilados y tarambanas se enriquecieron hasta límites insospechados.

Lo increíblemente curioso del caos de aquel período republicano es que la creatividad de los alemanes en general y la de sus élites en particular se disparó en el sentido opuesto al marco: hacia las más excelsas alturas. La gente normal, quizá por las inmensas ganas de vivir que les dio no haber sido víctimas de la cruel matanza en masa que había significado la guerra, plasmó esa creatividad en su divertida forma de vida. Más o menos. Y las élites lo hicieron creando una pintura, una literatura, un teatro, etcétera, de una fuerza y originalidad inéditas en la historia de Alemania. Estamos hablando de Otto Dix, George Grosz, Bertolt Brecht, Thomas Mann, Erich Maria Remarque, Stefan Zweig y mil artistas más. El cine irrumpió con tal vigor que *El gabinete del doctor Caligari*, *Metrópolis* y demás películas causaban furor. Y ya que hablamos de cine, si uno quiere hacerse una idea magnífica de lo que supuso la vida y la cultura en Alemania durante la República de Weimar, que piense en la deliciosa película moderna *Cabaret*. Los locos años veinte en Alemania fueron más locos que en ninguna parte.

¿Qué pasó con la ciencia en ese excitante período? Pues que fue igual de original y creativa que todo lo que ocurrió entonces. No sería osado decir que mucho más y de trascendencia infinitamente más universal, entre otras cosas porque dio lugar a la mecánica cuántica, la teoría más exacta y rigurosa por lo que se ha comprobado hasta ahora, la de bases más misteriosas e incomprendidas y en la que se estima que se fundamenta casi la mitad de la tecnología actual.

La diferencia con las artes fue que para las ciencias el ambiente era esencialmente hostil. Como en todas las guerras, en la del 14 los científicos e ingenieros habían colaborado decisivamente. Si lo mejor de la juventud de un país en guerra, como vanguardia del resto de la población, se arriesga a inmolarse por la victoria, es lógico que los científicos colaboren en la medida de sus fuerzas e inteligencia.

Aunque sea una digresión, puesto que este asunto me llegó a intrigar mucho, transmito al lector un descubrimiento que hice. En muchas guerras, quizá en todas, pero sólo tengo referencias de cinco o seis, se alzaron voces para evitar que los jóvenes científicos fueran al frente porque en la retaguardia prestarían mejor servicio. Nunca prosperaron, sobre todo porque los propios científicos exigían servir en primera línea de fuego. Y muchos, naturalmente, murieron. Pongo sólo dos ejemplos de entre los bandos enfrentados en la guerra que nos ocupa: la Primera Guerra Mundial. A Henry Moseley, uno de los estudiantes ingleses más brillantes del descubridor del núcleo atómico Ernest Rutherford, al que le pronosticaba un seguro premio Nobel por sus trabajos de aplicación de los rayos X al estudio de la estructura atómica, lo mataron en Turquía. En el bando alemán, nada menos que a la edad de cuarenta y dos años, cayó el eminente físico Karl Schwarzschild, el padre de los agujeros negros e infinidad de descubrimientos teóricos y experimentales de igual o mayor relevancia. Y así muchísimos científicos más prefirieron el frente a los laboratorios.

Continuemos con la ciencia en la República de Weimar, en particular la matemática, la física y también en gran medida la química.

La ciencia y la ingeniería desempeñaron un papel más esencial en aquella guerra que en las precedentes de la época moderna. Los alemanes confiaron mucho más la victoria a los avances técnicos que los aliados. La derrota supuso poner en cuestión la ciencia aplicada, por lo que ése fue el germen de la hostilidad hacia ella no sólo de las élites intelectuales, sino en particular de los propios científicos.

A este ambiente adverso debido al menosprecio de la tecnología y la beligerancia de los filósofos y políticos le da Forman, el autor del libro en que nos estamos basando, una importancia excesiva en la creación de la mecánica cuántica porque olvida dos cosas. Una, que la propia evolución de la ciencia tiene sus claves internas independientes del entorno social. En otras palabras, por muy imbricadas que estén en la coevolución la ciencia y la sociedad, ninguna se puede saltar etapas intrínsecas imprescindibles. No se consigue la fusión nuclear sólo porque la necesidad de energía sea acuciante, así como no se alcanza el pleno empleo por decreto ley. Otra cosa que olvida Forman es que esa hostilidad hacia la ciencia en la República de Weimar no era exacerbada, reflejándose más bien en eliminar horas de matemáticas en las escuelas y gimnasiums, en discusiones de salón, etcétera. Pero, por ejemplo, a pesar de la precaria e inestable situación económica, los centros científicos estuvieron dignamente financiados. En cualquier caso, la derrota y el ambiente cultural hicieron que la ciencia se cuestionase a sí misma, por mucho que, por ejemplo la física clásica, los hallazgos experimentales y su propia evolución la hubieran sumido en una crisis profunda. Los átomos que los químicos dominaban no se podían describir con la física de

Newton. La descripción de la radiación en términos clásicos fallaba estrepitosamente. Hacía falta una física nueva. ¿Cuál? Aquí es donde seguramente el ambiente de aquellos años en Alemania influyó poderosamente.

No voy a dar aquí una lección de física cuántica, por mucho que sea así como me gano buena parte de mi salario desde hace muchos años. Lo que sí voy a hacer, confiando que sea del agrado del lector, es plantear y definir sucintamente desde el punto de vista cuántico algunos términos como incertidumbre, probabilidad, causalidad, dualidad y complementariedad. Y para rematar, realidad. Espero que así se vaya poniendo de manifiesto la relación entre la mecánica cuántica y los tiempos convulsos en los que se concibió. Vamos allá.

Cuando me toca explicar el principio de Heisenberg les digo a mis alumnos que no empleen el término incertidumbre porque es mucho más apropiado el de indeterminación. No les doy muchas más explicaciones, pero sí debo hacerlo en el contexto de este capítulo. La incertidumbre es el estado del que duda, vacila o no sabe alguna cosa con seguridad. También se puede entender como la débil adhesión de la mente a algo conocible temiendo errar. La indeterminación, en cambio, está relacionada con la falta de precisión o delimitación de algo. Precisando para no liar, uno de los principios básicos de la mecánica cuántica se debió llamar de incertidumbre durante la República de Weimar, cuando se formuló, y de indeterminación en la actualidad. En rigor, lo que establece el principio es que seis magnitudes básicas de la física no se pueden medir simultáneamente de dos en dos con cualquier precisión. Es muy fácil de entender y muy difícil abarcar todo su alcance. Dos de esas magnitudes son la posición y la velocidad de un cuerpo. La física clásica, desde Galileo y, sobre todo, gracias a Newton, ofrece unas ecuaciones que predicen, con toda exactitud, dónde se encuentra un móvil si se sabe de dónde partió y a qué velocidad se mueve; la cual, por cierto, también se puede medir con toda precisión. Pues el principio de indeterminación sostiene que eso no es posible a escala atómica: la precisión que se puede alcanzar al determinar la posición de una partícula (o un sistema físico completo) es a costa de la imprecisión con que podemos medir la velocidad. Y al revés: podemos organizar un experimento que determine con gran exactitud la velocidad de una partícula siempre que nos conformemos con no saber muy bien dónde diablos se encuentra. Uno puede decir que este principio hace de la mecánica cuántica una ciencia «menor» respecto a la mecánica clásica. Pues es lo contrario, porque gracias a este principio se entiende por qué los átomos son estables, por qué y cómo interaccionan entre sí, y un sinfín de cosas más en las que la física clásica fallaba calamitosamente. Aunque, eso sí, la idea de trayectoria se esfuma y la imaginación empieza a jugar malas pasadas en la física.

La precisión de una magnitud a costa de la de otra... la hiperinflación y el desorden de las agitaciones equilibrados por la alegría de vivir. La estabilidad económica, el orden social a costa del miedo y la tristeza del emergente nazismo. La incertidumbre de la República de Weimar frente a la incertidumbre del Tercer Reich.

Uno de los sacrosantos principios de la filosofía de toda la vida es el de causalidad. Parecía inamovible que las causas precedieran a los efectos que provocaban. No se puede uno morir si antes no estaba vivo; es imposible que se encienda una bombilla antes de darle al interruptor. Pero si, por ejemplo, las causas y los efectos están modulados por el principio de indeterminación, las cosas se complican. Aunque parezca extraño, no hay nada conceptualmente más natural que pasar de incertidumbres a probabilidades. Si la mecánica cuántica no puede tener certezas sobre ciertas magnitudes (no todas, ni mucho menos) esenciales, lo lógico es que se maneje con la probabilidad de que si se miden se encuentre un determinado valor de los que puede tomar. La nueva física, aparte de determinar cuáles son estos posibles valores, lo que ofrece es una exactitud sorprendente de la probabilidad de que al medir, o sea, observar la naturaleza, se obtenga un resultado concreto entre aquéllos. Digamos que si hago una medida de la posición de un electrón no tengo ni idea de dónde lo voy a encontrar, pero si dicha medida la repito muchísimas veces, la mecánica cuántica me ofrece con todo rigor y precisión la probabilidad de que se encuentre en un lugar perfectamente definido. ¿Y qué tiene esto que ver con la causalidad? Pues que debido a las incertidumbres siempre existe una cierta probabilidad de que el efecto preceda a la causa. Téngase en cuenta que una de las magnitudes que obedecen al principio de indeterminación es el tiempo, el cual va con la energía. Si la incertidumbre afecta al tiempo, los conceptos de antes y después se ponen en entredicho. La filosofía alemana, tan meridiana (para quien la entienda), sólida y, en consecuencia, tan causal, ¿cómo no iba a ver sus cimientos resquebrajados durante la tumultuosa República de Weimar? Además, puesta en cuestión por su detestada a la vez que admirada física.

Pasemos de la causalidad a la complementariedad. ¿De qué está hecho el universo? De radiación y de materia. Si se quiere usar términos más familiares, de luz y de cuerpos o partículas materiales. La radiación siempre se había concebido como una onda. Es como el sonido pero sin necesidad de medio alguno para propagarse, o sea, que puede moverse en el vacío. Siempre hubo físicos, como por ejemplo Newton, que a pesar de todas las evidencias, algunas de ellas puestas de manifiesto por él mismo, pensaban que de alguna manera la luz se podía concebir también como una fina lluvia de partículas. Pero las evidencias a favor del comportamiento ondulatorio eran tan fuertes que esa otra concepción corpuscular no pasaba de juego intelectual. Hasta que nada menos que Einstein demostró que, efectivamente, la radiación, la luz, podía poner de manifiesto un carácter corpuscular. Esto es tan indiscutible como que las puertas de los ascensores se cierran o abren automáticamente y las cisternas de infinidad de servicios públicos se disparan cuando el usuario se quita de en medio. Hablamos del efecto fotoeléctrico. Pero, para colmo, como otro pilar de la mecánica cuántica, pronto se demostró que las partículas de toda la vida, como, por ejemplo, los electrones, también podían presentar su carácter complementario: el ondulatorio. Las ondas podían comportarse como corpúsculos o bolitas, y éstas tener carácter ondulatorio. Todo es complementario, como el propio ser humano en cuanto a espíritu y cuerpo. O, sin meternos en estos líos, piense el lector que tiene un cilindro en una mano y una linterna en la otra. En una habitación a oscuras, encienda la linterna y proyecte la sombra del cilindro sobre una pared. Si lo hace a lo largo del eje le saldrá un círculo; si lo hace en la dirección perpendicular a ésa le saldrá un cuadrado. El carácter cuadrado y circular, la cuadratura del círculo si así lo prefiere, es del mismo objeto. Lo que no se puede hacer es poner de manifiesto ambos caracteres en un mismo experimento. Eso es lo que dice la mecánica cuántica con su principio de complementariedad. Dejo al lector que especule sobre lo que tiene que ver este carácter dual y complementario de lo que constituye el mundo, la radiación y las partículas, con la República de Weimar.

Finalmente, la mecánica cuántica llegó a cuestionar incluso la mismísima realidad del mundo. Desde tiempos inmemoriales, los filósofos han especulado con la existencia del mundo independientemente de la existencia del individuo que se plantea semejante cuestión. ¿Existe la Luna si no se la mira? Pues los materialistas dirán que sí y los idealistas dirán que no. La mecánica cuántica no da la solución a ese supuesto enigma, pero describe de manera sorprendente la alteración de la naturaleza que provoca el hecho de observarla. La Luna está ahí la mire uno o no, pero si lo que se observa es un electrón, el asunto se vuelve mucho más complejo. La mecánica cuántica no describe muy bien esta complejidad, pero sí lo hace de manera extraordinariamente fructífera, lo cual no es en absoluto contradictorio, ni siquiera paradójico. Los tiempos tumultuosos y extraños en los que se elaboraron estas teorías eran difíciles de aceptar como una realidad necesaria y quizá por eso se cuestionó incluso su relevancia. Lo único cierto es que la mecánica cuántica perduró y el período regido desde Weimar dio lugar al peor espanto del género humano que arrasó con todo lo que supuso la insigne república.

Si Einstein hubiera sufrido un accidente mortal en su adolescencia, la teoría de la relatividad especial y muchos portentosos descubrimientos más que hizo se hubieran alcanzado de todas maneras por su misma época. La teoría general, o sea, la gravitación, seguramente habría tardado mucho más en formularse si es que se hubiera formulado alguna vez. Es decir, que el desarrollo de la ciencia tiene sus claves y motivaciones internas como se ha puesto de manifiesto más arriba. Las individualidades también cuentan decisivamente en ese progreso incesante, por muchos períodos oscuros que atraviese la humanidad, pero de lo que no cabe ninguna duda es que la evolución social y científica son inherentes y están condicionadas la una a la otra. En otros tiempos se habría formulado esta interrelación como dialéctica, seguramente con razón. En cualquier caso, por limitaciones filosóficas de este autor, se ha preferido defender la idea de la coevolución estrechamente imbricada para beneficio tanto de la ciencia como de la prosperidad social. Así pues, cuando los políticos prioricen el destino de los fondos públicos dedicados a la investigación, cuando las grandes empresas y los más entusiastas y creativos emprendedores traten de adivinar el desarrollo tecnológico, que nunca olviden que la ciencia básica movida por la curiosidad y propiciada por la cultura y el ambiente social es la mayor fuente de bienestar y riqueza. Y que en todo momento, hay que tener en cuenta que muchos frutos de la ciencia son impredecibles. Pero la conclusión más sutil que deseo que se extraiga de todo lo expuesto es que si surgen indicios de que la ciencia se resquebraja por cualquier amenaza, éstos pueden ser síntomas de una enfermedad social extremadamente grave. Pero para no ser agoreros, también se puede concluir que un sistema de investigación científica y técnica sólido siempre mantendrá razonablemente saludable la sociedad que lo sostenga. Por muchos catarros e incluso dolencias serias que le provoquen la economía y la política, serán pasajeros.

7

Nuestro lugar en el cosmos

Las personas pueden dividirse toscamente en dos grupos: las que «entienden» de números y las que entendieron alguna vez pero se les ha olvidado. El arranque de este capítulo puede que sea tedioso para todas ellas, pero recomiendo que no se lo salten y a cambio prometo que serán recompensadas tanto unas como otras. A lo mejor incluso el lector encuentra fascinantes los siguientes juegos de cifras si se recrea un poco en ellos.

Una moneda de un céntimo de euro tiene un diámetro de algo más de un centímetro. Imaginemos que la órbita de Plutón tiene el tamaño de la moneda. Es un esfuerzo grande porque monedas de ésas hay cada vez menos por inútiles y Plutón ha sido degradado de su condición de planeta, pero la imaginación es libre. En resumen, nuestro sistema solar tendría el tamaño de la monedita, siendo el Sol un grano microscópico pero muy brillante en el centro. De trescientos a cuatrocientos mil millones de estrellitas de éstas separadas en un promedio de unos diez metros ocuparían una región como media España aunque con límites muy difusos. Ésa sería la Vía Láctea, la galaxia a la que pertenecemos. La galaxia vecina, Andrómeda, estaría a más de veinte mil kilómetros de distancia, o sea, allá por Australia o la Antártida. Una vez asimilada esta imagen, impresiona, ¿verdad?

Ahora encojamos aún más las cosas e imaginemos que cada una de estas portentosas galaxias son las que tienen el tamaño de la monedita. Nuestro mundo, o sea, el universo, sería como una esfera cuyo diámetro tendría el tamaño de Madrid lleno de otro centenar de miles de millones de moneditas separadas cada una un metro de promedio. No estarían uniformemente distribuidas, sino formando especies de panales de abejas, o sea, agrupadas en una estructura fibrilar envolviendo grandes cavidades vacías.

Como vemos, las cifras que manejamos al construir estos mundos de muñecas son centenares de miles de millones. Esto aturde a cualquiera, pero considérese lo siguiente: la fortuna de Carlos Slim, el hombre más rico del mundo, dicen que son cincuenta mil millones de euros, que, si se expresa en pesetas (o en pesos mexicanos, que es aún más sangrante), sale un número mayor que estrellas hay en una galaxia. El número de células que tenemos en nuestro cuerpo o el número de moléculas que hay en un vaso de agua son de magnitud parecida al número de estrellas que hay ¡en todo el universo! O sea, que las moléculas son realmente pequeñas. Tanto, que podemos aplicarles el juego anterior, pero a la inversa, y volveríamos a quedar asombrados. Por ejemplo, si esas moléculas fueran como perlas, todas las del vaso de agua cubrirían Europa desde Cádiz hasta los Urales formando montañas mucho más altas que las del Himalaya. Y ahora rematemos el juego para hacernos una idea de cómo son las cosas y que los números grandes (y los chicos) no tienen por qué aturdirnos demasiado. La molécula de agua de nuestro vaso está formada por dos átomos de hidrógeno y uno de oxígeno, la famosa fórmula H_2O. Pues si los núcleos atómicos de cada uno de esos tres átomos fueran ahora del tamaño de la monedita anterior, o mejor, una hermosa y brillante perla, cada molécula de agua sería como un barrio entero de Madrid, es decir, las tres perlitas estarían separadas unos cien metros y envueltas de grandes nubarrones de electrones.

Una manera de expresar las cantidades enormes y minúsculas si no necesitamos gran precisión es con potencias de diez, o sea, indicando solamente el número de ceros, lo cual se hace elevando a diez dicho número. Así, los famosos cien mil millones anteriores se expresan simplemente 10^{11}, el cuatrillón de moléculas que hay en el vaso de agua es 10^{24}, el céntimo de euro es 10^{-2} euros y el tamaño de la molécula de agua es 10^{-9} metros. Todo aproximadamente.

¿A qué viene todo este mareo de números? De entrada, va a permitirme el lector hacerle un modesto homenaje a Giordano Bruno, torturado durante ocho años y quemado vivo en 1600 en el Campo dei Fiori de Roma. Uno de los cargos más graves que le imputó la Inquisición fue sostener que hay innumerables mundos en los que habitan seres vivos. Digamos ya que uno de los fines de la ciencia en los próximos tiempos es confirmar la segunda parte del aserto del infausto dominico del que nos hemos ocupado en el capítulo 4 poniendo en ello otros énfasis. O sea, la ciencia se va a empeñar en demostrar que hay vida variada y abundante en el universo.

Pero vayamos por partes, es decir, detengámonos un poco en la primera afirmación de Bruno en cuanto al contenido del universo, porque no puede ser sólo estrellas, polvo y gas agrupados en galaxias, sino que tiene que haber más, mucho más que no conocemos y, por tanto, desvelar el misterio que supone es otro de los objetivos a cumplir por la ciencia cuanto antes mejor. Hablamos de la materia y de la energía llamadas oscuras.

El lado oscuro del universo

¿Qué fue lo que se originó espontáneamente con el big bang? Unos responderán que el espacio y el tiempo, y otros que la materia y la energía. Todo a la vez también es una buena respuesta, pero quien más afinó, y además bellamente, fue Einstein con su teoría general de la relatividad, que mejor se denominaría teoría general de la gravitación universal.

Por una parte, el espacio y el tiempo están tan estrechamente ligados que más valdría hablar de ente de cuatro dimensiones, tres de ellas espaciales (como largo, ancho y alto) y la otra temporal, prácticamente idéntica a las otras tres. Sólo prácticamente, porque el tiempo tiene diferencias sutiles y esenciales, pero las propiedades básicas son comunes a estas cuatro dimensiones.

Por otro lado, está la materia y la energía. En este caso, lo que demostró Einstein es que también son equivalentes y se pueden transformar la una en la otra. Es la famosa ecuación $E = mc^2$ citada varias veces. La E es la energía que se puede presentar de mil maneras, siendo la radiación la más interesante para el tema que nos ocupa. La radiación, insisto una vez más, es la energía electromagnética que se llama luz si está en un rango de propiedades que permite detectarla al ojo humano. Más allá del infrarrojo o del ultravioleta deja de llamarse luz porque no se ve a simple vista. La *m* es la masa de una partícula, la propiedad que mejor la define. Cuando hablamos de partículas nos referimos a los componentes de los átomos (protones y neutrones de su núcleo y electrones de las nubes que lo envuelven y le da propiedades químicas a cada uno) y a las que se pueden generar a partir de ellos, sobre todo del núcleo. La velocidad de la luz, la *c,* es un número enorme y una de las constantes del universo.

Así pues, en el big bang se generó radiación (energía), la cual fue cuajando en partículas materiales (masa). Lo curioso es que estas partículas se generaban (y se generan en todos los laboratorios del mundo dedicados a estas cosas e incluso en los hospitales si se recuerda lo de la tomografía por emisión de positrones o PET) acompañadas de sus antipartículas, las cuales en cuanto se encontraban se aniquilaban volviendo a dar radiación. Por una sutil imperfección o asimetría que no vamos a tratar aquí, de cada mil millones de aniquilaciones de partículas y antipartículas en el universo primitivo en expansión galopante inmediatamente después del big bang, sobrevivió una partícula y se esfumaron todas las antipartículas. Dicho de otro modo, nuestro universo contiene mil millones de fotones (recuérdese que eran las partículas de luz concebida ésta corpuscularmente en lugar de ondulatoriamente) por cada partícula material.

Las partículas primigenias (quarks) se fueron agrupando en protones y neutrones, y éstos lo hicieron poco a poco en núcleos atómicos muy ligeros que se envolvieron de electrones. Esta materia se agrupó a su vez y dio lugar a estrellas que se «encendieron» termonuclearmente. En el seno de las estrellas empezaron a sintetizarse los átomos más pesados y complejos. Estaban ya medio agrupadas en galaxias que empezaron muy pronto a tomar cuerpo y adquirir su dinámica propia. De hecho, el big bang ocurrió hace 13.700 millones de años y sólo 500 millones de años después ya estaban formadas las galaxias en esa estructura fibrilar de la que hemos hablado antes, por mucho que aún se estuviera expandiendo todo a causa del inmenso traquido inicial. De hecho, en 2011 se ha descubierto la galaxia más vieja de la que tenemos noticia, porque su luz nos ha llegado después de 13.200 millones de años.

Como es fácil percatarse, estamos hablando continuamente de espacio, tiempo, materia y energía. Einstein llegó a su culmen creativo al describir cómo se veía afectada la geometría del espacio-tiempo por su contenido de materia-energía. Resulta que el espacio-tiempo se ve bella y armónicamente deformado por la materia-energía que contenga. El mejor ejemplo que se ideó para visualizar esto es el de una cama elástica. Es perfectamente plana (dos dimensiones en lugar de tres o cuatro) si no tiene nada, pero se deforma cuando se pone sobre ella un cuerpo, por ejemplo una bola grande de hierro. Si se lanza una bola más pequeña, por ejemplo de petanca, ésta también deformará la cama y seguirá una trayectoria hacia la bola grande obligada por la deformación provocada por ambas.

La maravillosa idea anterior, que plasmada en ecuaciones es la teoría general de la relatividad, está confirmada sin ningún género de dudas. De hecho, ya he mencionado que si no se aplican las ligeras deformaciones del espacio-tiempo provocadas por la Tierra y el Sol a las emisiones y trayectorias de los satélites que forman el sistema GPS no tendríamos la precisión que nos marcan los navegadores. O sea, que el rigor y la exactitud de la teoría einsteiniana de la gravitación no se pueden discutir. Ahora viene lo bueno.

Un suizo llamado Fritz Zwicky que trabajaba en California, aplicó un teorema clásico a un grupo de galaxias. Por teorema clásico entiéndase física de Newton bien desarrollada y contrastada. Corría el año 1933. Quedó muy intrigado porque para que se cumpliera el dichoso teorema, cuyo bello y recio nombre es del virial o relativo a las fuerzas, aquel grupo de galaxias tendría que tener una masa algo así como cuatrocientas veces mayor que lo que correspondía a lo que se veía con los telescopios. Por más vueltas que le dio, las galaxias eran las que se veían y los cálculos eran correctos. Lo cual significa que tenía que haber una masa que no se detectaba, invisible, o al menos tan poco luminosa que los mejores telescopios de la época no la observaban. Ya entonces se le empezó a llamar materia oscura.

En principio, el asunto era intrigante pero no demasiado. Los planetas de las estrellas no se verían ni aunque pertenecieran a nuestra galaxia. No se verían siquiera los de las estrellas más cercanas a nuestro Sol, aunque tuvieran el portentoso tamaño de Júpiter. Es decir, que esa materia oscura podía ser poco misteriosa. Aunque cuatrocientas veces más que la luminosa es mucho, muchísimo.

A lo largo del siglo XX se fueron encontrando no sólo indicios, sino datos cada vez más claros e irrevocables de que una inmensa parte de la materia del universo no se presenta en forma de radiación no sólo visible, sino de ningún rango. El misterio se fue acentuando y el remate lo puso precisamente la teoría general de la relatividad. Efectivamente, si se aplica esta teoría tan fina y firmemente confirmada, se concluye que hay una enorme parte de nuestro universo que no sabemos qué es. Ni idea. Bueno, ideas, como puede imaginarse el lector, hay muchas y todas buenas, pero no hay ninguna confirmación de la naturaleza de esta materia oscura.

La película que hemos rodado con los mayores telescopios y con los aún mayores aceleradores de partículas (en este capítulo veremos cómo se unen los números más grandes con los más pequeños) del inicio y la evolución del universo es fantástica. Los «fotogramas» desde hace 13.700 millones de años hasta ahora son nítidos y detallados salvo algunos pasajes y escenas que permanecen aún algo borrosas, aunque no impidan seguir el argumento de la película. Sin embargo, no sabemos cuándo surgió esa materia oscura y de qué está hecha. Puede ser que la constituyan los neutrinos, partículas generadas en las estrellas y expulsadas en oleadas que creíamos que no tenían masa y sí la tienen aunque sea muy pequeña; puede ser que esa materia oscura esté formada por partículas fantasmales que aún no se han descubierto; quizá suceda lo que he apuntado antes, que planetas inmensos o cadáveres de estrellas no luminosos vaguen por ahí en mucha mayor abundancia de lo que creemos. Lo dicho: ideas e indicios los hay en abundancia, pero evidencias ninguna. Y, para colmo, el asunto se complicó no hace mucho.

Imaginemos una gran explosión de lo que sea, incluida una de fuegos artificiales. La secuencia de imágenes es acelerada al principio y luego se va retardando. El big bang debió de ser parecido: una expansión rauda seguida de una ralentización. Al fin y al cabo, la fuerza de la gravedad es siempre atractiva entre los cuerpos que tengan masa, por lo que las galaxias se irán separando durante la expansión provocada por la explosión inicial, pero cada vez de forma más lenta porque se atraen entre sí. Todos los datos observacionales confirmaban esta imagen hasta que el poderío de los telescopios llegó a tal punto que se consiguió observar los confines del universo como se ha apuntado antes. Y el desenlace de tales observaciones resultó igual de sorprendente que lo de la materia oscura: la expansión, en lugar de estar frenándose, parece que se acelera. Esto no indica otra cosa que hay una energía de vaya usted a saber qué naturaleza que provoca esta aparente repulsión entre las galaxias más lejanas (o más antiguas desde nuestro punto de vista, piense el lector). ¿Tiene cabida esta energía en la teoría de Einstein? A duras penas, pero la dificultad de encajarla en ella es que de entrada no sabemos cuál es su origen y naturaleza. Con bastante lógica, a este contenido energético del universo se le llamó energía oscura.

Así pues, agárrese el lector: aproximadamente el 4,6 por ciento de la materia-energía de nuestro universo es la que conocemos muy bien, el 23 por ciento lo forma la materia oscura y el resto la energía oscura. Insisto en que de las dos últimas tenemos muchas ideas y niguna certeza. Seguro que el lector está de acuerdo en que uno de los grandes fines de la ciencia es averiguar de qué diablos está hecha la mayor parte del mundo conocido. Además, se debe ser generoso cuando se escuche que un telescopio majestuoso cuesta tantísimos millones de euros, porque a veces surgen de ellos cosas que no sólo sirven para saciar la curiosidad de los científicos, sino también dispositivos aplicables a las cámaras fotográficas digitales, las placas vitrocerámicas para las cocinas y otros chismes tan prosaicos y rentables como esos que nos hacen la vida más placentera. Así que no nos quejemos del empleo de los dineros públicos en estas cosas porque pueden tener peor, mucho peor destino y no son tan cuantiosos como para que nos alegren la vida de otra manera mejor que aumentando el conocimiento del lugar que ocupamos en el mundo.

De lo más grande a lo más pequeño

En el capítulo 2 ya he expliclado lo que era el CERN y el acelerador LHC, el más grande de la historia. Vamos a detallar un poco más lo que se pretende con este prodigio de la tecnología aplicada a la búsqueda del conocimiento. Recuérdese que hemos ridiculizado cómo se formulan periodísticamente los objetivos de este grandioso experimento tachándolo de estupideces: la búsqueda de la partícula de Dios y filmar el nacimiento del universo.

Tenemos que volver una vez más a la prodigiosa fórmula de Einstein: $E = mc^2$, que por algo la llaman la fórmula más bella, el poema más conciso, la definición del siglo XX y cosas así. Piénsese, sin ir más lejos, en la bomba atómica, que, debido a lo grande que es la velocidad de la luz, la *c*, y más al cuadrado, hace que una pequeña cantidad de materia, *m*, se convierta en una terrible cantidad de energía, la *E*. En el CERN, lo que hace el LHC es justo lo contrario: una factura de la compañía suministradora de energía eléctrica que haría temblar a cualquiera por su enorme cuantía, *E*, se convierte en unas pocas partículas de masa *m* que son las que estudian los físicos. Cuanto mayor es la energía, mayor es la masa de esas partículas o mayor el número de las que se pueden producir. Recuérdese lo dicho de que la masa de una partícula es la propiedad que mejor la define y caracteriza. Precisamente, uno de los misterios que se quiere desentrañar en el LHC es cómo se genera esta masa, o dicho de otro modo, por qué cada partícula tiene la masa que tiene. Teóricamente se ha descrito un posible mecanismo que sólo presenta una incógnita: la masa de la partícula que genera todas las demás. A esa partícula misteriosa se la denomina bosón de Higgs. Como no se sabe qué masa tendrá, no se está seguro de que el LHC la vaya a encontrar. (Le susurro al lector para que quede entre nosotros que el LHC no va a generar el bosón de Higgs, y no porque su máxima energía se quede corta, sino porque muy posiblemente no existe).

Piénsese que de nuevo estamos hablando de masa y energía, lo cual ya he dicho que estaba relacionado íntimamente con el espacio y el tiempo. Y también se ha de ser consciente de que justo esas cuatro cosas, la masa, la energía, el espacio y el tiempo son precisamente nuestro mundo: el universo. Que en el LHC se esté alcanzando la mayor energía y masa concentradas en la menor región espacial en el instante más efímero concebido hasta ahora significa que estamos reproduciendo condiciones que sólo pudieron darse en el universo primitivo.

Tan en pañales estaba el mundo que bien podemos hablar de entre 10^{-42} y 10^{-35} segundos después del big bang. En este punto, el lector debe relajarse y meditar bien el significado de esos números.

Para continuar con el relax, recreemos un símbolo mágico para muchas culturas: una serpiente que se muerde la cola. Su representación más antigua es egipcia y la más bella, posiblemente, está en el cuadro del pintor del barroco tardío Guido Cagnacci que hizo sobre la alegoría de la vida humana. La adscripción del símbolo es muy variada según la hayan hecho psicólogos, alquimistas, místicos e incluso matemáticos, porque el símbolo del infinito parece que deriva justo de una serpiente que se muerde la cola llamada Uróboros o palabras derivadas de este término, seguramente proveniente del sánscrito. La física moderna lo utiliza para unir la cosmología con los átomos, los núcleos atómicos y las partículas elementales. Es decir, como una manera de expresar la relación cada vez más estrecha que tiene lo inmensamente grande con lo más minúsculo. La estabilidad de la materia, por ejemplo de un planeta, se puede asociar a la estabilidad de los átomos; la energía de las estrellas que les dan vida a las galaxias es la energía generada por los núcleos atómicos y, finalmente, como boca que busca la cola para morderla, el escenario del universo primitivo se puede recrear con las densidades de energía propias de la producción de partículas elementales.

Pero el problema de la unión de lo grande y lo pequeño no es sólo experimental y técnico que se pueda solucionar construyendo telescopios cada vez más grandes y aceleradores cada vez más potentes por mucho que esto haya sido y sea absolutamente necesario. El problema de verdad es conceptual, porque la física de lo pequeño es la mecánica cuántica y la de lo grande la gravitación de Einstein, y hasta ahora estas dos teorías se han mostrado irreconciliables. Piénsese en lo que se ha dicho de cada una de ellas en este libro. Una describe las probabilidades de los sucesos con problemas de incertidumbres, causalidad, realidad y además todo a saltos discretos (o cuantos), y la otra es esencialmente geometría provocada por la presencia de materia y energía en el espacio-tiempo que lo deforma suave y continuamente, todo lo contrario a los cuantos. Detrás de esta disparidad no hay otra cosa que la intensidad de las fuerzas que entran en juego en cada uno de los dominios o, si se quiere, en la boca y la cola de la serpiente universal. La gravedad es unas 10^{-39} veces más débil que la más fuerte de las fuerzas que dominan el microcosmos: la fuerza nuclear. Las otras dos, la electromagnética y la fuerza nuclear débil son sólo cien y cien mil veces más suaves que aquélla (10^{-2} y 10^{-5}, respectivamente), y todas ellas se pueden describir (más o menos) en un mismo marco teórico, pero la inclusión en él de la gravedad, por más intentos que se han hecho, aún no han dado resultados fehacientes. Estamos hablando de supercuerdas, branas, teorías M y demás que aún suponen especulaciones matemáticas.

Uno de los fines de la ciencia, naturalmente, es averiguar lo que es la materia y la energía oscuras, que seguramente estarán relacionadas con una cosmología descrita en un marco unificado de todas las fuerzas de la naturaleza. O no.

La vida extraterrestre

Ya hemos visto que la primera parte del visionario aserto de Giordano Bruno era más que acertado: existen innumerables mundos. Veamos ahora si la segunda parte, la afirmación de que muchos de ellos lo habitan seres vivos, tiene sentido.

Obviamente, las preguntas previas son: ¿qué es la vida? ¿Cómo se ha originado? ¿Cómo ha evolucionado? Respondámoslas muy concisamente.[1]

Seguramente, la propiedad más importante de la materia para que se origine la vida es la singularidad de la estructura del átomo de carbono. El prodigio se inicia en su alumbramiento en el seno de una estrella moribunda.

Cuando una estrella pierde su esplendor porque su combustible nuclear, fundamentalmente el hidrógeno, flaquea, se derrumba hacia su centro y el aumento de calor provoca una nueva ignición termonuclear del hidrógeno que resta, que aún es mucho. Las capas exter-

1. Para más detalles, véase *El cosmos en la palma de la mano. Del big bang a nuestro origen en el polvo de estrellas*, Mondadori, Barcelona, 2002.

nas de la estrella se expanden, o sea, se enfrían y, en consecuencia, enrojecen. En cambio, en su interior, se produce un milagro. Los núcleos de helio, las «cenizas» de la «combustión» nuclear, no pueden unirse entre sí a menos que lo hagan de tres en tres por un delicadísimo mecanismo que tiene lugar en ese infierno a una temperatura de muchos millones de grados. Así, uniéndose tres núcleos de helio se produce el carbono del universo.

Cuando la estrella finalmente da su último estertor, una explosión supernova, el carbono empieza su vagabundeo por la galaxia junto con todos los elementos que se han sintetizado en el interior de la estrella a causa de las reacciones nucleares. Si la nube remanente de la estrella muerta colapsa dando lugar a una nueva estrella, y de ésta se desgaja material que configurará sus planetas, el carbono formará parte de ellos.

Las nubes electrizadas en torno a cada núcleo atómico del carbono permiten que se una con otros átomos de carbono, con hidrógeno, con nitrógeno, etcétera. La variedad de moléculas que se pueden formar de esta manera es enorme. Muchos de estos compuestos se llaman orgánicos y se pueden formar en las condiciones cósmicas más variopintas. De hecho, en los meteoritos que nos llegan del espacio se pueden encontrar muchas de estas moléculas complejas con base en el carbono. Unas de ellas, los auténticos ladrillos de la vida, son los llamados aminoácidos.

Un aminoácido se puede formar en unas circunstancias muy duras y sencillas de reproducir en el laboratorio. No hay más que introducir en un matraz metano (que es un gas tan natural que emana de los pantanos e incluso de las vacas y está formado por un átomo de carbono unido a cuatro de hidrógeno), amoníaco, agua y poco más y someterlo a chispazos de, por ejemplo, unos electrodos como los de las soldaduras electrógenas. Al rato, allí se forma una mezcla pardusca que contiene aminoácidos. En las situaciones cósmicas más extremas, como las que sufre un planeta en su formación, seguramente se sintetizan una gran cantidad de diferentes aminoácidos. La vida terrestre no necesita más que veinte aminoácidos distintos.

Cuando las condiciones físicas del planeta empiezan a ser más suaves, unos cien aminoácidos se pueden unir entre sí para dar cadenas complicadas y muy variadas llamadas proteínas. Piénsese en la infinidad de combinaciones de cien que se pueden dar con esos veinte aminoácidos nuestros. Estas sustancias complejas se encuentran en todos los organismos vivos porque están directamente implicadas en un conjunto de procesos químicos esenciales de la vida. Nuestro hígado, la sangre, los músculos y demás están compuestos entre un 20 y un 30 por ciento de su peso de proteínas que en buena medida son las que los hacen funcionar.

El siguiente paso en complejidad, aunque no del todo necesariamente en el tiempo, es la formación de ácidos nucleicos que son de dos clases: los ribonucleicos (ARN) y los desoxirribonucleicos (ADN). Éstos son ya combinaciones muy bien ordenadas de miles de millones de átomos básicos.

¿De qué manera pudo llevarse a cabo este proceso en las condiciones en las que estaba la Tierra cuando tuvo lugar? La superficie estaba sometida a poderosos movimientos sísmicos y llena de volcanes que exhalaban gases a altas temperaturas. La luz ultravioleta del Sol rompía muchas de las moléculas que formaban aquella inhóspita atmósfera. Los cometas y meteoritos caían con una frecuencia enloquecedora, aportando moléculas complejas y agua, mucha agua. Ésta, junto con la poca que se había liberado de las rocas ardientes, provocaba auténticos diluvios, esparciendo por doquier la ingente cantidad de materia orgánica que se formaba en la atmósfera y la que aportaban los cuerpos celestes. Los incipientes mares y océanos se llenaron de aminoácidos formando una disolución que era un auténtico caldo orgánico.

Las mareas, las lluvias y las corrientes acuosas llenaban lagunas y pantanos por todas partes. Las arcillas de ellas provocaban un efecto singular en las macromoléculas inmersas en el agua. Algunos de sus átomos estaban libres de unos pocos de sus electrones y actuaban atrayendo a algunas de las moléculas orgánicas de su entorno y repeliendo a otras. Esto alentaba a las que se aproximaran a reaccionar entre ellas juntándose y formando apelotonamientos de lo más dispar. Fuertes evaporaciones y nuevas lluvias dispersaban estas agrupaciones por todo el planeta. Infinidad de formaciones moleculares de largas cadenas de carbono, hidrógeno, oxígeno, nitrógeno y otros átomos pesados quedaban en nada y se fueron hundiendo en los mares y depositando en sus fondos. Muchos de estos mantos orgánicos formarían, en un futuro lejano, parte del petróleo actual, pero otros subsistieron en los medios acuosos.

Algunas de estas macromoléculas rechazaban el agua y otras la atraían. Se formaban agrupaciones más pequeñas de unas y otras. La luz del Sol aportaba suficiente energía en forma de calor, de manera que favorecía infinidad de uniones entre las amalgamas moleculares agrupadas. Además, la combinación de esa filia y esa fobia por el agua hacía que se fueran estableciendo límites entre unas bolas y otras; así, nuevas moléculas más ligeras empezaron a formar una membrana.

Estas membranas habían de tener unas propiedades prodigiosas, porque a la vez que aislaban lo que contenían habían de permitir el tránsito de ciertas moléculas que se tenían que relacionar con las internas y todas con las del medio. Habían de hacer el papel de aduanas controlando el paso a través de ellas, es decir, ni impidiéndolo completamente ni permitiendo que pasara todo el mundo.

No había ningún ser vivo aún, pero una auténtica «lucha por la vida» se desencadenó en todo el planeta. Las bolas que habían formado una membrana demasiado permeable desparramaban su variado contenido orgánico en el medio ambiente, agua fundamentalmente; las que aislaban en demasía su contenido hacían que éste se enquistara. Pocas, poquísimas en proporción pero que resultaron suficientes en un planeta rebosante de ellas, lograban establecer un delicado equilibrio que permitía expulsar grupos moleculares que exigían demasiada energía para asociarse con otros y retener aquellos que eran favorables a uniones cada vez más complejas.

Las proteínas ya eran corrientes dentro de las bolas y otros grupos moleculares se empezaron a ensamblar de las maneras más curiosas y rocambolescas. Una de estas formas era el ARN y otra, aún más estable y fantástica, era el ADN. Fue casi inevitable que se formara este maravilloso complejo molecular. Tan inevitable que se considera que cualquier otra forma de vida en el universo tendrá que tener como pilar básico este delicado ensamblaje de elementos ligeros.

Las bolas que lograban establecer una diferenciación interna de moléculas que permitía una primigenia «división del trabajo», por ejemplo, aquellas que incubaban una bola interior con ADN y otras sustancias auxiliares de cometido no poco importante, el núcleo celular, hacían algo inaudito: romperse en dos bolas muy similares. Entonces, casi, surgió lo que llamamos vida.

La ruptura en dos fue un proceso que se desencadenó vertiginosamente. Si la formación de toda la amalgama orgánica anterior costó entre doscientos y doscientos cincuenta millones de años, lo que vino a continuación tuvo lugar en un suspiro, porque de 1 salen 2, de 2, 4, 8, 16, 32... lo dicho: vertiginoso. Las células con núcleo se agruparían entre sí para defenderse mejor de las condiciones externas a ellas, que aún eran muy hostiles. Muchas reproducciones no eran idénticas porque las mutaciones eran frecuentes, pero pronto iban a surgir dos elementos consustanciales a la vida, porque sin ellos no existiría ésta: la muerte y la reproducción.

Una célula se puede considerar un organismo vivo porque se reproduce y muere. Tiene otras muchas funciones, pero seguramente lo esencial es que puede producir réplicas de ella misma. Lo que ocurre es que lo ha de hacer no demasiado bien, sino propagando pequeños errores en el proceso, porque si no todo el planeta estaría cubierto de un musgo formado por miríadas de células idénticas. A causa de influencias químicas, radiaciones provenientes de la desintegración de elementos radiactivos o de la luz del Sol, movimientos térmicos de algunas moléculas y varios factores más, se pueden producir mutaciones que permitan la formación de las especies y su evolución posterior de acuerdo con la selección natural establecida por Darwin en 1859.

La historia desde que tuvieron lugar estos agrupamientos primitivos de células hasta hace sólo unos pocos centenares de miles de años en los que apareció un ser que bien pudiera ya llamarse hombre es relativamente bien conocida por todos.

La pregunta, por tanto, es si la vida es un fenómeno frecuente en el universo. No lo sabemos, porque aún no tenemos ningún dato, pero sinceramente creo que es lícito intuir que no tiene por qué ser milagrosa, entre otras cosas porque los procesos que llevan a ella están marcados más por la necesidad que por el azar, como hemos dejado entrever, y esto quiere decir que el propio desarrollo de la vida no sólo es adaptativo, sino transformador de las condiciones de habitabilidad. El mejor ejemplo de ello es que la atmósfera de nuestro planeta es una consecuencia de la vida, no al revés.

El único dato que tenemos fehaciente es que hay un planeta llamado Tierra en el que la vida se desarrolló; por tanto, supone el mejor laboratorio para estudiar la posibilidad de que se desarrolle en otros planetas. No es de Perogrullo el asunto, porque este estudio nos ha llevado a concluir que la vida puede generarse y evolucionar en medios muy singulares que en principio podrían suponerse extraordinariamente hostiles. En la Tierra se ha encontrado vida a grandes presiones, temperaturas muy altas y muy bajas, en medios de radiactividad alta, de oscuridad absoluta, de salinidad de pura sal marina, de acidez superior a la del vinagre, etcétera, y, por supuesto, en tierra, mar y aire. La posibilidad de que haya vida extraterrestre se estudia en nuestro planeta hasta el extremo siguiente: buscando si alguna especie de los seres vivos que hay aquí proviene de otro planeta. Ya he dicho que en objetos extraterrestres como cometas y meteoritos se encuentran moléculas orgánicas muy complejas. Es fantástico, pero es cierto que se investiga ese campo y que es muy difícil establecer sin dejar lugar a dudas si el origen de una especie que convive con nosotros se originó en el espacio exterior. Existe la posibilidad incluso de que fueran todas las especies las que se originaron ahí fuera. Sin embargo, la prueba ineludible de que exista vida extraterrestre es detectarla en algún planeta o cuerpo celeste distinto a la Tierra. La presencia en ellos de carbono y agua líquida es una buena pista, pero aunque sean bastante necesarios no son ni mucho menos suficientes.

Nuestro sistema solar lo componen unos 140 objetos mayores, es decir, planetas y sus satélites, así como varios centenares de objetos pequeños del tipo asteroides y cometas, y si se incluyen todos los objetos detectados, éstos llegan a los 3.500 que ya he apuntado. Aunque se ha explorado muy bien con maravillosas sondas espaciales, por supuesto no tripuladas, salvo en el caso de la Luna, como las Voyager I y II, parece que no hay vida alrededor del Sol. Pero sólo parece, y, además, esta exploración nos ha llevado a una conclusión formidable: la vida no tiene por qué necesitar una zona habitable para generarse y pervivir. Esto es muy importante por paradójico que parezca, así que tenemos que precisar qué es eso de zona habitable.

Se definió así (mal, como ya se puede intuir) al tubo imaginario (incluso doble esfera) en torno a una estrella que contendría la órbita de un planeta o satélite rocoso de masa entre 0,5 y 10 veces la de la Tierra con una presión atmosférica, una radiación incidente y un rango de temperaturas que permitieran la presencia de agua líquida en su superficie. Naturalmente, la Tierra gira en torno al Sol en plena zona habitable solar, estando ésta limitada por las órbitas de Marte y Venus.

Las anteriores condiciones de habitabilidad no se las cree hoy día nadie por lo restrictivas que son. Por ejemplo, en Europa, uno de los 63 satélites de Júpiter, gracias a su calor interno que provoca incluso volcanes, puede haber inmensas cantidades de agua subterránea formando mares mucho más apropiados para la vida que algunos escenarios extremos de la Tierra en donde hay abundantes seres vivos, y no sólo a escala bacteriana, sino mucho más evolucionados. Y, sin embargo, tanto Júpiter como Europa están muy lejos de la zona habitable solar.

A pesar de lo dicho, hay muchos científicos que se dejan llevar por el optimismo y ensanchan las condiciones de habitabilidad mucho más allá de la tradicional zona definida anteriormente. Personalmente, creo que llegan a desvariar. Por ejemplo, piensan que la vida puede desarrollarse incluso en los inmensos planetas gaseosos; que atmósferas extremas de acidez, presión y temperatura no suponen una imposibilidad en principio para que acojan seres extraños pero tan vivos como cualesquiera otros; que el mismo papel que desempeña el carbono por sus propiedades atómicas lo puede desempeñar el silicio, dando lugar a toda una pirámide vital más mineral que orgánica; y un etcétera que a veces pasa a ser delirante. Aunque quizá tengan razón, quién sabe. Pero en lo que está empeñada la ciencia de verdad, tanto que bien puede justificarse incluirlo aquí como uno de sus grandes fines, es en encontrar planetas de estrellas cercanas a nuestro Sol que muestren indicios claros, mejor decisivos, de que hay vida en ellos. ¿Cómo se hace esto y en qué punto estamos?

Hoy día se ha llegado a un perfeccionamiento tecnológico tal en los instrumentos que podemos acoplar a los más grandes telescopios que se puede detectar el más ligero vaivén y el tenue parpadeo que provoca un planeta en la estrella en torno a la cual gira. Y esta sofisticación técnica creciente hace que los exoplanetas, que así se llaman a los planetas que no pertenecen al sistema solar, detectados sean cada vez más pequeños. Hasta hace poco sólo se detectaban planetas tan grandiosos como Júpiter, pero en los últimos años ya tenemos localizados planetas de un tamaño cada vez más similar al de la Tierra.

Se han detectado hasta ahora unos 600 exoplanetas, pero esto no ha hecho más que empezar por una sencilla razón: cuando se forma una estrella, lo lógico desde el punto de vista físico es que lo haga como sistema doble (o triple) o envolviéndose de una cohorte de planetas. Dicho de otro modo, cuando se desencadenan las reacciones nucleares en la nube de gas y polvo generada por la muerte en plan supernova de una estrella, la violencia de la dinámica hace que se desgaje material de la recién nacida. Dependiendo de varios factores físicos, ese material puede ser enorme o simples hilachos. En el primer caso se genera otra estrella formando un sistema doble (o triple, insisto), y en el segundo esos jirones de material terminarán siendo planetas. El caso es que casi la mitad de las estrellas son sistemas dobles, por lo que es lógico pensar que otro porcentaje igual de enorme esté rodeado de planetas de distinto tamaño. Y algunos de éstos girarán en la zona habitable anterior o tendrán condiciones geológicas y físicas apropiadas para la vida extrema o placentera. Así que hay mucha faena por delante para descubrir esos exoplanetas favorables a la vida. Veamos lo del vaivén y el parpadeo.

Imaginemos un lanzador de martillo. Durante la preparación del lanzamiento, el atleta hace girar el martillo en torno a él y éste le provoca un movimiento de vaivén. ¿De qué depende la amplitud del vaivén en el atleta? Fundamentalmente de la masa del martillo y la del propio atleta. Algo muy parecido ocurre con una estrella y un planeta que gire en torno a ella, o sea, que la fuerza de la gravedad le provoca un vaivén. La masa de las estrellas las conocemos muy bien porque se deducen de su luminosidad, composición y otras propiedades que llevamos midiendo y clasificando desde hace infinidad de años. Así pues, cuando estudiamos una estrella vecina nuestra y le detectamos un cierto vaivén, como conocemos su masa porque se ha deducido de la clase a la que pertenece, deducimos la del planeta que se lo está provocando. Ya tenemos ahí un exoplaneta que no habríamos descubierto por observación directa porque nuestros telescopios y los instrumentos acoplados a ellos todavía no llegan a tanto. Aunque algunos de éstos también pueden observar lo dicho: cierto parpadeo en la estrella.

Si la órbita del planeta en torno a nuestra estrella vecina pasa por la visual definida por nuestro telescopio, provocará un ligerísimo eclipse, parecido al oscurecimiento provocado por una mosca en un faro marítimo. Es un poco exagerado el ejemplo, pero no está mal. ¿Qué podemos deducir de esa ligera disminución de la luz de una estrella o parpadeo? El tamaño del planeta que lo produce. Y por el tiempo que dura el tránsito o eclipse, también podemos deducir la distancia del planeta a su estrella.

Con los pocos datos anteriores se deduce, de entrada, la densidad del exoplaneta, simplemente dividiendo la masa obtenida por el vaivén por el volumen deducido del tamaño, ya que lo lógico es que sea esférico. Si la densidad es cuatro o cinco veces la del agua, ya tenemos ahí un planeta rocoso, magnífico candidato para hacernos soñar. Y de la distancia a su estrella también vemos cómo está de habitabilidad en cuanto a temperatura y demás. También se puede establecer la composición química de la estrella, incluso la del propio planeta que sin duda es parecida porque proviene de ella. Un campo apasionante de investigación es definir y encontrar lo que se llaman biomarcadores, es decir, evidencias químicas inapelables de la existencia de vida en un objeto celeste. Así, con buenos instrumentos, paciencia, competencia científica y mucho esfuerzo e imaginación, se van estableciendo las propiedades e incluso la dinámica geológica de los planetas de otras estrellas. A los más firmes candidatos de alojar vida se les llaman supertierras, porque hay indicios según los cuales parece que es más probable que surja y evolucione la vida en planetas rocosos de masa y tamaño notablemente superior a los de la

Tierra. Es curioso que nuestro planeta parezca ser más vulnerable que otros para el mantenimiento de la vida. En cualquier caso, hay que convenir conmigo que este fin de la ciencia es de los más fascinantes de los muchos que ha de perseguir. Ya he mencionado el telescopio espacial Kepler que en el año 2009 empezó a observar 150.000 soles. Una de las misiones fundamentales del sucesor del maravilloso y vetusto telescopio espacial Hubble, el James Webb, también habría sido buscar vida en planetas extrasolares, pero la administración estadounidense ha liquidado el proyecto por caro. ¿Lo conseguiremos los europeos? ¡Ojalá!

¿Se imagina el lector el enfado tan monumental que agarrarán algunos clérigos ante el hallazgo indiscutible de vida en un mundo lejano? Lo que harán, sin duda y contra toda evidencia, será negarlo todo. Así lo han hecho siempre con todo avance científico que cuestionara sus creencias hasta que no han tenido más remedio que admitirlo, lo cual normalmente les ha costado siglos.

8

Energía

Una imagen interesante de la superficie de la Tierra es la nocturna desde las alturas en ausencia de nubes. Es muy famosa, y si el lector no la ha visto le recomiendo que la busque en internet porque le dará que pensar. La palabra clave para encontrarla es *Earthlight*, lo cual es también el bonito título de una novela de Arthur C. Clark, el padre de la ciencia ficción. En la imagen no se ve ni una nube porque en realidad es una composición de infinidad de imágenes tomadas por satélites a lo largo de casi un año de las que se fueron eliminando poco a poco todas las nubes. Lo siguiente que llama la atención es la distribución de la luz eléctrica en la noche. Por una parte, queda clara la división del mundo desarrollado del subdesarrollado, simplemente porque uno está bien iluminado y el otro casi a oscuras, ya que acoge a mil quinientos millones de personas sin acceso a la electricidad. En la imagen también se observa cómo la humanidad se ha ido concentrando en grandes urbes.

Una serie de interrogantes que provoca la imagen pueden ser los siguientes. ¿Producimos sensatamente toda esa energía que ilumina nuestras noches? ¿De dónde sale la inmensa cantidad de energía que permite transportar personas y mercancías entre esos núcleos poblacionales? ¿Hasta qué punto depende el bienestar de los pueblos de dicha energía? ¿A costa de qué se consigue ese bienestar? ¿Tiene límites? ¿Llegará el momento, si no ha llegado ya, en que la prosperidad se frene al iniciarse un retroceso en el bienestar a causa de la contaminación? ¿En qué punto empieza a divergir la curva del aumento de felicidad de la del aumento de consumo de energía? ¿Puede ser indefinido este consumo y soportable la agresión al planeta que éste supone? ¿Hay nuevas fuentes de energía que armonicen el desarrollo de todos sin degradar el medio ambiente? ¿Es el cambio climático la consecuencia más importante de esta degradación? ¿Este cambio del clima exige nuevas fuentes de energía, o es justo al revés, la renovación de esas fuentes se debe a otros motivos menos confesables y se ampara en el cambio climático?

Son muchas preguntas, casi todas decisivas, y sin duda pueden hacerse otras igual de relevantes o más. La política es la que debe guiar el devenir de la humanidad, pero el fin de la ciencia es ofrecer los datos y las conclusiones adecuados para que los políticos puedan responder con sensatez los interrogantes anteriores. Puede que nos estemos jugando nuestro futuro como especie, dicho sea sin alarmismo, así que vamos a tratar en este capítulo cómo la ciencia y la tecnología están afrontando los desafíos que supone responder satisfactoriamente algunas de las preguntas anteriores.

Partiremos de una base que puede que parezca demasiado obvia pero no lo es. No se trata de salvar el planeta evitando agredirlo, como se suele decir, sino de salvar el máximo número de especies vivas en la búsqueda del bienestar de la humana. Esta búsqueda comienza, obviamente, por la propia definición de dicho bienestar, lo cual es asunto político y no científico, aunque algo se ha avanzado en este sentido como veremos enseguida.

Me da pena no creer en una de las hipótesis más bellas y románticas que se han elaborado: Gaia. La hizo un científico inglés llamado James Lovelock, hoy denostado por muchos, sobre todo por la organización multinacional Greenpeace que él inspiró en sus inicios. El punto de partida es que la Tierra, mejor llamada Gaia, es un sistema que prácticamente está vivo. No que sea un ser vivo, sino que en la práctica se comporta como tal. Este enfoque tiene más fundamento científico del que creen los que lo atacan, pero la confirmación experimental de tal hipótesis está lejos de haberse llevado a cabo. En cualquier caso, lo que está claro es que «consciente o involuntariamente», la Tierra se salvará de nosotros le hagamos lo que le hagamos. Se regenerará o no del daño que le infligamos, pero con la Tierra no acaba más que el Sol cuando se expanda en el estertor de su agonía que supone la fase que le sobrevendrá de estrella gigante roja. Y para eso faltan 4.500 millones de años, tantos como lleva existiendo. Dicho de otro modo, que para tener abrigo, alimentos, vivienda, confort, cultura y ciencia, al planeta lo agrediremos como llevamos haciéndolo desde que estábamos en las cavernas helados de frío, pero que conste un dato: desde esa época cavernícola y prehistórica hasta hoy ha transcurrido un tiempo equivalente a unos pocos segundos en comparación a un año. En ese brevísimo lapso, nuestra especie, a base primero de agricultura y después de industria contaminante, ha alterado la superficie de la Tierra, incluidos los océanos y la atmósfera, hasta unos extremos notables y tan preocupantes que quizá a dicha alteración haya que ponerle coto ya.

El medio básico del que se han servido tanto la agricultura (y la pesca) como la industria para provocar esta transformación ha sido la energía. Desde el fuego hasta el núcleo atómico, y desde el músculo hasta la turbina, el aprovechamiento de las fuentes de energía, suministradas todas en última instancia (o en primera) por el Sol, ha marcado el desarrollo de la humanidad. Y aunque hay otros muchos agentes contaminantes y transformadores del medio ambiente, incluidos los naturales, este uso de la energía es el que está en la base de la agresión al planeta.

Energía y bienestar social

Para concretar el bienestar social se ha inventado el Índice de Desarrollo Humano (IDH), que es un parámetro definido en función de una serie de factores que van más allá de la sempiterna renta per cápita. En él se incluyen la esperanza de vida al nacer, el grado de alfabetización, la balanza comercial, el nivel académico, la tasa de natalidad, el gasto militar, etcétera. La escala del IDH llega hasta el 10. Para que nos hagamos una idea clara de su significado cuando vayamos a relacionar el IDH con el consumo de energía, representamos en el siguiente gráfico cómo ha evolucionado el IDH de España en los últimos treinta años, que ha pasado de 0,78 en 1980 a 0,94 en la actualidad. La convergencia con los países de la OCDE es obvia y, aunque el mundo globalmente ha avanzado, las diferencias entre es-

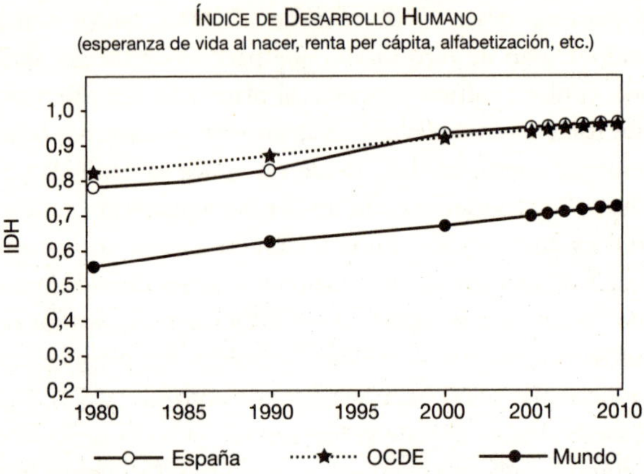

tos y los más subdesarrollados han persistido a lo largo de las tres décadas.

En la página siguiente se presenta un ejercicio de, digamos, política ficción. Para desarrollarlo sólo he usado tres tablas sacadas de Wikipedia: la de la población de cada país, la del consumo anual per cápita de energía medida en kilogramos (o toneladas) equivalentes de petróleo, que es una unidad internacional de interpretación obvia, y la del IDH. No todos los valores son del mismo año, pero varían entre 2008 y 2010, por lo que las conclusiones se basarán en resultados aproximados, pero ya se verá que básicamente son correctas.

En el eje vertical ponemos el IDH y en el horizontal el consumo de energía en kilogramos equivalentes de petróleo (kgep) por persona y año asignándole un punto a cada país del mundo. Como referencias sólo se etiquetan el punto correspondiente a España para enlazarlo con el gráfico que le precede y el de China, porque todo lo que haga ese inmenso y dinámico país afecta al mundo entero de manera muy significativa.

La primera conclusión se puede extraer ya y coincide con la apreciación que se ha hecho más de una vez en este libro: a partir de un cierto punto, el nivel de bienestar social no aumenta con el con-

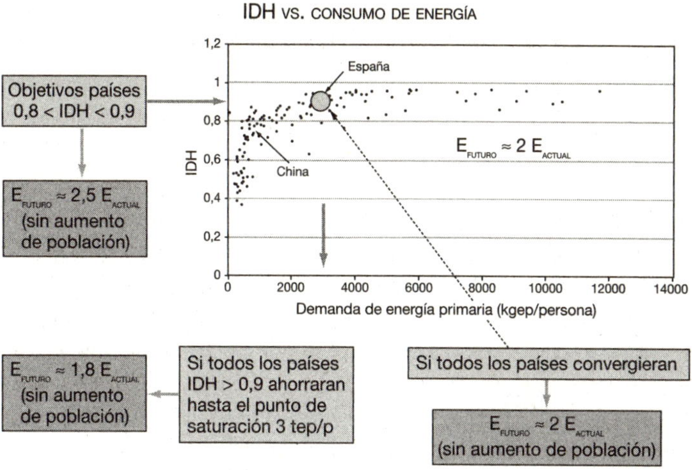

sumo de energía. Dicho de otro modo, a partir de cierto grado de desarrollo, para aumentar el bienestar un poco hay que consumir muchísima más energía sin garantía alguna de éxito. Como curiosidad, piénsese que el punto solitario más alejado hacia la derecha corresponde a Luxemburgo, y nadie dirá que los habitantes de ese pequeño país son más felices que sus vecinos franceses, que consumen algo más de la tercera parte de energía cada año que ellos. Empecemos ahora a elucubrar.

Consideremos los países que están en la actualidad como estaba España en 1980 y que, lógicamente, quieren llevar a cabo un desarrollo similar. Pero como también tenemos en cuenta la conclusión anterior de saturación, supongamos que se conforman con llegar a un límite de consumo energético que estableceremos en 3 toneladas equivalentes de petróleo (tep) por persona y año. Esos países los definimos en el rango de IDH entre 0,8 y 0,9, o sea, que en un futuro de unas pocas décadas, cuantas menos mejor, experimentarán una transformación tan positiva como la que tuvo España entre 1980 y 2000. Conste que China cae en el rango porque su IDH está aproximándose a 0,8 a marchas forzadas, por eso lo hemos incluido. Pues en ese caso, haciendo unas operaciones tediosas y basadas en una matemática tan sofisticada como multiplicar, sumar, dividir y restar, por ese orden, sale que la energía necesaria para culminar ese devenir es unas dos veces y media la que se consume en la actualidad, suponiendo que en los próximos veinte o treinta años ¡no aumenta la población mundial!

El lector sin duda ha sostenido con frecuencia que hay que ahorrar energía forzosamente, con lo cual estoy fervientemente de acuerdo. Vamos a cuantificar este noble deseo. Consideremos que lo que España consume en la actualidad (3,4 tep por persona y año) es demasiado y que con las 3 tep por cabeza de antes ya estamos bien servidos; lo cual supone más de un 10 por ciento de ahorro, que no está mal. Pero el optimismo nos desborda y soñamos con que nuestro ejemplo ha entusiasmado a todo el mundo desarrollado de manera que toman medidas, en algunos casos drásticas (el consumo por persona en Estados Unidos es más del doble que en España) y se colocan todos en el punto gordo del gráfico, esto es, consumiendo 3 tep al año per cápita aunque sea a costa de perder un poco de IDH, que pasa a ser de 0,9 para todos. Pues el resultado de las cuentas es que en lugar de 2,5 veces la energía actual, terminaríamos consumiendo algo menos del doble, esto es, 1,8.

Ya puestos, terminemos de fantasear suponiendo que todo el mundo, es decir, todos los países del Tercer Mundo que nos faltan, convergen en el punto mágico que nos iguala a todos: 0,9 de IDH y 3 tep. Sale que necesitaremos consumir el doble de la energía que consumimos en la actualidad. Y eso, insisto, sin considerar aumento alguno de la población que las previsiones son que pasaremos de los siete millardos de habitantes actuales a más de ocho en fecha tan próxima como 2025.

Naturalmente, ni todo el mundo pobre se va a desarrollar así como así ni el mundo rico va a renunciar a consumir energía del modo tan drástico que se ha sugerido aquí, por lo que la conclusión de que necesitaremos en el futuro el doble de la energía que consumimos ahora es un mínimo absoluto. No es poco realista pensar que la realidad se situará en un consumo entre el triple y el cuádruple del actual, lo cual, si lo consideramos en términos económicos, medioambientales, sanitarios y demás, resulta tan estremecedor que sacamos la conclusión de que hay que buscar unas fuentes de energía distintas de las actuales. De otra manera, parece obvio que si en la búsqueda del bienestar de sus poblaciones los países ricos no renuncian a nada y los pobres menos, el planeta nos lo cargamos entre todos más pronto que tarde. A buen seguro que no lo permitimos y encontramos soluciones energéticas razonables.

Las fuentes de energía

Tenemos, pues, que entre las muchas singularidades que han caracterizado al siglo XX destaca la eclosión del consumo de energía, el cual está basado en más de un 80 por ciento en el petróleo, el carbón y el gas natural. Se han consumido ingentes cantidades de las reservas planetarias y aún quedan muchos combustibles fósiles en el subsuelo. O sea, que el petróleo, rey de los tres, no se acaba como dicen algunos agoreros, pero de lo que no cabe duda que se ha acabado es el petróleo barato.

El petróleo ha sido fuente de gran bienestar, pero a costa de guerras, injusticias y contaminación. Algún día se estimarán con cierta fiabilidad las víctimas ocasionadas por haber construido una economía mundial basada en el petróleo y el proceso de la combustión, y el resultado provocará escalofríos. Si a ello añadimos el número de mineros muertos en el mundo extrayendo carbón, seguro que nos invade la tristeza.

Por más que desde hace unas décadas se vea vituperado continuamente, es lógico considerar que alguna ventaja han de tener el petróleo y sus derivados. El hecho es que no sólo tienen muchas ventajas, sino que si queremos sustituirlos como sangre que circula por todo el mundo suministrando la energía necesaria para la civilización actual, tendremos que idear sistemas que proporcionen ventajas análogas. Para discutir en profundidad este asunto, tenemos que pasar del concepto de energía al de densidad de energía. No es difícil.

Pensemos en un automóvil utilitario cualquiera que pese en torno a una tonelada. Con 50 litros de gasolina es capaz de desplazarse muchos centenares de kilómetros, llevando una carga útil de unos cientos de kilos. Esos 50 litros caben en un cubo de menos de 37 centímetros de arista. Además, el depósito del coche no exige grandes requisitos de forma o solidez ni materiales especiales. Los combustibles líquidos a temperatura ambiente, como los gasóleos, querosenos y gasolinas, tienen también la ventaja de que se pueden transportar con bastante seguridad por muchos medios: barcos, oleoductos, camiones, etcétera. Son inflamables, sí, pero los accidentes que provoca su producción, refino y transporte los tenemos asumidos desde hace décadas y a nadie escandalizan. Si para el automovilismo es esencial la densidad de energía del combustible, así como su adaptabilidad de forma y fiabilidad, es lógico que para la aviación sea aún más importante.

Aparte de los problemas geoestratégicos y de agotamiento de reservas, lo que está acuciando la lucha contra la dependencia del petróleo, el gas y el carbón es la contaminación atmosférica. La base de ello está en la reacción química llamada combustión. Se queme leña en el interior de una caverna prehistórica o se queme queroseno hiperpuro en la cámara de la turbina aeronáutica más sofisticada, el proceso químico de la combustión termina en agua y dióxido de carbono. Y otros productos, pero este último es el que está en boca de todos como causante de tal agresión a la atmósfera que bien pudiera haber desencadenado el cambio climático. La única combustión (quitando otras mucho más exóticas y otras menos realistas para el tema que nos ocupa aquí) que no genera dióxido de carbono es la del hidrógeno. Todos nos asombramos al ver en la televisión el despegue de un cohete propulsor de satélites y vehículos llamados «espaciales». Las formidables llamaradas causantes de grandiosos nubarrones son mucho más inocuas de lo que se podría pensar, porque éstos son fundamentalmente nubes. O sea, que como la propulsión de esos cohetes se hace a base de hidrógeno y oxígeno, el resultado final (casi, porque intervienen otros componentes) es agua en estado de vapor. Por eso hace décadas que se piensa en aprovechar esa combustión de hidrógeno en el trasporte terrestre, pero lamentablemente el asunto es mucho más complicado de lo que parece.

Los problemas del hidrógeno

Veamos algunas dificultades serias que conlleva el hidrógeno como alternativa a la gasolina para el transporte. En principio es lógico que se haya considerado seriamente tal posibilidad, pero poco a poco se está viendo que esto era una primera aproximación bastante burda por optimista. Más adelante hablaremos de la densidad de energía del hidrógeno, pero por ahora pensemos en cómo se puede producir.

La posibilidad obvia es a partir del agua, compuesto abundantísimo y por ello casi gratis. El caso es que la molécula de agua, la famosa H_2O, que es la unión de dos átomos de hidrógeno y uno de oxígeno, es muy estable, afortunadamente para cosas mucho más importantes que el transporte, lo cual significa que romperla para producir hidrógeno utilizable como combustible es muy costoso. Se hace por electrólisis, o sea, empleando electricidad abundante. Hay otros métodos, pero han de utilizar compuestos orgánicos que tienen hidrógeno aunque también carbono, por lo que se puede terminar contaminando más que usando la gasolina de toda la vida. Pero la ciencia y la ingeniería han conseguido proezas tan sorprendentes que no sería de extrañar que se encontrara algún día un procedimiento limpio y barato de producir hidrógeno.

Aunque obtuviéramos hidrógeno de manera económicamente competitiva persistiría el problema de su almacenamiento como combustible. Se puede hacer de dos formas: en estado gaseoso, que es el suyo en condiciones normales, o líquido, como el caso de las bombonas de uso doméstico de propano o butano, que también son gases a temperatura y presión ambientales.

El almacenamiento gaseoso del hidrógeno requiere depósitos que resistan muy altas presiones. Se han construido algunos que llegan a soportar 700 bares, o sea, unas 700 veces la presión atmosférica, y son 6,5 veces mayores en volumen y 5,5 veces más pesados que un depósito de gasolina.

El almacenamiento líquido exige temperaturas criogénicas (menos de 250 grados bajo cero) y un gran coste energético en el proceso de licuefacción (más del 20 por ciento de su poder calorífico). El sistema de almacenamiento en este caso resulta ser 3,7 veces más pesado y 3,8 veces más voluminoso que uno de gasolina. En ambos casos, obviamente, el coste de los depósitos es muy elevado, sobre todo en el caso gaseoso, por la necesidad de utilizar materiales como fibras de vidrio o de carbono. Es muy posible que estos sistemas mejoren en el futuro, pero no es probable que lleguen a ofrecer las mismas ventajas que un depósito de gasolina. Por todo ello, el almacenamiento condicionará fuertemente el diseño de los vehículos de hidrógeno y, aun así, sólo podrán ofrecer autonomías sensiblemente inferiores a los actuales.

Otras posibilidades, como el uso de hidruros metálicos que absorben muy eficientemente el hidrógeno, parecen viables para el uso en el transporte. Problemas de deterioro del lecho metálico, de seguridad, de fragilización, de bajas densidades de energía y de almacenamiento, de compresores fiables y un largo etcétera hacen que no se entrevean soluciones razonables a este enfoque a medio o largo plazo.

En cualquier caso, por sus propiedades físicas (densidad quince veces menor que la del aire y temperatura de ebullición de 253 grados centígrados bajo cero) el hidrógeno como combustible de vehículos, sea almacenado como gas, como líquido o incrustado en tramas metálicas, no podrá ofrecer prestaciones ni de lejos parecidas a las de la gasolina, y no sólo en cuanto a peso y volumen se refiere. Y esas propiedades físicas son inalterables.

Así pues, será difícil, muy difícil que el hidrógeno suponga un propulsor automóvil para el transporte de personas y mercancías por tierra, mar o aire. Otra cosa muy distinta es que el hidrógeno pueda desempeñar un papel importante en la producción de electricidad, y con esto enlazaremos con lo que se sostendrá en este capítulo de que la alternativa real a los motores de combustión interna de combustibles fósiles para el transporte por tierra y mar serán los motores eléctricos.

La aviación continuará por muchas décadas exigiendo el uso de querosenos y otros combustibles líquidos basados en el petróleo. Se hacen esfuerzos notables para llegar a usar biocombustibles en los aviones y los resultados hasta ahora son muy prometedores, pero además de los problemas que ya veremos que tiene usar la biomasa para estas cosas, está el hecho siguiente.

Los aviones comerciales de transporte de personas y los de combate están sometidos a unos controles de seguridad y unas especificaciones técnicas que dejarían aturdido a cualquiera que no sea muy experto en aeronáutica. Incluso éstos, los ingenieros aeronáuticos que son quienes las definen y batallan con ellas, no se salvan del estupor. Además, y como consecuencia de lo anterior, los diseños y desarrollos de ingeniería aeronáutica se hacen con vistas a varias décadas de uso. Que un modelo de avión de pasajeros dure cuarenta años o más es usual. Así pues, los avances tecnológicos reducirán notablemente la contaminación por la combustión de las turbinas de los centenares de miles de vuelos que se llevan a cabo cada día, pero encontrar alternativa a ese modo de propulsión aérea no está a la vista. Para colmo, digamos a modo de digresión para relajar al lector como hago de vez en cuando, puede que lo anterior no sea ni siquiera deseable. Vamos allá con la esperanza de que no se me acuse de pesimista.

El 12 de septiembre de 2001 ningún avión sobrevoló Estados Unidos. Los hechos de la infausta víspera así lo aconsejaron a los gobernantes de entonces. Sucedió una cosa curiosa que en medio de toda aquella tragedia pasó desapercibida: la temperatura media del país parece que aumentó ligeramente. El asunto tenía cierta lógica. Los miles de aviones que sobrevuelan diariamente el territorio norteamericano no sólo expelen vapor de agua y dióxido de carbono por sus turbinas, sino otros elementos y compuestos que aumentan lo que se suele llamar aerosoles. Digámoslo en román paladín: carbonilla en suspensión. Estos gases expelidos por los aviones tienen dos efectos. Uno, el bien conocido efecto invernadero que provoca en buena medida el cambio climático del que ya hemos hablado y hablaremos más aún; es decir, que evita que el calor de la superficie de la tierra escape al exterior, algo así como lo que le ocurre a un coche al sol, que la luz entra por los cristales, calienta el aire interior y al no salir por estar cerrado, sube y sube la temperatura interior. Como en los invernaderos, aunque estos ejemplos típicos ya se matizarán en su momento. La cuestión es que los aerosoles provocan por su parte un oscurecimiento de la atmósfera, lo que supone que llega menos radiación del Sol a la Tierra porque la interceptan. El día que los aviones no volaron en Estados Unidos fue más luminoso por la falta del aporte diario de aerosoles, por lo que la temperatura aumentó. O sea, que si desaparece la contaminación, puede que la temperatura aumente más de lo esperado. Es un lío, pero la conclusión por ahora es que no hay alternativa a la propulsión de los aviones que no sea a base de combustibles extraídos del petróleo o biocombustibles, ¡ni se la desea con mucha ansia!

Los inquietantes biocombustibles

Continuando con la energía utilizada para el transporte, que puede llegar a ser más de la mitad de la que consume la humanidad, una fuente alternativa al petróleo que lleva utilizándose desde hace mucho tiempo y que se ha intensificado últimamente son los llamados biocombustibles.

Las actividades agrícolas generan gran cantidad de residuos vegetales que, junto a una parte de la biomasa no relacionada con la alimentación, pueden convertirse en combustibles. El asunto es tentador desde muchos puntos de vista, porque la tecnología para hacerlo eficientemente no es demasiado complicada. Al fin y al cabo, se trata de romper largas cadenas de compuestos orgánicos en otras más pequeñas que hagan el mismo papel que los combustibles fósiles basados en el petróleo. Los procesos químicos de fermentación, destilación fraccionada, catálisis, etcétera, se conocen muy bien. Además, puesto que la generación de esa masa vegetal exigió en su momento la fotosíntesis, que conlleva la absorción de dióxido de carbono de la atmósfera, que después se lo devuelva al quemarse en el motor de un vehículo lo hace, digamos, «sostenible». Lo de las comillas viene a cuento de que lo sostenible es la contaminación, no otra cosa. Pero concedamos que no es tan agresivo para la biosfera como el gasoil. Naturalmente, también es tentador usar otros vegetales comestibles, y aquí puede que sea cuando empiezan los problemas.

Brasil lleva muchos años usando la caña de azúcar para producir etanol como combustible para automóviles. Parece que quizá por eso se lleva haciendo de manera que no ha afectado ni está afectando al aumento del precio de la comida del que vamos a hablar pronto. El uso del maíz, la soja, el girasol, etcétera, productos ya relacionados con la alimentación, se ha intensificado recientemente. Las empresas dicen, vaya usted a saber si con razón o sin ella, que el uso de toda la biomasa disponible, residual, cultivada para ello, e incluso algas marinas no comestibles, puede suponer un gran avance ecológico y económico como alternativa al petróleo. Además, hay subvenciones estatales porque es fácil convencer a los políticos de las ventajas electorales que conlleva todo lo «verde» y ecológico. No vamos a discutir aquí eso porque el asunto es complejo y puede que todos, defensores y detractores, lleven parte de razón. Lo que sí voy a hacer es dar dos datos objetivos para que se pueda evaluar, aunque sea intuitivamente, la esperanza que los biocombustibles pueden suponer para el futuro.

El maíz es el que parece ser el mejor producto base para la conversión de semillas en combustible. Si toda la cosecha anual de maíz de Estados Unidos se destinara a la fabricación de biodiésel se produciría el 16 por ciento del combustible que se consume anualmente en ese país. Una vez asimilado el dato, que es muy sencillo evaluar, pasemos a otro cuya elaboración exige mucha más tarea. Varios organismos internacionales, sobre todo la FAO (Food and Agriculture Organization) de la ONU, tras estudios intensos, han llegado a la conclusión de que entre 1974 y 2005 el precio de la comida básica basada en la agricultura, una vez ajustado por la inflación, disminuyó paulatinamente un 75 por ciento en el mundo. Pues entre 2005 y 2008, el precio del maíz subió un 127 por ciento y el del arroz un 170 por ciento. Sólo en el año 2010, el precio global de la comida ha subido un 30 por ciento. El debate está servido, porque hay quien achaca esa espectacular y anómala subida a la fabricación de biocombustibles, pero también hay informes que desmienten tal apreciación tachándola de exagerada. El lector puede explorar el asunto en internet y quedará confuso con lo que dicen los defensores y los atacantes del uso de tierras cultivables destinadas a los biocombustibles. Lo primero que hace la especulación económica es camuflarse de mil maneras, así que es difícil por ahora determinar en qué medida el aumento del precio de la comida se puede achacar a los biocombustibles sin caer en la demagogia o la frivolidad. Lo que parece ya un dato incontrovertible es que seis países, concretamente China, la India, Corea del Sur, Arabia Saudí, Qatar y los Emiratos Árabes Unidos, llevan ya comprados unos seis millones de hectáreas de África cuyo destino no parece que sea precisamente la agricultura alimentaria, entre otras cosas porque para los más populosos de esos países hace ya mucho tiempo que la alimentación no es su principal prioridad. Lo más grave del asunto es el desequilibrio que va a provocar este fenómeno en el reparto del agua, asunto que ya trataremos en su momento.

En cualquier caso, destinar una parte de la biomasa a ser quemada en los coches no parece tan mal asunto (aunque no se sepa bien cómo afecta a ciertos hábitats), sobre todo si son residuos; pero destinar cosechas de maíz, girasol, soja e infinidad de cereales alimenticios a la producción de biodiésel destinado a ser quemados en los poderosos todoterrenos provoca inquietud a cualquiera. De todas formas, veamos seguidamente por qué, al igual que se ha sostenido con el hidrógeno, seguramente el futuro tampoco se dirige al uso de la biomasa para la producción de combustibles de automoción.

El transporte eléctrico

A principios de 2011 saltó una noticia curiosa a los medios. Unos directivos de Renault fueron despedidos y denunciados ante la justicia por espionaje, ya que habían pasado información a la competencia de algunos intríngulis técnicos del motor eléctrico que estaban desarrollando mil setecientos ingenieros de la multinacional francesa. Las trapacerías y el destino de esos dos pobres hombres que después resultó que no eran crápulas sino inocentes de toda acusación me dejaron bastante indiferente, porque el dato que me sobrecogió fue el de la multitud de técnicos afanados en un desarrollo industrial. ¿Cuántos tendrá dedicados a ese trajín la competencia? Teniendo en cuenta que hay un montón de multinacionales fabricantes de automóviles, el número de ingenieros que andan detrás del coche eléctrico debe de ser estremecedor. Así pues, las discusiones sobre el hidrógeno y los biocombustibles parece que pronto van a ser asunto del pasado, porque los que mandan de verdad y sobre los que recae el diseño del futuro del transporte terrestre e incluso marítimo parece que lo tienen claro: será el motor eléctrico y punto redondo. Lo cual es lógico por lo siguiente.

El motor eléctrico es un invento del siglo XIX, por lo que se conoce muy, pero que muy bien. La eficiencia que alcanzan estos motores es muy buena y no hay más que pensar en el uso que hacen de ellos los trenes, en particular los de alta velocidad. Que los ingenieros encuentren motores eléctricos que satisfagan las exigencias y gustos de un conductor de utilitario y los de un piloto de Fórmula 1 es casi coser y cantar. Casi, que conste. No se ha hecho hasta ahora por varias razones. La primera, porque el petróleo ha sido muy barato la mayor parte del siglo XX y los motores de combustión interna han dado unos resultados fantásticos. La segunda, porque los motores eléctricos, o están conectados a la red eléctrica, como los de los trenes y los secadores de pelo, o necesitan un acumulador de electricidad. Éstos siempre han sido pesados y poco eficientes en cuanto a duración, por lo que ha sido difícil competir con el simple depósito de gasolina del que ya hemos hablado. Por último, aunque los acumuladores lleguen a ser magníficos, necesitan recargarse, lo que exige en última instancia producir mucha más electricidad de la que producimos ahora para mantener en movimiento un parque móvil eléctrico tan grandioso como el de combustión interna del que disfrutamos en la actualidad.

No cabe duda de que lo que están haciendo en secreto la mayor parte de los miles de ingenieros de Renault y todas las demás multinacionales del automóvil es diseñar un acumulador de electricidad óptimo para los automóviles. Y que es seguro que lo van a conseguir, por lo que está claro que éste es uno de los fines importantes de la ciencia y la tecnología. Pero sigue sin resolverse el último problema que he planteado: la generación de electricidad.

Hay quien dice, basándose en cálculos sensatos, que cuando el coche eléctrico se desarrolle en toda su plenitud, no será mucha la potencia eléctrica nueva que habrá que instalar, porque por las noches se consume poca electricidad y el excedente puede utilizarse en gran medida en recargar los acumuladores de los automóviles.

No les falta razón, pero como se ha dejado sentado antes, sea como sea habrá que generar mucha más electricidad de la que generamos hoy. Así pues, el fin de la ciencia y la tecnología en el futuro en cuanto a la energía se refiere es en buena medida generar y distribuir electricidad de manera más eficiente, más segura y menos contaminante. Y, seguramente, basada cuanto menos mejor en el mecanismo químico de la combustión, o sea, evitando en lo posible el uso de los combustibles fósiles, como el carbón, el gas y el petróleo, y mucho más el de los alimentarios, como el maíz, el girasol, etcétera.

La producción de electricidad

Un asunto que es obligatorio que el lector tenga bien asumido es la diferencia que hay entre potencia y energía. Lo de obligatorio es porque seguramente le han engañado y lo van a engañar mucho más aprovechando que no se suele discernir bien entre ambos conceptos. Y conste que estoy seguro de que la inmensa mayoría de los periodistas contribuyen al engaño de manera inconsciente.

La unidad de potencia es el bien conocido vatio. Se abrevia con la letra W en honor a Watts, James Watts, el inglés que empezó a enredar con estas cosas y del que ya hemos hablado al tratar de las máquinas de vapor. Sus múltiplos son el kilovatio (mil vatios o kW), el megavatio (un millón de vatios o MW), el gigavatio (mil millones de vatios o GW) y el teravatio (un billón de vatios o TW). Todos ellos los usaremos en lo que sigue. La potencia es la energía por unidad de tiempo. Es decir, que si se quiere saber la energía a partir de la potencia, hay que multiplicar ésta por algún tiempo. Es muy, pero que muy sencillo. Una bombilla de 60 vatios tiene esa potencia esté encendida o apagada. Un hombre de complexión normal puede tener una potencia de 0,1 kilovatios esté esquiando, cavando o durmiendo. Uno puede tener contratada con la empresa que le suministra electricidad a su vivienda una potencia de 5 kilovatios, y el contrato es el mismo de día que de noche; y lo mismo teniendo la lavadora, la tele y el horno a toda pastilla como cuando el usuario está de vacaciones lejos del hogar. Así pues, los 60 vatios de la bombilla, el décimo de kilovatio del trabajador y los 5 kilovatios del inquilino nos dan una idea clara de la energía que se puede producir o consumir, la cual dependerá, obviamente, del tiempo que tengamos la bombilla encendida, estemos trabajando o mantengamos los electrodomésticos funcionando.

Una unidad de tiempo para el consumo cotidiano de electricidad es la hora. Así pues, la energía consumida se medirá en vatios-hora (Wh), kilovatios-hora (kWh), etcétera. La conclusión es la siguiente: una bombilla de 60 vatios de potencia encendida toda la noche puede haber consumido una energía de medio kilovatio-hora. Un albañil puede haber generado una energía de 1 kWh en una dura jornada y la empresa eléctrica nos puede pasar una factura mensual por el consumo de 2 MWh. El engaño, o mejor, la confusión para ser políticamente correctos, equivale a decir que un oficinista en términos de energía es lo mismo que un minero. O que mil molinos de viento de 1 MW cada uno equivalen a una central nuclear de 1.000 MW. ¿Está claro el despiste intencionado o no? Pues es importante porque en el primer caso, en promedio, los mil aerogeneradores producirán anualmente una energía de unos 2.000 GWh y la central nuclear unos 8.000 GWh. Rematando: el equivalente de verdad de la central nuclear de 1.000 MW son 4.000 molinos de 1 MW, no 1.000, por la sencilla razón de que la central puede estar produciendo energía 8.000 horas al año mientras que los molinos lo harán unas 2.000 horas. Hay otra diferencia importante, y es que la decisión sobre el funcionamiento de la central la toma su director y la de los molinos el dios Eolo, el responsable de los vientos. Pero hay que hacer en este sentido un matiz importante. Las decisiones del director de la central nuclear son bastante limitadas en cuanto a variabilidad de funcionamiento, es decir, que los reactores de la generación (o diseño) instalada mayoritariamente hasta ahora no permiten variar apenas su régimen de producción de energía. Los molinos, en cambio, aunque dependan de la aleatoriedad del viento sí que pueden detenerse sin mayores problemas si así lo aconsejara la estabilidad mecánica del propio molino ante vientos excesivos o la demanda de electricidad en determinadas circunstancias o momentos. En sentido opuesto, cuando el viento cesa de soplar, lo cual puede suceder en cuestión de minutos, hay que tener una central eléctrica lista para responder a esa circunstancia manteniendo la red eléctrica estable. Esto se llama régimen de respaldo, y las centrales que mejor cumplen esta tarea son las de gas de ciclo combinado. Así pues, piense el lector que cuando los molinos que, según gustos, alegran o afean el paisaje están detenidos, en algún lugar se está quemando gas; y cuando los molinos están girando, la central que quemaba ese gas está trabajando a un régimen bajo muy forzado porque el óptimo de funcionamiento es muchísimo más elevado. Por todo lo anterior hay que tener muy clara la diferencia entre potencia y energía.

Las fuentes de producción industrial de electricidad son muy parecidas en la mayoría de los países, y sin embargo, el porcentaje de cada una de ellas es extraordinariamente variado. Esta proporción se llama *mix,* aunque recientemente se está imponiendo en español la palabra *cesta.* Usaremos el término mix, porque a pesar de que la RAE aún no lo admite y los mantenedores del dicionario de doña María Moliner le dan un significado raro,[1] nos parece el más adecuado e internacional. Veamos con detenimiento las características de cada componente del mix eléctrico.

La energía hidráulica

Ésta, junto con la térmica de carbón que analizaremos a continuación, es la fuente más tradicional de electricidad. Como todo el mundo sabe, consiste en retener el agua fluvial con una presa configurando de esta manera un embalse. Controlando el desagüe y canalizándolo, se hace incidir el agua sobre los álabes de una turbina. Se transforma así la energía potencial del agua situada en un lugar elevado en cinética de rotación. La turbina hace girar un generador de electricidad a modo de dinamo de bicicleta. Más o menos.

Esta manera de producir electricidad, como todas, tiene sus ventajas e inconvenientes. En primer lugar, en cuanto a inconvenientes,

1. «Composición, sobre todo de música bakalao (*sic*), que contiene fragmentos de otras canciones.»

está el ambiental y social, porque la construcción del embalse, además de consumir ingentes cantidades de energía porque las presas pueden ser formidables estructuras de hormigón, arrasa el paisaje. Significa esto que con frecuencia han exigido anegar grandes extensiones de terreno, incluidos algunos pueblos que han tenido que ser deshabitados de buen grado o a la fuerza. Por sorprendente que pueda parecer, las centrales hidroeléctricas no se consideran muy seguras, pues recuérdese como ejemplo el dato que he dado de los 144 muertos de Ribadelago provocados por la rotura de la presa Vega del Tera en enero de 1959.

Otro inconveniente de esta fuente de electricidad es que depende del régimen de lluvias de cada año, o sea, que no es completamente gestionable, porque en ningún momento se debe olvidar que la electricidad no se almacena, sino que se produce casi conforme se consume, lo cual exige un control casi al minuto de la generación. Ya lo he dicho antes, pero esto es tan importante que incluso insistiré más adelante.

Las ventajas de la energía hidroeléctrica son muchas. En primer lugar, porque por mucha energía e inversión que haya exigido su construcción, las presas suelen durar una eternidad, sus costes de operación son muy bajos y apenas utilizan combustible. En otras palabras, la hidroeléctrica es una magnífica fuente de energía renovable. En cualquier caso, prácticamente todos los países han construido todas las centrales hidráulicas y minihidráulicas (aprovechando saltos naturales de agua) que permite su orografía, por lo que la ciencia y la tecnología harán poco en el futuro en cuanto a esta manera de producir electricidad, como no sea optimizando los ya de por sí eficientes generadores.

En el caso de España, junto con las térmicas de carbón, la hidroeléctrica ha sido la principal fuente de electricidad en el pasado, pero una vez que Franco inauguró todos los pantanos por haber, esta fuente de energía eléctrica ha disminuido mucho en el mix español porque el consumo de electricidad se ha disparado y apenas se han construido presas en las últimas décadas. En cualquier caso, conste que esta fuente de energía aún es la que tiene el récord mundial en cuanto a potencia instalada de manera concentrada. Hablamos, entre otras, de las centrales de Egipto, China y Brasil.

Las centrales térmicas

La producción de electricidad basada en un ciclo térmico es casi tan antigua como el uso industrial de la propia electricidad. De hecho, la primera iluminación de calles y plazas la hizo Edison con una central de este tipo. Consiste en mover la turbina generadora no con un chorro de agua que cae desde cierta altura, sino con uno de vapor de agua provocado por una fuente de calor. Ésta puede ser de dos clases (ya hablaremos más adelante de las termosolares): una cámara de combustión o un reactor nuclear. Las primeras se clasifican según su combustible, carbón, fuel o gas, y las segundas son las famosas centrales nucleares.

Las centrales de carbón. El carbón es un combustible fósil muy esparcido por el planeta, por lo que no es causa de grandes problemas geoestratégicos. Lo que sí ha provocado, y aún lo hace, es una gran cantidad de víctimas por su extracción en las minas, por mucho que haya aumentado la seguridad de éstas. Hoy día, el mayor número de mineros del carbón muertos cada día se produce en China, pero la historia de los países industrializados, con el Reino Unido a la cabeza, ha de rendir tributo a las víctimas del carbón.

Las ventajas de las centrales de carbón se basan simplemente en el bajo precio del combustible, lo cual no es nada desdeñable porque éste repercute muchísimo en los costes de operación en las centrales térmicas de combustión.

Los problemas que acarrean son muy graves, en particular la contaminación que provocan. Por ejemplo, la central más potente de España es As Pontes de García y Rodrigues que está en Galicia. Ahora con la crisis está parada, pero cuando está en pleno funcionamiento emite tanto dióxido de carbono como tres millones de coches. En el Reino Unido, el grandioso complejo térmico de carbón (y ahora también de fuel) de Didcot dicen que provoca un montón de muertos cada año por la polución del aire. Vaya usted a saber, porque es difícil cuantificar esta apreciación, aunque el estremecedor dato tiene mucha lógica. Hasta en China, donde ésta es la fuente principal de electricidad, se están planteando seriamente la sustitución de estas centrales por otras de distinto tipo.

Lo que la tecnología puede hacer en el futuro respecto a la combustión del carbón son dos cosas. Por una parte, optimizar el proceso de combustión, que aunque parece cosa del pasado nos puede deparar algunas alegrías en el futuro. Hablamos esencialmente del aumento espectacular del rendimiento extraído de la reacción química de manera que se pase de un aciago 30 o 40 por ciento actual a uno mucho mayor. Por otra parte, se trabaja intensamente en lo que se llama secuestro del carbono, o mejor, del dióxido de carbono generado. Dicho brevemente, que éste en lugar de exhalarlo directamente a la atmósfera, para padecimiento a corto plazo del planeta completo y no sólo de quien lo produce, se concentre en determinados emplazamientos. Éstos serían fundamentalmente subterráneos y hay varios posibles depósitos: yacimientos agotados de gas o petróleo, configuraciones geológicas especiales, etcétera. Estas técnicas por ahora son inseguras, caras y raras, pero si se sigue investigando podríamos ver avances significativos en este sentido, lo cual sería deseable por lo que se ha dicho antes: el carbón es abundante, barato y esparcido. De todas formas, la tendencia actual es, por razones climáticas, ir disminuyendo paulatinamente el consumo de carbón para producir electricidad.

Las centrales de fuel oil. Como se puede imaginar, son primas hermanas de las anteriores, pero en vez de quemar carbón como fuente primaria de energía, queman fuel oil. Este tipo de central eléctrica está en franca recesión. Pero a su socaire voy a hacer una reflexión.

Ya hemos visto las ventajas que tienen los combustibles derivados del petróleo y he remarcado que sus principales problemas técnicos son la producción de dióxido de carbono y que las reservas disminuyen, conllevando un aumento paulatino del precio. Sin embargo, a nadie se le escapa que el auténtico problema del petróleo es el geoestratégico. Salvo en algunas zonas como el mar del Norte, Estados Unidos, etcétera, la mayor parte del petróleo está en regiones que, como mínimo, se pueden tachar de políticamente inestables.

Afortunadamente para unos y desgraciadamente para los países ricos en petróleo, resulta que el negocio de verdad está en manos de multinacionales que ni radican ni están en manos precisamente de esos países. Repsol y Shell, por ejemplo, son enormes empresas petrolíferas cuyos países de origen, España y Holanda, no tienen ni una gota de petróleo. Quizá sea eso lo que da estabilidad a un sistema energético basado en buena medida en el petróleo, pero en el futuro, si se da un proceso con la producción de electricidad como hemos entrevisto en el transporte terrestre que irá dependiendo cada vez menos del petróleo, los combustibles derivados de éste se dedicarán al transporte aéreo y marítimo nada más. Y nada menos, pero irá habiendo una liberación paulatina de la dura dependencia de los millones de barriles de crudo diario que se extraen ahora de las entrañas de tierras mayoritariamente convulsas. Distinto, pero con grandes similitudes, es el caso del gas natural.

Las centrales de ciclo combinado. Son centrales térmicas cuyo combustible es el gas natural, pero con un rendimiento excepcional porque utilizan un ciclo muy ingenioso. Los gases resultantes de la combustión que genera vapor de agua para mover la turbina del generador de electricidad están muy calientes. Tanto que se pueden utilizar termodinámicamente para mover otro generador eléctrico y reforzar la potencia al combinar ambas turbinas, la de vapor y la de gas. Por eso se llaman de ciclo combinado. Además del alto rendimiento, estas centrales tienen una virtud fundamental: son de funcionamiento muy flexible y totalmente controlado. Como hemos visto, esto es lo que las hace idóneas para respaldar a las fuentes de energías renovables que no son gestionables al depender en gran medida del azar.

Aunque estas centrales térmicas son mucho menos contaminantes que las de carbón o fuel oil, siguen exhalando grandes cantidades de dióxido de carbono y otros gases a la atmósfera, pero últimamente lo que ha puesto en cuestión esta fuente de energía ha sido precisamente el suministro de gas. En el caso de Europa, la red de gasoductos que le suministran gas siempre se ha visto con preocupación, pero desde el invierno de 2009 se han disparado todas las alarmas. Casi todo el suministro de los países europeos parte de Rusia. En el caso de España, al estar en el extremo de la tela de araña que supone ese sistema de gasoductos, ésta se diversifica hacia el norte de África, siendo Argelia nuestro mayor suministrador. Cuando Rusia cortó el suministro para doblegar a Ucrania por sus incumplimientos, Europa se vio aterida de frío. Lo que se ha hecho es un gasoducto directo desde Rusia que no pase por otros países, pero ahí queda el aviso de lo que supone tener empeñada la soberanía y la independencia a los países productores de gas. Porque el gas no se almacena en grandes cantidades, y de hecho, España tiene reservas para seis días. Sólo seis.

Las centrales nucleares. Son centrales térmicas cuya fuente de calor es la reacción en cadena que tiene lugar en el llamado reactor. Veamos un poco técnicamente cómo funciona un reactor nuclear.

Los componentes principales son los (mal) llamados elementos combustibles. Aquí no hay combustión alguna que valga, sino que tales elementos son haces de varillas huecas rellenas del material fisionable. Tienen un diámetro en torno al centímetro y una longitud de unos cuatro metros. Decenas de miles de estas varillas, agrupadas en los elementos combustibles en matrices cuadradas de unas 17 × 17, dejan pasar entre ellas el fluido de trabajo, normalmente agua. El, insisto, mal llamado combustible es un compuesto simple de uranio, UO_2 u óxido de uranio, cuyo núcleo es susceptible de romperse o fisionarse. Tal fisión la provoca la incidencia de un neutrón. Resulta que la masa de los fragmentos que quedan tras romperse el núcleo de uranio, más la de otros pocos neutrones que salen disparados, es menor que la suma de la del núcleo inicial de uranio y el neutrón que lo fisionó. Esta diferencia de masa es la que hay que multiplicar por la velocidad de la luz al cuadrado, obteniéndose así una enorme cantidad de energía. Una vez más $E = mc^2$. Los neutrones resultantes de cada fisión pueden producir otras fisiones de núcleos vecinos estableciéndose la reacción en cadena de manera controlada.

El funcionamiento del reactor es conceptualmente muy sencillo. Lo que controla la reacción en cadena son otras varillas que contienen elementos que absorben neutrones con gran facilidad. Son como esponjitas de neutrones, que cuanto más se insertan entre los elementos combustibles más ralentizan la reacción, y si se sacan, ésta se aviva. Estas varillas de control pueden incluso caer por la fuerza de la gravedad, de manera que en caso de problema serio o descontrol absoluto por los motivos que sean, se insertan por su propio peso entre las de combustible y aquello termina apagándose. Ya hablaremos otra vez de lo que pasó en Fukushima.

El reactor, en principio, podría estar funcionando años y años sin necesidad de reponer las varillas, pero ocurre una cosa que está en la raíz de uno de los inconvenientes de los reactores de fisión: los núcleos de uranio no siempre se rompen de la misma manera. O sea, que al cabo del tiempo, en las varillas hay un surtido tremendamente variado de fragmentos de fisión y elementos transuránicos. Estos últimos se han formado por, digamos, acumulación de neutrones en los núcleos de uranio que no han logrado fisionarlos. En esta variedad de elementos hay algunos que son también esponjitas de neutrones, por lo que al cabo de unos pocos años hay que sacar las varillas y sustituirlas por otras, porque si no la reacción en cadena se detendría. Y he aquí los famosos residuos radiactivos.

Las varillas contienen aún un 95,6 por ciento (tómese nota del dato) de uranio. Pero el pequeño resto es tremendo, porque en el surtido hay elementos estables y radiactivos y la duración de la radiactividad de éstos varía desde unos pocos segundos hasta miles de años. Los elementos de combustible usado se almacenan en una piscina de la propia central nuclear donde están unos treinta años, al cabo de los cuales han perdido más del 90 por ciento de su radiactividad, aunque la que queda sigue siendo muchísima. Después (incluso antes), el combustible usado puede seguir dos caminos: o se procesa para aprovechar gran parte de aquel 95,6 por ciento de uranio, o se prepara para almacenarlo en un lugar apropiado. Esto se puede hacer en una instalación a cien años vista, como el famoso Almacén Temporal Centralizado, o para la eternidad en un depósito subterráneo geológicamente estable.

Las centrales nucleares son muy poco agresivas desde el punto de vista medioambiental, porque no exhalan nada a la atmósfera ni afectan apenas a la biosfera. Además, por muy impopulares que se hayan hecho los llamados por unos residuos radiactivos y por otros combustible usado, lo cierto es que la nuclear es la única industria que mantiene sus desechos localizados y controlados. Incluso suponen una riqueza notable para el futuro por el 95,6 por ciento de uranio que contienen, de manera que sus apologistas, con razón aunque un tanto propagandísticamente, dicen que un almacén de residuos radiactivos a efectos prácticos es una excelente mina de uranio.

El otro gran inconveniente de las centrales nucleares es la percepción de riesgo que se ha provocado en torno a ellas. Será por los inicios fatídicos de la energía nuclear con Hiroshima y Nagasaki, o será por razones más o menos confesables, pero el caso es que en la población ha calado la idea de que son inseguras y sus posibles accidentes de consecuencias terribles. Lo cual, como hemos visto en el capítulo 5 y cualquiera puede comprobar, va contra toda evidencia histórica y técnica. Esta sensación subjetiva de inseguridad ha tenido una consecuencia ventajosa: la industria nuclear está sometida a unos controles tan rigurosos y complejos que si se les aplicaran a otras, como, por ejemplo, la química, nos ahorraríamos infinidad de accidentes. Baste sólo decir que un organismo como el Consejo de Seguridad Nuclear de España es un ente con casi quinientos técnicos dependiente directamente del Parlamento de la nación. Para salvaguardar su independencia no tiene presupuesto del Estado, sino que funciona gracias a los emolumentos que cobra por sus servicios de control. Organismos como éste tienen todos los países y obedecen a unos protocolos de seguridad elaborados por el Organismo Internacional de la Energía Atómica que ya he citado. Pero a pesar de las actuaciones de estos organismos, la percepción de riesgo nuclear ha calado demasiado profundamente en las poblaciones, sobre todo después del accidente de Fukushima.

Además de esta percepción real o inducida, otro inconveniente de las centrales nucleares es la fuerte inversión de capital y de energía que exige su construcción y su desmantelamiento una vez terminada su vida. Esto se compensa con la relativamente rápida amortización por la gran eficiencia de producción que tienen, así como su durabilidad a ritmo constante de producción. La gran mayoría de las centrales actuales seguramente funcionarán unos sesenta años y las de nuevo tipo que se están construyendo se piensa que pueden llegar a los ochenta, e incluso los cien años sin problemas.

Las ventajas de verdad de las centrales nucleares son las dos siguientes. La primera es que proporcionan una gran independencia energética a los países que no tienen combustibles fósiles. El uranio es abundante, está muy diseminado por el planeta y los países en que se concentra son, digamos, más «amables» en general que los poseedores del gas y el petróleo. Hablamos, por ejemplo, de Canadá, Australia y Brasil. Además, teniendo en cuenta de nuevo lo del 95,6 por ciento de uranio en el combustible gastado, que hoy no se aprovecha fundamentalmente porque el uranio está barato, el asunto no es crítico. En cualquier caso, el precio del «combustible» repercute muy poco, apenas entre el 10 y el 15 por ciento, en el coste de funcionamiento de una central nuclear. Otra ventaja que tienen es que mientras que las reservas de gas de cualquier país europeo son para días y las de petróleo para uno o dos meses, las de combustible nuclear son normalmente para tres o cuatro años, y pueden ser para muchos más.

Pero para mí, la ventaja fundamental de la energía nuclear es la siguiente: es la que tiene más claro y amplio desarrollo tecnológico futuro. Las centrales nucleares actuales son las llamadas de Generación II. Ya se están construyendo las de Generación III y están diseñadas hasta las de Generación VI. Entre ellas están las que producen más combustible del que se carga inicialmente (ha leído bien el lector) e incluso las que usan otro elemento fisionable distinto del uranio: el torio, que es mucho más abundante que aquél.

Se ha hecho mucho hincapié en la relación de las centrales nucleares con la proliferación de armamento nuclear. Es un asunto que fue preocupante durante mucho tiempo, pero del que ya ha quedado solamente su aspecto propagandístico en contra de esta fuente de energía eléctrica. Por lo pronto hay un hecho no discutible: hay infinidad de países que tienen centrales nucleares y no bombas atómicas y, lo que es más curioso, también al revés. Países como Israel, Sudáfrica, Corea del Norte, Irán, etcétera, tienen, han tenido o desean tener armas atómicas, y su interés por producir electricidad con centrales nucleares siempre ha sido mínimo o nulo. O sea, que la producción de electricidad por esta vía está tan desacoplada del armamentismo como la aviación civil de la militar. Pero la cuestión esencial es la siguiente: construir armas atómicas exige la voluntad de un Estado y, además, es algo que si uno se atreve a hacerlo salta demasiado a la vista. Por ejemplo, para que un reactor produzca plutonio militar ha de detenerse cada pocos meses en lugar de cada tres años como suele hacerlo un reactor comercial. Eso lo detecta cualquiera que tenga interés en el asunto, incluidos los espías becarios. Los medios diplomáticos, económicos y militares necesarios para contrarrestar tal actividad y aspiración se han mostrado siempre muy eficaces. Y para unos supuestos terroristas, hacerse con un arma atómica y manipularla con fines asesinos es infinitamente más complejo y seguramente menos eficiente desde su punto de vista que otros medios. De hecho, nunca lo han intentado, y sí han usado sin embargo aviones, gases venenosos y armas biológicas; aparte de explosivos convencionales, claro. Lo de la proliferación nuclear asociada al desarrollo de la producción de electricidad por centrales nucleares es más mito que otra cosa.

La energía eólica

De un tiempo a esta parte, los paisajes de Europa se han visto invadidos por molinos de viento. Al principio eran horribles, pero con el tiempo se han estilizado y, quizá por la familiaridad, nos parecen más agradables visualmente, por más que a muchas personas les irrite ver erizadas las colinas. Desde un punto de vista técnico han avanzado mucho. Quizá se pueda criticar la formidable expansión que han tenido porque debería haberse esperado un poco hasta tener optimizados técnicamente los molinos como lo están ahora, pero también podría haber ocurrido que sin el acicate de su eclosión no se habrían innovado. El caso es que suponen una fuente de energía eléctrica que tiene algunas ventajas, sobre todo que no consumen combustible alguno. Sus dos problemas esenciales y difícilmente superarables son el coste energético que supone su construcción y, sobre todo, su instalación y que, como he dicho, la energía que producen no es gestionable.

Los bellos (u horrendos, no discutamos ese asunto) molinos tienen una tecnología que puede parecer sencilla pero no lo es. El viento mueve unas palas muy bien diseñadas aerodinámicamente y éstas hacen rotar un generador eléctrico. Lo que ocurre es que hay que optimizar el tamaño del molino porque está condicionado a la estabilidad de su estructura. O sea, que no puede funcionar a cualquier velocidad que tenga el viento, sobre todo si es muy intenso. Por encima de un determinado umbral es mejor detener el molino que arriesgarse a que pierda estabilidad estructural y termine derribado. El tamaño óptimo es grande y las zonas de viento adecuado suelen ser relativamente inaccesibles. Esto exige una gran cantidad de energía en transporte de piezas a lugares inhóspitos y una gran cantidad de obra civil traducida en excavación e ingente hormigonado. Los que se están planeando construir en alta mar exigirán mucha más energía.

Aparte de la energía que cuesta la instalación y la fabricación previa, hay que tener en cuenta que las líneas de transmisión han de ser de sección mucho mayor que las familiares líneas de alta tensión, porque han de servir tanto para que por ellas fluya electricidad de poca intensidad como de mucha, dependiendo de los vientos. O sea, hay que consumir más energía en la fabricación de los cables. Pero el problema de verdad de la energía eólica es el siguiente, y, aunque lo he comentado ya, es tan importante que insistiré aportando más datos y apreciaciones.

Ya he dicho que la electricidad no se almacena, o, como se dice más técnicamente, no se acumula. Recomiendo vivamente que se consulte la página web de Red Eléctrica Española (www.ree.es), porque allí se puede ver en directo, entre otra mucha información interesante, cómo se produce la electricidad y cómo se consume. En la página se puede consultar el «historial», por lo que se pueden encontrar fácilmente dos extremos como los siguientes. Una madrugada de domingo de invierno con fuertes vientos en un año de crisis económica (las fábricas consumen menos y de noche mucho menos que en tiempos de bonanza), la energía eólica es la reina porque puede llegar a producir el 50 por ciento o más de la energía consumida en ese momento. A continuación se puede encontrar una tarde de, digamos, agosto en que la producción eólica en todo el país es exactamente cero. Aún más, al amanecer del lunes de la madrugada ventosa, cuando la gente despierta y empieza el trajín nacional, el porcentaje eólico cae en picado por mucho viento que sople. Y el mismo día de agosto de calma chicha puede empezar a soplar el viento en ciertas zonas y la energía de origen eólico se hace notar. Conclusión: puesto que la electricidad no se almacena, los molinos tienen que estar respaldados. ¿Por quién? Pues como ya he dicho, normalmente por centrales de ciclo combinado, que son las más flexibles y ajustables. Pero eso exige que cuantos más molinos haya, más centrales de gas hay que tener dispuestas para respaldarlos, o sea, funcionando a un régimen muy por debajo del óptimo. Esto, lógicamente, desquicia a sus directores, porque la variabilidad consume más energía de la cuenta, las partes móviles se desgastan más y siempre es motivo de frustración (aparte del dispendio económico) tener una central funcionando gran parte del tiempo a un régimen muy por debajo de sus posibilidades. Por eso hubo quien dijo (me refiero al mismísimo ministro del ramo) que se puede llegar a la paradoja de que cuanto más viento sople y más sol haga (enseguida hablaremos de la energía solar) más cara sea la electricidad producida.

Desde el punto de vista de la ciencia y la tecnología, poco hay que decir de posibles desarrollos futuros de los molinos de viento, porque como se ha dicho, éstos ya han alcanzado un punto bastante cercano al óptimo. Al fin y al cabo, no es una tecnología trivial, pero tampoco muy compleja.

La energía solar

El Sol es la fuente de toda energía que usamos y soñemos usar. De él se desgajaron todos los elementos, incluidos el uranio, el torio y demás; gracias a su luz se pudo originar la vida primitiva que terminó en combustibles fósiles y, por supuesto, es el que en última instancia provoca la lluvia y los vientos. Incluso, como veremos pronto, la panacea que buscamos es domeñar la energía que da vida al mismísimo Sol: la fusión nuclear. Naturalmente, y nunca mejor dicho, es del todo deseable aprovechar directamente la energía que nos envía el Sol y no a través de los fenómenos provocados por él. Esto, hasta ahora, se sabe hacer de dos maneras. La primera es basándose en un efecto llamado fotovoltaico. Es una consecuencia del llamado efecto fotoeléctrico cuya interpretación la dio Einstein en 1905 y por la que recibió el premio Nobel. O sea, que estamos hablando de una posibilidad energética cuyo fundamento tiene más de un siglo. Consiste en exponer al sol paneles de ciertos materiales apropiados que hacen que parte de la luz que reciben se transforme en corriente eléctrica.

Esta fuente de energía presenta infinidad de problemas. El primero es irresoluble: todos los días tienen sus consiguientes noches y algunos, de hecho muchos y de forma relativamente impredecible, están nublados. El segundo es que el rendimiento de la conversión de luz en electricidad es muy pequeño. Para colmo, los materiales fotovoltaicos usados son caros y la instalación de los paneles requiere bastante energía en transporte y hormigón. Esto hace que si el MWh de, por ejemplo, energía eólica cueste 65 euros en promedio, el de energía fotovoltaica salga a más de 430 euros. A pesar de estas desventajas, el verdadero problema de la energía fotovoltaica es el de la densidad de energía. Recuerde el lector el ejemplo que he puesto de desplazar un coche utilitario centenares de kilómetros con unas decenas de litros de gasolina que caben en un pequeño depósito. Pues el equivalente fotovoltaico para hacer tal desplazamiento exige una buena extensión de tierra sembrada de paneles. Estas tierras pueden ser comunales o privadas. Para mí, uno de los misterios más insondables con que me he enfrentado es el que sigue.

La energía solar fotovoltaica es cara, pero como su fuente es inagotable, si el Estado la subvenciona se supone que terminará siendo rentable y un regalo para todo el pueblo llano y soberano. No discutamos el asunto de manera que se me pueda atribuir mala fe o algo peor, sino que invito a que se reflexione sobre varios datos.

Primero: la subvención concedida en España en años pasados recientes a la energía fotovoltaica es parecida a la eólica, pero mientras que ésta genera anualmente en torno al 15 por ciento de la electricidad consumida en España, la fotovoltaica apenas llega al 2 por ciento. Ocho veces menos. Segundo: entre las dos, la eólica y la fotovoltaica, lo que les da el Estado cada año es mucho más de lo que cuesta construir varias centrales de ciclo combinado o una gran central nuclear, las primeras para funcionar durante décadas y la segunda, como he dicho, para hacerlo durante un siglo. (Reléase el párrafo anterior cuando el lector salga de su asombro). Tercero: quien más tierra tiene se llama terrateniente, y ya he dado el dato de quién recibe más subvenciones por la energía fotovoltaica en España: la casa de Alba con toda lógica, porque es la mayor terrateniente del país. De ahí para abajo, los llamados huertos solares están mayoritariamente en terrenos privados, de manera que sus propietarios (muchos de ellos inversores extranjeros) tienen subvenciones aseguradas por ley para veinticinco años. Esto hace que esos señores hayan convertido esos extraños huertos en su medio de vida con una productividad fácilmente deducible de lo anterior. Cuarto y último dato: con la subvención anual a la simbólica energía fotovoltaica se organizaría y construiría un portentoso instituto de investigación de energía solar que atrajera a los mejores especialistas del mundo. Ése sí que no sería dinero perdido, porque aunque ese complejo científico técnico no fuera capaz de conseguir unos paneles fotovoltaicos competitivos, sin ningún género de dudas, obtendría resultados inesperados que optimizarían la conversión de la radiación solar en energía eléctrica. Incluso lograrían descubrimientos de otra naturaleza que nos dejarían gratamente sorprendidos.

El misterio se condensa en la siguiente pregunta: ¿cómo han podido caer los políticos en la trampa de la energía fotovoltaica actual y encima considerarla progresista? Mi esperanza es que la ciencia y la tecnología consigan hacer rentables los cubos de hormigón sobre los que se asientan los actuales paneles fotovoltaicos, porque si no, llegará el día que nos sintamos ruborizados por haber llenado el campo de chatarra. Por cierto, parece que estos paneles son ya mayoritariamente chinos.

La otra fuente de energía solar es la que se llama termosolar. Ésta es, al menos, curiosa y menos inquietante que la anterior. Consiste en recuperar la vieja leyenda del sitio de Siracusa llevado a cabo por el general romano Marcelo. El gran Arquímedes contribuyó a la defensa de la ciudad siciliana de mil maneras ingeniosas elogiadas hasta por el propio Marcelo. Tan celebrado fue el ingenio de Arquímedes que algunas de sus argucias técnicas se hicieron legendarias. Una de ellas, que hoy se ha demostrado que no se llevó a cabo en la práctica, fue hacer que un montón de hombres orientaran espejos concentrando los rayos del sol en los barcos romanos haciendo arder sus velas. Lo que se hace hoy día en una planta termosolar es instalar un gran campo de espejos, cada uno de los cuales está colocado en una plataforma que con un mecanismo puede orientarse automáticamente de manera que los rayos de sol se concentren en un punto a una cierta elevación del terreno. Allí, en una torre, está el fluido de trabajo, normalmente agua, que hierve por el calor del pequeño sol que se forma cerca del depósito elevado. El vapor generado así mueve la turbina de un generador eléctrico como se hace en las centrales térmicas.

Aunque sus raíces sean antiguas, como he dicho, la tecnología que hay detrás de una central termosolar no es ni mucho menos trivial. La mayor central termosolar del mundo, sita en Sanlúcar la Mayor, cerca de Sevilla (por cierto, y sin ánimo de provocar, instalada en el cortijo familiar de los Benjumea, fundadores y propietarios mayoritarios de la multinacional Abengoa), llena de curiosidad e incluso de orgullo a los lugareños, entre los cuales me encuentro. De hecho, Abengoa está desarrollando proyectos termosolares en varias partes del mundo. La eficiencia de estas instalaciones no es mucha, pero tienen infinidad de ventajas respecto a las fotovoltaicas. Por ejemplo, aunque la energía termosolar obviamente es apenas gestionable, lo es más que la fotovoltaica, porque si se utiliza el calor para fundir sales, éstas pueden hacer hervir el agua aun cuando el sol se haya puesto gracias al calor acumulado. No es mucho, pero se está investigando intensamente para optimizar el asunto y puede que se alcancen resultados esperanzadores, aunque como tras un día soleado amanezca uno nublado... En cualquier caso, si un año se encadena una serie de borrascas, como ocurrió en 2010 en Sevilla, la planta termosolar puede estar tres meses y medio sin producir un solo kilovatio hora.

Por mucho que algunas voces lo sostengan con firmeza, el debate sobre la energía no es la trampa en la que tratan de meter a la población cada vez con menos éxito: nucleares, no; renovables, sí. El dilema está entre las centrales nucleares y las de combustibles fósiles, ambas para respaldar y completar las renovables que sean razonables, las cuales serán siempre insuficientes mientras todos los días tengan sus noches y algunos estén nublados, el viento sople cuando pueda y los embalses se llenen siempre que llueva. La humanidad ha de tener como aspiración ser más equitativa y justa, y ya hemos visto que la evolución de los índices de desarrollo humano y de consumo de energía demuestran que esa convergencia exige entre el doble y el cuádruple de la energía que consumimos ahora, incluyendo ahorros drásticos que cambien en buena medida nuestro derrochador modo de vida. Basar ese consumo de energía en el gas, el carbón y el petróleo, como hemos hecho hasta ahora, es un desastre ecológico que no resistirá el planeta y una miseria geoestratégica. Las energías renovables que conocemos hoy no se bastarán por sí mismas jamás. Jamás, porque el mayor delirio actual, el alemán de aprovechar la inmensidad y el calor del Sahara, supone suministrar el 15 por ciento de la electricidad que necesita Europa. A precio de oro, claro, y dependiendo siempre de Marruecos, Argelia y demás países. Mientras, China está a las puertas de iniciar el negocio del siglo XXI: la exportación masiva de reactores de bajo coste basados en diseños mejorados de la ya casi obsoleta Generación II. Cuando Alemania se percate de los problemas de todo tipo que generan los lignitos pardos y la hulla del Rhur, así como el gas de Rusia, para generar la ingente cantidad de electricidad que necesita su industria, siempre le quedará la posibilidad de comprar reactores chinos instalados llave en mano, siendo Alemania, para más escarnio, el país que inventó en gran medida la energía nuclear.

Afrontar la tecnología nuclear es inevitable, pero la gran lección de Fukushima es que lo hemos de hacer de manera serena, competente y sensata, o, en caso contrario, estamos abocados a un mundo inestable, inseguro e injusto.

La fusión nuclear

Seguro que el lector ha escuchado alguna vez el chiste que dice que los físicos han encontrado una nueva constante de la naturaleza: el tiempo que falta para que se aproveche la fusión nuclear que siempre es cincuenta años. Dicho de otro modo, la energía de fusión es la del futuro y siempre lo será. Es ingenioso, no cabe duda, así que vamos a utilizarlo para explicar lo que es la fusión, por qué se supone que es una panacea y si se aproxima a la realidad eso de que siempre han faltado, faltan y faltarán cinco décadas para domeñarla.

De nuevo, tenemos que hacer uso de la fórmula más famosa de la historia: $E = mc^2$. He dicho que al fisionarse, romperse, un núcleo pesado como el uranio, se esfumaba una cierta cantidad de masa que en realidad se convertía en energía de manera como describe la fórmula, o sea, multiplicándola por el enorme número c^2. Puede ocurrir otro proceso muy diferente pero igualmente regido por esa misma fórmula. Dos núcleos ligeros, muy ligeros, se unen y el resultado de la unión, un núcleo un poco más pesado, tiene una masa distinta a la suma de la de los que se han unido. Esa diferencia es la que ahora hay que multiplicar por la velocidad de la luz al cuadrado. Éste es el proceso de la fusión nuclear. ¿Dónde está el intríngulis del asunto? Es un poquito más complejo que el caso de la fisión, pero no mucho más. Esfuércese el lector en entenderlo si no es científico y tendrá su recompensa.

Los núcleos atómicos están formados por dos clases de partículas, los neutrones y los protones. El nombre les viene de que unos son neutros desde el punto de vista eléctrico y los otros, los protones, tienen carga eléctrica positiva. Recuérdese aquello de que cargas del mismo signo se repelen y de signo opuesto se atraen. Por otro lado, ya he dicho que el núcleo atómico es minúsculo en comparación al tamaño del átomo en su conjunto. ¿Qué mantiene apelotonados a los protones en el núcleo si tienden a repelerse eléctricamente? Una fuerza mucho más poderosamente atractiva que repulsiva es la eléctrica. Es la fuerza nuclear. ¿Por qué no se notan los efectos de tan enorme fuerza en la vida cotidiana? Porque son de corto, muy corto alcance. O sea, que para que dos protones o neutrones la sientan han de estar muy próximos.

Así pues, para que actúe la fuerza nuclear entre dos núcleos ligeros éstos se tienen que acercar lo suficiente como para ponerse casi en contacto, es decir, que han de superar la barrera que supone la repulsión eléctrica que les ocasiona la presencia de protones en ambos núcleos. Esto se puede conseguir de dos maneras. Una es disparando, literalmente, uno contra otro. Para eso se necesita un acelerador que le imprima a uno de los núcleos una velocidad tal que atraviese la barrera eléctrica repulsiva. La otra es a base de aumentar la temperatura. Téngase en cuenta que la temperatura no es más que una medida de la energía térmica, la cual se traduce a escala atómica y molecular en una agitación, o sea, en una energía cinética o debida al movimiento. Si el lector no está mareado aún, que se relaje porque ahora viene lo bueno.

Para que fundan dos núcleos ligeros, esto es, para que lleguen a ponerse en contacto, la temperatura tiene que ser tan alta que sólo se da en el interior de las estrellas. Ésta es la energía, la de fusión nuclear, que hace brillar nuestro Sol y da vida a todas las estrellas. ¿Podemos dominar esa energía de fusión como se ha dominado la de fisión? Pues a lo bestia, o sea, en bombas, sí; son las llamadas bombas termonucleares que son todas las bombas atómicas que hay en la actualidad. Pero esa energía aún no se sabe controlar civilizadamente. ¿Por qué? Porque, entre otros muchos problemas, estamos hablando de temperaturas de millones de grados, y eso no hay material que lo resista. La única manera de contener la materia en ese estado de agitación es en una «botella» electromagnética, lo cual es muy, pero que muy difícil de construir. El asunto va por buen camino desde hace más de… ¡cincuenta años!

Esos cincuenta años no son una constante por lo siguiente. Al principio, la fusión nuclear se estudiaba a escala universitaria, después a escala nacional y cuando las inversiones necesarias empezaron a ser ingentes, se llegó incluso a escala internacional. Por ejemplo, en el caso de España, como en casi todos los países europeos, se tenía un programa nacional de fusión y después se unieron todos en el llamado JET, o sea Joint European Torus (ese torus hace mención a la forma de la «botella», que es toroidal, o sea, como un donut o, mejor, una rosquilla). Se instaló en el Reino Unido cerca de Oxford. Los resultados de este programa, junto con los programas rusos, los estadounidenses, el japonés y demás, fueron tan prometedores que todos se organizaron para hacer un proyecto mundial, el ITER o International Thermonuclear Experimental Reactor, que se está construyendo en Cadarache, Francia. Y ya está previsto que si los resultados científicos de este inmenso laboratorio fueran los que se esperan, se construiría el llamado DEMO, que sería un reactor ya no experimental, sino conectado a la red, es decir, que, a diferencia de todos los anteriores, produciría más energía que la que consume. Esa energía ya sería eléctrica. Entre que se termine de construir el ITER, se obtengan con él esos magníficos resultados y se ponga en funcionamiento el DEMO pasarán unos… ¡cincuenta años! O sea, que al fin y al cabo los del chiste tenían razón, ¿no? Pues no. Piénsese que cada uno de los proyectos anteriores ha costado unos esfuerzos humanos y unos presupuestos crecientes, por lo que si se ha continuado investigando y gastando dinero es porque los resultados siempre han sido positivos, es decir, se ha avanzado continuamente.

¿Por qué tanto empeño en la fusión nuclear? Porque si se consigue, la humanidad tendrá energía abundante, poco o nada contaminante y relativamente barata. Si volvemos a los gráficos del principio del capítulo se entenderá la importancia vital que tiene este desarrollo energético para el bienestar y la justicia global sin, además, dañar al planeta.

Las dos lecciones que hemos de extraer de la lucha que la ciencia y la tecnología están llevando a cabo para conseguir la fusión nuclear son las siguientes: si se abandonara la energía nuclear, como algunos políticos despistados u oportunistas aún sostienen que se debería hacer, una de las consecuencias negativas, posiblemente la peor, es que los países en que tal dislate prosperara perderían todos los conocimientos nucleares acumulados por sus científicos e ingenieros, con lo que quedaría garantizado su papel clientelar para el futuro por los siglos de los siglos. Y hablando de eternidades, la segunda lección es que para conseguir la energía nuclear de fusión tendrán que pasar cincuenta años o más, pero lo que es seguro es que jamás se conseguirá si no se investiga.

Así pues, el fin de la ciencia en materia energética es utilizar la fusión nuclear para producir energía eléctrica que rija el bienestar, en particular el basado en el transporte, y mientras tanto hacer un uso creciente de la fisión nuclear respaldando toda fuente renovable de energía que se pueda instalar razonablemente. Así, poco a poco, el petróleo quedaría relegado nada menos que para garantizar el transporte aéreo y para la infinidad de derivados que se obtienen de él: cauchos sintéticos, plásticos, pinturas, medicinas, asfalto, insecticidas, y un largo y espléndido etcétera. Y el gas y el carbón mejor que vayan quedando para el recuerdo y poco más, porque lo que de verdad hay que ir relegando al pasado cuanto se pueda es el uso masivo del proceso químico de la combustión.

9

Medio ambiente

Tres de los ocho planetas que giran en torno al Sol tienen ciertas similitudes y enormes diferencias. Son Venus, la Tierra y Marte. Esas características se podrían resumir burda pero ilustrativamente diciendo que Marte es como podría terminar la Tierra, y ésta como podría terminar Venus. El hecho es que nuestro planeta está situado a una distancia de la estrella que permite que ingentes cantidades de agua permanezcan en estado líquido y que, seguramente como consecuencia de ello, en él se haya desarrollado la vida. Ésta, a su vez, ha alterado las propiedades del planeta drásticamente, sobre todo dotándolo de una atmósfera singular. Estos tres mundos, junto con el pequeño y ardiente Mercurio, son muy diferentes a los demás que forman la cohorte planetaria de nuestra estrella. A estos pequeños planetas se les llama terrestres y a los otros gigantescos, gaseosos.

El Sol, como todos los astros, es un sistema en equilibrio, lo cual está muy lejos de ser algo estático. El hecho de ser una portentosa caldera termonuclear permite intuir que tanto en su interior como en la superficie se suceden fenómenos extraordinariamente violentos. Por otra parte, por muy plácidamente que parezca que los planetas giran en torno a él, ni son insensibles a esos aconteceres solares ni se muestran indiferentes a la presencia de los demás. Piénsese que, por ejemplo, Júpiter es tan grande que casi podría haber sido una estrella, por lo que es lógico que cuando pase cerca de un planeta terrestre, como nuestra Tierra, la altere de alguna manera. Así pues, estamos sufriendo continuamente variaciones de las condiciones físicas en la superficie de nuestro mundo debido a factores externos. Pensemos ahora un poco en las características de dicha superficie.

El espesor medio de la corteza terrestre es de 30 kilómetros, pudiendo sobrepasar los 100 bajo las cordilleras continentales y no llegando a 5 bajo algunos océanos. Si se compara con el radio del planeta de 6.376 kilómetros, nos hacemos una idea de lo delgada que es, y, si tenemos en cuenta que el interior es aún un horno ardiente, podemos imaginar que su inestabilidad es grande, de manera que el equilibrio aparente se rompe de vez en cuando de manera violenta en forma de terremotos y volcanes. También es lógico que sufra transformaciones lentas, incesantes y apacibles.

Estudiar la complejidad de los cambios que sufre la superficie terrestre exige poner en juego toda la capacidad observacional, científica y computacional de diversas ramas de la geología, la física y la química. Una de las hipótesis que ya he apuntado que es de las que más me congratulan de las elaboradas en los últimos cincuenta años es la llamada Gaia, que en esencia lo que hace es añadir la biología al elenco de ciencias que exige estudiar la superficie de la Tierra. La idea básica de la hipótesis se puede formular de la siguiente manera: los seres vivos modifican las condiciones ambientales para asegurarse la supervivencia. O también de esta otra: la interrelación entre las condiciones físicas, químicas, geológicas, climáticas, etcétera, se desarrollan continuamente con el objetivo de mantener la vida. Desde mi punto de vista, esta bella hipótesis tiene dos posibles extensiones, una arriesgadísima y otra muy fructífera. La primera es que para algunos conlleva considerar la Tierra como una especie de superorganismo que altera las condiciones ambientales en provecho propio. La segunda es que propicia la investigación de las interrelaciones mencionadas, lo cual no hace más que dar alegrías a la ciencia desde hace décadas. Tratemos de entender este asunto con un ejemplo que hay que evaluar en su justa medida.

La temperatura de los mamíferos, por ejemplo los hombres, se mantiene prácticamente constante. En un día de playa, estemos en el chiringuito a pleno sol o en el agua, nuestro cuerpo se mantiene a 36,5 °C. Para conseguir tal proeza, las reacciones bioquímicas que se desencadenan (poniendo en acción muchas enzimas), los procesos físicos que tienen lugar (como el aumento de entalpía por sudoración), etcétera, tienden todos a compensar las «agresiones» externas de manera que la temperatura se mantenga constante. Este conjunto de fenómenos de autorregulación en la composición y las propiedades del medio interno de un organismo se llama homeostasis.

Otro ejemplo podría ser el siguiente: el oxígeno de la atmósfera es vital para la vida, pero es un elemento químico muy activo. Dicho de otro modo, la vida depende de él (fue la vida la que lo liberó a la atmósfera), tanto que si escasea un poco provoca consecuencias nefastas, pero si hubiera un exceso también sería muy perjudicial para la vida. Pues resulta que su proporción en el aire, un 21 por ciento, se mantiene a lo largo de los milenios a pesar de los incendios, erupciones volcánicas, contaminación industrial y mil calamidades más que podrían desequilibrar tal proporción.

La hipótesis Gaia sostiene, o al menos sostenía en sus primeras formulaciones, que las múltiples pruebas de homeostasis que proporciona el planeta indican que está vivo o que, al menos, se comporta como si lo estuviera. Cuando James Lovelock formuló semejante dislate matizado después por Lynn Margulis, en una época de deseo de paz mundial entendido casi como religión, Jimi Hendrix como exponente de una espléndida cohorte de colegas y, encima, con el cannabis circulando generosamente, o sea en 1969, la hipótesis Gaia se tomó poco en serio porque tenía toda la pinta de ser fruto del *hippismo* imperante. Personalmente, reivindico al lector dos indulgencias. La primera, por haberme manifestado simpatizante de esta hipótesis porque soy producto de aquella época. La segunda, por la vehemencia con que he atacado en el capítulo 4 las pseudociencias, ya que ahora bien podría considerarse que estoy apoyando una. Para conseguir su benevolencia, arguyo de entrada, por poco decisivo que sea el argumento, que tanto Lovelock como Margulis eran y son dos magníficos científicos, el primero químico de la NASA y la segunda microbióloga de prestigio, la cual, lamentablemente, acaba de fallecer.

En lo que sigue no voy a defender ni atacar la hipótesis Gaia, sobre todo porque el asunto no es sólo complejo, sino que está aún abierto en las comunidades científicas. Mi postura personal es que los que la atacan, como el famoso Richard Dawkins, tienen razones poderosas, por ejemplo que la Tierra no se puede reproducir, lo cual es inherente a la vida, o que la hipótesis sea imposible de armonizar con la evolución de las especies. Seguramente llevan razón, pero insisto en que Margulis era una gran evolucionista y Lovelock un buen geoquímico. En cualquier caso, el aspecto del medio ambiente sobre el que deseo captar la atención lo favorece mucho la hipótesis Gaia, llegue ésta a confirmarse o siga siendo considerada un delirio.

Supongamos que por cualquiera de las razones apuntadas anteriormente aumenta la radiación solar. La temperatura sube. Una de la infinidad de consecuencias que esto acarrea es que las plantas unicelulares que forman el fitoplancton superficial de los océanos prosperan, es decir, se reproducen más. Un resultado, entre muchos, de este progreso es que se liberan moléculas que tienen la propiedad de que en la atmósfera hacen de centros de condensación, o sea, que favorecen la formación de nubes. Estas nubes dificultan el camino de los rayos de sol hacia la superficie; se dice que aumentan el albedo, que no es otra cosa que la proporción entre la radiación que llega a la tierra y la que se refleja hacia el exterior. La temperatura baja, pero ojo, porque esto no significa aún que se haya restablecido el equilibrio que se tenía antes de perturbarse el sistema por el aumento inicial de la temperatura. La historia del fitoplancton se complica porque aquel aumento de la temperatura también provoca que las aguas superficiales sean menos nutritivas, porque la fría, más profunda, es más rica en nutrientes. El fitoplancton tiende a disminuir.

¿Quién gana favoreciendo o perjudicando al fitoplancton, el aumento de la temperatura y el albedo, o la disminución de nutrientes todo concatenado? Téngase en cuenta que el fitoplancton es la base de la cadena trófica de los océanos, porque de él se alimenta el zooplancton, que lo forman pequeños animales desde minúsculos crustáceos hasta larvas de peces grandes. ¿Qué pasa con las especies que se alimentan del zooplancton? ¿Cómo van a competir con otras que sean más indiferentes a lo que le pase al fitoplancton? Así podemos empezar a hacernos una serie de preguntas que bien pueden llegar al infinito. Para colmo, están interrelacionadas con otras infinitas series de infinitos términos de preguntas desencadenadas por factores completamente ajenos al fitoplancton e incluso a la temperatura de mares y océanos.

De lo dicho hasta ahora se pueden extraer dos conclusiones como mínimo, ambas tremendas. La primera es que si se quiere que uno de los fines de la ciencia sea escudriñar el medio ambiente, la tarea se presenta como portentosa, porque han de intervenir infinidad de científicos de muchas especialidades diferentes que han de favorecer la interdisciplinariedad, o sea, que al tratar de las interrelaciones de los sistemas, los biólogos tienen que saber física, los químicos matemáticas, los geólogos biología, y así sucesivamente. Un dislate, porque ya hemos visto que todos tienen que estar a su vez hiperespecializados si quieren ser realmente eficaces en sus investigaciones. La otra conclusión es que hay que estudiar propiedades locales y específicas, pero a su vez hay que relacionarlas con otras más amplias y generales, hasta llegar a conclusiones globales, que afecten a toda la superficie de la Tierra.

Los motores del medio ambiente

Las transformaciones que tienen lugar continuamente en la superficie de la Tierra las generan dos fuentes de energía: el Sol y la actividad interna. Sobre el Sol ya hemos hablado; pensemos ahora en la otra caldera que es mucho menos poderosa que la termonuclear solar pero está más cerca.

Los planetas tienen su origen en hilachos de Sol primitivo que tras desgajarse de él fueron aglutinando materia por colisiones de pedruscos ardientes de distinto tamaño. El planeta estuvo conformado hace unos 4.350 millones de años. Naturalmente, era una bola ardiente, pero su superficie estaba en contacto con el vacío interplanetario, lo que supone una temperatura cercana a los trescientos grados bajo cero. La superficie se fue enfriando y la costra que formó protegió el interior del frío exterior. Aún sigue así: enfriándose paulatinamente estando a una temperatura muy alta todavía. Además, la mayoría de los elementos de la naturaleza son radiactivos y los de vida más larga siguen desintegrándose en unos llamados mantos interiores que están relativamente cerca de la superficie.

Así pues, la superficie de la Tierra está regida energéticamente por la radiación solar y el calor interno. Este último se manifiesta en volcanes, terremotos, emanaciones, transformación química de las rocas, etcétera. Además de la incidencia que ya hemos pergeñado que tuvo en las condiciones físicas del planeta la aparición y evolución de la vida, es obvio que la humanidad ha supuesto otra fuente de perturbación considerable. La agricultura y la ganadería han modificado la vegetación, la pesca las condiciones del mar, la urbanización y la industrialización la composición química de la atmósfera y los acuíferos, etcétera. ¿Son simples arañazos de los que la Tierra se defenderá automáticamente en plan Gaia, o sea, gracias a la vida, o suponen agresiones tan graves que pongan en peligro la propia vida? Responder a este dilema es otro de los grandes fines de la ciencia, qué duda cabe, pero el asunto es complejo, porque mientras que la radiación solar y el calor interno difícilmente se pueden manipular, controlar la agresión humana es viable, pero presenta muchas facetas. Sirva de ejemplo, y sin profundizar mucho más, que ese control puede originar conflictos sociales que acaben en guerras, con lo cual podemos hacerle al planeta y a nosotros mismos más daño del que queríamos evitar. Es del todo punto necesario que la ciencia determine de manera inequívoca las alteraciones del medio ambiente y la contribución de la humanidad a ellas. Sólo la ciencia puede introducir ecuanimidad en las discusiones políticas conducentes a racionalizar los problemas ambientales, porque tienen la característica de que pueden terminar siendo globales.

El máximo exponente de peligro global medioambiental es sin duda el cambio climático, y por ello este capítulo está dedicado esencialmente a esta circunstancia. Por lo dicho hasta ahora de las interrelaciones, el establecimiento del calentamiento global, que puede ser la causa del cambio del clima, exige estudiar todos los componentes de la superficie de la Tierra, por lo que es lógico que hagamos especial hincapié en la atmósfera.

La meteorología

Una capa original de la superficie terrestre respecto a los demás planetas es su atmósfera. Es muy delgada porque apenas llega a los 30 kilómetros, por mucho que se extienda difuminadamente por encima unas decenas más. Siendo consecuencia del agua y la vida, además de otros factores físicos y químicos igual de sutiles, la atmósfera es muy delicada, o sea, que es muy fácil alterarla y su respuesta a las perturbaciones puede afectar a muchos sistemas orgánicos e inorgánicos. Así pues, el estudio científico de la atmósfera es esencial.

Relajémonos con un poco de historia interesante, a pesar de su punto amargo, que seguramente se apreciará porque, entre otras cosas, es bastante desconocida.[1] Se trata nada menos que de Robert Fitzroy, el capitán del *Beagle*, el barco en el que viajó Darwin para llevar a cabo su magno hallazgo.

Los barcos de Su Graciosa Majestad, británica, por supuesto, estaban mandados por nobles. Un noble inglés no se codeaba con simples oficiales de la marina, por lo que era usual que en las travesías largas se hiciera acompañar por otro noble que le diera conversación agradable a modo de distracción. Éste fue el principal cometido del joven aristócrata Charles Darwin en el viaje de exploración del HMS (Her Majesty's Ship) *Beagle*, un barco de modelo desechado por la Armada por poco marinero. La verdad es que de los cien que fabricaron se hundieron casi la mitad.

Darwin y Fitzroy, para desgracia de ambos, se llevaron mal. Se pasaron cuatro años discutiendo o ignorándose, por lo que al final de la gran empresa quedaron en que si te vi, no me acuerdo. Hasta que muchos años después Darwin publicó su obra que lo hizo famoso en el mundo entero. Fitzroy, lógicamente, se unió al coro de los que atacaron al hereje más grande de los tiempos modernos. Además, su furia se veía acentuada por haber propiciado la elaboración de aquella abominación de la evolución de las especies. Todo era pura envidia.

Sin embargo, la envidia no es más que uno de los muchos defectos y vicios (pecados los llaman otros) que caracterizan a las personas, pero no necesariamente las ha de estigmatizar. Quiero decir que Fitzroy era tan complejo como somos todos y la nobleza de espíritu y su capacidad científica también se pusieron de manifiesto de manera tan arrolladora como lo hizo la envidia. Por ejemplo, siendo su postura a favor del esclavismo una de las causas de las más agrias disputas con Darwin, cuando años más tarde fue gobernador

1. Miguel Delibes de Castro, gran naturalista moderno y buen amigo mío, fue quien llamó mi atención sobre esta historia.

de Nueva Zelanda apoyó con fuerza que se pagara a los maoríes las tierras que les fueron arrebatadas. Mantuvo su postura firme sabiendo que podían destituirlo, como así hizo el gobierno de manera desabrida y sin honor alguno. Pero lo que interesa aquí es lo siguiente.

Fitzroy, gran navegante y conocedor de los mares, pensó que el tiempo meteorológico podía pronosticarse con cierta fiabilidad. Apoyado por la Armada, creó una oficina en Londres que era el centro en el que confluían vía telegráfica los datos de las condiciones atmosféricas suministrados por una red de informadores. En base a ellos, Fitzroy hacía sus previsiones y las publicaba en *The Times*. Aquellos pronósticos empezaron a ser tan populares y fiables que los pescadores no salían a faenar cuando Fitzroy anunciaba tempestad, lo cual salvó muchas vidas. Pero, lógicamente, iba en detrimento de los intereses de los armadores, los cuales lo denunciaron y lograron que se le juzgara por superchería y falsa ciencia. La prueba era que muchas veces fallaba en sus pronósticos. Aquel primer servicio meteorológico fue prohibido y Fitzroy terminó suicidándose.

Tómese nota de que sé (creo saber) distinguir perfectamente, como he tratado de hacer en capítulos anteriores, la charlatanería, la pseudociencia y la superstición de lo que puede ser una protociencia o rama científica primigenia. Por eso haber narrado esta historia e incluso haber utilizado la hipótesis Gaia para explicar las interrelaciones ambientales no se deben considerar pinceladas a favor de las palabrerías, sino más bien todo lo contrario, o sea, para darle fundamento de objetividad a otras afirmaciones que se han hecho y se harán en este libro.

Lo primero que ha de considerar el lector es la diferencia entre tiempo meteorológico y clima, y mantener continuamente esta distinción en mente. No es tan fácil como parece; si no, recuérdese aquello de: «Si no sabemos qué tiempo va a hacer dentro de tres días, ¿cómo vamos a saber el que hará dentro de tres siglos?». Lo dijo un científico profesional a la prensa, lo cual usó en plan negacionista su primo, un líder político, concretamente y nada menos que el principal de la oposición en aquella época y actual presidente del gobierno de España.

La atmósfera de la Tierra es un sistema físico altamente complejo. Aunque pospongamos presentar sus propiedades y la infinidad de factores que influyen en su comportamiento, ténganse en cuenta por ahora una serie de ellos. Ya he apuntado que el Sol no es un foco de calor uniforme, sino que sufre convulsiones generándose en su superficie tormentas magnéticas, fulguraciones, aparición periódica de manchas que emigran hacia su ecuador, etcétera. Por otra parte, desde el punto de vista de la Tierra, el Sol aparece y desaparece cada día recorriendo el cielo distribuyendo su calor de manera variable. Por otro lado, el eje en torno al cual gira la Tierra está inclinado unos 23,5° respecto al plano de la eclíptica, que es el que forma su órbita alrededor del Sol. Esta inclinación es la responsable de las estaciones a lo largo del año. Las rotaciones que provocan los días y los años tampoco son completamente regulares.

Todo lo anterior influye en la atmósfera, porque ésta, para colmo, dista mucho de ser una capa de gas homogéneo en estado de reposo. La superficie de la Tierra lo mismo, porque presenta grandes extensiones de agua pero también continentes que no son planicies de tierra uniforme. Todo ello y muchas cosas más es lo que le da a la atmósfera un comportamiento extraordinariamente complicado.

La ciencia iniciada a la manera de Fitzroy, la meteorología, ha ido avanzando a pasos agigantados, aunque no les falta razón a los que mantienen que aún está en pañales. Una de las primeras cosas que hicieron los estudiosos de la atmósfera fue distinguir entre el tiempo y el clima. Hoy día el estudio de cada uno de ellos casi se pueden considerar dos especialidades muy diferenciadas, de manera que a sus practicantes se les denominan meteorólogos y climatólogos.

Tiempo y clima

El tiempo se refiere al comportamiento de la atmósfera provocado por la temperatura, la humedad, la presión, etcétera, en una zona concreta y localizada durante un período de tiempo corto. Esto último, el tiempo cronológico al que se refiere ese comportamiento (lluvias, vientos, tormentas y demás) es lo que va a distinguir el tiempo del clima, porque el segundo se refiere a cosas parecidas pero que acontecen en un plazo muy largo en comparación con el primero. Hablamos de días en cuanto al tiempo y de décadas, siglos, milenios e incluso millones de años al referirnos al clima. Además, el clima se suele relacionar con grandes extensiones del planeta. Esta simple distinción temporal, e incluso espacial, introduce una diferencia esencial entre ambos conceptos: la variabilidad. Mientras que el tiempo puede cambiar en cuestión de horas o menos, las fluctuaciones del clima son majestuosamente lentas. Tanto, que se pueden clasificar y definir muy bien los climas que se presentan en la Tierra y que están muy correlacionados con las grandes extensiones a que hemos aludido. Así, algunos de los distintos climas son el tropical, subtropical, polar, continental, desértico, mediterráneo y pocos más. Como puede verse están muy condicionados por la latitud y, principalmente, la altitud, aunque también influyen poderosamente las características geográficas como son el relieve, la cercanía al mar y las corrientes oceánicas.

La meteorología ha ido dominando la variabilidad del tiempo; en cambio, a la climatología le está costando un esfuerzo titánico comprender las fluctuaciones climáticas. Los informadores de Fitzroy eran lugareños que anotaban y transmitían telegráficamente unos pocos datos como la velocidad del viento, la temperatura, la forma de las nubes y poco más. Hoy día los satélites dan información detalladísima en tiempo real de lo que acontece en la atmósfera, detectando sus propiedades en todos los rangos de la radiación, como el visible o el infrarrojo, e incluso los ultrasonidos usando la técnica de radar. Al consultar la página de cualquier agencia nacional de meteorología, por ejemplo la española, queda uno muy congratulado. De hecho, comprobamos cada día que las predicciones que se hacen sobre la base de esos datos y se presentan en los medios de comunicación son muy fiables. Raramente fallan a la hora de pronosticar el tiempo que va a hacer en los siguientes tres o cuatro días y a veces se atreven a pronosticar hasta una semana. Otro asunto muy distinto, como he dicho, es el clima. Es vital que el lector asuma la distinción entre ambos conceptos porque si no puede caer fácilmente en actitudes negacionistas. Quiero decir que es frecuente (y lógico) oír a las personas decir cosas como que «nunca ha hecho tanto frío como este invierno, y nos hablan de calentamiento global…»; «este calor y más lo ha hecho en verano toda la vida, así que eso del calentamiento no me lo creo y, total, para medio grado que dicen que va a subir la temperatura, qué más da»; «estos tremendos chaparrones de esta semana se deben al cambio climático», y todo ello se debe a la confusión de tiempo con clima. Y conste que el cambio climático se tiene que terminar reflejando en el tiempo, pero el asunto es complicado.

Lo que sigue trata de mostrar el papel de la ciencia a la hora de responder a la siguiente serie de preguntas: ¿se está calentando realmente la superficie de la Tierra? ¿Conlleva ello un cambio climático? ¿Éste es natural o tiene sus causas en las actividades humanas? ¿Se puede detener o al menos paliar? ¿Se pueden mitigar sus efectos más negativos? ¿Podemos obtener beneficios de éstos si fueran inevitables? La ciencia en todo esto es fundamental, pero lo que hace complicada su tarea es que se entrelaza con infinidad de asuntos políticos, sociales y económicos, con lo cual el desafío es aún mayor que el que provoca la complejidad científica del problema.

El calentamiento global

Una de las imágenes más impactantes del siglo XX es la de la Tierra vista desde la Luna. A todos nos impresionó esta foto tomada por los astronautas de la misión Apolo en la que se ve nuesto planeta azul envuelto de hilachos de nubes amaneciendo sobre un fondo negro cuajado de estrellas. Como la de todo objeto estelar, se puede medir la temperatura de la Tierra desde el espacio, pero la precisión de la medida no es muy alta. Si queremos aumentar la exactitud, es más fiable hacer una infinidad de medidas desde la Tierra y hacer estudios estadísticos de los resultados. Y, por supuesto, analizar con rigor todas las medidas hechas en el pasado, porque lo que se está tratando de dilucidar es si esa temperatura ha variado significativamente. El asunto, como es fácil imaginar, es mucho más complicado de lo que podría parecer. Las medidas del presente no suponen gran problema, aunque téngase en cuenta que hay que medir en muchos puntos del mar y en una gran diversidad de lugares en tierra. En cuanto a las medidas antiguas, hay que estudiar muy detalladamente cuáles se consideran y qué fiabilidad se les da. Téngase en cuenta que se llevan haciendo desde hace muy poco, quizá siglo y medio, y que las zonas donde se registraron son muy definidas y escasas, pues, por ejemplo, las primeras de Estados Unidos son sólo de la costa Este.

Lo fascinante de la ciencia es que ha conseguido medir no sólo la temperatura, sino muchos elementos del clima de épocas muchísimo más remotas que las que nos ofrecen los datos directos de los termómetros. De hecho, la especialidad que se dedica a este menester tiene el espléndido nombre de paleoclimatología. Puesto que estamos tratando sólo la temperatura, veamos un procedimiento de calcular ésta en tiempos antiguos.

Recuérdese que los isótopos de un elemento son aquellos cuyos átomos tienen en su núcleo un número distinto de neutrones, pero el de protones y electrones es idéntico. Lo de *iso* («igual») y *topos* («lugar») viene de que, obviamente, todos están en la misma casilla de la tabla periódica de Mendeléiev. O sea, que todos los isótopos de un elemento tienen propiedades químicas casi idénticas. Las físicas pueden variar mucho, porque sin ir más lejos la mayoría son radiactivos.

El oxígeno tiene unos quince isótopos, sólo tres de los cuales son estables, esto es, no radiactivos: el ^{16}O, que es el más familiar y abundante porque está en proporción de un 99,762 por ciento de todo el oxígeno, el ^{17}O, que apenas se encuentra en un 0,038 por ciento y, atención, el ^{18}O, que está presente en un nada desdeñable 0,2 por ciento, lo que supone que, muy aproximadamente, uno de cada 500 átomos de oxígeno es ^{18}O. Ahora es el momento de empezar a disfrutar con estos tediosos datos.

Resulta que el ^{18}O se evapora más de los océanos cuando la temperatura sube y menos cuando baja. Es lógico, pero no voy a cansar al lector explicando el mecanismo,[2] por lo que si encontráramos un procedimiento de medir la abundancia del ^{18}O en tiempos pretéritos, sabríamos si la temperatura entonces era alta o baja. ¿Dónde diablos buscamos tal reliquia y que sea fiable? En los casquetes polares.

Los hielos polares se han formado por precipitaciones de agua en forma de nieve. Esta agua sólo puede venir de los océanos. Si perforamos, cuanto más profundamente lo hagamos más antiguo es el hielo

2. Una pista es que, al ser el ^{18}O más pesado que el ^{16}O, exige mayor energía térmica para escapar del agua, es decir, para evaporarse.

que encontramos. Hielo, no nieve, porque la presión ejercida por las capas superiores convierte la nieve en hielo. Para colmo de dichas, en ese hielo han quedado atrapados elementos de procedencia muy diversa: dióxido de carbono, metano, cenizas volcánicas y un maravilloso etcétera. La tarea no es sencilla ni cómoda, porque hay que ir a tierras muy frías, perforar a distintas profundidades y extraer muestras de hielo antiguo. No es una tarea ingrata, pero sí muy incómoda.

Si se observa la figura siguiente con atención se verá que, efectivamente, se puede determinar la variación de la temperatura a lo largo de los milenios.

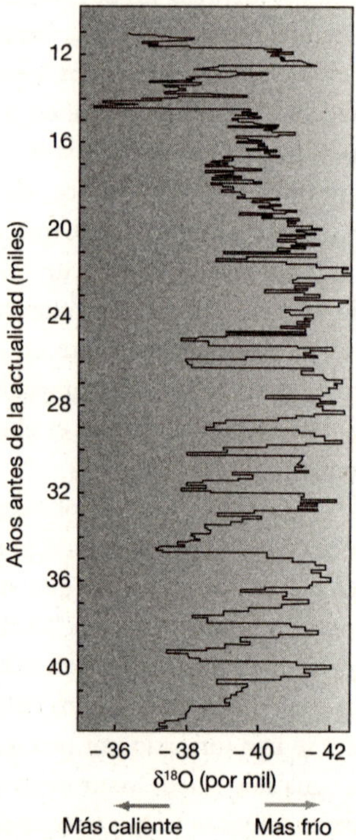

Variación de la abundancia relativa de dos isótopos del oxígeno (^{18}O respecto a ^{16}O) en muestras de hielo de Groenlandia a lo largo de milenios.

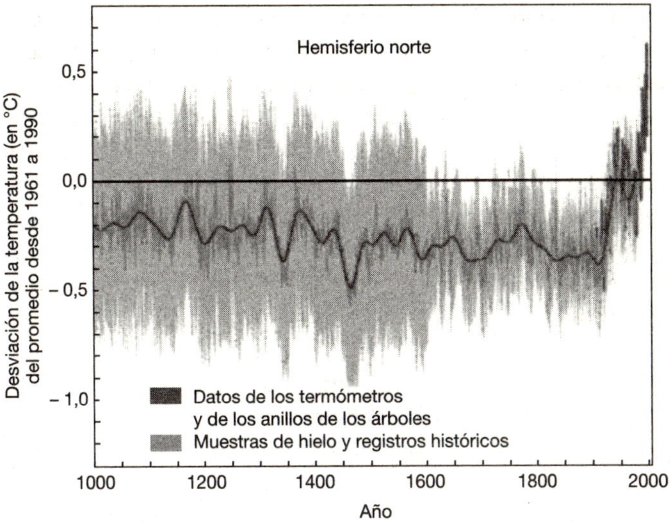

Así pues, las determinaciones de las temperaturas pasadas y actuales se llevan a cabo con gran precisión, aunque lo más importante es que esa precisión llega incluso a la determinación de los errores. No es un galimatías, porque en ciencia tan importante es conseguir un dato como asignarle la indeterminación asociada a la medida con que se ha obtenido. Esto es lo que da más fuerza a muchas de las conclusiones de la ciencia. Así pues, con sus errores o indeterminaciones asociadas, la evolución de la temperatura global de la superficie de la Tierra es la que se muestra en el gráfico de esta página, el cual es muy famoso y el lector sin duda habrá visto mil versiones de él. Es el que se llama de palo de hockey.

Para lo que sigue, es importante asumir que el calentamiento global ya no se discute en círculos científicos por considerarse un hecho probado que la temperatura ha aumentado en 0,6 ± 0,2 °C en el siglo XX. Sin embargo, muchas de sus posibles consecuencias sí que están sometidas a debate, aunque la ciencia sabe, como se ha dicho, encauzar este debate por las vías de la razón, y no de la pasión, la ideología o los intereses económicos; y mucho menos de la superchería.

El efecto invernadero

Todos hemos leído mil explicaciones de lo que es el efecto invernadero y acuden a nuestra mente los dos ejemplos que siempre se ponen: el coche al sol y, justo lo que le da el nombre, el calor que hace en un invernadero de plantas. Ambos ejemplos son incorrectos[3] y el asunto debe entenderse en toda su delicadeza, por lo que ruego atención a los números que se dan a continuación. El más importante es 341 W/m^2. Es la energía medida en vatios (como ya he explicado, es una unidad de potencia, pero cuya distinción de energía no es relevante para lo que viene a continuación) que recibimos del Sol en forma de radiación por cada metro cuadrado de superficie de la Tierra. Todo lo que vamos a mostrar a continuación se puede resumir en lo siguiente: si la superficie de la Tierra ha de estar en equilibrio térmico, como debe ser, ha de radiar al exterior 341 W/m^2. Pues resulta que 1 W/m^2 queda atrapado. Es muy poco, y para hacerse una idea de lo poco que es puede imaginarse el balance energético a base de las bombillas familiares. El calor que recibimos del Sol equivale al desprendido por 5 bombillas de 60 vatios, 1 de 40 y una bombillita de las ristras de los árboles de Navidad que tienen aproximadamente 1 W cada una, instaladas todas y encendidas en cada metro cuadrado. El posible remanente equivale a la bombillita. Pero, insisto, ese vatio de potencia que irradia está distribuido en toda la superficie de la Tierra a razón de una bombillita por cada metro cuadrado. Es menos de un 3 por mil el calor que queda atrapado por la atmósfera, pero esa aparentemente ínfima cantidad es tan persistente y acumulativa que provoca el calentamiento de los océanos y funde los glaciares y los hielos polares.

Una vez entendido dónde queremos llegar, es bueno desbrozar el camino que sigue la radiación desde que nos llega hasta que escapa al espacio interplanetario. Para ello, nos vamos a ayudar del gráfico de la página siguiente, que es muy ilustrativo y famoso. Se puede

3. Los efectos de turbulencia del aire en el coche y en el invernadero son muy importantes y nunca se mencionan ni se tienen en cuenta a la hora de hacer balances energéticos.

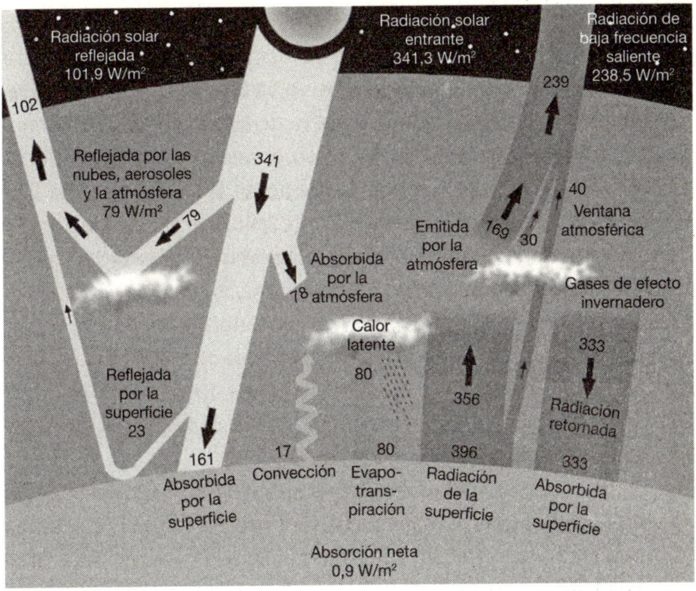

encontrar en Wikipedia y en infinidad de webs de internet, pero su origen está en Trenberth, Fasullo y Kiehl, tres científicos que para elaborarlo han usado varios superordenadores del Centro Nacional de Investigación Atmosférica de Estados Unidos.

Como puede verse en la ilustración, se dan los datos exactos y aproximados para que se pueda seguir mejor la explicación del mismo. Hay una cuestión importante: la radiación de la izquierda, la que proviene del Sol, es de menor longitud de onda que la de la derecha, que es la que proviene del calor interno de la Tierra debido a su estado y a los mantos radiactivos que ya he citado. Digamos que en esta radiación emitida domina más la parte infrarroja que en la incidente, y ya veremos la importancia que tiene esto. Sigamos detalladamente el gráfico.

Veamos primero, observando la parte izquierda, el destino del regalo en forma de radiación que recibimos del Sol (los 341 W/m²). Una parte (79 W/m²) de la radiación la reflejan las nubes y los aerosoles de las capas altas de la atmósfera. Un ejemplo de aerosol que ya he citado es el formado por algunas partículas finas y ligeras emitidas por los motores de los aviones. Éstos no son los únicos ni necesariamente los más importantes. Otra parte de la radiación (161 W/m^2) llega a la Tierra y es absorbida por la superficie y otra más pequeña (23 W/m^2) es reflejada. Piénsese que al no ser la superficie de la Tierra una esfera uniforme, esta absorción y reflexión varían muchísimo entre distintas zonas, pues los hielos reflejan mucho y los bosques y los océanos muy poco porque absorben mucha más. Con esto quiero decir que los números del gráfico son todos promedios hechos a lo largo de varios años. También ha de servir esta llamada de atención para que se aprecie la complejidad que conlleva el cálculo que representa el gráfico. Otra parte (78 W/m^2) de la radiación incidente lógicamente la absorbe la atmósfera.

Ahora vamos a ver cómo se reparte la irradiación emitida por la superficie de la Tierra. Una pequeña cantidad (17 W/m^2) es debida a las turbulencias y en general a los movimientos de convección (como los de la calefacción central de las casas) que se desarrollan en la atmósfera. Esto es lo que he mencionado antes de que en un coche dejado al sol o un invernadero de plantas es mucho más importante que aquí. Una manera de liberar calor el cuerpo humano es por sudoración. Es debido a que ese proceso libera calor llamado latente de evaporación y, como es lógico, sucede algo muy parecido en la atmósfera, en particular porque llueve. Esto supone 80 W/m^2. La parte del león de la radiación emitida es la que irradia la Tierra simplemente por ser un cuerpo caliente (el interior ardiente y los mantos radiactivos). Esta parte (396 W/m^2) ya es bastante infrarroja y escapa como puede, por ejemplo por los huecos atmosféricos, que los hay, en particular los claros dejados entre las nubes (40 W/m^2), aunque éstas también irradian parte de la recibida (30 W/m^2). Si se hace la cuenta bien hecha, sumando lo que queda de la radiación emitida por la superficie, la absorbida por la atmósfera, la de convección y la de evaporación, resulta que la atmósfera atrapa y retorna a la superficie 333 W/m^2. La razón de tanto retorno es que los gases de efecto invernadero son muy transparentes a la radiación de mayor longitud de onda y bastante opacos a la radiación infrarroja. El balance final entre lo que recibimos del Sol y lo que emitimos debería ser cero, pero no lo es: queda la bombillita del árbol de Navidad, o sea, exactamente 0,9 W/m^2.

Obsérvese que lo más importante es justo lo último que hemos mencionado: la reflexión hacia tierra de la radiación infrarroja que llevan a cabo los gases que se llaman de efecto invernadero. Estos gases, de diversa importancia, son el dióxido de carbono, el metano, compuestos orgánicos halogenados, el óxido nitroso, el ozono, etcétera.

Fijémonos en el gráfico siguiente, el cual nos va a dar una pista clara de lo que va a seguir en el capítulo. Muestra la influencia humana en la cantidad de tres de estos gases en la atmósfera. Hay que distinguir entre ppm, partes por millón, y ppb, partes por billón, esto es, millardos o miles de millones.

Estos gases invernadero no son todos igual de eficientes en cuanto a reflejar la radiación infrarroja, pero por su abundancia y sus

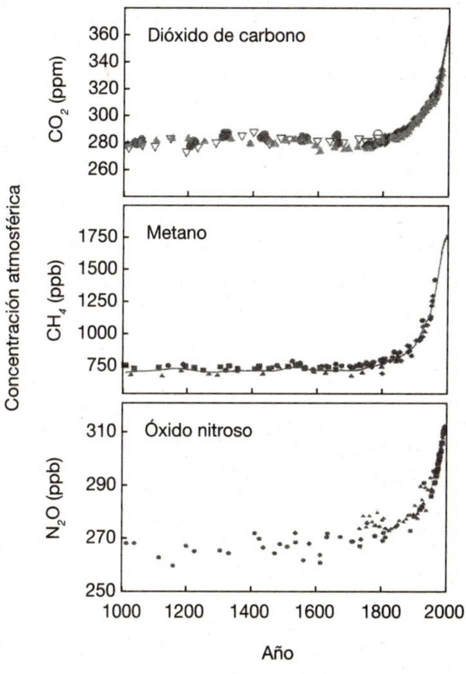

propiedades ya he dicho que el dióxido de carbono es el más inquietante.

El metano y el dióxido de carbono

Los gráficos anteriores comienzan hace mil años, pero para apreciar la espectacularidad del crecimiento exponencial de estos gases en la atmósfera debido a la industrialización, vamos a remontarnos varios milenios atrás porque la paleoclimatología lo permite. Fijémonos sólo en el metano y el dióxido de carbono. Recuérdese que el metano también se llama gas de los pantanos, porque la vegetación de las ciénagas muere después del verano y su descomposición libera ese gas.

Ya hemos visto que los cilindros de hielo que se extraen en las perforaciones científicas de los polos y otras zonas heladas nos ofrecen una información preciosa del clima antiguo. Además de la proporción de los isótopos de oxígeno, relacionada con la temperatura, entre los copos de nieve polar quedaron atrapados en burbujas los gases que forman el aire. Por mucho que las comprimiera la presión ejercida por el peso de las precipitaciones que tuvieron lugar a lo largo de los años, esas moléculas siguieron allí y son testigos de la composición del aire en cada época.

También he dicho que las alteraciones de la órbita de la Tierra son varias y todas naturales. Lógicamente, estas variaciones implican cambios en la insolación de las distintas zonas del planeta. Los períodos de las tres alteraciones más importantes de la órbita en torno al Sol son 400.000, 41.000 y 22.000 años. Este último es debido a la precesión, que para entenderla no hay más que imaginar lo que hace una peonza cuando pierde fuerza. Es el giro del eje de giro en torno a sí mismo con un determinado ángulo. Los hielos muestran con bastante claridad cómo varía la composición de la atmósfera a causa de estas variaciones, porque la mayor o menor radiación recibida del Sol hace cambiar la vegetación, entre otros efectos, y esto conlleva cambios en el monóxido de carbono (fotosíntesis) y el metano (putrefacción). De hecho, estamos hablando de cambios climáticos tan importantes como fueron las glaciaciones.

Lo espectacular del asunto viene ahora. Resulta que en pleno cambio de la última precesión de la órbita terrestre, hace 11.000 años, en lugar de enfriarse la superficie de la Tierra, dando lugar a una nueva glaciación, como correspondía y había pasado en períodos más remotos, la temperatura se estabilizó. Los testigos de hielo muestran esa constancia de la temperatura a la vez que un aumento del dióxido de carbono a partir de los 8.000 años atrás y de metano hace 5.000 años. ¿Qué pasó? Aunque hay quien la discute, creo firmemente que la hipótesis acertada[4] es la que contempla como causa que hace 11.000 años comenzó la agricultura en Mesopotamia y China, hace 8.000 los europeos empezaron a talar bosques para cultivar cereales y hace 5.000 años en Extremo Oriente se empezaron a inundar los campos de arroz. Todo, obviamente, fue gradual y las fechas son aproximadas, pero las tendencias son claras. Tanto si los árboles cortados se quemaban como si se dejaban pudrir, como se hacía con los desechos del arroz, los gases de efecto invernadero aumentaron con la agricultura y la consiguiente deforestación. Las 280 ppm de dióxido de carbono y las 750 ppb de metano iniciales de los gráficos anteriores en realidad tendrían que haber sido cantidades mucho menores. Y la temperatura global, también. Dicho de otro modo, las actividades humanas antiguas seguramente evitaron una glaciación natural. Pero la conclusión más importante no es ésta, sino que realmente se puede cambiar el clima de modo artificial, o si se quiere expresar más cultamente, por causas antrópicas, es decir, de origen humano o antropogénicas.

La larga marcha del dióxido de carbono

Una de las historias más fascinantes de la materia es la del carbono. Es un elemento que no se ha podido formar en otro escenario que no sea el interior de una estrella moribunda en su fase agóni-

4. W. F. Ruddiman, *Climatic Change*, vol. 61, n.° 3, 2003, pp. 261-293, y M. A. Williams, *Deforesting the Earth: from Prehistory to Global Crisis*, University of Chicago Press, Chicago, 2005.

ca de supergigante roja. Una vez muerta la estrella de manera violenta en forma de explosión supernova, el carbono se esparce en la galaxia, y ya sabemos cómo puede terminar en un planeta como el nuestro.

En épocas remotas, los volcanes exhalaron cantidades ingentes de carbono en su forma química más sencilla: oxidado como dióxido de carbono. Afortunadamente, el planeta también se llenó de agua que disolvió gran parte de ese dióxido y lo transformó en carbonatos cálcico y magnésico quedando enterrado en forma de sedimentos marinos. Otra parte la devolvió a la atmósfera. Esta parte era muy pequeña, pero consiguió algo fantástico: abrigar la superficie de la Tierra gracias al efecto invernadero ya descrito. En Venus, que no tiene océanos, su atmósfera está formada fundamentalmente por dióxido de carbono, por lo que la temperatura de la superficie tiene un promedio de unos 400 °C. En Marte, que no sólo no tiene océanos sino que su atmósfera es muy tenue, la temperatura media es de –50 °C.

La cantidad de dióxido de carbono en la atmósfera varía mucho con el tiempo, porque los océanos lo disuelven y las plantas lo usan para llevar a cabo el proceso de la fotosíntesis. El papel de los océanos con el dióxido de carbono, aparte de la simple disolución, tiene otra base en la ya mencionada fotosíntesis del fitoplancton superficial. Ya hemos visto que éste alimenta al zooplancton que antes o después termina muriendo, así como los peces que se han alimentado de él. Una parte de esta materia orgánica se hunde y su descomposición conlleva la formación y liberación de nuevo dióxido de carbono. Éste puede tener muchos destinos, pero los principales son emigrar poco a poco a la superficie, terminando de nuevo en la atmósfera o acabar en forma de conchas y esqueletos previa formación de carbonato cálcico.

En tierra firme, el carbono en forma de dióxido de carbono también sufre transformaciones y migraciones complejas, de manera que los compuestos orgánicos formados por la fotosíntesis de las plantas y ciertos procesos químicos terminan en humus y otros componentes, algunos de los cuales pueden a su vez acabar en lo que llamamos combustibles fósiles. Los ciclos del dióxido de carbono son delicados y complejos, pero lo que nos interesa aquí es el desequilibrio que ha introducido en ellos la actividad humana.

La industria, la calefacción y el transporte se han basado casi en un 90 por ciento en la combustión de combustibles fósiles, o sea, en la generación de dióxido de carbono, vapor de agua (que, por cierto, también provoca efecto invernadero) y otros gases minoritarios. Como hemos visto, el aumento desde el comienzo de la industrialización ha sido espectacular, casi exponencial. Y esto de exponencial hay que explicarlo. El incremento desde principios del siglo XIX hasta ahora ha sido de casi 300 ppm a casi 400 ppm, crecimiento que se convierte en exponencial si lo situamos en una escala apropiada de tiempo. Es decir, que el problema se complica extraordinariamente por el gradiente o velocidad de cambio. Emulando al humorista Gila, para relajar, recordemos que lo peligroso no son las balas, sino la velocidad que llevan. O sea, que podemos no estar dándole tiempo a Gaia para reaccionar a la agresión que le estamos infligiendo con el aumento de dióxido de carbono. Tómese esta última sentencia con menos rigor que la anterior, pero no frívolamente.

Por otro lado, hay que saber que el consumo de combustibles fósiles debería haber producido el doble de aumento de dióxido de carbono en la atmósfera. Esto significa que se está forzando la disolución en los océanos, lo que conlleva su acidificación acelerada. Esto es casi tan inquietante como el calentamiento global, ya que afectará a infinidad de aspectos físicos, químicos y biológicos de la hidrosfera, que representa el 70 por ciento de la superficie terrestre. De hecho, un aumento excesivo de la acidificación del agua de mar alteraría por completo los ecosistemas oceánicos, con efectos profundos y en gran medida impredecibles en la cadena trófica.

El cambio climático

El IPCC sostiene en sus últimos informes que el calentamiento de la atmósfera y los océanos hace sumamente problable un cambio climático que, muy probablemente, no se deba a causas naturales conocidas. Hagamos hincapié en dos asuntos que plantea la anterior formulación de la conclusión. Como ya se ha apuntado, el IPCC no ofrece ninguna duda sobre el calentamiento global; sin embargo, el cambio climático parece que lo cuestiona, y aún más que la causa sea la contaminación de la atmósfera debida a las actividades humanas. Esto ha dado pie a que muchos negacionistas hayan hecho un uso interesado de las probabilidades. De hecho, el IPCC cuantifica dichas probabilidades simplemente basándose en los estudios estadísticos, de manera que por *sumamente probable* entiende un 95 por ciento de probabilidad y *muy probable* un 90 por ciento de probabilidad. Aún más, sobre las causas antrópicas del cambio climático el IPCC ha cambiado con el tiempo, porque en informes menos recientes las clasificaba como simplemente *probables*, o sea, un 66 por ciento de probabilidad. Si se quiere afinar aún más los porcentajes probabilísticos anteriores, se puede entender el 95 por ciento como diecinueve posibilidades frente a una, el 90 por ciento como nueve posibilidades frente a una, y el 66 por ciento como dos posibilidades frente a una. Así están las cosas y no como algunos quieren que estén. En cualquier caso, lo que interesa saber es si hay o no cambio climático, pero dentro de los márgenes anteriores, que es lo que proporciona la ciencia, el lector tendrá que asumir personalmente la situación ante las circunstancias siguientes que pueden ser indicios y evidencias o pruebas. Llamo la atención de que en inglés hay una sola palabra cuya traducción suele ser ambigua para los españoles: *evidence*, que se debe tomar como indicio. Lo que voy a dar son evidencias, haciendo tender más la palabra hacia pruebas.

La paleoclimatología nos ha dado pruebas magníficas de lo que han supuesto los cambios climáticos pasados, pero relativamente pocas de cuáles pudieron ser sus causas. Lamentablemente, son tantas las causas exógenas (debidas al Sol y la alteración de la trayectoria de la Tierra en torno a él) y endógenas (procesos geológicos originados por el calor interno remanente del planeta y el de los mantos radiactivos) que es muy difícil observar patrones en la evolución del clima que nos permitan hacer predicciones, porque muy pocas de esas causas son periódicas y demasiadas son espontáneas. Así pues, tenemos que observar cuidadosamente los indicadores recientes.

Ya he dicho que que la temperatura ha aumentado claramente en los últimos cincuenta años en torno a medio grado centígrado, quizá un poquito más, de 14 °C a 14,6 °C. Veamos ahora otro indicador importante del clima: las precipitaciones.

A diferencia de la temperatura, obtener medidas fiables de las precipitaciones en forma de lluvia o de nieve en un gran número de puntos o zonas del planeta es muy difícil. Los datos están mejorando gracias a los satélites meteorológicos que detectan en el rango de frecuencias del radar. En tierra, los datos son imprecisos, pero en el mar lo son muchísimo más. La vaga conclusión del IPCC es que no hay una tendencia global hacia el aumento de las precipitaciones, aunque hayan aumentado en el este del continente americano completo, en el norte de Europa y en el norte y centro de Asia. Más concretamente, parece que esa variación ha consistido en un aumento mayor de las lluvias invernales normales y una menor disminución de las veraniegas. También parece que han aumentado los casos de aguaceros y nevadas extremos. Sin embargo, hay dos indicios globales mucho más claros que la pluviometría: la mayor humedad global de la atmósfera y el aumento general del nivel del mar, ambas circunstancias relacionadas estrechamente con el aumento de las precipitaciones.

Medir el nivel de mares y océanos es harto difícil porque hay muchos movimientos geológicos verticales. El patrón que se toma es el promedio de los máximos y mínimos de las mareas, y los instrumentos esenciales hoy día están a bordo de los satélites. Los movimientos aludidos son los provocados por las variaciones geológicas lentas de los bordes de las placas tectónicas y las elevaciones más rápidas de la sedimentación en las costas, la fusión de los hielos, la compactación de barros y arcillas, la retirada de aguas subterráneas por los acuíferos costeros, etcétera. En cualquier caso, la cifra que se da de aumento del nivel de los mares y océanos es muy pequeña porque apenas sobrepasa el par de milímetros, pero esto no es lo importante, sino lo que ocurra con las masas de hielo del planeta.

La fusión que a vista de satélite parece continua e inexorable de gran cantidad de hielo de Groenlandia y los polos (los submarinos incluso están detectando una disminución del espesor del Ártico de más de un metro de promedio) es lo más decisivo en cuanto al futuro aumento del nivel del mar. La causa de esta fusión de la criosfera está en la alteración de las corrientes marinas debida a los cambios de temperatura y salinidad, los cuales están correlacionados.

Todas las influencias que estamos planteando, como se puede intuir, no son sencillas, sino más bien extraordinariamente complejas. Pero muchas de las consecuencias de dichas influencias relacionadas entre sí, no todas aún, se están poniendo de manifiesto de manera palmaria.

Los parámetros anteriores —temperatura, precipitaciones y nivel del mar— son los decisivos porque sus variaciones se pueden considerar pruebas irrefutables del cambio climático, pero hay otros muchos más sutiles y no menos preocupantes.

El permafrost es una capa de suelo congelado, ni hielo ni nieve, sino tierra congelada que, obviamente, se da en regiones muy frías como Alaska, Siberia, etcétera. La parte superior, digamos de hasta un metro de profundidad, puede descongelarse durante los veranos más cálidos de esas zonas. Es lo que se llama la capa activa del permafrost, porque en invierno se vuelve a endurecer como la piedra al congelarse de nuevo. Pues en Alaska en particular, parece que esta capa activa se está volviendo cada vez más gruesa, de manera que el suelo blando en verano, o sea el permafrost descongelado, llega cada año a mayor profundidad. Esto no lo puede causar más que el calentamiento global. ¿Es una prueba esto de cambio climático? Puede serlo, porque las variaciones del permafrost se pueden convertir a su vez en causa de alteraciones climáticas o por lo menos de disgustos naturales como cambios en procesos hidrológicos, desencadenamiento de avalanchas y erosiones anormales, liberación de más dióxido de carbono y metano a la atmósfera al cambiar la dinámica del humus, etcétera.

Otro asunto es el siguiente: un campo fascinante que ha abierto el estudio del cambio climático es el de la pérdida o alteración de la sincronía en los ecosistemas. Infinidad de pájaros anidan mucho antes que hace décadas, muchas especies vegetales florecen antes, insectos como las termitas y las abejas que necesitan zonas cálidas emigran cada vez más al norte, etcétera. Todo este desbarajuste puede provocar el debilitamiento de las cadenas alimentarias, por ejemplo, las que relacionan determinados pájaros con orugas e insectos, por lo que muchas especies pueden verse en peligro. Sobre todo esto hay que decir dos cosas. La primera es que nada es aún científicamente concluyente en el sentido de que se puedan esgrimir como pruebas inequívocas del cambio climático, pero la segunda es que se sabe muy bien que los cambios climáticos de la antigüedad arruinaron ecosistemas muy variados cuyos nichos fueron ocupados por otros nuevos que se crearon al desaparecer los anteriores.

Por último, no puedo dejar de citar un fenómeno que se da en la percepción popular que normalmente lleva a engaño, pero otras veces no. Se trata de los fenómenos meteorológicos de «una vez cada treinta años». Pueden ser inviernos fríos, aguaceros formidables y demás, en el sentido de parecer contradecir el calentamiento global, en contraposición a graves sequías y calores sofocantes, que parecen confirmarlo. Recuérdese que en el verano de 2003 se estima que la ola de calor que sufrimos causó la muerte de 35.000 franceses. Este número de sucesos únicos en décadas está aumentando en conjunto y podría constituir una prueba más del cambio climático, que aunque esté provocado por el calentamiento global, ni mucho menos supone que los fenómenos hayan de ir en el mismo sentido que la intuición le atribuye con cierta lógica y algo de desinformación. Lo que hace el calentamiento global, muy aproximadamente y con grandes fluctuaciones, es que la probabilidad de una estación más cálida de lo normal, entendiendo esto con promedios muy amplios en los últimos treinta años, sea del 66 por ciento en lugar del 34 por ciento que se daba entre 1950 y 1980. Recuérdese lo dicho sobre las probabilidades cuando hablamos de las afirmaciones del IPCC.

Las causas del cambio climático

Vamos a hacer un resumen más cuantitativo de los efectos sobre el clima de los distintos fenómenos que pueden provocar los cambios que ha sufrido aquél a lo largo de la historia del planeta.

La variabilidad solar ha sido muy grande, porque se calcula que la Tierra primitiva recibía apenas un 80 por ciento de la radiación que recibe hoy del Sol. Cuando nuestra estrella era así de débil, la cantidad de dióxido de carbono en nuestra atmósfera era unas 100 veces mayor que la actual. La superficie era agua en mayor proporción aún que ahora. Esta variabilidad solar naturalmente ha provocado cambios majestuosos en el clima, pero de un período tan largo que apenas ha presentado fluctuaciones; sin embargo, la aparición periódica de manchas solares y su emigración hacia el ecuador de la estrella es muchísimo más viva: 22 años, si hablamos del campo magnético que las provoca, o 11 años, si nos olvidamos de la polaridad de las manchas. Ahora viene lo bueno: la variabilidad de las manchas provoca una variación de $\pm 1 W/m^2$, ¡la potencia de la bombillita del árbol de Navidad que provocaba el calentamiento global! Se puede pensar que ya tenemos la causa de todo el desbarajuste climático, pero la realidad está muy lejos de ello.

A estas dos variaciones extremas de la insolación que recibimos del Sol, de varios miles de años a apenas una década, hay que añadirle varias más que he comentado de pasada y sobre las que insisto a continuación. La órbita de la Tierra en torno al Sol, según nos demostró Kepler, es elíptica y su excentricidad (una medida de la diferencia entre el eje mayor y menor de la elipse) varía entre un máximo y un mínimo cada 400.000 años aproximadamente. La oblicuidad del eje de rotación de la Tierra respecto a la eclíptica, el plano de la órbita de la Tierra, que provoca las estaciones del año, cambia entre 21,8° y 24,5° cada 41.000 años. La precesión de los polos que también he mencionado (el giro de la peonza en torno a su eje de giro) supone una variación de unos 22.000 años. Y así tienen lugar varios fenómenos periódicos más. La suma de todos ellos nos da una variabilidad cuyo período es difícil establecer, pero lo que complica el asunto de verdad es que a esas fluctuaciones periódicas hay que superponerle efectos sobre el clima que son completamente aleatorios. Los procesos tectónicos que generan depresiones, cordilleras, etcétera, son espontáneos pero muy lentos; en cambio, los volcanes, debido a los mismos movimientos de las placas tectónicas, son imprevisibles. Un volcán genera una enorme cantidad de gases de efecto invernadero, pero también lo que llamamos aerosoles que producen el efecto contrario: enfriamiento de la atmósfera por aumento del albedo. Es curioso que, gracias a los hielos de la criosfera, sobre todo de los polos y

Groenlandia, conozcamos mejor los cambios climáticos del pasado remoto que el actual. Lo que parecen indicar todas las extrapolaciones del pasado es lo que ya he apuntado: deberíamos estar en una pequeña glaciación y no lo estamos. Y de lo que estamos seguros es que la composición de la atmósfera debido a las actividades humanas no tiene por qué compensar sus efectos: calentamiento por efecto invernadero frente a enfriamiento por aumento de la reflexión.

Pero antes de que los negacionistas o al menos quien tenga tendencia al escepticismo (siempre sano) reflejado en este caso en dudas sobre el efecto antropogénico del cambio climático, voy a dar una muestra, quizá poco importante y por ello no decisiva, que se ha descubierto recientemente y que, por lo menos, da que pensar. Se trata de la influencia de las pandemias en el enfriamiento global, acompañado de la disminución del dióxido de carbono en la atmósfera. Son resultados obtenidos con testigos de hielo. Las pestes bubónicas han azotado a la humanidad tan extremada y cruelmente que es sorprendente que tengamos tan poca conciencia de ellas. Las de la época romana que culminaron en la célebre Plaga de Justiniano, parece que aniquilaron entre el 25 y el 40 por ciento de los europeos. La siguiente y más famosa Peste Negra de mediados del siglo XIV se llevó por delante un porcentaje parecido al anterior. Después del descubrimiento de América, la viruela que llevamos los españoles a aquel continente acabó con unos 50 millones de indios, el 90 por ciento de los precolombinos. Los tres desastres anteriores están perfectamente recogidos en los testigos de hielo en forma de lo dicho: disminución del dióxido de carbono en la atmósfera y enfriamiento global. Estas correlaciones aún pueden hacer dudar al lector, con razón, porque no son concluyentes, pero ha de reconocer que si hubo calentamiento global antropogénico preindustrial, las ingentes cantidades de gases y aerosoles que estamos expeliendo es más que probable que sean la causa del calentamiento global actual y el más que probable cambio climático que éste conlleva.

En cualquier caso, se dude o no de todos estos datos, se habrá de convenir que un cambio climático puede afectar tan decisivamente a la evolución de la humanidad que hay que afrontarlo con toda seriedad, y ésta sólo la puede aportar la ciencia. Así pues, lo primero que debemos considerar desde el punto de vista científico son las posibilidades que tenemos para paliar, mitigar, adaptarnos o quedarnos pasivos ante un cambio climático a escala mundial.

Las cinco posibilidades

Supongamos que la acción humana sobre el clima, una vez compensados los efectos a favor y en contra, la representamos con una flecha en el tiempo. Es decir, que por argumentos que hemos dado sobre el aumento de consumo de energía en el futuro y demás actividades contaminantes, en las próximas décadas actuamos forzando continuamente el calentamiento y el consiguiente cambio climático. Con la curva fluctuante de manera variable y aleatoria representamos la respuesta del clima a dicha acción. Hay cinco posibilidades de respuesta.[5] El lector puede tener en mente el ejemplo de una persona empujando un coche averiado.

La primera posibilidad es la respuesta lineal:

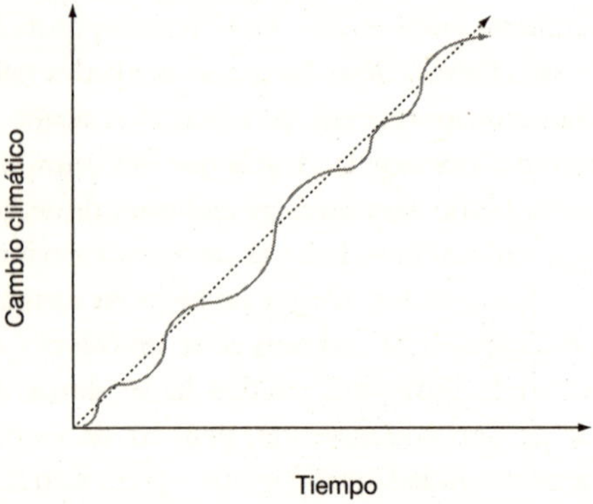

Ésta sería una situación esperanzadora, porque significa que cuanto más contaminemos más cambiará el clima, pero que la posibilidad contraria nos abre una vía de solución: si atenuamos la con-

5. Una buena referencia es Mark Maslin, *Global Warming*, Oxford University Press, Oxford, 2009.

taminación, el sistema, o sea, el clima, responderá paliando su cambio. En el caso del coche equivale a que lo empujamos en un llano y se mueve proporcionalmente al esfuerzo que hagamos sobre él.

La segunda posibilidad es que los negacionistas lleven razón y, por más que contaminemos, el clima vaya a su aire, esto es, que esté desacoplado de nuestra acción.

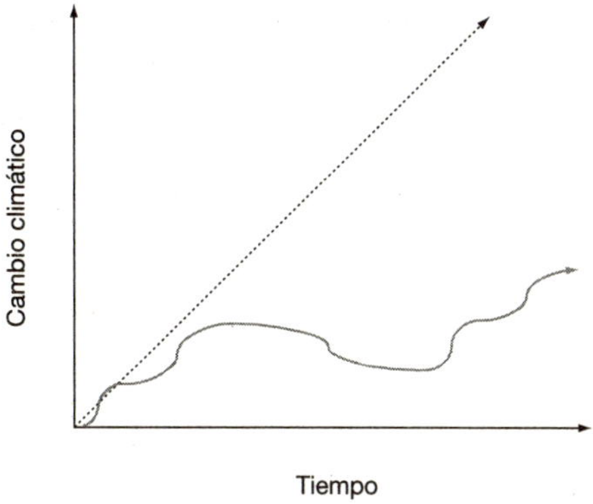

Esta situación de escasa respuesta en el caso del coche es que tratemos de moverlo cuesta arriba de manera que llega un momento en que, por más que empujemos, no se mueve ni un milímetro.

La tercera posibilidad es una respuesta del clima no lineal y retardada:

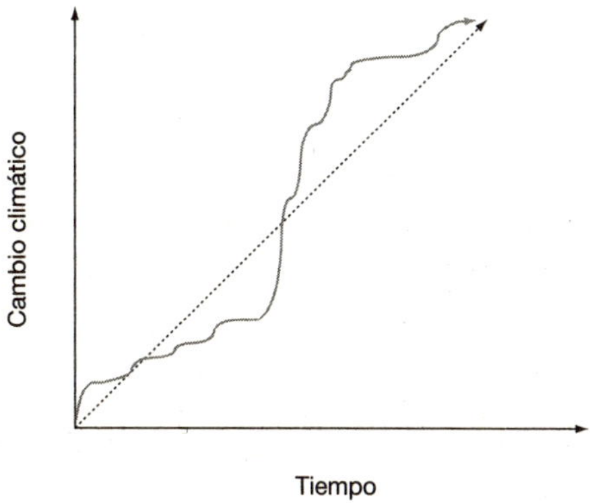

Ésta es una situación muy realista y peligrosa. Pudiera ser que la ingente contaminación que hemos provocado en los últimos cien años haya tenido en realidad muy poco efecto y éste aún tenga que manifestarse con toda su potencia. En el caso del coche supondría que lo hemos estado empujando con mucho esfuerzo hacia la cima de un repecho y cuando llega a él se mueve hacia abajo con poco esfuerzo, si es que no lo hace por sus propios medios (su peso), independientemente de lo que hagamos nosotros.

La cuarta situación es también muy posible porque se presenta en infinidad de sistemas altamente no lineales como es la atmósfera. Se trata del efecto umbral.

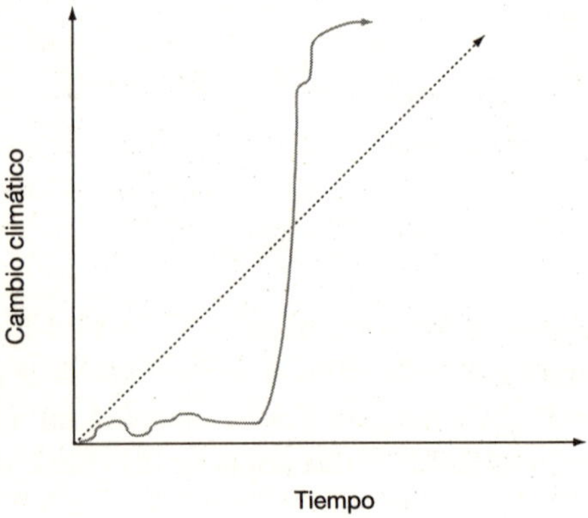

El sistema, el clima, no responde al forzamiento externo, pero se muestra acumulativo de efectos que se desencadenan bruscamente desacoplándose por completo de las causas. Hemos estado empujando el coche cuesta arriba con gran esfuerzo y poco éxito, de manera que llega a pararse; seguimos en nuestro empeño y de pronto el coche desaparece: se ha atascado al borde de un precipicio sin que nos hayamos dado cuenta y nuestro esfuerzo finalmente ha logrado no moverlo, sino despeñarlo.

Sea cual sea la respuesta al forzamiento, la quinta posibilidad es la más plausible en el sentido de paliación de los efectos.

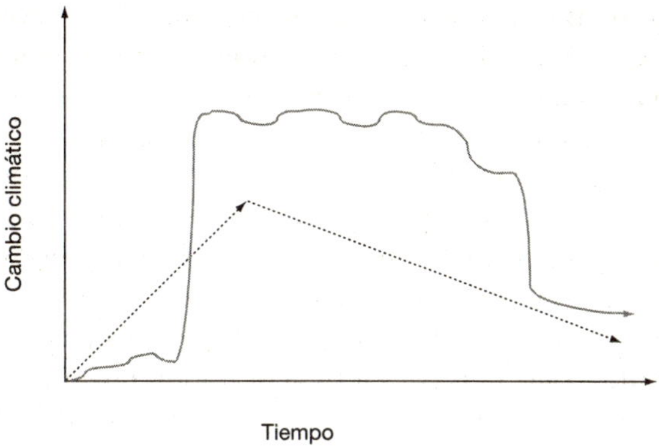

Dejamos de contaminar y el clima tardará mucho tiempo en adaptarse a las nuevas y más favorables condiciones.

Las consecuencias del cambio climático

Uno puede sentirse a veces confundido cuando escucha, lee o ve en los medios de comunicación las posibles consecuencias del cambio climático. La sorpresa puede venir por dos vías. La primera es que aunque esas consecuencias se suelen presentar como catastróficas siempre, lo lógico es considerar que la gravedad de las mismas dependerá mucho de dónde viva a quien le afecte. Que aumente la lluvia en según qué sitios puede ser una bendición del cielo; que haga más frío en ciertas zonas y más calor en otras, lo mismo. La segunda es que si lo anterior parece cierto por evidente, ¿por qué sacan siempre imágenes de los polos, en particular del Ártico, si allí no viven más que cuatro osos? Empecemos por esto último.

Si se mira un globo terráqueo con su eje inclinado 23,5°, que es como en realidad gira el planeta en la eclíptica, observaremos que, con toda lógica, la parte que está más iluminada por el Sol es la ecuatorial y que ésta está ocupada fundamentalmente por agua. De hecho, si se mira el globo por la parte opuesta a la que se suele dibujar en proyección plana, o sea, por la parte del Pacífico, nos llamará la atención que prácticamente la superficie de medio planeta es toda agua. Al calentarse el océano por insolación (el agua absorbe gran parte de la radiación que recibe, o sea, que su albedo es muy pequeño) se generan corrientes en profundidad (recuérdese que la densidad del agua no es siempre 1 gr/cm^3 porque depende ligera y decisivamente de la temperatura, por lo que se hunde y flota en ella misma moviéndose continuamente) y en superficie a modo de ríos. Este último movimiento está provocado secundariamente por la insolación a través no del cambio de densidad, sino de salinidad, porque más calor implica mayor evaporación, y ésta aumenta la concentración de sales. La conclusión de todos estos movimientos es que la superficie oceánica de la Tierra actúa bombeando calor desde las zonas cálidas a las frías. Este flujo de calor de la zona ecuatorial a la polar sólo lo puede alterar la variación de la insolación, que, como he dicho, tiene causas astronómicas, o la variación de la superficie helada. El hielo, y sobre todo la nieve reciente, refleja prácticamente toda la luz que recibe del Sol, ya que tiene un albedo cercano a 1, o sea, que reemite al espacio el 85 por ciento de lo que le llega. El agua de mar lo tiene cercano al 0: apenas refleja un 7 por ciento. La conclusión es dramática: una pequeña disminución de los hielos hace que aumente mucho la radiación absorbida, lo que implica un aumento de la temperatura. Esto hace que cambie el «bombeo» de calor de las corrientes marinas. A su vez, a mayor temperatura marina aumenta la evaporación, con lo que se forman más nubes. Éstas aumentan el albedo, lo que vuelve a provocar enfriamiento, pero también aumentan las precipitaciones, o sea, más nieve en algunas de aquellas zonas que reflejan más. Pero en otras en las que se han retirado los hielos quedando más cálidas, aumenta la vegetación, la cual tiene un albedo tan pequeño como el agua de mar o menos. A la vez, esta vegetación absorbe dióxido de carbono, lo cual... Y así todo, razón por la cual los polos, en particular el Ártico porque es un casquete helado flotante y, por tanto, más susceptible de variar, son una especie de válvula de control del clima global, y lo que allí pase influye decisivamente en todo el planeta; y viceversa, lo que le ocurra al planeta tiene su reflejo más evidente en el Ártico.

El caso es que el Ártico está variando mucho. Puede que se deba a causas naturales y por tanto poco controlables, como podría ser que realmente estamos saliendo de lo que se llama Pequeña Edad Glacial que se supone que concluyó hacia 1850. Se ha citado indirectamente al decir que posiblemente las emisiones de la era industrial estén evitando un clima que debería ser mucho más frío por ser extensión de esa época anormal y naturalmente helada. Sea como sea, el Ártico está disminuyendo mucho en superficie y, como he mencionado, también en profundidad.

Se dice que el resultado más grave del deshielo del Ártico sería el aumento del nivel del mar, con consecuencias catastróficas para las poblaciones costeras. No es del todo cierto. El Ártico, como se ha dicho y bien se sabe, está flotando en el mar como un cubito de hielo en un vaso. Eso indica que la densidad del hielo es menor que la del agua, pero todo sabemos que no es mucho menor. Dicho de otro modo, la parte emergente es muy pequeña en comparación con la hundida. Si se deshelara todo el Ártico, el nivel del mar aumentaría poco. Lo que haría crecer el nivel del mar es la fusión de los hielos que están sobre tierra firme (sobre todo, Groenlandia y la Antártida) y, en particular, la retirada de los glaciares y el aumento del vertido de agua dulce por una mayor escorrentía. Esto está sucediendo con muchos ríos rusos, lo cual hace no sólo que aumente el nivel del mar, sino algo que puede ser mucho más inquietante: un cambio de la salinidad, porque esto, como se ha apuntado, conlleva una alteración del curso de los «ríos» superficiales oceánicos, esto es, de las corrientes que bombean calor del Ecuador a los polos.

La conclusión que se debe extraer de todo lo dicho hasta ahora en este apartado es que hay infinidad de retroalimentaciones y correlaciones de efectos (muchos más de los mencionados) que hacen que las fluctuaciones del clima puedan tener infinidad de consecuencias que a su vez se convierten en causas modificadoras del mismo. O sea, que como se ha reiterado muchas veces y siempre serán pocas, la dinámica de la superficie del planeta que tiene lugar en los océanos, los continentes y la atmósfera es un problema científico de primer orden.

Naturalmente, también es un problema social, económico y político formidable. De hecho, hay muchos gobiernos y grandes multinacionales que se están frotando las manos porque entreven grandes ventajas en el asunto. Otros gobiernos, y sobre todo muchas poblaciones, lo que deberían estar es asustados por el impacto que sobre ellos puede tener el cambio climático. Pero esto son especulaciones más periodísticas y políticas que científicas, y en este libro lo que se pretende plantear es el objetivo de la ciencia y la tecnología en todo este asunto.

La ciencia y la tecnología ante el cambio climático

En gran medida, el fin que ha de tener la ciencia en cuanto al cambio climático es extender de manera cada vez más sólida lo que ya está haciendo y encauza el IPCC. No es otra cosa que escudriñar todo indicio físico, químico, biológico, geológico, meteorológico y de mil especialidades más que nos indique cómo evoluciona el clima. Un ejemplo reciente y esperanzador es el sistema de miles de boyas que se están distribuyendo por los océanos con el esfuerzo y la coordinación de muchos países. Se llama la red Argo. Las boyas tienen sensores de temperatura, salinidad, etcétera, cuyos datos, que toman en superficie y a cierta profundidad, transmiten vía satélite a los centros de estudio y control.

Basada en toda la información y datos objetivos que ofrece la tecnología, la ciencia debe aventurarse a la elaboración de modelos matemáticos tan sofisticados como permita la capacidad informática cuyo poderío aumenta incesantemente. En base a ellos, se tienen que estudiar los métodos más viables para mitigar y adaptarse al impacto del posible cambio climático.

Tanto la mitigación como la adaptación van a exigir grandes cantidades de energía. Habrá que calentar zonas gélidas, que ya no puede sorprender que se extenderán a pesar del calentamiento global, y enfriar inmensas zonas de calor asfixiante. Habrá que hacer fluir inmensas cantidades de agua dulce de zonas de mayor pluviosidad a zonas de sequías impresionantes. Habrá que construir ciudades enteras tras haber quedado inhabitables muchas de las actuales, en particular algunas de las grandes costeras. Y así, sin catastrofismos ni histerias psicológicas o interesadas, la ciencia tendrá que ofrecer un sistema energético razonable, tan razonable que si cualquiera de las cinco posibilidades que he planteado más arriba no se produce de forma demasiado dramática, pueda servir para aumentar el bienestar de la humanidad. En otras palabras, al hilo con lo dicho de las fuentes de energía basadas fundamentalmente en la nuclear y las renovables, habrá que hacer planes a largo plazo en un marco de cambio climático. Quiero decir que habrá de tenerse en cuenta el modelo y el emplazamiento de cada posible central nuclear en los distintos escenarios climáticos. Las de Generación II, que son las actuales, pasarán pronto a la historia, pero las de Generación III, infinitamente más eficaces y seguras, siguen exigiendo gran cantidad de agua y no todos los emplazamientos serán igual de convenientes a cien años vista, que es lo que puede durar una central nuclear moderna. Quizá para algunas zonas del planeta sea cuestión de considerar seriamente el desarrollo de la Generación IV, el ciclo del torio en lugar del uranio, etcétera.

Los planes de expansión de fuentes renovables de energía también tienen que conllevar estudios sobre el devenir del clima, porque, por ejemplo, el aumento de fenómenos meteorológicos extremos, como huracanes, tifones, inundaciones, pluviosidad, etcétera, puede inutilizar fácilmente esos mecanismos energéticos en determinadas zonas.

Los medios de transporte tendrán que estar basados en un cambio de logística, porque los combustibles fósiles y, en general, las mercancías y los bienes de equipo no podrán tener el flujo tan intenso que tienen ahora ni seguramente será necesario; en cambio, los productos agrícolas y el agua potable y de riego exigirán mayor movilidad.

Por mucho que el cambio climático esté sometido a incertidumbres, la incidencia que puede tener en el devenir de la humanidad es tan decisiva que la ciencia tiene que hacer un esfuerzo portentoso en su dilucidación para que los políticos no puedan hacer caso omiso a sus conclusiones como en buena medida todavía hacen.

10

Agua, alimentación y salud

Consideremos dos asuntos sobre las guerras. El primero es que el número de víctimas civiles ha aumentado a lo largo de la historia a ritmo parecido o mucho más vivo al que ha disminuido el de víctimas militares. Salvo que las bajas se deriven de acciones exclusivamente punitivas contra civiles, una parte de la excusa del desequilibrio se hace recaer en los llamados daños colaterales, los cuales se presentan como avatares involuntarios cuando no es que sean inevitables, sino del todo previsibles. El segundo asunto, mucho más cínico, polémico y sorprendente, es que las guerras convencionales acabarán por ser económicamente inviables. Leí las conclusiones de una tesis doctoral en economía y quedé estupefacto. El autor, de cuyo nombre querría no acordarme, tras unos cálculos farragosos estimaba el coste de los militares muertos a lo largo de la historia. Un legionario romano salía por pocos dólares (la tesis, naturalmente, era noteamericana), cada soldado napoleónico muerto ya tenía un coste serio, los caídos en la Primera Gran Guerra no eran muy caros porque había muchos entre los que dividir, pero a lo largo del siglo XX el coste de cada soldado masacrado creció tan espectacularmente que el de un marine en la última guerra, la de Irak, es estremecedor. Para colmo, si se sigue la tendencia de que los mercenarios sean de empresas privadas, como está sucediendo de manera creciente, el coste se hace ya insostenible.

Al margen de especulaciones más o menos absurdas como la anterior, lo que sí sostengo seriamente es que hay dos guerras latentes cuando no ya claramente desencadenadas a escala mundial que van a ser mucho más decisivas para la humanidad que las tradicionales. Me refiero a las ocasionadas por el agua y la alimentación. Los daños colaterales y las bajas entre los contendientes cambiarán de naturaleza y en ambas serán, o deberían ser, la ciencia y la tecnología las armas fundamentales.

Se ha convertido en un tópico decir que el agua va a sustituir al petróleo como causa de conflictos bélicos en el futuro. Esto es absurdo. No es casualidad que hasta ahora todos los conflictos generados por el agua entre regiones o naciones se hayan resuelto a través de acuerdos y no por la acción de armas. Piénsese por ejemplo en las aguas del río Jordan, por las que países tan conflictivos entre sí como Israel, Jordania, Siria, el Líbano y Palestina siempre llegan a acuerdos para su uso y aprovechamiento. La razón es obvia: una guerra no se emprende si no se tiene claro cuál es la victoria. A veces hasta este simple principio se contraviene, como en el caso de la citada guerra de Irak reciente e incluso todas las de Afganistán a lo largo de la historia, pero con el agua no ha sucedido nunca ni se espera que suceda. Si una región o país tiene agua y otra no, o bien por razones geográficas ésta ha de ser forzosamente compartida, el acuerdo se impone porque es muy fácil que cualquiera de los dos rivales perjudique irreversiblemente a ambos. Hablamos de agua dulce, obviamente. Los conflictos del agua en el futuro serán más sutiles, porque se establecerán en el marco del cambio climático y los adversarios serán los propios elementos meteorológicos, la economía y la geoestrategia global condicionada por el uso de la energía para la desalinización de agua marina y la conducción o transporte de agua potable.

En cuanto a la alimentación, la guerra será aún más cruda, intenvendrán más contendientes y las víctimas de daños colaterales pueden llegar a contarse por miles de millones, que, para colmo, puede que sean los mismos que los de las guerras del agua. Obsérvese, por ejemplo en internet, la retórica beligerante que emplean partidarios y detractores de los cultivos transgénicos. Se encuentra por doquier en la red a los primeros sosteniendo que la biotecnología en general será la que salve al mundo de la inseguridad alimentaria, la malnutrición en países pobres y la vacunación a través de los alimentos, acusando a sus detractores de crímenes contra la humanidad por retrasar con su actitud acientífica y burguesa las autorizaciones preceptivas para su desarrollo. Ahí es nada. El enemigo, por su parte, no se queda corto, porque aduce que la ingeniería genética provocará una catástrofe ambiental de dimensiones planetarias, agravará la pobreza y el hambre, permitiendo que las perversas multinacionales monopolicen el suministro mundial de alimentos a la vez que vampirizan la agricultura tradicional. Para echarse a temblar.

Por supuesto, ambas guerras, la del agua y la de la alimentación, supondrán la culminación del proceso apuntado al principio del capítulo: no se cobrarán ninguna víctima militar, mientras que las víctimas civiles se contarán por miles. A menos que, natural y esperanzadoramente, la ciencia y la tecnología, acompañadas del sentido común, alcancen su fin en estos terrenos. No es exagerado, porque sin ir más lejos se estima que los fertilizantes usados desde la Segunda Guerra Mundial han salvado la vida al 40 por ciento de los 7.000 millones de habitantes del planeta. Y los fertilizantes se han podido desarrollar gracias al proceso de síntesis del amoníaco de Haber-Bosch, porque las fuentes orgánicas naturales jamás podrían haber proporcionado el nitrógeno abundante y barato para la fabricación masiva de fertilizantes como el que se ha obtenido del amoníaco sintético.

Profundicemos en este capítulo sobre el agua y la alimentación, correlacionados en gran medida, haciendo hincapié en los aspectos científicos más que en los ideológicos.

El agua dulce

Seguramente, el proceso más favorable al harto improbable fenómeno de la vida es el ciclo del agua que tiene lugar en la corteza del planeta. Hay muchas especies resistentes a la ausencia de agua, pero la mayoría son extraordinariamente dependientes de ella. Los humanos, sin ir más lejos, creo que no pueden sobrevivir más de tres días sin beber. La palabra clave en este asunto es ciclo, es decir, el agua potable se mantiene en la superficie de manera constante, o, como gusta decir hoy, sostenible. Este ciclo es realmente fascinante y conviene detallarlo para plantear el problema en todos sus términos, el cual no es otro que unos 2.500 millones de personas viven en áreas con escasez de agua y ese número podría incrementarse alarmantemente, por mucho que la tendencia en las décadas pasadas haya sido a la baja. Además, las posibles circunstancias adversas hay que enmarcarlas en el posible cambio climático.

El mecanismo que mantiene el ciclo del agua es complejo pero no difícil de entender. Hay que considerar, en primer lugar, que estamos en un planeta donde en torno al 70 por ciento de su superficie es agua y que se mantiene en un margen de temperaturas relativamente estrecho, lo cual permite que el agua superficial de mares y océanos se evapore a un ritmo pausado pero incesante. Este proceso la limpia de muchas de sus sales y otros componentes químicos que la hacen impropia para la bebida y otros usos. El vapor de agua asciende y, al enfriarse, va condensándose, un bonito proceso en el que el agua vuelve al estado líquido en forma de pequeñas gotas. Éstas, dependiendo de diversas circunstancias físicas de la atmósfera, se agrupan en nubes de formas variadas. Si la temperatura y la presión favorecen la condensación, se forman gotas mayores que terminarán cayendo por su propio peso. Es la maravillosa lluvia que puede tener lugar en cualquier parte del planeta porque las nubes han emigrado gracias sobre todo a la rotación de la Tierra. Esta caída del agua a la tierra también puede ser en forma de nieve e incluso de hielo en las violentas granizadas.

Dependiendo de la zona en que llueva o nieve, el terreno favorecerá la escorrentía superficial, la infiltración hasta capas subterráneas impermeables o la acumulación en grandes extensiones. Si moja a las plantas, parte del agua se devolverá a la atmósfera por el mismo proceso de evaporación.

Los ríos modifican los paisajes por erosión a causa de su fuerza y persistencia o por sedimentación de los materiales transportados. Las aguas subterráneas pueden circular como ríos en la oscuridad o empapar el terreno. En ambos casos se podrá acceder a ella desde la superficie a través de perforaciones. Los pozos en el segundo caso aprovechan el fenómeno de la capilaridad, ya que el agua del terreno empapado ascenderá por simple diferencia de presión establecida al bombearla hacia la superficie. Este bombeo puede ser artificial, con bombas eléctricas o de combustión interna, o natural, por diferencia de alturas en los pozos artesianos.

El agua subterránea profunda es de tan difícil accesibilidad, tanto natural como artificialmente, que puede permanecer inalterable durante milenios, por lo cual recibe el nombre de agua fósil, apelativo muy poco apropiado. A esta agua le pasa como al petróleo, que aunque forme parte de un ciclo, es tan extraordinariamente lento que, si se agotan las reservas, bien puede darse por perdida definitivamente.

Las precipitaciones en forma de nieve quizá obran el milagro más importante para la vida del ciclo del agua, porque, a diferencia de los depósitos fósiles, suponen una forma óptima de almacenamiento. La nieve estacional dura entre 2 y 6 meses y el agua en los ríos aproximadamente lo mismo, pero son tiempos desfasados. Así, el deshielo primaveral y veraniego permite en infinidad de zonas del planeta que los ríos sigan siendo caudalosos aunque no llueva. Los glaciares de las zonas de nieves perpetuas tienen un tiempo de residencia del agua entre 20 y 100 años, lo cual le da una importancia aún mayor que la de las nieves estacionales de alta montaña. Recuérdese lo que he dicho sobre los glaciares y los hielos polares en el capítulo anterior en cuanto a equilibradores del clima, porque aquí tenemos otro aspecto esencial del papel que desempeñan.

Finalmente, de un modo u otro tras períodos más o menos largos, la mayor parte del agua, si no toda, regresa al mar, cerrándose así el ciclo hidrológico.

Pongámosle números al ciclo porque algunos quizá sorprendan y en cualquier caso tendremos que tenerlos en cuenta cuando empecemos a profundizar en el asunto. Usemos el gráfico siguiente extraído de la página web de la Unesco.[1]

1. http://ga.water.usgs.gov/edu/watercyclespanish.html.

DISTRIBUCIÓN GLOBAL DEL AGUA

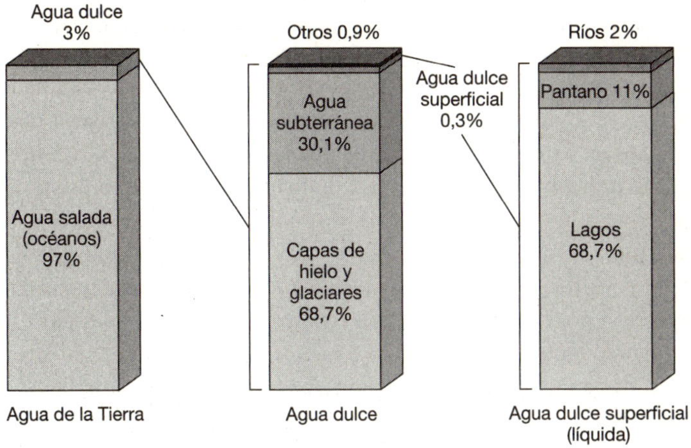

Del escaso 3 por ciento de agua dulce que en cualquier momento hay en la superficie de la Tierra, la mayor parte está almacenada en los glaciares, los polos (junto con Groenlandia y otras superficies perennemente heladas) y bajo tierra. Del escasísimo 1 por ciento restante, los familiares ríos apenas llevan un 2 por ciento, lo que supone que éstos transportan el 0,006 por ciento de toda el agua dulce. Los lagos y pantanos se llevan la parte del león, pero éstos están distribuidos de forma muy azarosa. Piénsese que sólo entre el lago Baikal, en Asia, y los grandes lagos Hurón, Michigan y Superior de Norteamérica acumulan el 40 por ciento del agua dulce de superficie.

Ésta es la situación, así que ya podemos analizar cómo aprovecha la humanidad esta cantidad de agua, que, aunque es inagotable por proveerse de forma cíclica, es limitada y puede llegar a ser escasa, lo cual no es contradictorio en absoluto. Además, tendremos que contemplar, como he dicho, la alteración del ciclo del agua causada por el cambio climático.

El uso y el abuso del agua dulce

Al estar el ciclo del agua condicionado por los agentes meteorológicos, a nivel local puede presentarse cierto grado de azar que puede llegar a ser extremo. Hablamos de inundaciones y sequías. Salvo estas circunstancias frecuentes pero inevitables, el ciclo es lo suficientemente previsible como para que la humanidad haya hecho uso de él de manera muy provechosa. Por lo pronto, asentándose a orillas de ríos, lagos o zonas de fácil acceso al agua dulce, por ejemplo por ser de pluviosidad regular y abundante. A menudo, las ciudades se establecieron por razones estratégicas (comerciales, militares o políticas), confiando en un suministro más o menos fácil de agua por acueductos u otros medios de canalización. A veces los motivos de llevar a cabo estas concentraciones urbanas han sido de lo más peregrinos, piénsese, por ejemplo, en el caso de Las Vegas, ese grandioso y extraño parque de atracciones para adultos en mitad de un desierto.

El proceso de urbanización de los últimos tiempos se suele presentar como una aberración y, realmente, cuesta trabajo encontrar racionalidad a concentraciones urbanas de decenas de millones de habitantes; sin embargo, el asunto tiene más lógica de la que parece. En las zonas rurales de mi tierra se suele decir que hay que ser muy inútil para vivir en el campo y pasar hambre. Puede ser, pero vivir en el campo tiene unas limitaciones educativas, sanitarias, culturales, de transporte, expectativas de progreso, etcétera, que muchas personas pobres de países pobres no soportan y prefieren, con toda lógica, intentar aprovechar las oportunidades mencionadas que ofrecen las ciudades.

Una de las ventajas de la ciudad es que hace accesible a mucha gente el agua de doble uso, sanitario y potable, porque es más fácil y económico que distribuirla por grandes extensiones de campo. En este caso es más eficiente la perforación de pozos y la excavación de fosas sépticas, aunque pueden plantear serios problemas higiénicos y ambientales. Aun así, ya he dicho que la Organización Mundial de la Salud (OMS) estima que 2.500 millones de personas no tienen fácil acceso al agua sanitaria, y entre ellos más de 1.000 ni siquiera tienen agua potable cerca de su lugar de residencia. Y esto ocurre menos en las ciudades que en los pueblos y los diseminados de casas. Si el lector, como es más que probable, vive en unas condiciones que consideramos normales respecto al agua, que haga el ejercicio mental de tener que usar letrinas infectas, comunes y apartadas, lavarse poco frecuentemente y en condiciones inusuales y, sobre todo, tener que desplazarse a fin de conseguir agua para beber y cocinar. Personalmente, lo he experimentado en varias ocasiones y lugares, por lo que sé apreciar el alcance que tienen la cisterna, la ducha y los grifos de mi casa.

Si trascendemos lo que puede considerarse comodidad o higiene (la insalubridad del agua puede conllevar enfermedades muy graves, si no mortales), e incluimos que el agua es imprescindible para mantenernos con vida, ¿no debería ser el acceso al agua uno de los derechos humanos fundamentales? Sin duda, pero debemos tener en cuenta un aspecto del problema que, aunque quizá esté inspirado en mi naturaleza personal optimista, no deja de ser una lectura objetiva de los datos y sus tendencias. Los 1.000 millones de personas en situación precaria en cuanto al agua potable supone que hemos avanzado mucho, ya que la «parte llena de la botella», el 86 por ciento de la población mundial, es decir, unos 6.000 millones de personas, dispone ya de fuentes de abastecimiento de agua potable. Esto significa que el mundo está en vías de alcanzar, e incluso de superar, la meta que la OMS, junto con Unicef, establecieron como Objetivos de Desarrollo del Milenio relativos al agua potable según reconocieron en su informe de 2010. En cuanto al tremendo número de los 2.500 millones con dificultades respecto al agua sanitaria, la buena noticia es que la defecación al aire libre (la práctica que entraña mayores riesgos sanitarios) está disminuyendo en todo el mundo: ha bajado del 25 por ciento en 1990 al 17 por ciento en 2008, lo que significa que en ese período 168 millones de personas dejaron de recurrir a esta práctica. Sin embargo, se trata de un hábito aún muy extendido en el Asia meridional, donde se calcula que el 44 por ciento de la población defeca al aire libre.

A pesar de estos datos optimistas o, si se quiere, de esta manera optimista de interpretar los datos, se está desarrollando un proceso que puede ser inquietante si retomamos el acceso al agua potable como uno de los derechos humanos: su privatización. Muchos estados están haciendo dejación del que debería ser una de sus tareas prioritarias de gestión y están dejando el suministro y la depuración del agua en manos privadas. Que las multinacionales gestionen el agua dulce en países desarrollados quizá no sea muy preocupante, al fin y al cabo la electricidad, casi tan fundamental como el agua, hace mucho tiempo que está mayoritariamente en sus manos. El problema es que esta privatización del agua se llevará a cabo en un marco de cambio climático y que donde hay mayor crecimiento poblacional es donde menos agua hay ahora y previsiblemente menos habrá en el futuro. La obtención de plusvalías y beneficios en ese marco puede ser desastroso, ya que jamás debemos olvidar que la OMS/Unicef sostiene que el agua no potable y los hábitos de saneamiento e higiene insalubres se cobran cada año la vida de 1,5 millones de niños menores de cinco años. En cualquier caso, los tres elementos, demografía, cambio climático y poder político, hay que tenerlos cuidadosamente en cuenta para ver cómo la ciencia y la tecnología han de usarse para alcanzar un mundo más justo y equilibrado.

El agua dulce y la energía

El cambio climático no va a alterar el ciclo hidrológico global, pero sus efectos sobre la distribución de agua potable en la superficie del planeta serán considerables. Lógicamente, los científicos han hecho infinidad de proyecciones de lo que puede ocurrir con las precipitaciones en las distintas zonas del planeta. Es un asunto muy azaroso, pero de lo que no cabe duda alguna es que habrá extensísimas áreas que se verán beneficiadas por el aumento de agua potable y otras no menos extensas en las que la sequía señoreará durante largos períodos. Estas previsiones, que normalmente se hacen en forma de mapas con sus códigos de colores, son difíciles de trazar, pero diferentes autores[2] alcanzan un resultado bastante común de lo más inquietan-

2. Véase, por ejemplo, Laurence C. Smith, *El mundo en 2050*, Debate, Barcelona, 2011.

te: muchas zonas que albergan gran número de ciudades populosas y pobres recibirán menos agua. Para colmo, muchas de estas ciudades son de demografía galopante, están cerca del mar y un número no pequeño de ellas tienen gobiernos corruptos o incompetentes. Pensemos en lo que puede suponer la cercanía al mar de una gran ciudad en cuanto al suministro de agua potable.

El calentamiento global conlleva un aumento del nivel del mar. Como en todo lo relativo a las probabilidades establecidas con modelos físicos y matemáticos, nos tenemos que mover con márgenes de indeterminación. Si somos optimistas, podemos pensar que, en el mejor de los casos, un aumento de pocas decenas de centímetros se puede afrontar en ciudades costeras con malecones u otras obras civiles bastante familiares y relativamente poco costosas. Pero el problema no es ése, sino el de la infiltración del agua salada en los acuíferos subterráneos, que ya sabemos que son mucho más importantes que los ríos. Esta infiltración por el ya mencionado fenómeno de la capilaridad y otros depende de muchos factores, pero puede alcanzar distancias notables tierra adentro. El agua dulce deja muy pronto de ser potable cuando aumenta su salinidad. Ése es el verdadero problema al que se tendrán que enfrentar grandes ciudades cuando suba significativamente el nivel del mar: la escasez de agua potable por deterioro debido a la salinización invasora.

A lo anterior hay que unir, obviamente, el aumento de la frecuencia de los fenómenos extremos, en particular las inundaciones y las sequías, que agudizarán el cambio climático. La ONU constata que la actual sequía de África oriental (hablamos de 2011) es la más prolongada y grave de los últimos sesenta años y está afectando a diez millones de personas en Somalia, Etiopía, Yibuti y Kenia, de manera que el éxodo en busca de agua y alimentos es estremecedor.

Sea cual sea la circunstancia que provoque mayor escasez de agua potable en el futuro, si se quiere hacer frente al problema de manera eficaz no habrá más remedio que contemplar un aumento considerable de la producción y el consumo de energía. El suministro, la depuración y, en caso extremo, la desalinización del agua de mar son procedimientos con un coste energético muy elevado, en particular el último. Una de las dificultades que ello conlleva, y a la que se le hace poco caso, es que, a su vez, la producción de energía suele exigir ingentes cantidades de agua. No la consume, sino que la necesita. Las fuentes basadas en ciclos térmicos como la termosolar, la nuclear, la de combustibles fósiles, etcétera, exigen agua de refrigeración como parte esencial de su ciclo térmico. Y, por supuesto, la que más agua necesita es la hidroeléctrica. En algunos casos, puede ser agua de mar la que se utilice, pero en muchos otros las centrales térmicas se sitúan en las orillas de un río o junto a un lago natural o artificial. La fotovoltaica y la eólica, por ejemplo, están exentas de este problema, pero a nadie se le escapa que su escasa densidad de energía, así como la intermitencia de la primera y la imprevisibilidad de la segunda, las hacen poco decisivas en situaciones como las que estamos contemplando en relación con el agua potable.

La generación de electricidad que muchos técnicos consideran óptima es la hidroeléctrica, porque además el bombeo en horas de bajo consumo (devolver parte del agua usada al pantano superando la presa) supone una de las escasas formas del ansiado almacenamiento de energía. Pero lamentablemente esto conlleva que, salvo en los diseños llamados reversibles,[3] aparte de la retención de formidable cantidad de agua dulce, aún se deja fluir menos cantidad en el curso natural del río.

Seguramente, la fuente más poderosa y estable de generación eléctrica será la nuclear, porque aunque también exija gran cantidad de agua, con esa energía se puede hacer muchas cosas aparte de producir electricidad. Por ejemplo, desalinizar o, siendo osados, depurar aguas aprovechando la radiactividad. Dejemos este asunto sólo enunciado aquí para que el lector recupere el resuello tras el susto que acaba de llevarse y lo trataremos en el siguiente apartado.

La conclusión parcial a la que llegamos por ahora es que el cambio climático, junto con el aumento demográfico, exigirán grandes cantidades de energía cuyas fuentes habrá que elegir muy cuidadosamente porque a su vez exigen agua. La cuestión está en que si uni-

3. Consiste en construir o aprovechar un embalse a varios centenares de metros de altura respecto del agua embalsada por la presa que se bombea al anterior cuando interesa estableciendo un ciclo casi cerrado.

mos todos los aspectos del problema presentados hasta ahora, se abre paso la idea de que la gestión del agua en el futuro debería trascender las naciones e incluso los continentes. Los organismos supranacionales deberían encontrar la fórmula de organización, legislación y ejecución de planificaciones a escala mundial. Quizá no sea fantasioso plantear un Tribunal Internacional del Agua que vigile el cumplimiento de las recomendaciones o, mejor, legislaciones supranacionales en materia de agua potable. Este marco de cooperación internacional hace mucho que se ha establecido y ha tenido algunos éxitos notabilísimos. En este sentido, y con el doble objetivo de enfatizar el problema del agua potable no sólo en su dimensión humana sino también técnica, es oportuno recordar el problema de los pozos de Bangladesh.

En aquel pobre país de Extremo Oriente, decenas de miles de niños morían cada año de diarrea. A esa terrible mortandad había que sumarle la originada por la desnutrición y las enfermedades asociadas a la miseria de la población de todas las edades; sin embargo, fue el caso de los niños el que disparó la alarma en las Naciones Unidas. Su organismo Unicef, en colaboración con el gobierno de Bangladesh, estableció un programa ambicioso y noble: horadar incesantemente por doquier hasta tener operativos nada menos que 8,6 millones de pozos. El agua filtrada del subsuelo es mucho más sana que la estancada en la superficie porque ésta aloja todo tipo de bacterias y microorganismos que, entre otras cosas, producían las diarreas infantiles. Aquello fue un éxito absoluto, porque se estima que gracias a los pozos se salvaron muchos millones de niños, y además con el valor añadido de permitir la irrigación de campos de cultivo, mitigando en buena medida el hambre secular de la zona.

Los análisis que se hacían de las aguas eran los que estaban al uso en la época, lo cual no incluía detectar la presencia de arsénico, que aunque había precedentes en otras partes del mundo, suponía una contaminación muy rara de las aguas subterráneas. Hasta que con el tiempo aparecieron los síntomas asociados a la ingesta de ese endiablado elemento: manchas en la piel, problemas renales, inflamaciones, cansancio crónico y, seguramente, también cáncer. Se observó que el agua que suministraban muchos de esos pozos contenía 50 partes por billón de arsénico, lo cual supone cinco veces más que el límite máximo recomendado por la Organización Mundial de la Salud. ¿Cuántos pozos están contaminados? Todavía no se han analizado todos, pero un millón y medio lo están, y se estima que casi la mitad de los 8,6 millones pueden estarlo. Hablamos de unos diez millones de personas afectadas. Para colmo, el arsénico se ha ido acumulando en los campos de cultivo y nadie sabe cuál será el alcance de los efectos que provocará.

El problema es que los habitantes de Bangladesh han de optar entre el hambre y la diarrea o sufrir las afecciones debidas al arsénico. Por ahora prefieren esto último, y por mucho que se estén llevando a cabo programas paliativos del problema, éste continuará durante mucho tiempo.

La ciencia ante el suministro y la depuración del agua

La ciencia y la tecnología no tienen mucho que innovar en cuanto al suministro de agua porque se trata de producir la energía necesaria para optimizar los medios de transporte sin perder de vista que las pérdidas en la distribución suponen un porcentaje tan alto que es del todo necesario evitarlas. Lo que sí es fundamental por parte de la tecnología es el control en todo momento de la situación hídrica del planeta y la distribución de esa información. El papel de los satélites y las tecnologías de detección de agua a distancia son esenciales. Nunca se aplicará mejor el dicho de que un problema bien planteado está medio resuelto, porque si en todo momento, desde las autoridades supranacionales hasta la persona más aislada, se sabe por medio de internet cuál es la situación de las aguas de escorrentía y subterráneas, el nivel de los lagos y embalses, así como el estado de los glaciares, tenemos mucho adelantado ante cualquier posible situación de emergencia. Naturalmente, es mucho más complicado controlar el agua que los incendios, por poner un ejemplo, pero en el futuro, en el marco del cambio climático, será casi tan fundamental una cosa como la otra.

Aparte de la detección del estado del agua dulce en todo el planeta, tenemos que esperar avances significativos en tres procesos necesarios: la desinfección, la depuración y la desalinización.

La eliminación de microorganismos de las aguas con destino al consumo humano no es complicado ni caro y se puede hacer de muchas maneras tanto física como químicamente. El problema está en que los microorganismos patógenos de enfermedades como el cólera, el dengue y otras pueden infiltrarse después de la desinfección durante la distribución por tuberías. Lo más eficaz es combinar la física con la química, es decir, utilizar como arma de choque contra los microbios la radiación ultravioleta o incluso la gamma ya apuntada y después utilizar métodos químicos, casi todos basados en la adición de algún compuesto cuya molécula contenga cloro, para evitar la recontaminación.

La depuración consiste en eliminar todos los compuestos inorgánicos que hacen que el agua no sea potable. Los métodos son diversos y posiblemente el futuro se basará en el uso masivo de los nanotubos de carbono. La idea es simple pero difícil de implementar por ahora. Se trata de sustituir las membranas y filtros actuales por microtuberías de milmillonésimas de metro (nanómetros) de sección. La filtración del agua haciéndola pasar por nanotubos de carbono supondría eliminar el arsénico, el flúor, los metales pesados tóxicos, etcétera, con mucho menor coste energético que utilizando los métodos tradicionales. Sin embargo, los problemas hidrodinámicos, mecánicos, estructurales y de coste de fabricación aún suponen un desafío para la ingeniería. La India, curiosamente en su centro de excelencia de investigaciones nucleares Bhabha Atomic Research Centre de Bombay, es uno de los países que tienen más avanzada la técnica de depuración a través de nanoestructuras.

Por último, sería lógico pensar que un objetivo formidable de la ciencia y la tecnología tendría que ser la desalinización eficiente y barata del agua de mar. Es tan lógico que se ha afrontado ese empeño desde hace mucho tiempo y hoy se hace a un coste en torno a los 40 o 50 céntimos de euro el metro cúbico, lo cual no está mal. Pero ¿qué significa exactamente eso? Pues que las ventajas de la desalinización dependen de muchos factores, porque por muy optimizados que estén los procedimientos, siguen siendo altamente consumidores de energía. Por ejemplo, el coste anterior es equivalente a bombear agua más de 1.000 kilómetros en llano o elevarla a unos 1.500 metros de altura. A la vista de estos datos, es obvio que para suministrar agua potable a muchas ciudades del interior es preferible transportarla desde ríos o lagos relativamente lejanos que usar la del mar desalinizada, que además hay que transportarla. Así pues, que México, Nueva Delhi y diversas ciudades de estas características se olviden del agua de mar. Sin embargo, hay infinidad de ciudades populosas a orillas del mar y otras situadas en islas que de hecho recurren a esta vía de obtención de agua dulce y quizá en el futuro el recurso se haya de intensificar, una vez más, en el marco del cambio climático. El problema, como siempre, es la energía.

Hay muchos procedimientos para desalinizar el agua de mar, siendo los dos más eficientes la ósmosis inversa y la evaporación relámpago. El primero consiste en aprovechar el concepto de presión osmótica, que es la generada por la diferencia de composición química de dos disoluciones, sobre una membrana separadora de ambas. Esto permite el tránsito en un sentido y no en el opuesto. El agua de mar, rica en sales disueltas en ella, se bombea hasta unos pozos en los que cae por gravedad y allí se inicia el intercambio osmótico. Dicho en román paladín, se filtra el agua de mar separando sus sales. El procedimiento exige unas cuatro veces más agua de mar que la cantidad de agua dulce que genera, y aunque parece un procedimiento conceptualmente sencillo, que lo es, las complejidades técnicas que aparecen son múltiples. La ósmosis inversa permite aún muchos avances y en el futuro se contemplarán progresos muy notables tanto en la ingeniería química como en la hidráulica y la mecánica que están implicadas en el procedimiento.

La evaporación relámpago consume aún más energía que la ósmosis, pero tiene otras ventajas. Consiste en someter violentamente el agua de mar a una evaporación y condensación similares a las que sufre de manera natural en la formación de nubes y posteriores lluvias. Además, como en sólo una etapa rápida no se conseguiría el mismo efecto que hace la naturaleza majestuosamente, el proceso hay que repetirlo sucesivamente en un proceso multietapa. Lo mismo que en el caso anterior, es un procedimiento que permite aún mucho desarrollo técnico.

Otros métodos de desalinización por destilación, congelación, formación de hidratos y otros mecanismos químicos están en estudio, pero todos tienen el mismo inconveniente: gran consumo de energía y precios finales no competitivos con el transporte. Una vía de optimizar la desalinización de agua de mar que se puede contemplar en el futuro es la siguiente.

El mayor problema de la energía eléctrica que hemos apuntado repetidamente es su dificultad de almacenamiento. Uno de los métodos que se usan hoy día y que entusiasma a muchos ingenieros es el ya mencionado bombeo de agua sobre las presas hasta los embalses en las horas en que el consumo de electricidad es menor. Esto, obviamente, provoca en los diseños normales que el caudal de agua tras la presa y río abajo se hace más escuálido. Las circunstancias agrícolas y demás aprovechamientos del agua determinarán que el procedimiento sea admisible o no. Otra posibilidad es destinar una central térmica, por ejemplo nuclear, a desalar y bombear agua de mar durante la noche. Incluso se puede contemplar el aprovechamiento seguro de la radiactividad del combustible usado para la desinfección del agua dulce antes del bombeo. Esto tiene dos dificultades. La primera y fundamental es que el complejo energético-desalinizador-depurador tendría que estar no demasiado lejos de la ciudad costera que se quiera abastecer de electricidad y agua potable, y esto, con la percepción de inseguridad que genera la energía nuclear será difícil de superar a menos que las necesidades acucien. La segunda es que la ingeniería de las etapas de desalinización y, sobre todo, la de desinfección por radiación gamma habría que perfeccionarla, y sin proyectos claros no es viable que se destinen recursos a su investigación y desarrollo. Pero no cabe duda de que es una posibilidad que en un escenario de cambio climático severo habrá que contemplarse en determinadas zonas del planeta.

Respecto al agua dulce hay que hacer una consideración final fundamental. El uso que le da la humanidad al 70 por ciento del agua que aprovecha es para la agricultura. Esto, en un mundo tan intercomunicado como el actual, y más que lo estará en el futuro, supone una gran ventaja, porque el trasiego de alimentos puede concebirse como transporte de agua potable. El asunto no es baladí, porque puede conllevar una optimización del consumo de agua. Cultivar naranjas en España exige más o menos la misma cantidad de agua que hacerlo en Yemen, pero seguramente transportar naranjas allí es más eficiente que emplear la escasa agua que tienen para producirlas *in situ*. Con esto enlazamos con el asunto esencial de la alimentación de la humanidad en el futuro y el papel de la ciencia en ello.

La pesca en el futuro

La pesca puede que sea la revolución que hace más tiempo que la humanidad tiene pendiente. Seguramente, el cambio más drástico que vivió la especie humana fue el tránsito de cazadores a recolectores; sin embargo, en la pesca no hemos hecho como en la agricultura y en gran medida aún seguimos siendo cazadores en el mar. Y esto se está acabando, porque toda la tecnología desarrollada para hacer la pesca más eficiente está esquilmando los mares. De hecho, muchas especies las hemos agotado ya. Así pues, el proceso tecnológico que ya se ha iniciado y dominará las épocas futuras será el de la explotación razonable y sostenible de los mares y océanos, es decir, pasar de la pesca a la acuicultura de manera mucho más extensa y extendida (ya distinguiremos ambos conceptos) de lo que hacemos ahora. Así pues, sostengo que el título de este apartado es poco apropiado, porque el futuro de la pesca puede que sea desaparecer en gran medida tal como se concibe y se practica en la actualidad.

El cuadro de la página siguiente nos puede ayudar a entrever la complejidad del asunto:

Producción y utilización de la pesca y la acuicultura en el mundo, excluyendo China, en 2009, en millones de toneladas

Producción	*Mundo*	*Excluyendo China*
Continental		
Captura	10,1	7,9
Acuicultura	35,0	12,9
Total continental	45,1	20,8
Marina		
Captura	79,9	67,2
Acuicultura	20,1	8,1
Total marina	100,0	75,3
Total captura	90,0	75,1
Total acuicultura	55,1	21,0
Total producción pesquera	145,1	96,1
Utilización		
Consumo	117,8	75,5
Usos no alimentarios	27,3	20,5
Población (miles de millones)	6,8	5,5
Suministro per cápita de pescado (kilogramos)	17,2	13,7

Fuente: Elaboración propia a partir de los datos del Informe anual de la FAO, 2009.

Los dos hechos más destacables son la importancia de China, que por eso se muestra aparte en la tabla, y que, si se hacen las cuentas a la vista de los datos de la tabla, la acuicultura representa ya casi el 47 por ciento del suministro total de pescado comestible.

Por otra parte, según el informe de la FAO de 2009 en el que nos estamos basando, el empleo en el sector pesquero ha aumentado más rápidamente que el empleo en la agricultura tradicional y que el de la población mundial en todos los sectores. La pesca a pequeña escala genera más de la mitad de las capturas marinas y continentales del mundo, casi todas ellas destinadas al consumo humano directo. Estas pesquerías, llevadas a cabo por una o varias personas en una embarcación pequeña, emplean más del 90 por ciento de los 35 millones de pescadores de captura que existen en el mundo y mantienen a otros 84 millones de personas empleadas en puestos asociados con la elaboración de pescado, su distribución y su comercialización. El informe de la FAO indica que, si bien la mayor concentración de personas empleadas en el sector primario corresponde a Asia, la producción media anual por persona en este continente es de tan sólo 2,4 toneladas, mientras que en Europa se acerca a las 24 toneladas y en América del Norte supera las 18 toneladas. Ello refleja el grado de industrialización de las actividades pesqueras y, en África y en Asia, también la importante función social desempeñada por la pesca a pequeña escala. Las diferencias son todavía más evidentes en el sector acuícola: en Noruega, por ejemplo, la producción anual media de los acuicultores es de 172 toneladas por persona, mientras que en Chile es de 72 toneladas, en China de 6 toneladas y en la India de tan sólo 2 toneladas.

La pobreza sigue siendo generalizada en millones de pescadores, especialmente en el África subsahariana y en el Asia meridional y sudoriental y, encima, la pesca excesiva y el posible agotamiento de los recursos pesqueros constituyen una amenaza real para muchas comunidades costeras. Obviamente, las estructuras sociales y las disposiciones institucionales desempeñan una función clave en el fomento de la pobreza, pero también influyen decisivamente la vulnerabilidad ante las catástrofes naturales y el cambio climático y la exclusión de procesos de desarrollo más amplios. Con toda lógica y esperanzadoramente pero con perjuicio para los pescadores de mediana escala de países en vías de desarrollo, los consumidores de pescado de los países ricos demandan de manera creciente que los vendedores garanticen que el pescado que ofrecen sea no sólo de gran calidad e inocuo, sino que además proceda de pesquerías sostenibles.

¿Cómo puede ayudar la ciencia y la tecnolología a cambiar esta situación haciendo, además, que el aporte de proteínas animales de la población mundial que supone el pescado sea mucho mayor que el escaso 16 por ciento actual y el 6 por ciento de todas las proteínas consumidas?

El uso de radar, sónar, láser, GPS, satélites, etcétera para la pesca seguirá desarrollándose en cuanto a sensibilidad y eficacia, pero la verdadera revolución científico-técnica consistirá en el análisis y tratamiento de las especies marinas y sus hábitats de manera global. La combinación de la ecología (insisto en que esta magna ciencia tiene poco o nada que ver con el ecologismo) y la física, la química, la geología y la biología, junto con las tecnologías de detección, tratamiento de imágenes, comunicaciones y la navegación, se enfocará a la explotación a escala mundial de los océanos. Esto, lógicamente, lo desarrollarán los países y las empresas más avanzados tecnológicamente, pero sus hallazgos tendrían que ser puestos a disposición de la pesca de pequeña escala. Todo pescador modesto de cualquier lugar del mundo debería poder consultar antes de zarpar su teléfono móvil y que éste le diera información clara y fidedigna no sólo de la predicción meteorológica, sino del estado de las especies que va a buscar, el precio de mercado, los consejos de la FAO respecto a ellas y las posibles represalias a las que se enfrenta sin contraviene las normas pesqueras.

Por el lado más ambicioso de la revolución pesquera del futuro habría que contemplarse los mares y océanos como inmensas praderas cultivables. El pescado abunda más en las cercanías de las plataformas continentales porque es donde más nutrientes encuentra procedente en gran parte de los propios continentes. Seguramente, un estudio multidisciplinar e internacional de las bases tróficas (fitoplancton y zooplancton) podría llevar en pocas décadas a la explotación sostenible y razonable de las treinta especies marinas más apreciadas como alimentos.

Obviamente, lo más complejo de todo será el aspecto jurídico internacional, o sea, el político. Las bases científicas, tecnológicas, jurídicas y organizativas están ya ahí, lo que falta es la expresión de la voluntad política global de explotar los océanos de manera racional, coordinada y con leyes coercitivas de obligado cumplimiento unidas a las fuerzas represivas con capacidad de llevarlas a efecto. Como veremos a continuación, la humanidad ha llevado a cabo otras empresas de complejidad similar cometiendo errores pero con éxito global.

La revolución verde

De todas las revoluciones que ha sufrido (y disfrutado) la humanidad, incluyendo en tan categórica expresión las sociales, científicas, artísticas, etcétera, posiblemente la más bella y fructífera fue la que se desarrolló a escala global durante la posguerra mundial a finales de la década de 1940 y que se puede considerar que culminó en torno a 1970. Uno de los líderes indiscutibles de tal revolución fue un ingeniero agrónomo estadounidense de orígenes noruegos llamado Norman Borlaug. Cuando murió en 2009, la directora del Programa Mundial de Alimentos de las Naciones Unidas, Josette Sheeran, dijo escuetamente que Borlaug posiblemente haya sido el científico que más vidas ha salvado en la historia de la humanidad.

Lo que hizo Borlaug fue cruzar selectivamente plantas de maíz, arroz y trigo de países pobres hasta obtener las más productivas. A la vez, con un tesón y paciencia formidables, consiguió la ayuda de organizaciones agrícolas internacionales, fundaciones de todo tipo y gobiernos de países poderosos, empezando por Estados Unidos, para, nada menos, erradicar el hambre en el mundo. La revolución verde que inició consistió en el uso de fertilizantes, herbicidas y plaguicidas a gran escala en inmensas extensiones de monocultivos, es decir, el cultivo de una sola especie mejorada en un terreno durante todo el año. Al mismo tiempo, los métodos de riego se optimizaron para alcanzar el máximo aprovechamiento del agua. Los resultados fueron espectaculares, de manera que se conseguían cosechas entre dos y cinco veces más productivas que con los procedimientos tradicionales.

Naturalmente, la revolución verde tuvo sus detractores, porque aquel uso masivo de productos químicos era inquietante, y con razón como después se demostró con, por ejemplo, el DDT. Este caso es tan paradigmático de mucho de lo que se sostiene y se ha sostenido ya en este libro que conviene considerarlo con un poco más de detalle porque el asunto tuvo infinidad de matices.

Rachel Carson, una joven funcionaria con cierta formación en biología, observó que el uso de DDT tenía efectos nocivos para algunas especies silvestres, en particular determinados pájaros. Inició una lucha contra el uso del pesticida que tuvo gran repercusión y la culminó con un ensayo titulado *Primavera silenciosa* publicado en 1962. El libro tuvo gran influencia y ayudó a despertar la conciencia de entender la naturaleza como un todo complejo cuyas partes y procesos están interrelacionados. Carson murió pronto, pero su chispa había prendido vigorosamente y se la considera la fundadora del movimiento ecologista internacional. Tuvo sus detractores, sobre todo porque no buscó ni se preocupó de buscar apoyo científico para sus aseveraciones. Lo que parece indiscutible es que la retirada abrupta del DDT que consiguió tuvo consecuencias trágicas: aparte de la hambruna provocada por dos cosechas perdidas en países pobres hasta que llegó el sustituto del DDT, hubo un rebrote virulento de la malaria por reaparecer los mosquitos portadores de la enfermedad. Se calcula que fueron centenares de miles de niños los que murieron por esta causa. Para colmo, no quedó claro que los pájaros de Maryland que tanto preocuparon a Carson se hubieran visto afectados por el DDT. Así pues, para unos Rachel Carson fue una santa ecologista y para otros una genocida por ignorancia. Ya he dicho al principio del capítulo que la retórica de guerra que provocan estos asuntos es tremenda. De hecho, hasta el gran Borlaug usó tal retórica defendiéndose de los ataques ecologistas diciendo de ellos: «Algunos de los grupos de presión ambiental de las naciones occidentales son la sal de la tierra, pero muchos de ellos son elitistas. Nunca han experimentado la sensación física de hambre. Ellos hacen su trabajo de cabildeo desde cómodas suites de oficina en Washington o Bruselas... Si vivieran sólo un mes en medio de la miseria del mundo en desarrollo, como he hecho yo durante cincuenta años, estarían clamando por tractores, fertilizantes y canales de riego, y les indignaría que elitistas de moda desde sus casas les estén tratando de negar estas cosas».[4] En cualquier caso, se estima fiablemente, por razones demográficas, que la revolución verde salvó la vida de unos 1.000 millones de personas, que, con los cultivos tradicionales, habrían perecido de inanición. Por otra parte, el movimiento ecologis-

4. http://tierneylab.blogs.nytimes.com/2008/05/19/greens-and-hunger/?pagemode=print.

ta que surgió a partir de ella hace muchas estupideces inquietantes y dice muchas tonterías, pero sin duda ha evitado que se cometan infinidad de abusos y barbaridades.

Ya hemos visto en el capítulo 8 que los precios de los alimentos bajaron incesantemente hasta hace unos años en que el repunte está siendo debido en parte a la especulación propiciada por los biocombustibles. A esto seguramente se le podrá hacer frente y conseguir que la racionalidad o las medidas coercitivas hagan volver las aguas a su cauce. Pero aunque se controlara de nuevo el precio de los alimentos, aún quedan entre 800 y 1.000 millones de personas que pasan hambre por permanecer atrapados en la agricultura tradicional de subsistencia. La revolución verde dio todo lo que podía dar de sí, por lo que ahora se está a las puertas de lo que se llama la revolución genética.

La revolución genética

A veces se confunden dos términos que conviene precisar: biotecnología e ingeniería genética. Por lo pronto, la biotecnología es un campo de investigación y desarrollo mucho más amplio que la ingeniería genética, de manera que en rigor ésta queda incluida en aquélla. Además, técnicas ancestrales, como la fermentación y el malteado, pueden incluirse en el concepto de biotecnología, mientras que la ingeniería genética no es sólo algo mucho más moderno, sino conceptualmente distinto.

La biotecnología trata todos los aspectos de la producción agrícola, ganadera y pesquera para aumentar y controlar el rendimiento, mejorar la resistencia a las plagas y las condiciones adversas de frío y sequía, preservar la salud animal y curar las enfermedades, adecuar el contenido nutritivo de lo que serán futuros alimentos, equilibrar artificialmente la evolución de las especies con el aprovechamiento alimenticio, etcétera.

La ingeniería genética consiste en modificar la estructura genética del ADN de un organismo también con objetivos bien definidos. La técnica más habitual es la transgénesis, que consiste en transferir uno o varios genes de un organismo a otro sin reproducción sexual. También puede modificarse genéticamente un organismo sin necesidad de transferencia desde otro. Aunque sean técnicas distintas, las englobaremos sinónimamente en la misma palabra de transgenia. En la medicina es donde está incidiendo más decisivamente la manipulación genética, pero por ahora nos centraremos en la actividad agrícola porque en el campo de la alimentación que estamos tratando es donde más se está desarrollando.

La mayoría de los cultivos transgénicos realizados hasta la fecha sólo incorporan un número muy limitado de genes destinados a conferir resistencia a insectos o tolerancia a herbicidas. Una vez transferido el gen o los genes a la variedad vegetal en estudio, el cultivo debe ser sometido a una serie exhaustiva de pruebas para cerciorarse de que esos genes se expresan debidamente y se mantienen estables a lo largo de varias generaciones. Los resultados de esta selección previa suelen ser más satisfactorios que los del cruzamiento convencional, porque se conoce la naturaleza del gen, se dispone de métodos moleculares para determinar su localización en el genoma y se necesitan menos cambios genéticos de los establecidos por el método tradicional de experiencia, intuición, prueba y error.

Tras una primera generación de cultivos obtenidos mediante ingeniería genética, cuya finalidad principal era propiciar las ventajas citadas a la vez que reducir los costes de producción, llega ahora una segunda generación orientada a mejorar el contenido en nutrientes y la calidad nutricional de los productos agrícolas. Quizá el ejemplo más destacable sea la obtención de variedades de arroz que contienen cantidades apreciables de betacaroteno. Este precursor de la vitamina A escasea en el régimen alimenticio de muchas personas del mundo en desarrollo donde ese arroz transgénico podría contribuir a aliviar o reducir la carencia crónica de dicha vitamina, porque para ellos es un alimento tradicional básico. Detallemos un poco más este caso porque nos va a servir para entender mejor muchos aspectos que presenta la implantación de los alimentos transgénicos.

Investigadores de varias universidades europeas, concretamente de Alemania y Suiza, pusieron a punto por transgenia el llamado arroz dorado rico en betacaroteno. Noblemente, donaron la patente del procedimiento a los países con renta per cápita menor de 10.000 dolares anuales. La mayoría de estos países tienen el arroz en su dieta básica. Se estima que la carencia de vitamina A afecta a unos 200 millones de personas y es la causa directa de la ceguera de casi tres millones de niños menores de cinco años. Posiblemente, los mejores estudios que se hicieron sobre los efectos del arroz dorado se llevaron a cabo en Filipinas. Según la FAO,[5] se pueden avalar las conclusiones de los científicos de que el arroz dorado evita unos 9.000 casos de ceguera infantil, aparte de un número significativo de muertes prematuras por desnutrición. Todo lo anterior, parece obvio que es loable y esperanzador, pero las reacciones que ha suscitado distan mucho de suponer consenso alguno, sino más bien un antagonismo feroz.

La crítica más contundente contra el arroz dorado se sostiene en dos pilares. Uno, que en vez de tanta tecnología lo que habría que hacer es favorecer la diversificación de la dieta de esas poblaciones y suministrarles los complementos alimenticios necesarios para evitar los problemas de malnutrición, en particular la ceguera. Dos, que incluso contando con la generosidad (caridad le llaman algunos despectivamente) de los europeos, el procedimiento es económicamente inviable.

Los científicos, a pesar de que infinidad de veces no lo hacen, en este caso se defienden. Calculan los costes de las investigaciones, los del desarrollo e implementación del dichoso arroz transgénico, los que conllevan los muertos (recuérdese el siniestro arranque de este capítulo) y mil parámetros más. Después hacen estimaciones y confesiones en cuanto a la cantidad de betacaroteno que las personas pueden asimilar del arroz, la eficacia de una dosis extra de vitamina A para prevenir la malnutrición y la ceguera, así como otras enfermedades asociadas a su carencia, y el número de personas que podrían consumir arroz dorado si su cultivo se generalizara. Y las cuentas que les salen sostienen que el arroz transgénico con las propiedades del dorado representan un beneficio de 10 a 1 respecto a la pro-

5. Informe de la FAO, 2009.

puesta de los ecologistas. Pero éstos también hacen cuentas y les salen otros resultados en el sentido que es fácil de imaginar. ¿De quién fiarse?

En general, los científicos están de acuerdo en que los cultivos transgénicos y los alimentos que se elaboran con ellos son inocuos para la salud y, aunque aún no se conocen posibles efectos a largo plazo, las investigaciones parecen concluir que no tendrán ninguna importancia. El aumento de alérgenos, toxinas y otros compuestos nocivos para la salud están prácticamente descartados, o al menos la probabilidad de que aparezcan en los cultivos transgénicos es mucho menor que la de que aparezcan con las prácticas agrícolas tradicionales de mejoramiento. En lo que hay cierta discrepancia entre los científicos es en las consecuencias medioambientales que pueden conllevar estos cultivos. Se teme, por ejemplo, que produzcan transferencias de genes a especies silvestres o a cultivos convencionales que provoquen efectos no deseados e incluso claramente perjudiciales como la propagación de malas hierbas. Esto, naturalmente, también supone un riesgo en el caso de los cruzamientos tradicionales, pero parece, objetiva o subjetivamente, que los transgénicos presentan más incertidumbre.

De todas formas, los científicos extreman la prudencia porque las primeras técnicas que se utilizaron presentaron resultados más que inquietantes. Un método de transferir genes era por medio de bacterias que infectaban al receptor. Los genes marcadores del proceso, con toda lógica, eran resistentes a los antibióticos. Se temió que si estos genes se transferían del alimento a las células del cuerpo humano o incluso a las bacterias del tracto gastrointestinal se podrían desarrollar cepas de bacterias resistentes a los antibióticos con el consiguiente perjuicio para la salud. Se demostró muy pronto que la probabilidad era pequeñísima, pero al ser casi un imprevisto, este asunto despertó gran suspicacia. En cualquier caso, los métodos actuales de eliminación de marcadores resistentes a los antibióticos de plantas transgénicas son completamente eficaces.

Quizá sea oportuna en este punto una pequeña digresión en cuanto al riesgo desde un punto de vista social, porque es un asunto más complejo de lo que puede parecer a primera vista. Se puede pensar que una persona del primer mundo que vive bien rechaza cualquier posibilidad, por remota que sea, de riesgo. Al menos de riesgo desconocido, porque riesgos afrontados voluntariamente como conducir un coche, viajar en avión, etcétera, los asumen sin grandes problemas. En cambio, una persona pobre de un país pobre se supone que acepta mejor los riesgos que pueda conllevar la implantación de una nueva tecnología que mejore su calidad de vida. Pero esto no es necesariamente así, porque estas últimas pueden considerar, como de hecho hacen en muchas zonas, que el más mínimo riesgo para ellas puede ser vital porque la atención sanitaria a la que tienen acceso es muy deficiente. La evaluación de los riesgos es muy complicada, por lo que seguramente lo que hay que plantearse en todo momento es cómo responder a tres preguntas clave: ¿quién corre el riesgo y quién se beneficia? ¿Quién evalúa el riesgo? ¿Quién decide qué riegos son aceptables? Llegamos así al que seguramente sea el meollo de la discordia de los cultivos transgénicos (y de la energía nuclear, la telefonía móvil y mil desarrollos tecnológicos más), que no es otro que la impregnación de elementos informativos e ideológicos. Pongamos un ejemplo de la distorsión que puede introducir cada uno de estos aspectos del problema. Empecemos con la información.

Una de las revistas científicas de mayor prestigio y difusión es *Nature*. En un artículo[6] demostraba (parecía demostrar) que el polen de un maíz transgénico denominado Bt mataba a las mariposas monarca. Quedaba claro que si se dispersaba ese polen sobre la asclepia (una hierba mala) y las orugas de la mariposa comían de ella, se morirían. El asunto tuvo grandísima resonancia a nivel mundial porque llegó a los periódicos y muchos de ellos se embriagaron de alarmismo. Hasta seis equipos de investigación trabajaron en el tema y llegaron a unas conclusiones que, sin ser contradictorias con el resultado anterior, fueron sorprendentes. En resumen, lo que hicieron fue investigar no sólo en el laboratorio, sino también en el campo, y resultó que el maíz y la asclepia no se encuentran juntos en el campo

6. J. E. Losey, L. S. Rayor y M. E. Carter, «Transgenic pollen harms monarch larvae», *Nature*, 399 (6733), 1999, p. 214.

y que los períodos de difusión natural del polen de maíz no coinciden prácticamente nunca con el período activo de la larva de la mariposa monarca. Conclusión: el riesgo de que el polen del maíz Bt perjudique a las mariposas es muchísimo menor que la amenaza que suponen para ella los plaguicidas convencionales que hacen innecesarios el cultivo de maíz transgénico. Entre los científicos no hubo problemas salvo la frustración que supuso que esta conclusión, publicada en una revista menos famosa que *Nature*,[7] científicamente tan seria como ella, apenas tuvo repercusión en los medios de comunicación.

Veamos ahora el complejo asunto de la ideologización de los transgénicos.

La revolución verde fue la expresión de la voluntad de instituciones públicas de diferentes estados para poner a punto métodos y tecnologías de producción agrícola que se transfirieron libremente a todo el mundo. La revolución genética, aparte del caso mencionado de los investigadores suizos y alemanes del arroz dorado y otros muchos casos de los que citaremos algunos, está en manos mayoritariamente privadas. Hay sospechas, lógicamente fundadas, de que la obtención de plusvalías propias de las empresas en este asunto provoque más desequilibrios de los deseables. O sea, que no está nada claro que los pobres de los países pobres terminen beneficiándose de los cultivos transgénicos. Este temor lo agudiza la dejación de infinidad de estados en la investigación de biotecnologías o ingeniería genéticas en productos como caupí, el mijo, el sorgo, el tef, etcétera, que son la base de la alimentación de subsistencia de los más pobres de los pobres. Las multinacionales privadas no lo van a hacer porque la rentabilidad de esas investigaciones es ruinosa, cuando no nula. Y desde luego es la más importante desde el punto de vista no ya social, sino simplemente humanitario. Por otro lado, sin una intervención decidida de los estados desarrollados en la revolución genética, como hicieron en la verde, los estados pobres se muestran en demasiadas ocasiones incapaces de gestionar las nuevas tecnologías, la imple-

7. *Proceedings of the National Academy of Sciences of the United States of America*, 2001.

mentación de reglamentaciones de cultivos, la administración de derechos relacionados con la propiedad intelectual y las patentes, etcétera.

A pesar de lo anterior, hay que estar también alertas en el sentido contrario, o sea, en el daño que puede hacer una suspicacia extrema hacia los transgénicos. Veamos someramente el complejo caso del protato.

Hace unos veinte años, el gobierno de la India organizó una campaña para disminuir radicalmente la mortalidad infantil. Acudió a instituciones benéficas, organismos internacionales, empresas privadas y, sobre todo, a los científicos. La respuesta fue muy firme y entusiasta, cumpliéndose en gran medida los objetivos de proporcionar a los niños agua potable, vacunas y una alimentación más saludable. En este sentido, los científicos respondieron con lo que saben hacer, es decir, investigando, en este caso en la vanguardia de la alimentación: los transgénicos.

En la Universidad Nerhu consiguieron el protato, una patata a la que le «trasplantaron» un gen de amaranto, gramínea originaria de América del Sur que tiene un alto contenido proteínico. Además, consiguieron que la nueva patata contuviera unas cantidades considerables de los aminoácidos esenciales. El proyecto costó unos 15 años de esfuerzo y ahora está en fase de ensayo de campo y análisis de presencia de alérgenos y toxinas en los descendientes de los primeros cultivos experimentales. Parece, por otra parte, que no representa amenaza alguna para el medio ambiente, que no entraña cambios en las prácticas agrícolas tradicionales y que la aceptación está asegurada porque la patata forma parte de la cultura alimenticia de los más pobres y el protato no presenta ni aspecto ni sabor problemáticos.

Pero los detractores del protato no se han andado con chiquitas. Quizá la crítica más virulenta ha sido la de la organización multinacional Greenpeace, la cual sostiene que el contenido de proteínas de las patatas es tan bajo que duplicarlo, como hace el protato, no es significativo. Esto es discutible, pero no desaforado. El problema empieza cuando se introducen elementos que sí son discutibles por no poderse demostrar ya que se enmarcan en contextos ideológicos, acusando al proyecto del protato de simple propaganda capitalista a favor de los transgénicos: «La causa del hambre no es la falta de alimentos. Es la falta de dinero efectivo y de acceso a los alimentos. Esos cultivos modificados genéticamente han sido creados para hacerlos más atractivos cuando de hecho la utilidad de su consumo es muy, muy escasa. Resulta muy difícil comprender en qué modo cambiará esto, por sí solo, la situación de la pobreza».[8]

A falta cada vez más dramática de argumentos científicos e incluso ideológicos, el arma que están utilizando los detractores de los cultivos transgénicos es la del etiquetado. Sostienen que es una expresión de libertad etiquetar los productos transgénicos como manera de advertir al comprador. Los defensores sostienen que advertir de qué, si el hecho de que se haya comercializado un transgénico supone que ha pasado por unos requisitos infinitamente más exigentes y contrastados del que pasan los productos manipulados por técnicas tradicionales, cruzamientos incontrolados y uso de plaguicidas y fertilizantes que, por muy autorizados que estén, no se especifican en las etiquetas. La intención es obvia: puesto que a través de los medios de comunicación se han encargado de crear la alarma y la impopularidad de los transgénicos respecto de los «naturales», la etiqueta supone un aviso de peligro o al menos da a entender que los transgénicos son de calidad inferior en algún sentido. En cualquier caso, hay que insistir en que los alimentos provenientes de cultivos transgénicos no son sustancialmente distintos a los producidos por sistemas convencionales, y lo único que presentan son ventajas nutricionales o de resistencia a plagas, frío, sequía, etcétera. Y en el futuro incluso los transgénicos pueden ser una vía de vacunación y prevención de enfermedades en regiones donde haya pestes endémicas. Si se está en contra de la globalización y el capitalismo, lúchese contra esos sistemas sociológicos, económicos y políticos, pero presérvense los alcances de la ciencia, sobre todo si hay implicados terceros, y éstos suponen nada menos que la parte más débil y vulnerable de la humanidad. En el extremo opuesto, que los estados e instituciones públicas de investigación hagan dejación de campos

8. Citado en el Informe de la FAO, 2009.

científicos tan decisivos como la transgenia en cultivos alimentarios dejándolos en manos de las multinacionales puede llegar a ser una frivolidad inaceptable. En cualquier caso, uno de los grandes fines de la ciencia es poner en manos de políticos decididos y capaces los medios para erradicar el hambre en el mundo tan de raíz como se erradicaron la viruela y la lepra. Lo que causa estupor es que eliminar el hambre en el mundo es muchísimo más fácil y menos costoso que eliminar la obesidad.

Enlazamos así con el siguiente fin de la ciencia, la mejora de la salud, haciendo notar de entrada una curiosidad quizá más psicológica que sociológica: hay una aceptación más entusiasta y general de las aplicaciones de la genética y la biología molecular en la medicina que en la agricultura, y más de las aplicaciones agrícolas para las plantas que de las destinadas a los animales. Muy curioso.

La ganadería sintética

Quizá este apartado estaría mejor en el último capítulo dedicado a las tecnologías emergentes, pero aquí también viene al caso, porque aunque la ganadería sintética que vamos a esbozar está aún en estado de *desideratum*, es tan prometedora e ilusionante que merece la pena considerarla como una posible vía de alimentación sana y global. Consiste en generar carne por ingeniería histológica, o sea, el cultivo de tejidos animales, en particular muscular, aunque también de órganos, que forman parte de la dieta alimenticia. Para mí, que personalmente dedico buena parte de mi vida y salario a cuidar animales, lo más ilusionante de esta rama de la biotecnología es que acabaría con el sufrimiento animal en mataderos, camiones, cuadras, establos, naves y granjas avícolas.

Las factorías cárnicas serían instalaciones extremadamente limpias y asépticas donde en unos biorreactores se desarrollarían células de animales cultivadas in vitro. De un cerdo, una vaca, un pollo o lo que sea, se extraerían células de distintos tejidos y órganos que se dejarían crecer en moldes o estructuras de manera que terminaran siendo buena masa de tejido, por ejemplo, muscular, que es el más consumido.

Surgen muchos problemas que se han resuelto, por ejemplo, ya que estamos con el tejido muscular, éste ha de ejercitarse para generar proteínas, lo cual se consigue recurriendo nada menos que a los métodos de Galvani de contraer ancas de rana con descargas eléctricas que inspiró el Frankenstein de Mary Shelley. No es divertido (o sí, según caracteres personales), pero sí eficiente, aunque aún es bastante caro.

Una megafactoría de éstas, parecida a las industrias cárnicas actuales pero sin matadero anexo o cercano, podría producir toneladas de embutidos, incluso chuletones y lonchas de jamón con toda su espléndida apariencia, fabricados en cuestión de semanas y de manera ininterrumpida.

Sobre la economía de semejante industria no puedo pronunciarme, pero sobre el problema siguiente, que es el capital, sí que puedo dar una idea. La carne sintética carecería del sistema inmunitario propio del animal del que provendría. Para el consumo quizá fuera apta porque nosotros no tenemos problemas con tal sistema, pero la fábrica tendría que estar completamente libre de microorganismos porque la bacteria más sencilla y corriente podría arruinar la producción al contaminar carne por toneladas. Se podría pensar en el uso de antibióticos, pero ya le estaríamos metiendo a esa carne sintética un elemento de control complejo y discutible, porque, por ejemplo, se podrían generar bacterias resistentes a esos antibióticos que pasarían al organismo del consumidor. Y vaya usted a saber qué efectos tendría en su salud.

Así pues, quizá sea acertada la percepción intuitiva de la gente apuntada al final del apartado anterior en el sentido de que admite mejor la manipulación genética en humanos que en animales.

La biomedicina

El hecho de que en poco más de un siglo hayamos pasado de mil millones de habitantes en el planeta a los siete mil que somos hoy día aturde a cualquiera. Sin embargo, como optimista redomado que soy, considero que el espectacular crecimiento dice mucho a favor de nuestra especie. Por lo pronto, ¿qué más da cuántos seamos si conseguimos llevarnos bien y tener todos alimento, vestido, vivienda, salud y dignidad? Opínese lo que se desee, aunque creo sinceramente que estamos en vías de conseguir la panacea anterior, pero lo que es seguro es que tal aumento de población se debe en gran medida al triunfo de la medicina. Lo que en el pasado mantenía a raya el crecimiento de la población era la terrible mortalidad infantil, el devastador efecto de las epidemias y que quien sorteaba las peores enfermedades llegando a viejo era más bien raro. En un mundo en el que casi todos los niños prosperan, incluidos los de muchos países pobres, las enfermedades contagiosas se controlan, habiéndose erradicado algunas de las peores ancestrales y con una atención médica homogeneizada por las comunicaciones y que llega a infinidad de personas, se puede explicar que el planeta lo habite más gente de la que ha existido desde los primeros descendientes del autralopitecus a los que se les pudieron llamar personas. En otras palabras, hay más personas vivas que todas las que han muerto desde el comienzo de la humanidad.

Al éxito de la medicina hay que añadir, claro está, el hecho de que lo más eficiente y barato que pueden producir los pobres son hijos. Tener buena descendencia puede garantizar una vejez digna, y encima la faena es placentera, al menos para el hombre, porque un parto debe de ser lo más duro y desgarrador que sufre un cuerpo humano por causas naturales fisiológicas y no patológicas. Los problemas que conlleva la posible desmesura en la procreación se han ido solucionando seguramente mejor que en la antigüedad cuando éramos muy pocos y de las consecuencias de las sequías y las epidemias no tenía noticia casi nadie para poder echar una mano. En el verano de 2011 se desató una terrible hambruna en Somalia y parte del malhadado Cuerno de África. Todos los telediarios del mundo dieron la noticia de inmediato y la ayuda empezó a llegar con más retraso del que podía haber sido técnicamente posible evitar pero eficaz y promisoriamente.

En cualquier caso, aunque hayan contribuido varios elementos de progreso a mitigar las tragedias de la llamada superpoblación, centrémonos en lo que ha supuesto y va a suponer la medicina en el futuro. Como ciencia, su fin es prevenir, diagnosticar y curar enfermedades, cuyo éxito continuado conllevará no sólo que aumente la población, sino un cambio social, cultural y político paulatino pero profundo. Téngase en cuenta que la esperanza de vida no tiene por qué tener límite en torno a los ochenta años como en la actualidad, por lo que bien podemos imaginar un futuro con personas centenarias vital e incluso laboralmente activas. Dejemos de especular, por bonito que sea, y veamos cuál es el fin de la medicina en estas primeras décadas del siglo XXI.

Como ciencia, a la medicina se la está denominando recientemente biomedicina. Dicho de otro modo, la biomedicina se puede definir como la especialidad sanitaria que aplica todas las ciencias y tecnologías posibles a la práctica clínica. En las tres fases fundamentales de la medicina, prevención, diagnóstico y tratamiento, pueden ser decisivos los estudios a nivel molecular de los procesos fisiológicos, la tecnología más sofisticada de tratamiento de imágenes y el cálculo de parámetros vitales, así como el uso de instrumentos derivados de la investigación física de vanguardia como aceleradores, tomógrafos y superordenadores. Estos estudios, investigaciones y desarrollos forman en conjunto la biomedicina.

En el capítulo 2 he apuntado que uno de los procesos más interesantes de la investigación científica y tecnológica era el que se estaba dando en la medicina al introducirse los institutos de investigación en los hospitales. Antes, y aún hoy en buena medida, la investigación médica básica se hacía en centros que ni siquiera estaban integrados en una zona hospitalaria. Actualmente están convergiendo hasta el punto en que la interacción entre investigadores en biomedicina y médicos clínicos es habitual, paliando lo que ocurría no hace mucho que se consideraran tan extraños entre sí como extraterrestres. La consecuencia es que los frutos de la investigación en biomedicina llegan a las plantas hospitalarias con una rapidez asombrosa sin saltarse ningún paso de los exhaustivos protocolos que van, digamos, desde el ratón de laboratorio hasta el enfermo de planta. Detallemos un poco los objetivos que se pueden vislumbrar para la biomedicina a la vista del estado actual en que se encuentra.

Las causas de la mortandad

Una imagen de la dinámica vital puede ser la siguiente. En un organismo vivo complejo como es el ser humano, casi todas las células que lo componen se reproducen continuamente a mayor o menor ritmo. Las réplicas no son exactas y las células hijas difieren ligeramente de las madres. La acumulación de errores más o menos imperceptibles lleva al deterioro que desemboca en la enfermedad y la muerte. Es algo así como hacer fotocopias sucesivas cambiando el original por la copia anterior: por muy buena que sea la máquina, las copias terminarán siendo manchas oscuras sin apenas nitidez. Este proceso de deterioro y envejecimiento suele alterarse por las enfermedades de transmisión y la violencia, siendo esta última una forma de expresar los traumatismos.

La primera pregunta que hemos de hacernos para plantear bien el problema es cuán grave es el fenómeno de la mortandad. En rigor, puede ser considerado un problema menor, porque anualmente muere menos del 1 por ciento de las personas. Concretamente, 58 millones frente a los 7.000 millones que somos.[9] ¿Qué puede hacer la medicina para disminuir aún más la mortandad, o al menos para que vivamos lo más libres de enfermedades y padecimientos que se pueda? Vayamos de lo más fácil a lo más complejo, porque llegaremos a conclusiones sorprendentes.

La cirugía traumatológica ha alcanzado unos niveles de eficiencia que llegan casi a la saturación. Muy desahuciado tiene que estar un herido para que no lo salven en un buen hospital, por lo que el fin ha de ser que todo el mundo tenga acceso a buenos hospitales. Resulta que la mayor causa de muerte en rangos amplios de edad joven es por accidentes de tráfico, lesiones por causa violenta y autolesiones. Estas últimas son las más difíciles de tratar porque estamos hablando de suicidio, que, por cierto, globalmente está empezando a ser la primera causa de muerte violenta por encima de los acciden-

9. Todos los datos que damos o en los que se basan las opiniones y conclusiones que se exponen están obtenidos de la página web de la Organización Mundial de la Salud: http://www.who.int/research/es/.

tes. Así pues, no parece que un objetivo esencial de la medicina sea avanzar en esta dirección porque las causas de estas muertes están alejadas de ella. Vayamos por las enfermedades.

Ya he dicho al hablar de la homeopatía que, gracias a la evolución por selección natural, el número de enfermedades mortales es pequeñísimo en relación con el total, pero aunque estemos tomando la mortalidad como referencia, hemos de tener en cuenta que la medicina ha de batallar contra todas. Una división típica de la OMS son las enfermedades no transmisibles de las transmisibles. Otra que afrontaremos después son las congénitas y hereditarias de las que no lo son.

Entre las enfermedades que no son contagiosas, destacan por su eficiencia mortal las cardiovasculares, el cáncer, las respiratorias y la diabetes. Entre las enfermedades contagiosas sobresalen la malaria, el sida y la tuberculosis. Por cierto, el cáncer mata casi 8 millones de personas al año, más que las tres enfermedades anteriores juntas. En cuanto al sida, debemos hacer una reflexión que nos llevará al optimismo más alegre. El virus de inmunodeficiencia o VIH es uno de los malandrines más malvados del siglo XX. Su forma de actuación biomolecular ha sido realmente tan diabólica y truculenta que muchos investigadores quedaron abatidos porque presagiaron un descontrol absoluto por su capacidad de adaptación y transformación. Sin embargo, un despliegue de medios científicos, técnicos y económicos sin parangón han convertido una enfermedad incurable, y tan contagiosa que era amenazadora de pandemia, en una enfermedad crónica cuya solución, e incluso erradicación, se ven casi como un hecho. Ésta es la fuerza de la ciencia, que en contraposición a recomendaciones tan malvadas como la de la Iglesia católica en cuanto a la absurda por inviable abstinencia sexual y el no uso de prerservativos, ha salvado millones de vidas.

De los 58 millones de muertos al año, 9 de ellos son niños por debajo de los cinco años de edad que fallecen principalmente en países pobres a causa de enfermedades que se pueden prevenir y curar. Es relativamente más difícil cuantificar las muertes de los 49 millones restantes que se podrían evitar atenuando factores de riesgo como el alcohol, la mala nutrición, la obesidad y el tabaco; pero no cabe duda de que supondrían una parte sustancial.

Así pues, las consecuencias de una mejora de la sanidad y la biomedicina no van a ser relevantes para el devenir global de la humanidad salvo en los dos aspectos apuntados que pueden ser decisivos: vivir mejor y morir más viejos. Esto que parece una trivialidad está lejos de serlo, porque pueden ser dos elementos antagónicos, ya que al vivir más tenemos más probabilidades de contraer enfermedades que disminuyen nuestra calidad de vida. O sea, que aparte de cuestiones económicas y sociales, la biomedicina se adentra en unos terrenos pantanosos, porque sus éxitos pueden ir conllevando el embrión de su fracaso. En cualquier caso, lo más fácil es evitar las enfermedades por la prevención y lo más complejo es curar las enfermedades que se desencadenan con más frecuencia conforme se vive más. La complejidad también va a aparecer en todo su esplendor con la prevención, porque de evitar el tabaco, la obesidad, etcétera, vamos a pasar al estudio generalizado a la vez que personalizado del genoma humano como veremos pronto en este capítulo.

Casi todas las enfermedades cuya frecuencia aumenta con la edad son diabólicas. Hablamos del cáncer, el Alzheimer, el Parkinson, etcétera. La razón parece obvia: la evolución de la especie por selección natural no ha tenido tiempo de desarrollar todo su poderío en una población de envejecimiento artificial galopante.

Los episodios cardiovasculares se tratan cada vez mejor y puede que se esté llegando también, como en la traumatología, a un punto de saturación en su progreso; sin embargo, aunque el cáncer se trata de mil maneras cada vez más eficientes, al seguir siendo su causa un enigma difícil de dilucidar, su erradicación no se entrevé inmediata ni mucho menos. Ahí, sin duda, está uno de los fines de la biomedicina.

Las otras dos enfermedades citadas, el Alzheimer y el Parkinson, son aún más malvadas, porque sus causas son tan ignotas como las del cáncer (quizá algo menos), pero su tratamiento y posible curación pueden ser simplemente problemas irresolubles. Quizá para ellas sólo quede la prevención, y enlazamos así lo dicho hasta ahora con el proceso de la reproducción celular que hemos caricaturizado al principio de este apartado con el de las fotocopias sucesivas.

La esperanza en la genética

Ya he dicho en el capítulo 7 que los errores generados en la reproducción celular han sido el motor de la evolución y la biodiversidad. Si no hubiera sido así, la vida en el planeta consistiría en un musgo uniforme o unas sopas de bichillos del tamaño y la complejidad de las amebas. Incluso aceptando la bonita (o trágica, depende de los gustos) leyenda de Adán y Eva, sin errores en la reproducción celular tendríamos un planeta lleno de caínes eternos e idénticos. (Por cierto, al eliminar Caín la cuarta parte de la humanidad, ¿cómo diablos se reprodujo el resto suponiendo el incesto poco grato al Hacedor?)[10]

La molécula fundamental de la vida es el ADN. Consiste en un hilillo formado por varios miles de millones de cuartetos de moléculas básicas engarzadas a modo de ladrillos. O mejor, a modo de dientes de cremallera, porque el ADN más que un hilillo son dos hebras entrelazadas formando una hélice doble. Están extraordinariamente bien empaquetadas (estiradas, medirían casi dos metros) en los núcleos de todas las células formando lo que se llaman cromosomas.[11] En un momento dado, los hilillos o hebras se separan como

10. Tómese lo anterior como una broma intrascendente hecha con intención exclusiva de ilustrar lo que se quiere decir sobre la evolución y la diversidad en relación con los errores en la multiplicación celular. De todas formas, la Biblia es literal en ese sentido de Caín y Abel como hijos primeros de Adán y Eva, aunque al final de Génesis 4 parece que se contradice porque el Señor le dijo a Caín que si alguien lo mataba lo pagaría siete veces; o sea, que había (o habría en el futuro inmediato, evitando así quizá la contradicción) más gente por ahí. Además, Caín terminó casándose (lógicamente con una hermana o, más probablemente, una prima), la cual concibió y dio a luz a Henoc. Lo curioso de la Biblia en el sentido de lo que estamos manteniendo en este apartado es que en Génesis 5 se describen las sucesivas generaciones de manera que la edad que alcanzan los hombres va en descenso, marcando el Diluvio un punto de inflexión. Antes vivían entre 700 y 1.000 años (Adán cumplió los 930), después duraban entre 200 y 700 años, y a partir de Abraham apenas vivían entre 100 y 200 años. La interpretación del fenómeno que da la Iglesia no está relacionada con la reproducibilidad celular, sino con el pecado que va minando la naturaleza humana y acortando la vida del hombre. ¿Será eso?

11. El lector que no esté familiarizado con el ADN y la reproducción celular puede acudir a numerosas obras y páginas web que le ilustrarán perfectamente.

una cremallera que se abre. Por un mecanismo sutil llamado con toda lógica replicación, cada hebra va ajustando del medio bioquímico en que flota otra que la complementa haciendo de molde de manera que al machihembrarse ambas se forma una nueva molécula de ADN. O sea, que de una doble hélice se han formado dos. Éste es, a grandes rasgos, el mecanismo básico de la reproducción celular, porque el ADN lo que entraña es un código de información de alguna manera análogo al libro de instrucciones de uso de un aparato complejo. Estas instrucciones son los genes y las órdenes que dan son las necesarias para fabricar proteínas que son los materiales básicos de los cuerpos vivos. Lógicamente, los genes son las unidades que guardan y transfieren la información esencial que se transmite en la reproducción de los seres vivos, es decir, en la herencia.

Así pues, los genes son trozos de ADN, es decir, segmentos de éste formados por un determinado número de aquellas moléculas básicas que he indicado antes. Se disponen de una manera curiosa que puede compararse con un *Quijote* editado en centenares de volúmenes que sólo de vez en cuando contienen frases inteligibles. El resto, la inmensa mayoría del texto, está formado por letras agrupadas que no significan nada en ningún idioma. Posiblemente son rescoldos de la evolución en el sentido de instrucciones deterioradas por falta de uso al quedar relegados los caracteres que transmitían. De todas formas, un campo de investigación cada vez más activo y de resultados más sorprendentes es encontrarle el sentido y quizá función residual (o decisiva) a este ADN que cada vez se le considera menos basura.

Algo que se debe recordar para entender mucho de lo que se dirá después es lo siguiente: hay genes que transmiten una orden precisa y completa. Por ejemplo, en el caso de instrucciones de uso de un aparato complejo, esa orden sería la función a llevar a cabo si se sigue una instrucción concreta que no depende para nada de las demás instrucciones del libro. En cambio, otras operaciones exigen cumplir simultáneamente las instrucciones dadas por varios e incluso

---

También puede consultar la obra del autor *Los hilos de Ariadna* de esta misma editorial publicado en 2007.

por muchos genes. Éstas, para colmo, pueden estar en páginas muy alejadas entre sí, o sea, están dadas por genes situados a bastante distancia en el ADN.

Los genes no sólo son los responsables de transmitir características hereditarias de los padres a los hijos como pueden ser los rasgos faciales, sino también la susceptibilidad a ciertas enfermedades. Detengámonos en este asunto aunque no debemos olvidar el anterior.

En el proceso de reproducción continua de las células de nuestro cuerpo puede tener lugar lo que se llama una mutación. Es el error en el fotocopiado, pero con una diferencia: las células pueden remediar ese error, mientras que en la fotocopia se arrastra siempre en las copias sucesivas. Estas mutaciones pueden ser debidas al ambiente, esto es, provocadas por sustancias químicas, radiaciones naturales, etcétera. En el proceso de réplica, un gen mutado puede ser el origen de una enfermedad, por ejemplo, el cáncer. Si esa mutación tiene lugar en las células reproductoras, esa enfermedad potencial se transmite a los hijos. Se han identificado varios miles de enfermedades provocadas por mutaciones genéticas (casi todas raras o rarísimas), pero insistamos en que no tienen por qué manifestarse, ni siquiera heredarse, porque los genes normales pueden seguir haciendo su función perfectamente sin que el organismo en su conjunto se vea afectado. Por otro lado, en la mayoría de las enfermedades no se sabe aún si los genes desempeñan un papel importante.

El Proyecto Genoma Humano fue un avance espectacular del que nos ocuparemos a continuación, pero digamos por ahora que hacer una «fotografía» de todos los genes de un cuerpo humano, que son unos 30.000, no ha supuesto aún un avance significativo hacia la terapia génica, porque se tardará mucho tiempo en averiguar qué hace cada gen y cómo interactúan los distintos genes entre sí. Puede equivaler, como veremos, a ir del daguerrotipo al cine, o incluso al vídeo.

El proyecto fue grandioso en sus inicios, porque se trataba, nada menos, que de identificar los genes de los 23 pares de cromosomas distintos que definen a la especie humana, o sea, leer todos los tomos del *Quijote* que supone el ADN humano, por más que la mayor parte de sus letras no formen frase alguna en ningún idioma. El progreso ha sido tal que el proyecto se dotó inicialmente de 90.000 millones de dólares para implementarlo en quince años y hoy día el genoma de una persona concreta se hace en unas semanas y cuesta unos 15.000 euros. O sea, que pronto, muy pronto podremos llevar la especificidad de nuestro genoma (no completo, porque la parte común a todos los seres humanos no da información relevante) en una tarjeta o una pulserita. Ya veremos qué implicaciones podrá tener esto. Antes nos interesa llamar la atención sobre lo del daguerrotipo y el DVD para que nadie se haga ilusiones prematuras ni caiga en propagandas y delirios extraños.

Los 30.000[12] genes del genoma humano suponen apenas un tercio más que el que tiene un gusano, el doble del de una mosca y prácticamente el mismo número que el de un mono. Hay bichos como las salamandras que tienen veinte veces más genes que los humanos. La conclusión es clara: la complejidad no viene dada por el número de genes, sino por sus interacciones y la dinámica del conjunto. Lo dicho: una foto dista mucho de ser una película.

Sostenido lo anterior, no podemos minusvalorar el logro de saber establecer el genoma humano, porque es de una magnitud excepcional en la historia de la biología y, en particular, de la medicina. En cualquier caso, insistamos en que lo importante ya no es el genoma, sino lo que se ha dado en llamar la genómica, que consiste en el conjunto de ciencias y tecnologías dedicadas al estudio del origen, el funcionamiento y la evolución de los genomas. Curiosamente, hay un acuerdo bastante general entre los biólogos moleculares dedicados a estos menesteres en los que no serán la bioquímica, la física, la estadística o la ingeniería las ramas decisivas de la genómica en el futuro, sino las matemáticas. Además, no será cuestión de echar mano de matemáticas ya elaboradas como hace la física a menudo, sino que, como también ha sido necesario en el desarrollo de algunas ramas de la física, habrá que inventar una nueva. ¿Lógica difusa, entrelazamiento cuántico? No está claro aún, pero el desafío es portentoso.

12. Hay autores que sitúan este número cercano a 35.000.

¿El siglo de los genes?

Entre los científicos se ha convertido casi en un lugar común decir que el siglo XIX fue el del vapor y la electricidad, el XX fue el de los átomos y el XXI será el de los genes. ¿Tiene fundamento este cambio de paradigma de la física a la genética? Nadie lo sabe, porque extrapolar en matemáticas es algo muy arriesgado, pero en historia es de una osadía casi absurda.

Comencemos a elucubrar partiendo del cimiento más movedizo e incierto que uno podría imaginar: las promesas que les hicieron los científicos a los políticos para convencerlos de que les dieran la ingente millonada de dólares mencionada para el desarrollo del Proyecto Genoma Humano. Fueron fundamentalmente tres:

1. La medicina se individualizaría personalizando cada diagnóstico y tratamiento en base a la especificidad del genoma de cada persona.
2. Se alcanzaría una precisión diagnóstica sin precedentes.
3. Se determinaría la etiopatogenia (origen y causa de las enfermedades).

El genoma se ha secuenciado con todo rigor como he dicho antes y los tres objetivos están tan lejos de conseguirse que se puede decir de la terapia génica, como de la fusión nuclear, que es el futuro... y siempre lo será. Es broma.

Los políticos (otros, porque afortunadamente en las democracias suelen durar poco en el poder) ante un éxito tan limitado les pidieron explicaciones a los científicos y éstos, con la socarronería de siempre, las resumieron en una sola ya apuntada antes: si sus predecesores no les hubieran hecho esas promesas, no les habrían dado el dinero. Lo que sí aseguraron los científicos con toda seriedad es que el establecimiento del genoma humano era el final del principio. Es una bonita expresión, pero no sabemos cuán larga será la carrera, a qué distancia está la meta de este punto de partida. De lo único que tenemos certeza por ahora es que el asunto es complejo, porque tener genes que pueden estar implicados en enfermedades ya he dicho que no conlleva necesariamente, ni mucho menos, que éstas se desencadenen. Y cuando una lo hace, el paciente suele llegar tan deteriorado al médico que la aplicación terapéutica del genoma ni siquiera se plantea, por lo que el asunto es más preventivo que curativo.

De todas formas, demos algunas piceladas de optimismo basadas en las conquistas que se han hecho hasta ahora. Las enfermedades potenciales transmitidas por un solo gen pueden tener un diagnóstico inequívoco y, por tanto, una prevención muy eficaz. Hablamos, por ejemplo, de un tipo de cáncer de colon. El gen mutado que transmite esta posibilidad está perfectamente identificado y los descendientes de un afectado han de hacerse revisiones periódicas, porque si no se mueren antes de otra cosa, el cáncer se les desarrollará sin duda alguna. Pero esas revisiones hacen que los médicos puedan detectar precozmente la enfermedad y acabar con ella sin grandes problemas. Otra enfermedad transmitida por un solo gen que quizá le sorprenda al lector por ser más llamativa es la muerte súbita. De vez en cuando, por raro que sea, vemos un deportista caer fulminado en pleno campo de juego. Esa posibilidad la transmite un solo gen y hoy día antes de contratar a un futbolista u otro deportista de élite, no sólo le hacen las pruebas de esfuerzo típicas con electrodos, tensiómetros y demás, sino que buscan en su ADN el dichoso gen. Si se lo encuentran, lo mejor que puede hacer ese deportista es dedicarse a la vida contemplativa o al menos más tranquila que corretear enloquecido.

Otras enfermedades hereditarias son responsabilidad de varios e, incluso, muchos genes. En una que afecta a la retina ocular intervienen hasta veinticinco genes. En estos casos, mientras no se sepa a escala molecular lo que ocurre, hay que hacer estudios epidemiológicos. Éstos consisten en lo que dicta la lógica estadística de poblaciones, o sea, que se estudian los genomas de los afectados por una misma enfermedad, cuanto mayor número mejor, y se escudriña cuáles son los genes que tienen en común. Más o menos, porque para mayor complejidad, hay mutaciones diferentes del mismo gen que pueden generar distintas enfermedades. Así, poco a poco, se van determinando los genes que intervienen en cada enfermedad supuestamente hereditaria. Cuando el lector lea en los periódicos noticias como que identifican un gen asociado con una enfermedad terrible, debe brindar con una copita de vino, pero que no se haga las ilusiones que suelen tratar de transmitir periodistas y científicos, porque de ahí a que ese descubrimiento, importante sin duda, tenga efectos terapéuticos hay un gran trecho. Dicen que de cada 10.000 resultados positivos de éstos llevados a cabo en ratones, sólo uno es decisivo para la elaboración de un fármaco y menos probable aún para que conlleve una técnica genética curativa. Pero en ésas estamos, en el tránsito de la genética a la bioquímica, lo cual no es para tomárselo en plan pesimista, por mucho que la heredabilidad sea un balance entre algo relativamente predictivo como son los genes y algo tan aleatorio como es la influencia del ambiente en la generación de enfermedades. De nuevo se manifiesta el problema en su aspecto matemático, porque sin análisis de la interacción o al menos correlación entre los genes, y entre éstos y el medio ambiente, no habrá medicina predictiva para las enfermedades. Lo que es seguro hasta ahora es que la genética sigue siendo bastante irrelevante para el tratamiento de las enfermedades. Se sabe casi todo de los genes responsables de la pigmentación de los glóbulos rojos, lo cual no ha aportado absolutamente nada para el tratamiento de la anemia. Aún más, saber que un niño es genéticamente susceptible de contraer la lepra o la malaria quizá sea interesante, pero lo importante es erradicar la malaria como se erradicó la lepra. La genética quizá pinte algo en este asunto, pero quizá exija enredar más en los genes de los mosquitos que en el de los niños, y tampoco esto está ni mucho menos claro. Tengamos en cuenta que en la lucha contra las infecciones fueron más eficaces las alcantarillas que los antibióticos.

Jurisprudencia, psicología y filosofía de los genes

En los laboratorios de biología molecular, en particular los de genética, hace tiempo que no sólo se está estudiando el ADN, sino que se está manipulando. Se ha dado en llamar ingeniería genética al control y la transferencia de ADN de un organismo a otro, lo que permite crear nuevas especies, como hemos visto con los alimentos transgénicos, pero también para corregir los defectos genéticos que pueden conllevar las enfermedades, como he comentado en el apartado anterior. Se puede utilizar la ingeniería genética incluso para sintetizar numerosos compuestos bioquímicos de interés comercial o sanitario. Por mucho que hayamos templado los ánimos en el apartado anterior, estamos ante una revolución basada en los genes que puede ser tan decisiva para la evolución de la humanidad y la vida como lo fue la ingeniería de la naturaleza muerta basada en la madera, las piedras y los metales. Además, podemos decir que en el aprovechamiento de la materia viva, comparado con el de la inorgánica, estamos más cerca de la locomotora que del fuego y de las catedrales que de las chozas, por más que falte aún mucho, muchísimo, para llegar a los transbordadores espaciales y a los rascacielos.

Ante semejante futuro, se ha de recapacitar sobre los ritmos que marca la asunción de este progreso por parte de la humanidad. La ciencia avanza como puede; sus logros se comunican con velocidad tan vertiginosa que a veces los científicos se precipitan al hacerlo; se toman decisiones sobre sus efectos, dependiendo de la sagacidad de los políticos y sus intereses; éstas se reflejan en la legislación con más calma y, finalmente, se incorporan a la ética y la moral con lentitud a veces exasperante. Posteriormente, en cuestión de siglos, la religión acepta esos logros a regañadientes si es que alguna vez lo hace. En lo que sigue, el lector queda avisado de que no se aportarán soluciones, apenas se expresarán opiniones y lo que se plantearán son problemas que habrán de resolver (ésta es una de esas escasas opiniones) fundamentalmente los juristas. O sea, los políticos al fin, se dirá el lector; pero no, porque aunque las leyes han de emanar del pueblo y elaborarlas sus representantes, la aplicación de éstas en el terreno genético serán de una sutileza que exigirá más sabiduría y experiencia jurídica que en muchos otros terrenos. Hasta el problema que políticamente parece más sencillo de definir, la eugenesia o mejora de la raza (naturalmente, la blanca y, específicamente, la supuesta aria, anglosajona o vaya usted a saber), va a presentar matices jurídicos complejísimos. Tratemos con detalle dicho asunto porque a veces es el que más inquieta.

Trate el lector de adivinar quiénes profirieron, mejor, perpetraron las tres terribles frases siguientes:

1. «Si deseamos cierto tipo de civilización, debemos exterminar la clase de gente que no encaje en ella.»
2. «El crecimiento anormal y cada vez más rápido de los débiles mentales y dementes constituye un auténtico peligro para la nación y la raza. Creo que debería aislarse y sellarse la fuente que alimenta el torrente de demencia antes de que transcurra otro año.»
3. «La calidad de nuestra dotación hereditaria es cien veces más importante que la disputa entre el capitalismo y el socialismo.»

La más, digamos, suave, la 3, es de Adolf Hitler. La 2, más bestial e inquietante, fue de su acérrimo enemigo: Winston Churchill. Y la 1, la más estremecedora, es de George Bernard Shaw, el Nobel de Literatura.

Curiosamente, el primer país que aplicó la eugenesia fue Suecia. Estados Unidos la llevó a cabo también hasta fechas mucho más recientes de manera más o menos velada; sin embargo, la eugenesia tal como estaba planteada en el siglo XX seguramente ha pasado a ser una pesadilla remota gracias al triunfo de la democracia que esperemos que sea irreversible a lo largo del siglo XXI. De todas formas, hay que estar ojo avizor, porque el estudio de los genes y su manipulación por ingeniería genética para mejorar la especie humana siempre va a estar agazapada y al acecho. Si no, pensemos en una cuarta frase de la estofa de las anteriores expresada en público en 2006: «La inteligencia de los negros es inferior a la de los blancos». Una de las pruebas esgrimidas es que «quienes tratan con empleados negros lo saben». La diferencia de esa última frase con las tres anteriores, aparte de ser mucho más burda, es que quien la ha soltado ha sido un científico, nada menos que Watson, uno de los descubridores del ADN. Lo ha hecho porque sí, sin base alguna, porque si hubiera llegado científicamente a tal conclusión, habría sido merecedor de un segundo premio Nobel. Watson no ha actuado como un científico, sino como un simple y estúpido racista.

Así pues, es posible que la jurisprudencia en torno a la eugenesia no sea muy complicada de establecer ni de irse adaptando a los progresivos logros científicos en el campo de la ingeniería genética. Además, créame el lector algo que no argumentaré porque me molesta escribir de esto: las posibilidades de «mejorar» la raza humana disminuyen más que aumentan con el progreso de la genética.

Hay otros aspectos que pueden parecer más prosaicos e inocentes que seguramente plantearán problemas difíciles. Pongamos algunos ejemplos.

Comencemos con el derecho a saber y el derecho a no saber (no son antagónicos como veremos) la información que nos puede dar el genoma humano. Volvamos a Watson. Otra de sus frases gloriosas es: «Lo que antes se leía en las estrellas ahora se lee en el genoma». Hay que ser tontorrón (por muy premio Nobel que se sea) para creer en el horóscopo e imaginar el genoma como un oráculo. A pesar de ello, ya hemos visto que cierta información sobre el futuro en cuanto a enfermedades que se pueden desarrollar sí que la da el genoma con una precisión que puede aumentar paulatinamente en el futuro. La cuestión es quién tendrá acceso a esa información y qué se podrá hacer con ella. En el aspecto criminal no hay duda: las pruebas genéticas las admiten los jueces desde hace ya algún tiempo. Pero… ¿se podrán hacer campañas propagandísticas en base al genoma? ¿Podrán hacer uso del genoma de una persona los empleadores, los agentes de seguros o los bancos? ¿Y los futuros cónyuges?

Uno puede hacerse infinidad de preguntas como las anteriores porque ha de saberse algo fundamental: muy pronto el acceso al genoma de todos será tan fluido como el que se tiene a las canciones y las películas por internet. Estamos ya prácticamente en los umbrales de la situación en que el establecimiento del genoma de una persona sea una técnica sencilla y barata. Será poco más complejo que tomarnos una fotografía, porque vamos dejando nuestro ADN por todas partes: vasos, pañuelos, sudor, etcétera. Lo mismo que gracias a internet sabemos desde los datos básicos de cualquier persona hasta infinidad de detalles de los más famosos, el genoma de casi cualquiera estará disponible para cualquiera. El campo jurídico que abrirá esto será enorme, porque entrará en juego de manera opuesta el derecho a la privacidad con el de la competencia social. ¿Por qué tengo yo que pagar la misma cuota a la Seguridad Social que uno que va a contraer un cáncer casi con toda seguridad? ¿Por qué le van a dar un empleo a fulanito si es genéticamente propenso a la drogadicción y yo no? ¿Vamos a conceder un crédito hipotecario a quien tiene un genoma inquietante?

Todo lo anterior se refiere al derecho a saber, pero después está, como he anunciado, el derecho a no saber. Salimos así del terreno jurídico y nos plantamos en el psicológico. ¿Está seguro el lector de que le gustaría que le dijeran que su genoma predice que tendrá una enfermedad no preventiva, como, por ejemplo, el Alzheimer? En la fecundación asistida se pueden desechar embriones por distintas razones. Supongamos que una de ellas es para evitar el enanismo. Igual nos habríamos quedado sin el mejor futbolista actual y quizá de todos los tiempos, Messi. ¿No está esto relacionado de manera sutil (no demasiado sutil) con la eugenesia?

La ciencia tiene el fin que tiene, que es avanzar en el conocimiento de los detalles más íntimos de la naturaleza y ofrecer a la gente sus resultados de manera que pueda decidir libremente sobre sus aplicaciones. Aunque todos nos involucramos en esa decisión, hay, como seguramente es inevitable, distinto grado de implicación por parte de cada uno. Así, la gente se guía por líderes políticos, religiosos, filósofos, etcétera. Sin embargo, con las conquistas de la genética hay que estar en alerta con suspicacia y escepticismo mucho mayores que con asuntos como la alimentación, la energía o las armas. Para que el lector intuya la infinidad de matices intelectuales que puede tener el asunto vamos a tratar someramente la teoría del gen egoísta de Richard Dawkins.

Lo que empezó siendo una metáfora con intenciones de divulgación científica ha terminado convirtiéndose en una teoría cuya comprobación experimental aún está lejos de entreverse pero cuya argumentación y pistas a su favor crecen cada día. Parte de la hipótesis de que los genes tienen como misión, quizá principal, perpetuarse. Es egoísta en el sentido de hacer lo que sea con tal de prosperar. Esto conlleva que el organismo en el que está alojado el gen es el medio que utiliza para propagarse. Para explicarlo mejor, supongamos que un gen del ADN de un ave rapaz está relacionado directamente con su agudeza visual. El gen se extenderá porque las aves de mejor vista se alimentarán mejor y se procrearán más, prosperando así el gen. Este egoísmo explica muy bien, curiosamente, el altruismo de infinidad de especies. Si el ave rapaz de vista aguda avisa a las demás cuando encuentra una zona rica en conejos, le perjudicará disponer de menos alimento en el futuro, porque el que hay se repartirá entre las demás; pero fortaleciendo a sus congéneres, se asegura de que podrá procrear más favoreciendo así su gen privilegiado.

La teoría del gen egoísta se ha ido complicando y, aunque obviamente los genes no piensan ni tienen deseos, el asunto puede llegar a la sustitución de la función del encéfalo en los humanos por el de su genoma. Dicho de otro modo, los genes usan las neuronas como un medio para su perpetuación. También se puede formular la conclusión más curiosa e inquietantemente: es el genoma humano, y no el ser humano, el «centro de la creación». Esto supone una revolución más radical que la copernicana y que la galáctica, o sea, que ya no es la Tierra, ni siquiera nuestro sistema solar, y menos nuestra espléndida Vía Láctea, el centro de nada en el universo, sino que ni siquiera nosotros somos los reyes del reino animal que conocemos, el terrícola. Me decía un amigo mío catedrático de genética que los genes usan la inteligencia del cerebro para sus fines, de manera que si esto se pone feo, o sea, que si el planeta se vuelve inhabitable, los genes usarán los cerebros para construir naves espaciales y escapar de aquí. Es muy fuerte el aserto aunque estuviera empapado en buen vino.

Lo que quiero dejar claro con lo anterior es que la ingeniería genética, esto es, la posibilidad no sólo de conocer el funcionamiento complejísimo del genoma humano sino de manipularlo de manera controlada, abre unas pespectivas que trascienden la ciencia. Pero hay que tener cuidado con quiénes pueden convertirse en generadores de opinión. No se asuste el lector, porque no me voy a meter con el clero de las distintas religiones. Quedémonos, modestamente, con los filósofos, tratando de que nadie se sienta ofendido, pero extrayendo alguna que otra lección del pasado que no debemos olvidar.

Al muy influyente filósofo Herbert Spencer le dio por defender tan encendidamente la teoría de la evolución por selección natural de Darwin y Wallace que osó ampliarla. Pero eso sí, sin viajar, observar ni experimentar. Este artista fue el que inventó lo de la «supervivencia del mejor adaptado», la «lucha por la vida», «la supremacía del más fuerte» y otras zarandajas de ese jaez. Esto se hizo tan popular que el propio Darwin tuvo que salir al paso escribiendo sobre Spencer: «Su manera deductiva de tratar cualquier asunto es completamente opuesta a la mía... Sus generalizaciones quizá tengan algún valor filosófico, pero ningún valor científico». Era la manera educada de un caballero inglés como era Darwin de decir que lo de Spencer eran paparruchas. Pero, ¡ay, cómo prosperaron esas paparruchas! Las tres frases a las que me he referido más arriba de Hitler, Churchill y Shaw, en su contexto, se apoyaban en la evolución por selección natural, cuando en realidad lo que hacían era interpretar tan magna teoría al modo de Spencer y otros filósofos. Sobre la genética en el siglo XXI tendremos que reflexionar todos y tomar decisiones, pero lo primero que tenemos que exigir a los creadores de opinión, sean filósofos, políticos, juristas o incluso clérigos, es que entiendan antes de qué están hablando, lo cual no es fácil captar pero tampoco muy difícil.

Como puedo haber creado demasiada inquietud con todo lo anterior por lo que pueda suponer este fin de la ciencia que es la exploración y el control del genoma humano, ofrezco a continuación una nota de optimismo para concluir el capítulo.

Hace ya más de cien años, los injertos de tejido vivo y las transfusiones de sangre tenían fascinados a los médicos: hacían entrever nada menos que la posibilidad de trasplantes de órganos. A nivel popular, la novela de H. G. Wells, *La isla del doctor Moreau*, asustaba de verdad. El siniestro vivisector aislado producía artificialmente, completando sus técnicas con espiritismo e hipnosis, seres infrahumanos a partir de animales. Hombres-buey-cerdo y una mujer-puma-perro (la que, afortunadamente, acabó con él) formaban parte de su galería de los horrores. Hoy, los trasplantes de órganos se contemplan en los protocolos de todos los hospitales y hasta ahora sólo nos han deparado dicha.

Que nadie tema a la genética, porque sus logros en un ambiente culto y democrático sólo nos ofrecerán alegrías. Si aun así persiste el temor, lo que hay que hacer no es impedir el progreso que significa la ciencia, sino sostener firme y ardientemente la cultura y la democracia.

Epílogo

Un libro como éste quizá debería concluir con un capítulo dedicado a las tecnologías emergentes que podrían definir las próximas décadas. No lo haré porque las tecnologías futuras más apasionantes son seguramente las que no se pueden predecir ahora. Ni siquiera vislumbrar; si no, piénsese en la imposibilidad de que una persona previera en los años sesenta que la revolución verde iba a permitir que la humanidad creciera a razón de mil millones de personas cada quince años y terminando la mayoría razonablemente alimentada y con un teléfono móvil en el bolsillo.

Otro aspecto a considerar en cuanto a lo aventurado que es predecir en historia, y en particular el futuro de la tecnología, es el de los ritmos. Ya he explicado en el capítulo 2 que desde la fecha en que el primer aparato tripulado e impulsado por un motor volara unos cien metros hasta el alunizaje de los primeros cosmonautas transcurrieron sólo sesenta y seis años. Pues piénsese ahora que toda la capacidad informática que permitió la hazaña de enviar una nave tripulada a la Luna, incluso la de toda la humanidad de entonces y no sólo la del programa Apolo, no superaba la del ordenador con que estoy escribiendo este capítulo. Ni siquiera la de mi teléfono móvil y muchísimo menos la de la Play Station 3 de mi nieto.

Todo el vértigo anterior ha provocado, lógicamente, que las mentes supuestamente más preclaras, los filósofos, reflexionen profundamente sobre el papel y el futuro de la ciencia y la tecnología. Las conclusiones de todos ellos, dicho con cariño y sin el más mínimo ánimo de ofender, se pueden resumir considerando las funciones de un cuchillo jamonero. Este instrumento bello, largo, afilado y puntiagudo tiene tres fines fundamentales. El primero es el obvio: cumplir cabalmente su objetivo de permitir el deleite del manjar más delicioso del mundo. El segundo es reposar en un cajón oscuro, porque las estrecheces económicas o el colesterol no permiten a su propietario más que soñar con un jamón. El tercero es usarlo para reparar agravios a las bravas. El cuchillo también puede variar su uso dependiendo del momento y las circunstancias. Ejemplifiquemos un poco los tres casos.

En el primero, lo importante es el uso razonable y distribuido de la tecnología, pues de lo contrario podemos causar desequilibrios desastrosos (cerdos por todas partes molestando y cargándose el campo o una alimentación disparatada a base exclusivamente de jamón), cuando no conflictos que terminen haciéndonos esgrimir el cuchillo en virtud de su posible tercer uso. La interconectividad, la distribución de habilidades, experiencias, bienes, alimentos y fármacos, la televisión, etcétera, son algunos ejemplos de un uso razonable (en promedio) de la tecnología.

El segundo caso, el del cuchillo en el cajón, se da cuando hay un desajuste serio entre las posibilidades técnicas y las económicas. Es lo que ocurrió con el Superconducting Super Collider, el que pretendía ser el acelerador de partículas más grande del mundo que se empezó a construir en Texas y que tendría 82 kilómetros de longitud; en un momento dado se entró en razón, se cortó el presupuesto y por esos túneles subterráneos en los que se iba a construir debe de estar arrumbada toda la tecnología que se consiguió desarrollar hasta entonces. Aquel desafuero terminó como el Ferrari que le regaló un dictador sudamericano a su hijo cuando en su país no había ni un kilómetro de carretera asfaltada. O como ha terminado el transbordador espacial estadounidense y puede terminar la Estación Espacial Internacional por lo que ya he apuntado en su momento.

El tercer caso de la aplicación de la tecnología es, claramente, la guerra.

Todo el temor que se fomente acerca del uso de las tecnologías para aumentar el bienestar social sólo de unos pocos, su inutilidad para la mayoría y su peligro potencial para todos, puede dar escasos frutos, porque ese miedo y esa prevención son inútiles. Toda la tecnología viable se desarrollará porque es inherente a la evolución de la humanidad. Desde las hachas neolíticas y el fuego hasta el radar y las vacunas, la ciencia y los avances tecnológicos se han podido utilizar para el progreso y el bienestar tanto como para la injusticia y la guerra. Lo que hay que intentar por todos los medios es evitar estas últimas, no tratar de poner freno a la ciencia y a la tecnología.

Otra división un poco más sutil de las posibles tecnologías emergentes es en graduales o radicales. El desarrollo de los automóviles desde el Ford T hasta el Ferrari del hijo del sátrapa aludido se puede considerar gradual, pero el tránsito del coche de caballos al Ford T fue radical. Podría parecer que las emergencias tecnológicas radicales son las más difíciles de predecir, pero algunos saltos de las graduales también pueden ser inesperados. Del disco de vinilo al disco compacto, y de éste al DVD, hay unos avances tan drásticos que casi son radicales, por más que estén inmersos en un aparente avance gradual.

De lo único que se puede estar seguro es que estamos inmersos en lo que podríamos llamar un Big BANG, refiriéndose esto último a los pilares del presente y, sobre todo, del futuro: los Bits, los Átomos, las Neuronas y los Genes.

Además, puestos a soñar en lo que nos deparará el futuro en cuanto al avance de la ciencia y la tecnología, quizá sea mejor acudir a los escritores antes que a los científicos, aunque bien pensado, puede que estos últimos sean los mayores soñadores que dan las sociedades.

Es responsabilidad de todas las personas estar atentas a los avances científicos, entendiéndolos y mostrando un espítitu crítico hacia ellos, por mucho cariño con que lo envuelvan. Los frutos de la ciencia y la tecnología se desenvolverán en una sociedad culta, justa y democrática como peces multicolores en bellos arrecifes coralinos. No hay más que vigilar y cuidarse de los tiburones, porque si los peligros que acechan a la ciencia no la llevan a su fin, jamás alcanzará sus fines porque son infinitos.

El papel utilizado para la impresión de este libro
ha sido fabricado a partir de madera
procedente de bosques y plantaciones
gestionados con los más altos estándares ambientales,
lo que garantiza una explotación de los recursos
sostenible con el medio ambiente
y beneficiosa para las personas.
Por este motivo, Greenpeace acredita que
este libro cumple los requisitos ambientales y sociales
necesarios para ser considerado
un libro «amigo de los bosques».
El proyecto Libros Amigos de los Bosques promueve
la conservación y el uso sostenible de los bosques,
en especial de los bosques primarios,
los últimos bosques vírgenes del planeta.